휴먼 에이지

The Human Age
by Diane Ackerman

이 도서의 국립중앙도서관 출판예정도서목록(CIP)은
서지정보유통지원시스템 홈페이지(http://seoji.nl.go.kr)와
국가자료공동목록시스템(http://www.nl.go.kr/kolisnet)에서 이용하실 수 있습니다.
(CIP제어번호: CIP2017009662)

휴먼 에이지

THE HUMAN AGE

호모사피엔스사피엔스의 지구사용법

다이앤 애커먼 지음 | 김명남 옮김

문학동네

차례

일러두기

1. 이 책은 다음의 원서를 완역했다. Diane Ackerman, *The Human Age: The World Shaped by Us*. New York: W. W. Norton&Company, 2014.
2. 각주 중 옮긴이 주는 '―옮긴이'로 표시했다.
3. 원서에서 이탤릭체로 강조한 부분은 고딕체로 표시했다.
4. 단행본과 정기간행물은 『 』로, 단편 등은 「 」로, 영화, 연극 등은 〈 〉로 표시했다.

1. 인류세에 오신 것을 환영합니다

THE HUMAN AGE

유인원을 위한 앱

어느 화창한 날 토론토 동물원. 새떼 같은 아이들이 교사와 부모의 보살핌을 받으며 우리 사이를 신나게 누빈다. 어떤 아이들은 휴대전화를 꺼내 문자를 보내거나 사진을 찍으며 손쉽게, 온라인에 연결된 삶에 익숙한 이들다운 우정을 나눈다. 아이들은 나무 위 보금자리와 구불구불 흐르는 개울까지 갖춘 것이 꼭 인도네시아 다층림처럼 보이는 거대한 돔형 서식지 주변에 시끌벅적 몰려 있다. 아이들의 눈앞에서는 어미 오랑우탄 두 마리와 새끼들이 미로처럼 얽힌 두툼하고 납작한 덩굴들을 헤치며 능란하게 누비고 있다. 그 덩굴은 알고 보면 소방용 호스를 이리저리 걸어 조성한 것에 불과하지만. 활짝 벌어지는 엉덩관절에, 발목까지 길게 늘어져 하늘을 걷기에 알맞은 팔, 나머지 네 손가락을 마주보는 엄지, 거기에 큼직한 발가락, 바깥으로 둥글게 휘어지는 무릎관절, 활 모양의 발목까지 빠짐없이 갖춘 오랑우탄은 유인원 세계의 공중곡예사다. 덕분에 오랑우탄은 자유자재로 몸을 구부리며 갖가지 자세를 취할 수 있다. 나는 어린 암컷 한 마리가 덩굴에서 덩굴로 매끄럽게 그네를 타나가다 어느 순간 팔다리를 활짝 벌려서 덩굴 두 줄기를 잡고는 엉덩이를 납작 열고 발목을 회전시켜, 마치 나무 꽉대기에 걸린 오렌지색 연처럼 꿈쩍 않고 매달려 있는 모습을 감탄하며 바라본다.

너클보행을 벗어난 지 오래된 우리 인간들도 가끔은 저렇게 양팔을 써가며 움직이고 싶은 충동을, 또 때로는 놀이터의 구름사다리를 한 손 한 손 번갈아 매달리고 싶은 충동을 느낀다. 그러나 우리는 상대적으로 관절이 뻣뻣하고 연약하다. 우리가 오랑우탄과 유전자의 97퍼센트를 공유한다고는 하지만, 오랑우탄은 오늘날에도 붉은 털옷을 뒤집어쓰고 나무 위 무용수로 활약하는 반면 우리는 땅을 밟고 사는 수다쟁이가 되었다. 야생 오랑우탄은 생애 대부분을 나무에 진자처럼 대롱대롱 매달린 채 우아하게 움직여다니며 산다. 주로 단독생활을 하면서. 단 새끼를 키울 때는 예외다. 어미는 새끼 한 마리를 6년에서 8년 동안 애지중지 키우면서 숲에서 살아가는 방법을 가르친다. 가령 숲에는 먹을 수 있는 과일이 넘치지만, 무엇이 먹어도 안전한지를 신중하게 판단해야 한다. 껍질이 딱딱하거나 겉면에 중세 시대 무기처럼 가시가 나 있어 쉽게 까거나 깰 수 없는 과일도 있다.

어미 오랑우탄 한 마리가 투명 미끄럼틀이라도 타는 모양새로 땅바닥까지 쉬익 미끄러져내려오더니, 작대기를 쥐고서 나무둥치 속을 뒤적인다. 그러다 마침내 먹을 것을 살살 낚아 먹는다. 천둥벌거숭이 같던 학생들은 차츰 조용해지면서 능숙하게 도구를 사용하는 오랑우탄에게서 눈을 떼지 못한다. 오랑우탄이 나이프에 얹은 콩을 쭉 빨아먹듯이 먹이를 꿀꺽 삼키는 모습을 볼 땐 특히 더하다.

공터 저 너머, 군중으로부터 한참 떨어진 곳에서 털이 덥실덥실한 일곱 살 먹은 소년이 아이패드를 골똘히 응시한 채 한 손가락으로 화면을 톡톡 두드리고 있다. 소년의 손끝에서 손바닥만한 기기 음량으로 사자 포효 소리가 흘러나오고, 이어서 신나게 꽥꽥거리는 플라밍고 울음소리가 흘러나온다. 소년이 문득 적갈색 앞머리가 듬성하게 덮인 크고 동그란 갈색 눈으로 나를 쳐다본다.

열기에 곱슬곱슬 부풀어오른 내 갈기 같은 까만 머리카락이 우습게 느껴졌을 법한데도, 소년은 웃지 않는다. 아주 잠깐 나와 눈이 마주친 소년은 나보다 훨씬 더 재미있는 아이패드로 시선을 되돌린다. 처음에는 양손으로 기기를 붙잡더니, 나중에는 두 손 두 발을 다 동원한다. 아무것도 안 신은 맨발이 정말 놀랍도록 깨끗하다. 손은 또 내가 지금까지 본 어떤 일곱 살짜리 소년의 손보다 크다. 내 손이 통째로 소년의 손바닥에 쏙 들어갈 것 같다.

하지만 수마트라오랑우탄에게는 이런 성장 속도가 뭐 그렇게 호들갑 떨 일도 아니다. 인도네시아어로 '현명한 자'라는 뜻인 부디라는 이름의 이 오랑우탄은 쑥쑥 자라 벌써 사춘기 태가 난다. 콧수염과 턱수염이 복숭아 솜털처럼 돋아나기 시작했고, 언젠가 위풍당당한 이중턱이 될 주름도 부풀기 시작했다. 부디가 몸무게 90킬로그램의 어른이 되어 오페라 공연을 하듯 껵껵거리고 덜덜거리고 웅얼거리며 이른바 '롱콜long call'을 한 곡조 뽑아내는 때가 오면, 이중턱은 한껏 부풀어 바르르 떨릴 것이다. 아직 눈과 귀 사이 뺨에 살이 두두룩하게 솟아나는 기미는 없지만, 언젠가 액자처럼 얼굴을 두를 그 살덩어리는 확성기가 되어 부디가 내지른 롱콜이 빽빽한 나무들을 뚫고 1킬로미터 넘게 퍼지게 해줄 것이다.

부디의 친구인 맷 베리지는 키가 크고 호리호리한 검은 머리의 40대

남성으로, 부디가 아이패드를 갖고 놀되 빼앗아 망가뜨리진 못하도록 창살 가까이에서 대신 들어주고 있다. 동물원의 오랑우탄 주 사육자인 맷에게는 어린 아들이 둘 있는데, 둘 다 아이패드 신봉자라고 한다. 유인원 아이들이 다 그렇지, 뭐.

'유인원을 위한 앱'은 '오랑우탄 아웃리치'라는 국제조직이 후원하는 프로그램이다. 이 조직은 점점 줄어드는 야생 오랑우탄 무리를 구하고, 포획 상태로 살아가는 세계 곳곳의 오랑우탄들에게 정신적 자극과 좀더 활기찬 서식지를 제공해 그들의 삶을 개선하는 활동을 하고 있다.* 오랑우탄의 정신을 북돋는 일은 우선순위가 높은 사업이다. 이 대형 유인원은 서너 살배기 인간만큼 똑똑하고 호기심도 왕성하기 때문이다. 오랑우탄은 도구를 영리하게 사용할 줄 아는 동물이라 필요할 때마다 작대기를 휘두른다. 과일을 쳐서 떨어뜨리는가 하면 개미와 흰개미를 낚아올리는 식이다. 가시투성이 과일을 먹을 때나 따끔따끔한 덩굴을 쥐고 오를 때는 나뭇잎으로 장갑을 만들어 손을 보호한다. 오랑우탄은 낮에 활동하는 동물이라 매일 해가 지기 전 신선한 나뭇잎

---

* 지난 75년 동안 사람들이 숲을 어찌나 많이 벌채했던지 오랑우탄 개체수는 80퍼센트나 줄었다. 국제자연보호연맹은 보르네오오랑우탄을 멸종 위기종으로 지정했고, 수마트라오랑우탄은 종 전체가 10년 안에 사라질 위기에 놓이면서 멸종 위급종으로 지정됐다. 수하르토 집권기(1967~1998)에 인도네시아의 우림 4000만 헥타르가 사라졌으며, 그후에도 지역의 목재업 거물들이 마호가니, 흑단, 티크 등의 고유 수종을 이전보다 빠른 속도로 약탈하고 있다. 야자유 채취도 문제다. 야자유는 비스코스레이온을 비롯한 여러 제품의 원료다. 원료명에 '팜핵유' '팜올레인유' '팜스테아린' 등이 적혀 있으면 야자유가 함유된 것이다. 일단 찾아보면, 얼마나 많은 식품, 샴푸, 치약, 비누, 화장품 등의 제품에 야자유가 쓰이는지 알고 놀랄 것이다. 오랑우탄 아웃리치는 우림을 보호하기 위해서 야자유가 쓰인 모든 제품의 불매를 권하고 있다. 수십 개 다국적기업(맥도날드, 펩시 등)이 이 제안을 받아들였다.

으로 나무 위에 매트리스를 마련해둔다. 햇살이 따가울 때는 나뭇잎 양산을 머리에 쓰고, 비가 오면 나뭇잎으로 모자나 지붕을 만들어 피한다. 마실 물이 딱히 없을 때는 나뭇잎을 잘근잘근 씹어서 스펀지처럼 뭉친 뒤 빗물을 머금은 나무 틈새에 담그기도 한다. 개울을 건너기 전에는 먼저 나뭇가지로 푹 찔러서 수심을 재어본다. 오랑우탄의 머릿속에는 숲우듬지 아래 먹이가 있는 나무들의 위치를 기록한 동적 지도도 있다.

그리고 인간 친척들처럼 오랑우탄도 아이패드를 신나게 갖고 논다. 하지만 중독되진 않는다. 우리처럼 기술에 사로잡히진 않는 것이다.

"저한테 일곱 살짜리 아들이 있거든요." 맷이 말한다. "그애는 온종일 여기 붙어 있어요. 하지만 부디는 안 그러죠."

이 꼬마도 빛나는 화면을 좋아하지만, 몇 시간이고 쭈그려 앉아 그것만 들여다보진 않는다.

"우리는 대체 어쩌다가 이렇게 부자연스러운 물건에 홀딱 반해 주의를 온통 빼앗기게 되었을까요?" 맷이 묻는다. "물론 가끔은 아이들이 어디엔가 몰두해줬으면 싶은 때가 있죠. 하지만 오랑우탄들이 뛰어난 지능에도 불구하고 결코 여기에 집착하지 않는 모습을 보면, 온종일이 물건만 들여다보게 된 우리는 과연 얼마나 똑똑한 걸까 하는 의문이 들어요. 저도 그렇고요. 저만 해도 이젠 더이상 기억력을 시험하지 않아요. 그냥…… 띠 띡 띠 띠." 맷은 화면에 타이핑하는 시늉을 한다. "이런 기기들에 거의 전적으로 의존하게 되었죠. 그 때문에 제 뇌가 정말 약해지고 있을까요?"

"딸기." 부디가 화면에 떠오른 딸기라는 단어를 톡 치자 여성의 목소리가 말한다. "딸기." 부디가 그림을 제대로 찾아내자 목소리가 반복한다. 맷은 부디에게 보상으로 신선한 딸기, 사과, 배 조각들을 조금 준다. 수마트라의 열대우림 지역은 오랑우탄이 좋아하는 열대 과일 수백 종류를 풍성하게 제공하는 보고이기도 하다.

또다른 앱이 부디의 관심을 끈다. 고인 물 이미지로 물장구를 치는 앱이다. 화면을 채운 물 이미지는 진짜 물처럼 찰랑거리고, 부디가 건드릴 때마다 물처럼 찰싹 튀고 보글거린다. 하지만 젖는 느낌은 없다. 부디가 손가락을 떼서 코에 가져다대도 물 냄새 같은 건 나지 않는다. 부디의 감각 인식에서는 희한한 일이다. 그러나 그보다 더 희한한 건 스카이프를 통해서 인간들이나 다른 오랑우탄들과 소통하는 일이다.

오랑우탄 아웃리치의 책임자 리처드 지머맨이 화면 너머 동그란 빛 속에서 처음 자신에게 말을 걸어왔을 때, 부디는 화면을 건드렸다. '나한테 말하고 있어'라고 생각하는 것 같았다. 그러더니 이내 혼란스러워하면서 손을 뻗어 맷의 얼굴을 건드렸다. 화면에서는 자신의 이름을 아는 웬 인간이 자신을 보고 웃으면서 다정한 목소리로 말을 걸고 있었다. 그런데 왜 리처드의 얼굴은 평평하지? 맷의 얼굴은 삼차원이잖아. 부디는 이전에도 텔레비전이라면 많이 봤다. 특히 오랑우탄이 나오는 자연 다큐멘터리를 좋아한다. 맷은 다 자란 수컷 오랑우탄들이 어른답게 롱콜을 내지르는 모습이 담긴 유튜브 동영상을 부디에게 보여주기도 했는데, 그럴 때면 부디는 늘 매료된 듯 응시했다. 그러나 화면이 자신에게 말을 건 적은 여태 한 번도 없었다. 인간들과 어울리는 것, 다른 오랑우탄들과 가까이 지내는 것, 낯설지만 상냥한 존재들을 만나는 것, 아이패드를 가지고 노는 것, 이런 모든 일이 부디에게는 이제 일상이다. 그러나 스카이프는 전혀 다른 종류의 사회적 관계 맺기였다. 그리고 부디는 깨닫지 못했지만, 이 경험은 그를 인류의 시대로

한 발짝 더 깊이 끌어들이는 일화였다.

요즘 부모들은 자녀가 화면에 빠져서 보내는 시간이 아이들의 뇌에 악영향을 미칠까봐 걱정한다. 미국의학협회 역시 비슷한 이유에서 두 돌이 안 된 아기에게는 화면을 전혀 보여주지 말라고 권고한다. 그러나 기술에 열광하는 부모라면 아이패드 거치대가 장착된 배변 훈련용 변기 '아이포티'를 사기도 할 테고, 앱스토어에서 배변 훈련 앱이나 대화식 책을 살 수도 있다. 맷은 부디가 아이패드를 갖고 노는 것을 두고 걱정은 별로 않는다. 자기 아들들과는 달리 부디는 그때그때 잠깐씩만 아이패드를 사용하기도 하거니와, 화면에 몰두하는 시간이 오랑우탄의 뇌에 미치는 영향에 관해 누가 연구했다는 이야기도 못 들어봤기 때문이다. 아이패드를 사용하게 되면 오랑우탄의 감각은 우리와 좀더 비슷해질까? 어쨌든 부디는 동물원에서 자라고 있기 때문에, 인간의 기술과 문화가 아이의 뇌에 영향을 미치듯이 부디의 뇌에도 무수한 방식으로 미칠 수밖에 없다. 좋게든 나쁘게든, 우리는 풍성한 상상력을 발휘하여 우리와 다른 생물들이 살아가는 세상을 바꾼다. 일부 존재들은 '유해 생물'로 간주하여 박멸하고, 또다른 존재들에게는 우리가 발명한 희한한 것들(의약품, 복잡한 도구, 음식, 특수 언어, 디지털 장난감)을 권하며 자연과 비자연의 경계선을 흐리는 일에 끌어들이는 식으로.

이 책 속 각각의 장章이 부디의 아이패드 속 앱과 게임 프로그램이라면 어떨까. 부디는 화면을 건드려 한 장 한 장 열면서 사람 목소리로 읊어주는 이야기를 흘려듣거나 색색의 얼굴과 풍광을 뚫어져라 쳐다본다. 어떤 장면에서는 부디 자신도 아이패드를 손에 쥐고 잠깐 등장할 것이다. 놀이에 몰두한 유인원 꼬마로서, 혹은 급감하는 자기 종의 중요한 외교사절로서. 두 역할 모두 부디에게 주어진 운명이다.

부디는 털북숭이 오렌지색 손가락을 화면에 올리더니 잠시 주저하다가 첫 장을 건드린다. 그 순간 화면에서 눈보라가 펼쳐지고 파카에 책을 쑤셔넣은 채 건물들 사이로 종종거리며 오가는 대학생들이 등장한다……

야생의 마음, 인류세의 정신

1978년 눈이 무릎까지 쌓였던 겨울, 눈의 돛들이 바람에 채찍질당하면서 카유가 호수를 지그재그로 달리고 도로는 눈썰매장으로 변했던 그때, 나는 뉴욕 주 북부에서 대학을 다니고 있었다. 궂은 날씨에도 수업은 열렸고, 야광 시계판처럼 빛나는 영혼을 지닌 과학자들은 핵겨울에 대해서, 즉 핵전쟁 후 지구 기후가 어떻게 변할 것인지에 대해서 이야기했다. 여차하면 시야에서 사라져버릴 하늘에 태양은 흰 솜뭉치처럼 뜨고, 먼지 구름이 지구를 두껍게 덮고, 식물은 푸르러지는 법을 잊고, 여름은 영하 20도에서 시작되며, 계절은 모든 생물을 저버리리라고 했다. 충분히 가능한 시나리오 같았다. 워싱턴과 모스크바의 정치인들이 놀이터의 애들처럼 허세를 부리며 맞서고 있었기 때문이다. 당시 나는 선배들로부터 우리가 이제 지구를 감싼 대기 전체를 파악할 수 있게 되었다는 말을 처음 들었고, 그 사실에 감탄하면서도 걱정스러웠다.

지질학적 시간 규모에서 불과 얼마 전만 해도 우리는 사바나에 드리워진 말 없는 그림자, 식물을 채집하고 작은 동물을 사냥하는 정도의 존재였다. 그런 우리가 어떻게 행성을 위협하는 존재가 되었을까? 강의가 끝나고 눈보라가 서서히 잦아들 무렵, 우리 학생들은 광막하고 새하얀 광기 속에서 희미한 빛을 발하는 미미한 형체들 같기만 했다.

그 수업이 있은 지 25년 뒤에 (오존층 구멍을 발견하고 핵겨울 개념을 처음 제안했던) 노벨화학상 수상자 파울 크뤼천은 다시 한번 세계 무대에 올라, 우리가 이제 지구를 바꿀 정도로 강력한 존재가 된 만큼 우리가 살아가는 지질시대의 명칭을 변경할 필요가 있다고 주장했다. 각국에서 과학계를 이끌고 있는 과학자들은 그의 의견에 동의했고, (지질시대에 관련된 문제를 공식적으로 결정하는 단체인) 런던지질학회 위원들은 각종 증거를 따진 뒤 우리 시대의 이름을 개정하는 작업에 착수했다. 암석에 기초한 명칭인 ('전적으로 최근'이라는 뜻인) 홀로세에서 역사상 처음으로 인류가 지구 전체에 유례없는 장악력을 발휘하고 있다는 사실을 인정하는 이름인 '인류세'로 바꾸려는 것이다.*

지질학자들은 지구 환경의 역사를 국제적 합의에 따라 각각의 제국을 다스렸던 암석, 바다, 생명에 기초해 나눈다—우리가 인류 역사를 왕가의 이름을 따서 '엘리자베스 시대' 등으로 나누는 것과 비슷하다. 우리는 남극 깊은 곳에서 채취한 빙핵으로 고대 대기에 대해서 알아내고, 화석으로 고대 바다와 생명체를 연구하며, 그보다 더 많은 정보가 쓰여 있는 실트와 돌도 샅샅이 훑는다. 그렇게 이전 시대들의 연

* '인류세Anthropocene'라는 용어를 처음 주창한 이들은 이를 학회에서 사용한 미시간대학 명예교수인 수생생물학자 유진 스토머와 파울 크뤼천이었다. 크뤼천은 현재 독일 마인츠의 막스플랑크 연구소 대기화학부, 캘리포니아 주립대학 샌디에이고 캠퍼스 스크립스 해양학 연구소, 한국 서울대학교에서 연구하고 있다.

대표가 만들어진다. 가령 우리가 공룡과 동일시하는 쥐라기처럼 수천만 년 동안 이어졌던 시대가 있고, 그것은 더 작은 시간 단위로 나누어진다. 그렇게 세世와 대代 같은 지질학적 시대들이 변화하며 이어진다. 각 시대는 아무리 가늘다고 해도 전체 태피스트리를 이루는 엄연한 한 가닥 실이다. 그렇다면 우리 인류가 화석 기록에 남길 흔적은 폭이 얼마나 될까?

인류의 대열에 들어섰다고 할 수 있는 인간이 지구 위를 걸어다닌 지는 20만 년쯤 되었다. 그동안 우리는 변덕스러운 주변 환경에 끊임없이 적응하며 살아남았다. 가혹한 기후와 험난한 대지에 맞섰고, 우리보다 훨씬 사나운 동물들을 겁냈고, 주술로 우리를 압도하고 장엄함으로 우리를 초라하게 만드는 자연에 복종하며 삶을 조심스럽게 그 둘레에 비끄러매두었다. 온전히 기억할 수 없을 만큼 긴 시간과 온전히 헤아릴 수 없을 만큼 많은 삶이 흘러간 뒤, 그저 자연에 매료되어 살아오기만 했던 우리는 마침내 자연의 힘을 거역하기 시작했다. 우리는 손재주, 지략, 융통성, 꾀, 협동을 익혔다. 불을 가두고, 도구를 만들고, 창과 바늘을 깎고, 언어를 만들어 곳곳을 떠돌며 사용했다. 그리고 눈부신 속도로 증식하기 시작했다.

기원전 1000년에 지구 전체 인구는 겨우 100만 명이었다. 기원후 1000년에는 3억 명이 되었다. 1500년경에는 5억 명으로 늘었다. 그때부터는 기하급수적으로 번식했다. 세계 인구는 1870년 이래 네 배로 늘었다. BBC 뉴스 웹사이트에 따르면,* 내가 태어난 1948년 10월 7일

---

* http://bbc.co.uk/news/world-15391515 참조.

에 나는 지구에 살아 있는 24억 9039만 8416번째 인간이 되었고, 유사 이래 지구에 살았던 인간들을 통틀어서는 755억 2852만 7432번째였다. 오늘날 지구에는 70억 명이 살고 있다. 생물학자 에드워드 오스본 윌슨은 "20세기의 인구 증가 패턴은 영장류적이라기보다 세균적이었다"라고 말했다.* 윌슨에 따르면, 이제 인간의 총 생물량은 지금껏 지구에 존재했던 어떤 대형 동물종의 생물량보다 100배는 더 크다. 전 세계 도시에는 32억 명이 몰려 살고 있으며, 도시계획가들은 2050년이면 총 100억 명에 달할 지구 인구의 3분의 2 가까이가 도시 거주자가 되리라고 예측한다.

2010년대가 끝날 무렵에는 지구의 역사가 다시 쓰일 것이고, 지금 교과서들은 옛말이 되어 있을 것이며, 교사들은 대담하고 흥분되는 한편 심란한 새로운 현실을 공개해야 할 것이다. 우리 인류가 지구에 머문 시간은 비록 짧았지만, 흥미로운 기술, 화석연료 사용, 농업, 인구 증가에 힘입어 이제 지구를 쥐락펴락하는 힘을 지닌 유일한 존재가 되었다는 현실 말이다. 하나의 종이 자연계 전체를 극단적으로 바꾼다는 것은 45억 년이라는 지구 역사상 유례가 거의 없는 일이다.

이에 견줄 만한 사례라고는 지금으로부터 수십억 년 전에 딱 하나 있었다. 황금어깨앵무새나 바다이구아나 따위가 등장하기 전, 과거로 시간 여행을 하는 인간이라면 방독면을 써야 할 정도로 대기가 유독한 시절이었다. 당시에는 단세포 남조류의 스펀지 같은 군락들만이 얕은 여울을 뒤덮고 있었다. 그들은 물과 햇빛을 먹고, 그들 입장에서

* 에드워드 오스본 윌슨은 『생명의 편지』에서 자연을 "지구상에서 우리를 필요로 하지 않고 혼자서 존재할 수 있는 모든 것"으로 정의했다.

는 방귀인 산소를 대기로 뿜어냈다. 점차 대기와 바다에 산소가 많아졌고, 하늘은 산뜻해졌으며, 지구는 폐를 지닌 생물들을 반기게 되었다. 한 생물체의 배설물이 다른 생물체의 강장제라는 사실 앞에서 우리는 자못 겸손해지지 않을 수 없다. 조류藻類가 지구를 재창조한 덕분에, 이후 50억 년 가까이 생명은 갖가지 대담한 실험을 무수히 수행하면서 이어져왔다. 온갖 종류의 잎과 혀가 생겨났고, 파리지옥에서 인간까지 온갖 종류의 계통과 종족이 출현했다. 그러다가 대략 지난 200년에서 300년 동안, 그토록 보잘것없는 기원에서 비롯한 존재치고는 믿을 수 없게도, 우리 인간은 땅에서 하늘까지 자연계 전체를 극적으로 바꿔놓은 두번째 종이 되었다.

인간은 늘 들썩거리고 부산하고 바쁘게 몸을 움직였다. 마지막 빙하기가 끝나고 빙하가 후퇴하기 시작한 이래, 사실상 눈 깜박하는 순간에 불과한 지난 1만 1700년 동안, 우리는 농업, 문자, 과학처럼 주옥같은 발명들을 해냈다. 사방팔방으로 여행하고, 강의 긴 손가락들을 따라가고, 눈 덮인 왕국들을 건너고, 어질어질한 협곡들을 오르고, 외딴섬과 극지방을 탐사하고, 장식용 등처럼 발광하는 물고기나 황금빛 눈을 지닌 해파리 따위가 우글거리는 심해로 몸을 던졌다. 위로는 별을 숭배하고 지상에서는 불을 다스리고 등불을 엮어서 어둠을 밝혔다. 오즈 같은 도시들을 세우고, 고향 행성을 벗어나서 항해하고, 달에서 골프를 쳤다. 산업과 의학을 마술처럼 일으켰다. 대륙을 이리저리 움직일 줄은 몰랐어도, 도시와 농업과 기후변화로 대륙들의 윤곽을 지우고 다시 그렸다. 강을 막고 물줄기를 돌렸으며, 퇴적물을 두껍게 쌓아서 새 땅을 만들었다. 숲을 밀고 땅을 긁어내고 포장했다. 우리는 지표면의 75퍼센트를 점령했다. 그중 몇 조각은 '야생'으로 보존했지만, 방대한 면적을 기업과 가정에 나눠주려고 탈자연화했고 얼음에 덮이지 않은 지구 전체 땅의 3분의 1을 농업을 통해 획일화했다. 산꼭대기를 도려내어 탄광과 채석장을 팠다. 마치 외계인들이 초대형 망치와 레이저 끌을 가지고 나타나서 온 대륙을 자기네 입맛에 맞게 조각한 것 같았다. 우리는 자연경관을 건축의 한 형태로 바꿔놓았다. 지구는 우리의 모래 놀이터가 되었다.

지구의 생명들을 다루는 문제에서라면 우리는 특히 바빴다. 인간과 인간이 키우는 동물은 이제 지구상 총 포유류 생물량의 90퍼센트를 차지한다. 기원후 1000년에 우리와 가축의 생물량이 전체의 2퍼센트에 불과했던 것과 대조적인 수치다. 야생종은 또 어땠는가. 우리는 동식물을 세계 곳곳으로 퍼뜨림으로써 그들이 새 서식지에 용케 적응하거나 제 몸을 바꾸거나 그도 아니면 멸종하도록 강제했다. 그들은 세 가지 반응을 골고루 보이고 있다. 또한 그 과정에서 우리는 궁극적으로 지구에서 함께 살아갈 종들을 결정하고 있다.

구름마저도 우리의 손을 탔다. 어떤 구름은 하늘을 누비는 사람들이 남긴 바람에 뭉개진 비행운이고, 어떤 구름은 대기로 풀려난 공장 매연에 새까맣게 오염되었다. 우리는 까마귀들의 발목에 밴드를 맸고, 나무들을 잡종화했고, 절벽을 트러스로 떠받쳤고, 강을 댐으로 막았다. 할 수만 있다면 태양도 단속할 것이다. 우리는 이미 태양광을 활용하여 동력을 얻고 있는데, 고대 신화의 신들이 부러워할 만한 묘기가 아닐 수 없다.

마치 신처럼, 우리는 이제 모든 곳에 존재하고 모든 것 속에 존재한다. 우리는 지구에서 단 한 뼘도 남기지 않고 모든 장소에 지문을 남겼다. 바다의 퇴적물에도, 심지어 공기 분자가 우주 공간으로 빠져나가기 시작하는 대기 영역이자 우주 쓰레기들이 날아다니고 위성들이 궤도를 도는 대기의 가장 바깥쪽 외기권에도. 우리가 현대 생활과 동일시하는 경이로운 발명들은 대부분 지난 200년 동안 등장했다. 그중에서도 지난 20여 년은 마치 산사태 직전 굴러내리는 거대한 바윗덩이처럼 인류의 모험이 유달리 혼미한 속도로 내달린 시절이었다.

우리는 모험의 방향키를 잡고 바깥 우주부터 인체와 층층이 쌓인 뇌 속 구조까지 매일 더 많은 곳을 항해한다. 오늘날의 우리는 사바나에서 돌을 깎아 도구를 만들고, 잉걸불을 보석처럼 소중하게 나르고, 겨우 단어 몇 개를 귀한 조개껍질처럼 꿰어서 대화하던 과거의 유인원들과 같지 않다. 지금으로서는 그 과거에 우리의 정신이 어떤 환상적인 풍경을 품고 있었을지 상상해보는 일조차 어렵다. 그때 우리의 정신은 좀더 널찍했을까? 좀더 물 흐르듯 자연스러웠을까? 우리는 지구와 생물을 돌이킬 수 없을 만큼 너무 빠른 속도로 개조해왔다. 우리가 원자, 단세포, 포유류를 거쳐서 모두를 지배하는 호모사피엔스가 되기까지 늘 우리의 기원이었던 자연계는 이제 우리 조상들이 알았던 자연과는 전혀 다른 것이 되고 말았다. 오늘날 우리는 주변의 자연에 적응하는 게 아니라 인위적 환경을 만든 뒤 그 속에 자연을 삽입한다.

자연과 우리의 관계는 변했다. 변화는 극단적이었고 돌이킬 수 없지만, 결코 나쁘기만 한 방향은 아니었다. 땅, 바다, 동물, 나아가 인체와 우리의 관계는 무수한 제조, 의학, 기술의 발전에 따라 뜻밖의 여러 방식으로 영향을 받는다. 인간 유전체, 줄기세포, 외계 지구형 행성처럼 과거에는 꽉 닫혀 있었던 자연의 신비로운 문들이 이제 활짝 열려 우리 시야를 넓혀줬다. 그 과정에서 우리와 자연의 관계는 진화한다. 빠르면서도 점진적인 방식으로, 때로는 워낙 미묘해서 우리가 말 그대로나 비유적으로나 인지하지 못하는 충격파 폭음처럼. 우리가 주변 세상과 우리 내부의 세상에 대한 인식을 재정의함에 따라, 인간이란 대체 무엇이고 우리가 무엇을 '자연스럽게' 여기느냐에 관한 개념도 근본적으로 바뀌고 있다. 야생의 동물들에서 인체에 거주하는 미생물들까지, 진화하는 집과 도시에서 가상 동물원과 웹캠에 이르기까지, 그 모든 차원에서 인류와 자연의 독특한 유대는 새 국면에 접어들었다.

내가 이 책을 쓴 것은 어떤 문제들에 답을 구하고 싶어서였다. 가령 이런 질문들이다. 왜 세상이 우리 발밑에서 움직여 달라지는 것처럼 느껴지지? 왜 한 번도 그런 적이 없던 캐나다기러기가 올해에는 뉴잉글랜드의 마을들을 떠나지 않았지? 왜 유럽의 그 많은 황새들이 이주를 그만두게 되었지? 세상은 기록적인 더위와 가뭄과 홍수에 시달리고 있는데, 과연 우리가 기후에 저지른 짓을 바로잡을 수 있을까? 오늘날의 디지털 세대는 미래의 지구를 어떻게 관리하게 될까? 별다른 비용이나 노력을 들이지 않고도 컴퓨터로 어디든 갈 수 있는 시대에 여행은 어떤 의미가 될까? 탄소강으로 만든 다리, 생체공학적 손가락, 실리콘 망막, 눈 깜박임만으로 문자메시지를 보낼 수 있는 콘택트렌즈형 컴퓨터 화면, 엄청난 무게의 물건을 들 수 있게 해주는 생체공학적 옷, 집중력과 기억력과 기분을 향상시키는 뇌기능강화제, 이런 의학적 변화들이 인체를 바꾸는 시대에도 청소년들은 여전히 "나는 누구일까"라고 물을까, 아니면 앞으로는 "나는 무엇일까"라고 묻게 될까? 지금으로부터 50년 뒤에 도시는, 야생동물은, 우리 몸의 생명 활동은 어떻게 바뀌어 있을까?

그동안 우리는, 비록 의도한 일은 아니었지만 지구적 혼란을 초래해 스스로의 안녕을 위협해왔다. 우리는 기후변화를 시급히 단속해야 하고, 좀더 안전한 방식으로 식량과 연료를 구하고 문명을 다스릴 길을 찾아내야 한다. 그럼에도, 우리가 많은 문제와 과제에 직면해 있는 것은 사실이지만, 나는 대단히 낙관적이다. 우리 시대는 숱한 죄를 지었지만 숱한 발명도 이뤄냈다. 수명을 세 배로 늘렸고, 어린이 사망률을 낮췄고, 대부분의 사람들이 건강 면에서나 일상의 안락 면에서나 과거보다 엄청나게 더 나은 삶을 누릴 수 있게 했다. 우리의 실수는 헤아릴 수 없이 많지만, 우리의 재능도 헤아릴 수 없이 많다.

만일 우리가 석기시대로 여행을 떠난다면, 각종 필수품을 챙기지 않는 사람은 아마 없을 것이다. 성냥, 항생제, 시력 교정용 렌즈, 나침반, 칼, 신발, 비타민, 연필과 종이, 칫솔, 낚싯바늘, 금속 냄비, 태양광 전지를 쓰는 손전등, 그 밖에도 삶을 안전하게 만들어주는 갖가지 발명품들을. 우리의 여행 가방은 절대 가볍지 않을 것이다.

까만 구슬

우주선이 새로운 태양계의 룰렛 바퀴로 진입하는 동안, 희망이 다시 한번 연약한 결정을 쌓아올리기 시작한다. 여행은 생각보다 시시했지만 우리는 원래 정처 없이 떠도는 노마드들인 걸. 여기 이 항성은 중년쯤 된 우리 항성과 꽤 비슷해 보인다. 우리 항성과 마찬가지로 저마다 가지런히 궤도를 도는 여러 행성들을 거느리고 있다. 어떤 행성은 계절의 가장행렬을 펼쳐 보이고, 어떤 행성은 그저 무정하고 단조롭고 외진 세상이다. 자매들이라고 하기에는 구성이 잡다한데다가 여기에 더 작은 덩어리들도 편승해 곳곳에서 어슬렁거리는 판이지만, 우리는 이미 이보다 더 기묘한 밤의 친구들을 많이 만났을뿐더러 이런 다양성이야말로 이들의 매력이 아니겠는가. 부글거리는 거대 행성 하나가 알랑거리는 신하들 같은 수십 개의 위성을 끌며 지나가고, 새하얀 고치 속에 담겨 있는 듯한 모습의 행성도 보인다. 우리는 바위로 이루어진 단단한 행성들 사이를 누비고, 울퉁불퉁한 위성들을 거느린 타원형 행성에 다가갔다 지나친 뒤, 산산이 흩어진 소행성 무리를 요리조리 피하며, 산성 구름과 유령 같은 빛으로 채워진 온실을 스쳐간다.

그리고 이제 속력을 낮춰 활공하며, 얼룩덜룩한 색깔들, 면도날처럼 날카롭고 녹슨 거대 계곡, 얼음을 뿜어내는 화산, 80킬로미터 높이로 물을 뿜는 분수, 탄화수소 호수, 울긋불긋한 상처처럼 보이는 지형, 메탄 얼음이 흘러가는 바다, 단검 같은 빛, 흐르는 마그마, 황의 비 등 기후와 지질로 펼쳐지는 온갖 재주들을 감상한다. 그러나 생명의 기색은 없다. 숨쉬는 생명체의 흔적은 어디에도 없다. 우리는 외로운 종인 모양이다. 그러나 어쩌면 이 태양계 어딘가에 우리와 같은 존재들이 은신하고 있을지도 모른다. 우리처럼 호기심과 탐구심이 많고, 우리는 알 수 없는 어떤 열정으로 전성기를 누리고 있는 존재가. 생명은 그들을 그들의 세상에 맞게 깎아냈을 것이다. 정확히 어떤 방법을 썼느냐는 중요하지 않다.

행성 하나만 더 살펴보고 다음 기항지로 넘어가자.

구름으로 뒤덮이고 물이 있는 작은 행성이다. 어디에서나 스팽글이 반짝거리고 있다. 우리는 제 흥에 겨워 행성을 향해 쏜살같이 다가가다가 그 인력에 굴복하고, 마침 행성에 그림자를 드리우면서 나아가는 해거름과 보조를 맞추며 궤도를 돈다. 우리는 금색과 흰색 불빛을 수놓은 자수에서 눈을 떼지 못한다. 불빛은 덩어리진 것도 있고 리본 모양도 있다. 계획해서 만들어낸 듯한 원이나 격자 모양도 있다. 이 빛들은 세공된 빛들이다. 자연의 오로라나 번개가 아니라 설계된 빛들이다. 무시하기에는 수가 너무 많고, 너무 규칙적이고, 너무 희귀하다.

2003년, 우주정거장에 머물던 돈 페팃은 밤마다 지구의 도시들을 보면서 심장이 꽃불 터지듯 쿵쿵거렸다. 그는 생각했다. '모든 사람이 지구를 이런 모습으로 볼 수 있다면, 우리가 그동안 얼마나 발전했는지 감탄하고 우리가 무엇을 공유하고 있는지 이해할 수 있을 텐데.' 손재주를 타고난 그는 우주정거장에서 모은 여분의 부속들을 활용해서, 자전하는 지구를 한자리에 가만히 서 있는 것처럼 깨끗하고 선명한 모습으로 렌즈에 담았다. 집으로 돌아온 뒤 그는 그 사진들을 이어붙여서 몽타주 영상으로 만들었다. 그리고 위성 궤도에서 한밤중의 도시들을 둘러본 기록이라 할 수 있는 영상을 유튜브에 올렸다. 우리가 그의 안내에 따라 환한 거미줄처럼 보이는 빛을 따라갈 때마다, 영상에 덧씌워진 그의 목소리는 그 불빛의 정체를 알려준다. "스위스 취리히, 이탈리아 밀라노, 스페인 마드리드." 마치 우리도 그와 함께 우주정거장 창문에서 내다보고 있는 것 같다.

페팃은 경외감에 복받친 목소리로 말한다. "밤의 도시들은 문화, 지리, 기술의 삼각형에 붙들려 있습니다. ……유럽 도시들의 도로망이 보입니다. 중심에서 바깥을 향해 뻗어나가는 것이 특징이지요. ……런던이네요. 여기서부터 잉글랜드 해안을 따라 브리스틀까지 갑니다. 지금 보이는 곳은 이집트 카이로입니다. 남북으로 뻗은 검은 형체가 보이나요. 바로 나일 강입니다. 기자 지구의 피라미드들은 밤에도 환히 밝혀져 있습니다. ……왼쪽으로 텔아비브가, 오른쪽에는 예루살렘이……"

황금색, 초록색, 노란색으로 빛나는 중동 도시들은 특히 관능적이다. 페팃은 인도의 특징을 짚어주기도 한다. 시골 전체에 마을 불빛이 점점이 흩어져 있어서 마치 베일 너머로 보는 듯 은은하게 빛난다는 점이다. 이어서 우리는 마닐라로 날아가, 해안선을 드러내는 기하학적인 불빛을 본다. 홍콩으로 가면 용 모양 불빛이 우리 밑에서 퍼덕이고, 그다음에는 한국의 동남쪽 끄트머리가 보인다. 검게 차오르는 대한해협에 모여 있는 희고 눈부신 점들은 물고기를 꾀기 위해서 고광도 크세논램프를 밝히고 조업중인 어선들이다.

"저건 도쿄, 이건 브리즈번, 여긴 샌프란시스코 만, 또 저긴 휴스턴입니다." 페팃이 알려준다.

우리는 우주에서 내려다볼 때 아름다우라고 도시를 만든 건 아니다. 도시는 인류가 지구에 남긴 전기 지문이다. 그 지문이, 크로뮴 빛깔의 노란 에너지가 도시의 혈관을 타고 흐르고 있다. 무한한 우주의 돔에 박힌 별들의 당당한 대경기장 밑에서 초라해진 우리는 지상에 우리만의 별자리를 창조했고, 그것들에 우리의 승리와 사업과 신화와 지도자를 딴 이름을 붙였다. 코펜하겐('상인들의 항구'라는 뜻이다), 암스테르담('암스텔 강의 댐'), 오타와('무역상들'), 보고타('식물이 자라는 밭'), 코토누('죽음의 강의 입구'), 캔버라('만남의 장소'), 플라이센베르크('근면의 성城'), 와가두구('사람들이 명예와 존경을 받는 곳'), 아테네(그리스신화 속 지혜의 여신인 아테나의 도시). 우리는 빛들의 축제 한가운데에서 살아간다. 우주여행자라면 누구라도 이 빛들이 들려주는 이야기에 귀기울일 것이다. 불빛은 이 행성에 어떤 대담한 생명체가 존재한다는 사실, 그리고 그들이 행성 전체를 누비면서 화려한 도시들을 건설했고, 주로 해안이나 흐르는 물가를 따라서 정착했고, 환하게 밝혀진 미로 같은 도로로 그 정착지들을 모두 이었으며, 그래서 지도가 없어도 대륙의 윤곽을 읽고 구불구불한 강줄기를 짚어낼 수 있다는 사실을 알려주기 때문이다.

이 장관이 말없이 보내는 메시지는 시기적절하고, 이상하고, 경이롭다. 우리는 우리의 활동으로 지구에 문신을 새겼다. 우리의 작업은 어디에서나 눈에 띈다. 미국항공우주국NASA은 그 모습을 시각적으로 인상 깊게 포착한 바 있다. '까만 구슬'이라고 불리는 그 이미지는 2012년 12월 7일 한밤중에 환하게 불을 밝힌 지구를 찍은 사진이다. 40년 전 등장했던 그 유명한 '푸른 구슬' 사진과 짝을 이루는 이 사진은 우리의 새로운 자화상이자, 푸른 구슬 못지않게 우리를 크게 각성시키고 고무할 청사진이다.

푸른 구슬 사진 이야기는 이러하다. 1972년 12월 7일, 최후의 유인 달 탐사선이었던 아폴로 17호의 승무원들은 새까만 벨벳 같은 우주 공간을 배경으로 푸른 구슬처럼 떠 있는 지구 전체 모습을 사진으로 찍었다. 흰 소용돌이 구름 아래 아프리카와 유럽이 시선을 붙들지만, 전반적인 색조는 파랗다. 이 사진은 아폴로 탐사에서 얻은 다른 어떤 사진보다도 우리의 사고를 극적으로 확장했다. 막막한 우주에서 지구가 얼마나 작은지 보여주었고, 우리 서식지들이 얼마나 자연스럽게 서로 얽혀 있는지 보여주었다. 온갖 전쟁과 반목에 시달리고 있으면서도, 우주에서 본 지구에는 국경선도, 군사 지역도, 눈에 보이는 어떤 울타리도 없다. 사진을 보면, 아마존 상공에서 휘몰아치는 폭풍전선이 어떻게 지구 반 바퀴 너머에 있는 중국의 작물 수확에 영향을 미치게 될 수 있는지 이해할 수 있다. 사진 꼭대기에서 휘몰아치는 인도양의 허리케인이 인도에 강풍과 폭우를 쏟아냈던 것이 겨우 이틀 전이다. 사진을 찍은 시기는 동지 즈음, 남극이 흰 등불처럼 빛나고 있다. 지구 대기 전체가—우리가 숨쉬는 공기, 우리가 나는 하늘, 심지어 오존층까지도—얇디얇은 껍질처럼 한눈에 들어온다.

환경에 대한 걱정이 커지던 시기에 발표된 이 사진은 전 지구적 의식을 고취하는 상징이 되었고, 역사상 가장 널리 퍼졌다. 이 사진은 우리 마음의 눈 속에 띄워둘 지구의 이미지로 자리잡았다. 너무 거대한 탓에 일부는 복잡다단한 지식으로 알려지고 일부는 너무 복잡하여 무지의 영역으로 남겨둔 것, 하나의 유기체로서 파악하기가 좀처럼 어려웠던 것을 비로소 하나로 여기도록 도와주었다. 덕분에 우리는 연인을 응시할 때처럼 한눈에 지구를 붙잡을 수 있었다. 그 사진은 우리의 호모사피엔스 집안 사진첩에 고이 보관되었다. 사진은 우리의 모든 친구, 사랑하는 사람, 아는 사람과 우리가 걸었던 모든 길을 한데 모아서 보여주었다. 이 사진이 대학생들의 기숙사 벽에 그렇게 많이 붙어 있었다는데, 충분히 이해할 만한 일이다. 우리가 지구적 혈연과 우주적 주소를 이해하도록 도와준 이 인류의 단체사진은 온 인류가 운명 공동체라는 사실을 선언한 셈이었다.

나사가 이번에 새로 공개한 도시의 불빛들, 맥동하는 봉화들로 환히 수놓인 대륙들의 전경은 우리의 시선을 다시 한번 자극하여 돌려놓는다. 우리 행성은 태양계에서 유일하게 밤에도 빛나는 행성이다. 지구는 45억 년을 살아왔으나, 까마득히 긴 시간 동안 밤중에는 그저 캄캄하기만 했다. 그러다가 인류가 불과 200여 년 만에 전 세계에 전선을 둘러서 불을 밝혔다. 야광 잉크로 지구에 서명이라도 한 것처럼 말이다. 앞으로 40년 뒤에는 지금과 또다른 낙서로 뒤덮일 것이다. 워낙 많은 사람이 도시 생활에 자석처럼 이끌리기 때문에, 도시들은 서서히 확장하는 단계를 넘어서 기하급수적으로 팽창하기 시작했다. 매년 수백만 명이 짐을 싸고, 직장과 이웃을 뒤로한 채, 지구 총 인구의 3분의 2가량 되는 도시 거주자들에 합류하기 위해서 도시로 이주한다. 무리는 점점 더 불어날 것이다. 불빛들을 잇는 격자도, 불빛의 커튼 폭도 점점 더 넓어질 것이다. 이중에는 우리의 희한한 취향과 습관을 드러내는 불빛도 많다. 모스크바에서 블라디보스토크까지 이어졌다가 중국에서 잦아드는 얼룩덜룩한 끈은 시베리아 횡단철도의 불빛이다. 캄캄한 어둠을 뚫고 드러난 황금색 끈은 아스완댐과 지중해 사이를 흐르는 나일 강이다. 밝은 점들을 가로세로로 연결한 격자망은 미국의 주간 고속도로망이다. 남극은 지금도 밤이면 대륙 전체가 어둠에 잠긴다. 몽골, 아프리카, 아라비아, 오스트레일리아, 미국의 광활한 사막들도 거의 새까맣다. 아프리카와 남아메리카의 생명이 우글거리는 밀림, 거대한 호처럼 굽은 히말라야 산맥, 캐나다와 러시아 북부의 풍요로운 삼림도 마찬가지다. 반면에 쇼핑센터들과 부두들은 지글거리는 전자들처럼 빛을 발한다. 지구 전체에서 제일 밝은 곳은 예루살렘 같은 성지도, 기자 지구의 피라미드 같은 유적지도 아니다. 그곳들도 물론 환하지만 그보다 좀더 세속적인 네온의 신전인 라스베이거스의 번화가가 훨씬 더 환하다.

미국 서부에 비교적 최근에 생긴 정착지들은 보통 네모나다. 도로들은 동서남북으로 곧게 빗장을 지르다가 도시 가장자리에 다다르면 살며시 어둠에 녹아든다. 한편 도쿄 같은 대도시에서는 구도심의 구불구불한 선들이 수은 가로등의 연두색으로 빛나는 데 비해, 도심을 둘러싸고 새로 난 도로들은 현대적인 나트륨등의 오렌지색으로 빛난다.

어른어른 빛나는 도시들은 (우리를 포함한) 구경꾼들에게 지구의 거주자는 생각하고 만들고 바꿀 줄 아는 존재라는 사실, 벌집 같은 정착지에 몰려 살기 좋아하는 존재라는 사실, 그리고 이유야 어떻든—밤눈이 어두워서든, 원초적 두려움에서든, 단순한 허영에서든, 포식자를 겁주기 위해서든, 집단적으로 단장을 하기 위해서든—그 정착지를 빛의 화환으로 꾸미기 좋아하는 존재라는 사실을 알려준다.

수제 경관

이제 좀더 가까이 가서 들여다보자.

고도 1킬로미터 상공을 날면서 인간의 흔적을 살펴보면, 지구는 전혀 다르게 보인다. 이 시점에서는 통 갈피를 잡기가 어렵다. 일상에서 우리를 안심시키는 질감들은 다 사라지고 없다. 산딸기 잼의 관능적인 맛도, 노란 볏을 꼿꼿이 세운 붓꽃들이 담긴 꽃병도, 부엌문 너머에서 풍기는 야생 쪽파의 향도 사라진다. 그러나 이 높이는 인류가 땅에 남긴 흔적을 바라보기에 알맞은 훌륭한 전망대다. 그 흔적은 도처에서 눈에 띄며, 큰까마귀가 눈 위에 남긴 Y자 모양 발자국이나 흰꼬리사슴이 남긴 쪼개진 하트 모양 발자국만큼 쉽게 식별할 수 있다.

그 풍경은 우리 선조들이 보았던 것과는 전혀 다르다. 자연경관을 뜻하는 단어 '랜드스케이프landscape'는 16세기 네덜란드어 '란츠카프lantscap'에서 별로 변하지 않았지만 말이다. 비행기에서 창을 내다보면, 우리가 그 전원적인 개념에 대한 정의를 차츰 바꿔왔다는 사실을 분명히 알 수 있다. 경관이라는 말은 이제 험준한 산맥, 감미로운 해안

선, 야생의 꽃밭에만 적용되는 게 아니다. 우리는 새로운 풍광을 만들어내고 그 속에서 아주 편안하게 살아가기 때문에 그런 곳을 종종 자연적인 자생지와 헷갈리기까지 한다. 가령 커다란 해바라기로 가득한 애리조나의 들판이나 라벤더가 흐드러진 프로방스의 벌판은 근사하고 자연적인 융단처럼 보이지만, 사실은 둘 다 인간이 심은 것들이다.

하늘에서 내려다보면, 잠자는 악어처럼 길게 늘어진 산맥과 그 옆을 나란히 질러나가거나 둘레를 지그재그로 통과하는 도로의 풍경이 잘 보인다. 혹은 도로가 산을 깔끔하게 가르고 지나가기도 한다. 어떤 도로는 무언가를 피하기 위해서 굽고, 어떤 도로는 어딘가에 다다르기 위해서 굽는다. 하지만 상당수는 직선으로 뻗어 직각으로 교차한다. 숲이 담요처럼 덮인 군데군데 바리캉으로 머리를 길죽하게 민 것 같은 갈색 맨땅에는 작대기 인간처럼 생긴 송전탑들이 박혀 있다.

우리는 밤을 스팽글로 수놓을 뿐 아니라 낮도 널찍한 피륙을 짜 빼입힌다. 여름에는 우리의 농업 활동이 한 줄 한 줄 번갈아가며 심은 작물의 긴 띠로, 혹은 초록 벨루어와 갈색 코듀로이로 누빈 퀼트 같은 모습으로 드러난다. 수 킬로미터나 이어진 검은 동그라미들은 지하 깊은 곳에서 발견한 물을 끌어올리는 거대한 회전 스프링클러들이다. 우리는 그것으로 메달처럼 동그랗게 심은 옥수수, 밀, 알팔파, 콩에 물을 댄다. 그중 색이 좀더 옅은 동그라미들은 이미 수확이 끝난 작물이 남긴 창백한 그림자다. 고르게 간격을 두고 늘어선 분홍색과 흰색 술들은 사과나 체리 과수원이다. 집과 농장 사이사이에 작게 조각난 숲이 개발의 손길이 닿지 않은 채 남아 있다. 건물을 짓기에는 땅이 너무 습하거나 험하거나 가팔라서, 혹은 주민들이 자연을 보호하거나 공원으로 이용하려고 일부러 남겨둔 것이다. 어느 쪽이든 그것은 운하나 풀을 바싹 깎은 골프장과 마찬가지로 인간의 존재를 선언하는 광경이다.

과거에 빙하가 바위를 뚝뚝 떨어뜨리면서 물러난, 크고 작은 돌덩이가 많이 흩어진 땅은 밭으로 개간되었고 산울타리가 바깥자리를 두르고 있다. 농부들은 땅을 갈기 전에 잡석을 파내 밭 가장자리에 쌓아두었는데, 그곳에 관목과 나무가 옮아와서 돌의 빈틈을 메우고 자라 겨울이면 흩날리는 눈을 붙잡았던 것이다. 봄이 되어 날이 풀리기 시작하면 고랑이 진 갈색 밭의 눈은 모두 녹는데, 돌투성이 산울타리는 아직 꼭대기가 하얗다.

검은 광맥이 구불구불 파고든 산에서는 광부들이 숲을 베고, 폭발물로 봉우리 여럿을 산산조각내고, 잔해를 퍼내어 계곡에 투기하는 한편 땅을 팠다. 채석장의 돌덩어리들과 돌조각들이 두드러지게 널려 있고, 구리 광산에 지은 계단식 지구라트*는 에메랄드빛 물웅덩이 위로 솟아 있다.

캐러멜색으로 빛나는 모하비 사막의 플랑** 위 신기루가 어른거리는 곳에는 반짝이는 수만 개의 거울이 지평선까지 늘어서 있다. 거대한 태양열발전시설의 집열판들이다. 다른 지역의 사막과 남극을 포함한 모든 대륙에서 이처럼 햇살을 붙잡는 유리들이 줄지어 반짝거린다. 몇 킬로미터씩 이어진 정유시설에서는 펌프잭들이 금속 딱따구리나 메뚜기처럼 떼를 지어 단단한 사막 바닥을 공격한다.

항구와 호숫가에는 끝이 뾰족한 보트들이 점점이 흩어져 있다. 예인선들은 강의 푸른 힘줄을 따라 상업 바지선들을 인도한다. 제재소를

---

* 위로 갈수록 점점 작아지는 사각형 단을 쌓은 형태의 신전.—옮긴이

** 커스터드로 만드는 캐러멜 빛깔의 말랑한 디저트.—옮긴이

향해서 떠가는 갓 베어낸 통나무들은 코르크 뗏목처럼 보인다. 철새 떼가 모여드는 습지로 가면 크랜베리밭의 진홍색 페이즐리 무늬가 눈에 띄기도 한다. 밭을 침수시킨 뒤 휘휘 저어서 덩굴에서 떨어뜨린 다음 물에 둥둥 뜬 크랜베리 열매를 길고 유연한 팔로 거둬들이는 농기계의 노란색도 보일지 모른다. 붉은 대문자 T는 염전의 낙인이다. 바닷물을 증발시켜 단단한 소금을 얻는 과정에서 조류나 다른 미생물의 상태가 변하기 때문에, 강렬하고 혼란스러운 색조들이 소용돌이처럼 나타난다. 댐과 발전에 이용되는 강줄기와 긴 지퍼 같은 철로가 보이고, 이따금 원형 기관고도 보인다. 쪽빛 공공 수영장이 보이고, 사람들이 차곡차곡 쌓여서 격자로 얽혀 살아가는 도시도 보인다. 높은 건물들은 도심에 있고, 그보다 낮은 건물들은 긴 손가락처럼 바깥을 향해 뻗어 있다. 원자력발전소의 냉각탑이 조각상 같은 텅 빈 눈동자로 하늘을 응시하고 있다. 제철소, 공장, 발전소 꼭대기의 굴뚝들에서 가짜 구름이 나지막이 흘러나온다.

이런 경관들은 우리 존재의 자취들 중 겨우 몇 가지만 꼽아본 것이다. 물론, 하늘에서는 우리가 눈 똥도 보인다. 도시의 외곽마다 고물상이나 재활용 센터가 있다. 압축된 금속 덩어리와 까만 똬리를 튼 낡은 타이어가 바닥에 쌓여 있고, 쓰레기를 먹고사는 갈매기들이 상공을 맴돈다.

우리는 새로운 경관을 잔뜩 창조했다. 그리고 누가 그 솜씨를 간과하기라도 할까봐, 그런 경관을 묘사하는 단어에 접미사 '스케이프'를 붙여두었다. 지금 당장 떠오르는 것만 해도 '시티스케이프(도시경관)' '타운스케이프(마을경관)' '로드스케이프(가로경관)' '배틀스케이프(전장광경)' '론스케이프(잔디밭풍경)' '프리즌스케이프(감옥조감)' '몰스케이프(쇼핑센터전경)' '사운드스케이프(음악적 파노라마)' '사이버스케이프(가상공간풍경)' '워터스케이프(물이 있는 전경)' '윈도스케이프(창밖 풍경)' '제리스케이프(내건성 조경)' 등이 있다. 아, 수많은 '인더스트리얼 파크(공업단지)'도 잊지 말자.

우리가 손수 만든 경관들은 우리의 극적인 무대 위 인생을 뒷받침하는 배경처럼 보통은 희미하게 물러나 있지만, 때로는 숨막히게 인상적으로 다가오기도 한다. 요즘 일본에서는 화산이나 정원에 질린 여행자들이나 '공장 모에'*에 빠진 도시 관광객들이 버스나 배를 타고 산업 경관이나 공공 토목사업 현장을 구경하러 가는 특별한 관광상품에 몰려서 매진 사태를 빚고 있다. 특히 인기 있는 상품은 달과 친숙한 별자리들이 지켜보는 가운데 거인 같은 화학 공장들이 연기를 뿜어내며 별무리처럼 불빛을 반짝이는 모습을 구경하는 야간 크루즈 여행이다. 이 여행은 낭만적인 젊은 연인들이 즐겨 찾는 데이트 코스로 자리잡았다.

"대부분의 사람들은 공장이 이렇게 아름다운 장소가 될 수 있다는 사실에 충격을 받습니다." 가와사키 시의 관광 부서 공무원인 오자와 마사카쓰는 이렇게 말했다. "우리는 관광객들이 공장의 냄새까지 포함한 모든 감각을 맛보았으면 합니다."

"도쿄에 간다면, 하라주쿠 따위에는 가지 말라." 오야마 겐은 『공장 모에』라는 책에서 이렇게 주장했다. 하라주쿠는 도쿄의 쇼핑 지구다. "그 대신 가와사키로 가라." 녹슨 철, 오염된 물, 더러운 공기가 가득한 산업 중심지로 가라는 말이다. 산업적 풍광을 가장 생생하게 구경할

* '모에萌え'는 특정 대상에 대한 강한 호감을 뜻한다.—옮긴이

수 있는 곳이니까. 일본의 몇몇 의원은 현재 가동중인 공장 몇 군데를 세계문화유산에 등재하려고 공을 들이고 있다. 그럼으로써 관광객을 더 끌어모으려는 것이다.

캐나다 사진가 에드워드 버틴스키는 지난 25년간 전 세계의 '제조된 경관'을 기록해왔다. 그의 작품 중에서도 가장 인상적인 것은 중국의 어느 공장 내부를 찍은 사진들인데, 몇 블록이나 뻗은 공장 안에서 노동자들은 해가 떠 있는 시간의 대부분을 인공조명 아래에서 기계, 제품, 다른 노동자에 둘러싸인 채 보낸다. 그 환경의 방대한 규모는 우리 눈과 마음에 하나의 경관처럼 다가온다. 대형 사무용 건물, 이를테면 층마다 수십 개의 사무실이 벌집 모양으로 들어선 싱가포르의 건물 전경 사진도 마찬가지다.

버틴스키의 스튜디오는 토론토 시내에서도 붐비는 거리에 있다. 아담한 크기로 나눠진 각각의 사무실에는 널찍한 나무 탁자가 벽에 붙어 있고, 줄줄이 늘어선 키 큰 창문들은 매일의 날씨를 보여주는 화랑의 액자들 같다. 키가 크고 호리호리하고 세어가는 머리카락에 콧수염과 염소수염을 깔끔하게 다듬은 버틴스키가 나를 맞는다. 우리는 책장이 늘어선 사무실로 들어간다. 그는 그의 얼굴을 향해서 울부짖는 작은 코요테 로고가 붙어 있는 파란 긴소매 셔츠를 입었다. 그의 목소리는 속삭임에 가까울 만큼 조용하고 태도는 거의 지질학적으로 느껴질 만큼 평온한 구석이 있으나, 눈동자는 표범처럼 민첩하다.

"당신을 '잠재의식을 건드리는 활동가'라고 하더군요……"

내 말에 버틴스키가 미소를 짓는다. 어울리는 별명이다.

"캐나다 사람이라서 좋은 점 중 하나는 땅이 대단히 넓고 인구밀도가 낮은 나라에서 태어났다는 겁니다." 버틴스키의 말이다. "야생으로 나가면 며칠이고 아무도 만나지 않을 수 있고, 수만 년 동안 변하지 않은 공간을 경험할 수 있지요. 그 경험은 인류가 경관에 가져온 변화를 카메라 렌즈로 어떻게 바라볼 것인가 하는 인식에 꼭 필요한 것이었습니다. 제 작업은 실로 일종의 탄식입니다. 그렇지만 동시에 이 작업이 변형된 경관과 공업이라는 젖줄에 대한 시적인 내러티브가 되기를 바랍니다. 우리는 황무지를 만들어내지 않고서는 도시도, 자동차도, 비행기도 가질 수 없습니다. 모든 창조 행위에는 그에 대응하는 파괴 행위가 있습니다. 고층 빌딩을 예로 들어볼까요. 모든 고층 빌딩마다 그에 대응하는 빈 공간이 자연에 존재합니다. 채석장이나 광산 말이죠."

채석장이 곧 뒤집힌 건축이라니. 나는 속이 파여나간 기하학적 형태들, 입체파적인 계단들, 삐쭉빼쭉하게 곤두박질친 공간을 머릿속에 그려본다. 대리석이나 화강암으로 고층 빌딩을 지으려면 반드시 그에 대응하는 공백이 자연에 생겨나는 것이다. 나는 건물을 이런 식으로, 즉 건축에 딸려오는 부재를 언제까지고 어두운 그림자로 드리우는 존재로 생각해본 적이 없었다.

"그렇지만 또 그 '파괴 행위'가 놀랍도록 아름답다는 거지요." 내가 말한다.

"인류는 두 발로 선 순간부터 땅에서 무언가를 파냈습니다. 버려진 땅을 보면서 우리는 '흉물스럽네' 해버리지요. 사실 다른 방식으로 볼 수도 있는데 말입니다. 그 장소들이 방치되기는 했지만 그대로 죽은 건 아닙니다. 생명은 그곳에서도 계속 이어지죠. 우리는 그런 장소들과 다시 관계를 맺어야 합니다. 그런 장소들은 지극히 현실적이며 진정한 의미에서 우리의 일부이니까요."

내 마음은 그의 두 사진 사이에서 오락가락한다. 하나는 스페인 북서부 텅스텐 노천광의 계단식 벽을 찍은 사진이고, 다른 하나는 전구 필라멘트, 전자장치, 로켓엔진 노즐, 엑스선관 등 우리 문명의 입자 물질들을 피라미드처럼 쌓아올린 장면이다. 이런 사진은 20세기 초반의 풍경 사진과는 한참 다르다. 그 시절의 엘리엇 포터, 앤슬 애덤스, 에드워드 웨스턴 등은 자연을 숭고함의 현현으로서, 인간에게 짓밟히지 않은 채 야생의 영광을 간직한 곳으로서 숭앙하고 존경하며 칭송했다. 반면에 버틴스키의 사진은 산업에 심취한 인류에게 짓밟힌 야생의 찬란함을 담아낸다. 오랫동안 자연은 우리가 우리 자신보다 더 큰 힘에 둘러싸인 기분을 느낄 수 있는 유일한 장소였다. 그러나 지금은 우리가 직접 만든 도시, 건물, 기술도 그 역할을 한다.

버틴스키는 무언가를 '자연'이라고 부르는 호명 행위 자체도 자연이 우리 주변과 우리 안에 늘 존재하던 시절과는 크게 달라졌다고 말한다. 먼저 우리는 성서에서 아담이 동물들에게 이름을 지어주듯이 자연에 이름을 붙임으로써 자연과 우리를 분리했다. 일단 이름을 붙이고 나자, 자연은 우리가 마음대로 할 수 있는 소유물처럼 보였다. 그러나 사실 우리는 스스로 생각하는 만큼 자연과 분리되었던 적이 한 번도 없었다. 만일 인류세에서 얻을 교훈이란 게 있다면, 그것은 바로 우리가 실은 자연과 전혀 분리되지 않았다는 사실일 터다. 우리가 만든 환경은 경관의 중요한 일부로서 자연의 또다른 표현이다. 이 자연은 원래의 자연보다 좀더 지속 가능할 수도 있고, 덜 지속 가능할 수도 있다. 선택은 우리 몫이다.

여기 오랑우탄 꼬마의 지금 삶으로 다시 오면—부디는 잠시 아이패드를 손에서 놓는다. 그러자 맷이 손을 들어 검지로 아래를 가리킨 뒤, 액체를 젓듯이 빙빙 돌린다. 신호를 받은 부디는 맷이 등을 긁어줄 수 있도록 뒤로 돌아 창살에 등을 붙인다. 맷은 열심히 등을 긁어준다. 부디는 좋아서 어깨를 으쓱한 뒤 이번에는 한쪽 어깨를 내밀고 그다음에는 팔을 내밀더니, 다시 등을 긁어달라고 갖다댄다.

"부디는 두 달 전에 영구치가 났어요." 맷이 말한다. "유치는 연초에 빠졌죠…… 큼직한 이빨들이 뽑혀나왔어요." 맷이 신선한 과일 조각을 부디의 입에 넣어준다.

"부디는 당신 손가락을 아주 조심스럽게 다루네요."

"더 어릴 때는 툭하면 물었어요. 야, 이거 놔." 맷이 아이패드 덮개를 비집어 열려는 부디의 손가락을 부드럽게 쳐낸다. "하지만 그때는 이빨이 훨씬 작았죠. 제가 '아야' 하면 놔줬어요. 그냥 어떻게 되나 한번 앙 물어보는 것 같았죠. 지금은 부디가 더 커서요, 설령 저를 해칠 맘이 없더라도 해칠 수 있어요."

오랑우탄은 몸무게가 사람과 비슷하지만 힘은 일곱 배쯤 더 세다. 또 자기가 장난으로 홱 당기거나 찰싹 치면 사람이 다치기도 한다는 사실을 모를지도 모른다. 그러나 오랑우탄은 종을 불문하고 상대의 고통을 인식할 만큼 공감 능력이 있고, 자신이 남을 아프게 했다는 데 미안해한다.

"부디가 사람들과 어울리는 법을 안다면 삶이 한결 수월해질 겁니다. 커가면서 이렇게 사람들이 보살필 수 있도록 자기 신체 부위를 내보이는 식의 행동도 할 줄 알게 되었고요. 부디가 이 동물원에서 영원히 머무르리란 보장은 없기 때문에, '부디는 이런 말을 알아요, 부디랑 소통하려면 이걸 알면 돼요'라고 말할 수 있다면 좋을 겁니다."

부디의 어미인 푸페가 우리가 뭘 하는지 보려고 어슬렁어슬렁 다가온다. 오랑우탄 기준으로 지긋한 나이인 서른여섯 살의 푸페는 이 동물원 오랑우탄들 중 최연장자로, 어른의 회색 피부(부디 같은 아이의 피부는 더 열다), 부처처럼 불룩 나온 아랫배, 코와 입 주변의 주름살이 인상적이다. 얼굴은 부디와 마찬가지로 충격적일 만큼 사람을 닮았다. 오랑우탄은 진화의 아련한 신기루 너머에서 우리와 비슷한 얼굴과 표정을 하고 우리 시선을 마주한다. 오랑우탄이라는 이름이 인도네시아어로 '숲에 사는 사람'이라는 뜻인 것도 무리가 아니다.

부디가 창살을 타고 엄마 위로 올라간다. 물구나무를 서서 엄마 머리 위에 매달린 뒤, 엄마의 어깨를 타고 머리부터 미끄러져내려와 몸을 반쯤 틀면서 옆으로 굴러떨어진다. 푸페는 별반 귀찮아하지 않는 눈치다. 다섯 말썽쟁이를 키운 전력이 있는 푸페는 이런 장난에 익숙한데다가 어떤 상황에서도 워낙 온화하게 행동하는 성격이다. 이 특징이 부디에게 유전되어, 부디도 비교적 얌전한 편이다. 오랑우탄이 큰 소리를 내지 않는 것은 아니다. 수컷은 자기 목소리를 듣는 암컷들에게 자신의 성적 매력을 알리고 다른 수컷들에게 자신을 훼방하지 말라는 뜻을 전하기 위해서 롱콜을 내지른다. 그러나 암컷과 새끼는 늘 가까이 붙어 지내기 때문에, 작게 낑낑거리거나 끙끙거리는 소리만 내도 충분하다. 또한 오랑우탄은 시각적 표현 분야의 대가다. 대부분의 의사 전달은 표정과 몸짓을 이용한 공통의 수화 체계로 이뤄진다. 그래서 맷은 오랑우탄을 돌볼 때 말뿐 아니라 몸짓도 함께 쓴다. 요즘은 이 기법이 아기를 키우는 인간 부모들 사이에서도 인기를 끌고 있는데, 말문이 트이지 않은 아기에게 간단한 수화를 가르쳐서 의사를 표현하게끔 하는 방식이다.

"배를 보여줘." 맷이 관심을 푸페에게 돌리고 두 손으로 조용히 '이리와' 하는 손짓을 하면서 말한다.

"배를 보여줘, 푸페." 맷이 푸페의 털북숭이 오렌지색 아랫배를 가리키면서 말한다. 맷이 푸페에게 건네는 말투에는 다정함과 존중이 배어 있다.

푸페가 불룩한 배를 맷에게 들이밀자 맷은 부드럽게 문지른다. 맷이 과일을 주자 푸페는 손바닥으로 몇 조각을 받아 한 번에 하나씩 음미하면서 먹는다.

"꼬마, 어디 가니?" 구석으로 달아나는 부디를 보면서 맷이 말한다.

부디는 쪼글쪼글한 파란 방수포를 거머쥐고 배트맨처럼 어깨에 두른 뒤, 다시 아이패드 놀이로 돌아와서 고릴라와 코뿔소 울음소리 단추를 누른다. 그러더니 문득 창살 바깥에 달린 버튼식 조종기로 손을 뻗는다. 맷이 원격 조종기를 부디 가까이로 밀어주어, 부디가 있는 칸과 옆 칸을 나누는 문을 들어올리는 버튼을 누르게 해준다. 부디는 방수포를 뒤집어쓴 채 큰 공을 문 너머로 차고, 뒤쫓아 달려가서 공을 도로 가져온 뒤, 이번에는 문을 닫는 버튼을 누른다. 열고, 닫고, 열고, 닫고. 서랍이나 문을 하염없이 여닫으면서 재미있어하는 인간 꼬마랑 다를 바가 없다.

맷은 오랑우탄들에게 자유의지를 되도록 많이 허락하는 것, 정신적이고 감각적인 자극을 가급적 많이 주는 것이 좋다고 믿는다.(그들이 원한다면 프라이버시도.)

"우리가 오랑우탄들 대신 거의 모든 선택을 내리지만, 지적인 동물이라면 스스로 더 많은 선택을 할 기회를 가져야 하는 법이잖아요. 그날 먹고 싶은 음식을 고르는 것부터 활동하고 싶은 대로 결정하는 것까지요."

"이들이 불운한 종의 대표로서 살아가는 운명을 스스로 선택한 건 아니니까요." 나는 생각을 소리내어 말하면서, 먼 미래의 지질학자가 어느 쪽을 발견하게 될지, 우리가 우리 시대에 오랑우탄의 멸종을 방임했다는 사실일지, 아니면 막판에 가까스로 그들을 구해냈다는 사실일지 궁금해진다.

"그럼요." 맷의 얼굴이 흐려진다.

"야생은 사정이 아주 나쁘다고 들었어요."

맷이 슬픈 목소리로 대답한다. "가장 최근에 들은 소식으로는, 개체군이 듬성듬성 흩어져 있기 때문에 현재로서는 수마트라오랑우탄 집단들이 장기적으로 연명해나갈 수 없다고 하더군요. 우리가 서식 통로를 만들어주고 그 지역을 보호하지 않는다면 말이죠. 오랑우탄 통로에는 장점이 많습니다. 폭우를 관리하고, 침식을 막고, 산소를 생성하고, 오랑우탄들이 살아갈 공간을 제공하지요. 야자 농장 주인들은 오랑우탄이 농장 가까이 오는 걸 싫어하는데, 제대로 기능하는 서식 통로가 있다면 동물과 인간의 충돌도 덜 벌어질 겁니다."

그래서 여기 토론토 동물원에서는 오랑우탄에 대해 가르치고, 오랑우탄을 돕고, 세계 각지에서 벌이는 관련 사업 지원금을 모으는 '오랑우탄 알기' 프로그램을 운영하고 있다. 이런 노력의 상징과도 같은 (현재까지 동물원 열두 곳에 보급된) '유인원을 위한 앱'은 사람들에게 우리가 다른 대형 유인원들과 공통점이 얼마나 많은지를 상기시킨다. 오랑우탄이 아이패드를 갖고 노는 모습을 보면, 이런 생각이 저절로 떠오르는 것이다. 저 유인원이 내 아들, 내 동생, 나 자신일 수도 있다고.

부디가 아이패드에서 게임 앱을 연다. 화면에 화려한 생물체들이 한가득 나타나서 활기차게 지느러미를 흔들고, 보글보글 거품을 내뿜고, 빙글빙글 돈다. 부디가 실제로는 결코 볼 수 없을, 선사시대 바닷속 생물들이다. 볼 수 없기는 우리도 마찬가지다. 우리도 그런 생물들은 생명이 깃들지 않은 정지 상태의 뼈로서, 우리 시대만큼 극적이었던 지난 시대의 유물로서만 알고 있다.

돌의 방언

나는 지금 삼엽충 화석 펜던트를 목에 걸고 있다. 은색 경사면 위로 까만 마디들이 두드러진 삼엽충은 꼭 쥐며느리처럼 생겼다. 쥐며느리처럼 삼엽충도 몸을 말고 돌돌 굴렀을까 궁금하다. 더 궁금한 점은 삼엽충의 겹눈이 그 까마득한 과거에 보았을 광경이다. 내 삼엽충은 길이가 25밀리미터밖에 안 되지만, 이웃이 소장한 컬렉션 가운데 폭이 60센티미터에 육박하는 삼엽충을 안아본 적도 있다. 실로폰 같은 마디들은 노래 한 소절 연주하고 싶을 만큼 인상적이었다. 삼엽충은 생명의 신비로운 악기다.

척추의 수혜를 입은 플라이오세*보다도 수만 년 전에, 네발짐승이 풀을 뜯으면서 거닐고 은빛 자작나무 잎들이 자그만 연어들처럼 반짝이며 흔들리고 논병아리들이 달밤의 구애를 시작하기도 한참 전에, 삼엽충들이 잔뜩 나타나 바다 바닥을 기어다녔고 점균류가 물가 진흙에

* 직립보행을 하는 원인이 이 시기에 처음 나타났다. 선신세라고도 한다.—옮긴이

서 첨벙거렸다. 삼엽충은 진화의 무기 경쟁을 벌이면서 갑옷, 관절이 있는 다리, 튼튼한 키틴질 턱을 길러냈다. 멸종을 물리칠 수 있는 것이라면 무엇이든 길러냈다. 그러다 죽으면, 뿌연 늪지에 처박혔다. 오늘날 화석 사냥꾼들은 삼엽충의 백악질 유해를, 그 정교한 어골문 껍데기를 호시탐탐 노린다. 우리는 삼엽충의 습성을 이해하려 애쓰면서, 게, 거미, 노래기 같은 친척들을 언급하며 "동종 생물의 적응방산"이 벌어졌다고 설명하곤 한다. 그 말로 삼엽충의 껍질 안에 든 종잇장 같은 기관들을, 그들이 겪었던 기회이자 위기들을 다 설명할 수 있다는 듯이.

화석으로 미라화한 동물 가운데 역사상 가장 성공한 수생동물이었던 삼엽충은 3억 년 넘게 끊임없이 스스로의 몸을 크고 작게 바꿔나가 약 2만 종으로 분화하여, 옛 지구의 얕거나 깊은 바닷속을 자유롭게 누볐다. 그때의 지구는 틀림없이 삼엽충에 푹 빠진 행성처럼 보였을 것이다. 어떤 종은 은밀히 바다의 포식자나 청소동물로 기능했고, 어떤 종은 플랑크톤을 뜯어먹는 온화한 초식동물이었으며, 어떤 종은 황을 먹는 세균들과 한통속을 이뤄서 살았다. 어떤 종은 튀어나온 가지뿔과 끝내주는 가시를 발달시켰다. 가장 오래된 삼엽충 화석 기록을 보면, 주변을 살폈을 그 퉁방울 같은 눈은 유기물이 아니라 광물질로 된 수많은 렌즈, 즉 육면체의 탄산칼슘 프리즘들로 이루어져 있었다. 우리 눈과는 전혀 다른 그 눈은 예리한 영상을 맺진 못했지만, 시야가 매우 넓어 장면과 움직임을 감지할 수 있었다. 2억 6000만 년 전 삼엽충이 멸종된 뒤, 그 고대의 계통은 오늘날 겹눈을 지닌 곤충들의 세상으로 교체되었다. 하지만 한때 삼엽충은 전 지구의 바다를 돌아다니는 전성기를 누렸던 종이다. 그들이 남긴 칼슘 사체는 결정으로 이뤄진 눈까지 몽땅 바다 바닥으로 가라앉았다. 그 위에 퇴적물이 층층이 쌓여서 그들의 유해를 안치했고, 거기에 산호나 다른 뼈 있는 동물의 칼슘 부스러기가 더해져서 좀더 뭉치고 다져졌다. 그뒤에는 육중한 시간이 눌러앉아 남은 수분까지 다 짜냈다. 그러면 결국 뼈대를 포함한 석회석이 남았다. 오늘날 우리는 생석회석을 개어 도로를 깔고, 갈아서 페인트나 치약에 넣기도 한다. 우리가 고대 삼엽충, 산호, 그 밖의 화석들로 입안을 박박 문지르고 있다는 얘기다.

삼엽충만큼 수가 많진 않지만 역사상 가장 성공한 육상동물인 우리 인간도 화석화될 때는 똑같은 과정을 거칠 것이다. 어쩌면 인류의 수가 그렇게 많지 않았던 게 차라리 잘된 일인 것 같다. 고대의 인척이나 남이었을 인간의 유해로 이를 닦는 기분은 상상하기도 어려우니 말이다.

빙하가 남긴 바윗덩이들을 헤치고 카유가 호숫가를 빙 두른 고속도로를 누빌 때, 나는 한 점 조각 작품 같은 침식지형을 지나친다. 실로 위대한 경관 조각가의 작품이다. 흡사 베르베르족이 짠 양탄자처럼 지질학적 시대들이 차곡차곡 쌓여 있고, 생명 진화의 증인으로 존재하는 삼엽충을 비롯한 화석들이 알알이 박혀 있으며, 여러 개울과 폭포가 까마득한 300미터 아래 청회색 호수로 쏟아지는 풍경이다. 내가 지나친 푸르스름한 회색과 검은색 셰일의 폭넓은 띠들은 산소를 적게 함유한 진흙에서 생겨났다. 이 일대는 한때 얕은 열대 바다였다. 바닷물은 증발하면서 해양생물의 뼈대로 가뜩해 나중에 석회암으로 굳어질 진흙과 세상에서 가장 두꺼운 축에 속하는 소금 퇴적층을 남겼다. 지금으로부터 2억 5000만 년 전, 대륙들이 충돌하면서 바위에 응력을 일으켜 균열이 생겨났고 땅이 들렸으며 해수면이 오르락내리락했다. 우리는 굽이치는 언덕을 바라볼 때 그것이 한때 산꼭대기가 아니라 바다 밑이었다는 사실을 쉽게 잊곤 한다.

공룡이 나타난 2억 4000만 년 전에는 바다가 물러나면서 뭍이 드러났다. 그곳에 공룡들은 쿵쿵 발자국을 찍었다. 그러다 지금으로부터 겨우 200만 년 전에 빙하기가 도래하여 그 넓은 땅이 얼음으로 뒤덮였다. 빙하는 전진했다 물러났다 하면서 핑거 호들을 깊게 파냈고, 물줄기는 뉴욕 주 북부의 협곡을 깎아냈다. 요즘도 가끔 그 시절의 대형 화석이 발견된다. 몇 년 전에 어느 농부가 자기 밭에서 발견하고 어리병벙해했던 마스토돈(엄니가 유달리 길었던 코끼리의 덩치 큰 사촌)처럼 말이다.

한때 지구에 살았던 생물들은 대부분 가뭇없이 사라졌다. 그 유해는 비바람에 갈려나갔고, 슬로모션으로 빙하가 무너져내리면서 납작하게 눌렸다. 하지만 코넬 대학의 테리 조던 같은 지질학자들은 지층에 남아 있는 이야기를, 돌들의 방언을 읽어낼 줄 안다. 허리케인 샌디나 태풍 하이옌처럼 바다를 뒤흔들었던 사건들의 이야기를 들려주는 지층의 쐐기 무늬까지도.

화석으로 가득해서 지질학적 호기심이 왕성한 사람에게 딱 알맞은 동네인 이 호수 지역은 깎아지른 듯 구불구불 이어진 협곡이 특히 두드러진 곳이다. 그 협곡 바로 옆에 위치한 사무실에서 처음 만났을 때부터 나는 테리 조던이 좋았다. 아마도 그의 파란 아가일체크 양말 때문인 것 같다. 그 다이아몬드 모양은 아수라장에 휘말려 구겨진 바위에서 가끔 목격되는 경사진 모퉁이들을 연상시켰다. 바위를 찌그러뜨리고 휘저었던, 수만 년 단위로만 측정할 수 있는 너무나 오래전에 일어난 천재지변을.

조던의 전공은 퇴적물, 즉 지각의 부스러기로서 오래도록 남아 결국 산봉우리로 굳거나 메사로 변형되는 물질이다. 조던은 거의 인간의 한생에 해당하는 시간 동안 지질학을 가르쳐왔다. 내게는 긴 시간으로 느껴지지만, 그가 과거를 대하는 세계관에 비추어보면 한순간에 지나지 않는다.

"다들 빨리빨리를 외치는 요즘 세상에서 이렇게 길고 더딘 시간 단위를 생각한다는 게 이상하게 느껴진 적은 없나요?" 나는 묻는다.

조던은 깔깔 웃으면서 머리를 젓는다. "아니요. 오히려 이런 식으로 생각하지 않는다는 게 놀라워요. 어떻게 '그걸' 못 볼 수 있죠?"

여기에서 '그것'이란 역사가 남긴 유해와도 같은 바위에서 우리가 차지한 자리를 말한다. 나는 창문 옆 탁자에 놓인 돌덩어리를 감상하다가, 손에 들고 그 표면에 오톨도톨 돋은 화석을 자세히 들여다본다. 숫양의 뿔처럼 생긴 암모나이트가 금방이라도 튀어나올 것 같은 모양새로 박혀 있다.

"이곳은 화석이 형성되기에 딱 알맞은 지역이잖아요." 내가 말한다. "한 1000만 년쯤 지나면 우리 뼈도 이런 화석이 되어 나타날까요?"

"우리가 퇴적물에 갇힌다면요!" 그는 살짝 장난스러운 미소를 띠면서 대답하고는 이내 진지해진다. "뉴올리언스나 도쿄나 네덜란드처럼 해안 지역이나 섬나라에 사는 사람들은 그렇게 될지도 모릅니다. 그 지역들은 해수면이 상승하면 가라앉아 진흙에 잠길 테니까요."

우리는 공룡의 시대나 삼엽충의 시대를 운운할 때 으레 화석을 기대한다. 하지만 인간의 시대를 연구할 때는 다를 것이다. 미래의 지질학자들이 연구할 대상은 우리의 뼈 말고도 많을 것이다. 그들은 전혀 다른 종류의 증거를 찾아낼 것이다. 인류세의 시작을 알리는 것, 이른바 '황금 말뚝'으로 표시되는 경계 지점을 알리는 것은 우리 뼈가 아니라 우리가 남긴 다른 흔적들일 것이다. 황금 말뚝이란 과학자들이 국제적으로 합의된 지질시대의 시작점을 나타내기 위해서 지층에 박아 넣는 표지를 말한다. 대부분의 말뚝은 그동안 가장 철저하게 연구된 유럽의 노출 암반들에 박혀 있고, 미국에 일곱 개가, 그 밖에도 전 세계에 수십 개가 더 박혀 있다.

다시 한번 우리가 우주인이라고 상상해보자. 인류가 지구의 회복을 위해 휴경기를 주고 다른 세상들로 나가 개척해 살다가 수백만 년 뒤에 비로소 다시 지구에 돌아왔다고 하자. 인류의 흔적은 거의 남지 않았을 것이다. 최소한 초목이 무성한 지표면에는. 하지만 암석과 빙핵은 인류에 대한 이야기를 들려주고 있을 것이다. 그리고 여기 미래의 한 지질학자가 등장해—앞으로 그를 올리빈이라고 부르자—인류가 부상했던 새 시대에 관한 자기적, 화학적, 기후적, 고생물학적 증거가 담긴 이른바 '층서 암석'을 찾아본다.

올리빈은 한때 파타고니아였던 지역의 상공에 따뜻한 하늘 천막을 묶어두고 지구를 돌며 땅을 파고 측정하고 시험하며 사금파리 같은 단서를 캐낸다. 해안가 퇴적암 지역에서는 도시의 화석을 조사한다. 한때 마이애미나 콜카타라고 불렸던 저지대 미로들이다. 그는 또 핵폐기물 더미에서 방사성물질의 맥박을 감지한다. 삼림의 꽃가루층이 갑자기 농작물의 꽃가루층으로 바뀐 것을 발견하고, 도시가 농업을 밀어내고 차지했던 지층도 확인한다. 콘크리트와 금속층이 넘쳐난다. 바다를 정찰하면서는, 인류가 우리 시대에 크고 무거운 그물로 바다 바닥을 훑어가며 걸려드는 해양생물을 몽땅 건져내는 저인망어업을 실시했다는 사실을 발견한다. 올리빈은 잠시 부러움을 느낀다. '그들은 인류 최초로 자기 생애중에 지리가 어떻게 변하는지 측정할 수 있는 도구와 위성을 가졌던 세대였구나. 얼마나 재미난 시대였을까.'

올리빈은 원래 서식지로부터 한참 떨어진 지점에 묻혀 있는 화석 더미를 곳곳에서 마주친다. 더구나 그 화석들은 지구의 지질학사를 통틀어 유례없이 대규모로 몰려 있다. 물론 인류가 생물을 이리저리 옮기기 전에도 종들은 대륙들이 슬로모션으로 충돌하는 기회를 틈타 새 땅으로 침입해 들어가곤 했다. 그러나 인류의 지질시대에 이르러 우리는 그 과정을 가속했고, 생물종을 재배열하는 활동에서 대륙판을 금세 능가해버렸다.

올리빈은 천막에서 그다지 멀지 않은 곳의 암석 표본에서 장미와 양골담초의 꽃가루를 확인하고 미소를 짓는다. 파타고니아는 한때 황량하고 바람 거센 변경이었다. 아르마딜로가 돌아다니고, 해변에 벽옥 조약돌이 나뒹구는 지역이었다. 그는 생각한다. '파타고니아에 장미라. 이 옛날 인간들은 장미 중독자였던 모양이야. 게다가 양골담초라니, 이 식물이 몇 킬로미터씩 퍼지리란 걸 예상하지 못했단 말이야? 아마도 이주민들이 이식했을 테지.' 노란 꽃을 피우는 양골담초가 부지깽이 같은 가지를 휘두르면서 잡초 같은 생명력으로 수백 헥타르의 땅을 뒤덮고 토양의 화학 성질을 바꿔놓는다는 사실을 알기에 하는 생각이다.

인간의 뼛조각은 특별한 획득물이다. 그 뼈의 DNA는 우리 종이 어떻게 깡충거미처럼 대륙에서 대륙으로 뛰어다녔는지를 알려준다. 지배적인 혈통이 몇 있기는 하지만 대부분은 뒤섞여서 균질해졌는데, 원래의 고향 바닷가로부터 멀리 벗어나서 온 세계를 오가며 하나로 합쳐졌기 때문이다.

올리빈과 동료들은 인류세의 시작이 정확히 언제였느냐를 놓고—

농업의 시작? 산업? 원자폭탄?—논쟁을 벌인다. 그러나 모두가 동의한 점은, 인류의 세상이 기원후 1800년 무렵에 극적으로 바뀌었다는 것이다. 바로 그때부터 대량의 화석연료에서 동력을 얻은 산업혁명이 대기중 이산화탄소 농도를 높이기 시작했다. 사람들은 증기기관이 원래 석탄광에서 물을 끌어올릴 목적으로 발명되었다가 나중에야 배, 차, 기차를 움직이는 데 적용되었다는 사실을 잘 모른다. 또한 그 시점부터 개간 작업이 속도를 높였고, 생태계는 대체로 야생인 상태에서 대체로 인간 위주인 상태로 전환되었다. 농업과 광업은 기계화된 거인으로 군림해, 강과 바다에 점점 더 많은 비료를 흘려보내고 공기에 점점 더 많은 오염 물질을 내보내기 시작했다. 근대 도시는 새로운 방직공장과 공장제도로 빠르게 덩치를 키워가며 시골의 일꾼들을 끌어들였다. 그때부터 우리는 지구를 대대적으로 우리에게 적응시키기 시작했다. 기후를 바꾸고, 바다를 바꾸고, 동식물의 진화를 바꿨다.

그 과정에서 우리는 모든 곳에 서명을 남겼다. 우리가 가한 영향은 이미 지질학적으로 측정 기록되었다. 바위 속에는 1960년대 원자폭탄 실험에서 배출되었던 방사성원소가 가득하다. 올리빈이 지층에서 확인한 꽃가루 화석은, 수백 년 동안 초원과 숲에서 번성했던 야생종이 우리 시대에 들어서 갑자기 사라지고 그 대신 옥수수, 밀, 콩 같은 단일 작물이 끝없이 펼쳐진 밭과 소, 돼지, 닭의 무리로 교체된 과정을 반영하고 있을 것이다.

플라스틱은 분해되기까지 엄청나게 오래 걸리기 때문에 역시 화석 기록에 나타날 것이다. 납작하게 눌린 야외용 의자나 PVC관의 형태 그대로는 아니고 작은 플라스틱 방울로 이뤄진 광맥의 형태로. 플라스틱은 최대한 분해되어봤자 그 정도다. 준결정(질서 있지만 반복적이지는 않은 패턴으로 이뤄진 결정), 투명 알루미늄, 그 밖에 우리 시대에 새로 발명된 물질들도 암반에서 나타날 것이다.

그것만으로도 놀랍건만, 우리는 심지어 새로운 원소들까지 더 보태고 있다. 각종 화학물질과 묘약, 식물과 동물, 바위, 결정, 금속이 가득한 드넓은 자연으로도 부족한 것이다.

그래서 우리는 완전히 새로운 상태의 물질을, 일찍이 지상의 어떤 눈도 목격하지 못했던 금속을 만들어낸다. 광선검처럼 무언가를 벨 수 있는 광양자 뭉치, 극성분자로 알려진 초저온 양자 기체, 폭신한 전기, 아인슈타이늄에서 코페르니슘을 거쳐 우눈옥튬까지 여러 방사성 합성원소, 그 밖에도 수많은 인공 물질을. 우리의 신적인 힘을 선언하는 기념물이 덩치가 클 필요는 없다. 맨눈에 보이는 물질이어야 할 필요도 없다. 자연의 기존 물질을 재배열해서 가령 항생제나 원자폭탄을 만들어내는 것만 해도 대단한 일이지만, 아예 낯선 물질을 지어냄으로써 우주의 스튜에 새로운 향신료를 더한다는 건 그런 것과 차원이 다른 대단한 일이다. 올리빈 같은 미래의 지질학자가 웬 괴상하고 진득진득한 덩어리를 놓고서 대체 어떤 화학 실험실이 이런 걸 빚어낼 생각을 했을까 궁리하는 모습을 상상하면, 나는 즐겁다.

이 모든 원소들은 우리 존재의 확고한 증거가 되어줄 것이다. 우리는 지구가 과거 50억 년 동안 알지 못했던 흔적을 지층에 남기고 있다. 여러분은 오늘 지구의 화석 기록에 무엇을 추가했는지? 플라스틱 생수병? 사탕 껍질, 비닐봉지, 오렌지주스 캔? 오늘 차를 몰았는가? 그렇다면 여러분은 아주 조금이나마 기후를 바꾼 셈이다. 그것까지 다 결국 바위 속 흔적으로 남아, 우리가 심해에서 외계까지 지구를 마구 만지작거렸다는 사실을 증명하는 유산이 될 것이다.

기후를 만지작거리다

우리가 거대하고 헐렁한 대기 전체를 바꿔놓는 바람에 그 속의 이산화탄소 농도가 이제 역사상 최고 수준까지 올라 겨우 200년 전보다도 3분의 1이 더 높다는 것, 이것은 얼마나 대단한 일인지. 작물을 살찌우는 합성 비료는 모든 식물과 미생물이 자연적으로 만들어내는 질소량보다 더 많은 질소를 만들어내고 있다. 올리빈 같은 미래의 지질학자들은 북극권 호수의 퇴적물 코어 표본을 분석함으로써 우리가 바다와 공기의 화학적 성질을 어떻게 교란했는지 알 수 있을 것이다.

우리는 생명으로 꿈틀대는 지구에서 잘나가기는 해도 하나의 생물종일 뿐이다. 그렇지만 또 세계의 기후를 어지럽히고 모든 바다를 시큼하게 만들 만큼 강력하다. 우리가 미치는 영향의 속도와 규모는 그 정도로 대단하다. 땅에서 인간은 침식이나 화산 분출의 가차없는 힘에 맞먹는 지질학적 행위자이고, 우리가 바다에 미치는 영향은 소행성에 맞먹는다. 우리가 불러온 산호초의 죽음은 화석 기록으로 확연히 드러날 것이다. 비교차 밝혀두자면 가장 가까운 과거에 산호초가 몰살한 것은 6500만 년 전이었는데, 당시에는 지구에 진짜 소행성이 떨어져서 공룡을 비롯한 많은 생물체를 싹쓸이해버렸다.

죽은 산호초를 한 번이라도 본 사람은 달 표면을 닮은 그 생김새를 잊지 못한다. 나는 스쿠버다이빙을 좋아한다. 물속에 잠겨 있을 때 온몸의 세포가 간질간질한 느낌이 좋다. 한번은 자메이카 앞바다에서 단추 수집가가 욕심낼 만큼 알록달록한 물고기들 사이를 헤엄쳤는데, 어찌나 황홀했던지 나도 모르게 한 손을 가슴에 얹고 눈물을 흘렸다. 그러자 가이드가 어항 같은 마스크 너머에서 의아해하는 눈으로 나를 보았다. 나는 다치거나 겁난 게 아니라 기쁘다는 것, 좋아서 울음이 복받칠 지경이라는 것을 몸짓으로 전달할 도리가 없었다. 스쿠버다이빙 수신호로 이 경이로움을 어떻게 표현하겠는가?

'문제 있습니까?' 그가 신호했다.

'아니요, 없어요.' 나는 단호하게 대답했다. '괜찮아요…… 가슴이 설레서……' 나는 손바닥을 펼쳐 가슴에 얹은 다음 물속을 휘저었다. '눈에서……' 그러고는 손가락을 눈 옆에 붙이고 비가 내리는 듯한 손짓을 해 보였다.

'올라갈까요?' 그가 손짓했다. 찌푸린 미간에 의문부호가 떠올라 있었다.

'아니요!' 나는 완강하게 신호했다. '괜찮습니다. 잠깐, 잠깐만요.' 나는 잠시 고민하다가 프랑스 요리사들이 광고에 나와서 자주 하는 손짓, '이 요리는 완벽해요'라는 뜻을 전달하는 몸짓의 에스페란토어라고 할 만한 손짓을 해 보였다. 손가락을 오므려 입술을 건드린 뒤 팡하고 손가락을 펼쳤다. 그다음 손바닥을 활짝 펼쳐서 내밀었다.

가이드는 입에 호흡기를 물었고 눈은 수경 유리에 가려 일렁였지만, 어쨌든 한껏 미소를 지어 보였다. 자기가 웃고 있다는 걸 내가 알 수 있도록 마우스피스 양옆으로 입을 활짝 벌리면서. 그러고는 과장되게 고개를 끄덕이며 '그래요!'라고 전했고, 한 손으로 '오케이' 사인을 한 뒤 나를 더 깊은 곳으로 이끌었다. 나침반을 사용하기도 하고 수면 위로 한번 떠올라 보트의 위치를 확인하며 방향을 잡기도 하면서.

10분쯤 헤엄치자, 미로 같은 바닷속 협곡이 불쑥 나타났다. 엄청나게 큰 해면과 부채 같은 산호가 가득했고, 주변에는 서커스 출연진처럼 알록달록한 물고기떼가 지그재그로 맴돌고 있었다. 깃펜 같은 촉수를 지닌 통통한 보라색 바다조름은 모래 잉크병에 담겨 곧추서 있었다. 크리스마스트리, 먼지떨이, 오월제 기둥에 매단 색색의 끈, 파라솔처럼 생긴 작은 갯지렁이들이 산호의 머릿속에 들어앉아 있었다. 바닷속 관계들은 간혹 러시아 소설의 인물관계와 비슷하다. 갯지렁이는 훌륭하고 점잖은 산호 속에 슬쩍 침입해 그 식품 저장고에서 먹이를 훔쳐먹는데, 그래도 추방당하지 않고 그대로 거기 남는다. 나는 빨간색과 흰색이 섞인 줄무늬 파라솔을 손바닥으로 쓸었다. 그러자 파라솔은 순식간에 덮개를 접고 산호로 쏙 들어가버렸다. 짜잔 하고 주문을 외우면 눈앞에서 갯지렁이가 사라지는 것—다이버들이 갯지렁이를 가지고 늘 치는 장난이다.

저 앞의 산호 언덕 협곡 사이로 검은 부채뿔산호가 튀어나와 있었다. 메두사 같은 산호의 머리카락이 물살에 제멋대로 나부꼈다. 웃음이 나왔다. '저 부채뿔산호의 머리카락이 꼭 내 머리카락 같네.' 그리고 이어서 이런 생각이 스쳤다. 우리는 주로 짠물로 이루어졌고 몸속에 바다를 지니고 있다는. 단순하면서도 충격적인 진실이었다. 여성의 신체를 뒤집어쓴 나는 작은 바다나 마찬가지다. 컴컴한 열대지방 같은 내 자궁 속에는 어란처럼 암호화된 난자들이 들어 있다. 난자들은 우리 모두의 젖줄이었던 바닷속에 떠 있다. 나는 마스크를 끌어올리고 짠물로 얼굴을 씻은 뒤, 다시 마스크를 쓰고 코로 숨을 내뿜어 짠물을 내보냈다. 바다에 매료된 것은 바로 그 순간이었다. 이후에도 나는 눈에 보이지 않는 생명의 사슬에서 눈에 보이는 연결 고리들을 다시 경험하기 위해 종종 바다를 찾았다.

나는 운이 좋았다. 20년 뒤 같은 장소에 갔을 때, 보이는 것이라곤 앙상하게 드러난 산호초의 뼈, 달 표면 같은 풍경뿐이었다.

기후변화의 영향을 목격하기 위해서 꼭 카리브 해까지 가야 하는 것은 아니다. 뉴욕 주 우리 집 마당에서도 목격할 수 있다. 당신도 볼 수 있을 것이다. 시간을 들여서 면밀히 살펴보기만 한다면. 그런데 면밀히 살펴봐야 한다는 점이 관건이다. 대부분의 사람들에게는 매사가 여전히 보통으로 보일 것이다. 어느 계절은 유달리 거친 폭풍으로 시작되고 어느 계절은 예년보다 유달리 건조하게 퇴장하더라도, 전반적으로는 계절이 우리에게 익숙한 방식으로 오고 가기 때문이다. 대부분의 사람들에게 이 변화라는 건 워낙 미묘해서 일상을 바삐 살아가면서 눈치채기는 어려운 수준이다.

그러나 단서는 넘쳐난다. 우리 집 마당에만 있는 것도 아니다. 지구온난화가 정원의 온도조절장치를 어찌나 심하게 만지작거렸던지, 전미 식목일재단은 정원사들에게 어떤 식물을 언제 심어야 하는지 알려주는 식물 내한성 지도를 다시 그려야 했다. (지도가 작성되어온) 과거 30년 동안 뉴욕 주 이사카는 서리 피해를 입기 쉬운 지역, 라벤더빛 장미는 꿈도 꾸지 못하는 5구역에 해당했다. 그러나 이제 뉴욕 주는 대부분 좀더 따뜻한 식재 구역(6구역)에 해당한다. 이전에는 훨씬 더 남쪽에 있었던 구역이다. 이처럼 '어떤' 식물을 '언제' 심는지가 변했지만, 그 변화의 방식은 예측 불가능하다.

관상용 양배추들은 (늘 한해살이였지만) 지구에 난 이래 처음으로 겨울을 나고는 긴 줄기를 키워올려 노란 꽃을 무성하게 피웠다. 한여름에 피는 꽃이었던 팬지에게 이제 초겨울이 되었으니 꽃을 그만 피우라고 말해주는 이도 없어졌다. 팬지는 소낙눈, 바삭거리는 서리, 금방 녹는 눈을 다 겪으면서 늘 수심 어린 얼굴로 꽃을 피운다. 우리 집 마당의 알풍뎅이는 다 어디로 갔을까, 장미 위에서 먹이를 먹으면서 서로 포개져 짝짓기까지 해내던 현란한 껍데기의 향락주의자들은? 지난 3년 동안 한 마리도 보지 못했다. 반면에 라임병을 옮기는 진드기나 다른 곤충의 수는 급증했다. 내가 수십 년 전 이곳 뉴욕 주 북부로 이사 왔을 때만 해도 잔디밭에 라임병을 옮기는 진드기가 전혀 없었다. 추운 기후가 그들에게 불리했던 것이다. 이 진드기는 보통 흰발생쥐에 기생하여 흡혈을 시작한다. 그런데 지난여름에는 찌는 듯한 더위가 길어져 생쥐의 주식인 도토리 양이 줄었고, 진드기가 편승해 식당 겸 보육원 겸 이동수단 겸 질병 매개체 등 다용도로 이용하는 생쥐가 적어지자 성가시게도 녀석들은 사람들에게 더 많이 올라타기 시작했다. 확실히 그런 이유였는지는 몰라도 어쨌든 겉으로는 그런 것처럼 보였다. 풀밭을 가로지르는 모험에 나선 사람들은 반드시 라임병 진드기를 몸에 붙이고 돌아왔다.

이런 장면도 한번 상상해보자. 어느 날 당신이 퇴근하여 집에 왔는데, 기르던 스패니얼 개가 늑대로 변해 있다. 당신은 인간이 늑대를 가축화하고 잡종화하여 개로 진화시켰다는 사실을 알긴 하지만…… 그렇다고 해서 어느 날 갑자기 개가 도로 늑대가 되어 소파 다리를 갉고 있는 장면을 기대하지는 않는다. 그런데 그 비슷한 일이 우리 집 정원에서 벌어졌다. 추운 기후에 잘 적응한 노란 캐나다장미는 오랫동안 꾸준히 꽃을 피워냈다. 관상용 장미 품종이 대개 그렇듯이 이 장미도 개량종과 야생종을 접붙여 만든 잡종이다. 그런데 지난여름, 장미가 숨겨왔던 이드를 갑자기 드러냈다. 놀랍게도 작고 흰 꽃이 풍성하게 매달린 플루트 같은 줄기들을 야생의 심장으로부터 길러낸 것이다. 야생 장미의 가지는 잘 개량된 노란 장미 가지와 똑같은 줄기에서 솟아났다. 마치 한쪽은 네안데르탈인이고 다른 쪽은 호모사피엔스인 샴쌍둥이를 보는 것 같았다.

장미가 올여름 어떻게 될지는 누구도 모르는 일이다. 야생 장미는 개량종보다 좀더 튼튼하고, 불안정한 기온에 좀더 잘 적응한다. 기후변화가 어느 한쪽을 선호하는 걸까? 모든 개량종 장미가 결국 야생종으로 돌아갈까? 정원은 늘 놀라움으로 가득하다. 지난여름에는 이곳에서 산 지 수십 년 만에 처음으로 마당에서 귀청이 떨어져나갈 듯한 양서류 파티가 열렸다. 상사병에 걸린 개구리 수백 마리가 개굴거리면서 인간들의 대화를 집어삼킨 것이다.(특히 귀가 북처럼 생긴 황소개구리의 울음소리는 실제로 황소가 코 고는 소리라고 해야 할 만큼 크고, 그보다 작은 청개구리는 밴조 뜯는 소리를 낸다.) 올해 내가 예상하는 것은 그 무엇도 예상할 수 없다는 사실뿐이다.

겨울의 기세가 약화되면서, 캐나다 과학자들은 앞으로 뒷마당 스케이트장이나 얼어붙는 연못의 수가 점점 더 적어지리라고 경고한다. 어떤 지역에서는 연못이 아예 얼지 않을 수 있다는 지적도 있다. 여기에 착안하여, 온타리오 주 워털루의 윌프리드로리에 대학 지리학자들은 따뜻해진 기후가 캐나다의 전통인 수천 개의 얼음 놀이터에 미치는 영향을 추적하는 웹사이트를 열었다.

"우리는 북아메리카 전역을 비롯한 전 세계의 야외 스케이트장 애호가들이 각자의 스케이트장 상황을 알려주었으면 합니다." RinkWatch.org를 운영하는 지리학자들은 이렇게 촉구한다. "우리 지도에 여러분의 스케이트장 위치를 표시한 뒤, 매년 겨울 스케이트를 탈 수 있을 만큼 꽁꽁 언 날을 모두 기록해주십시오. 우리는 모든 뒷마당 스케이트장의 정보를 모아서 기후변화를 추적하는 자료로 쓰려고 합니다."*

캐나다의 전설적인 아이스하키 선수들 중에는 그런 작은 스케이트장에서 스케이트를 배운 사람이 많다. 캐나다 사람들은 동네 스케이트장을 소중하게 여긴다. 눈에 보이지 않는 어떤 가시가 오존층에 구멍을 뚫었다는 사실을 짐짓 부정할 수는 있겠지만, 뒷마당 하키 시즌이 갈수록 늦어지는 것은 눈치채지 않으려야 않을 수 없다.

모든 곳이 다 더 더워지는 건 아니다. 회색곰의 뒷마당이자 머리카락이 센 하이커들의 낙원인 알래스카의 짐 강은 영하 60도라는 기록을 세웠다. 그곳 주민들은 공기가 숨쉬기 아플 정도라고 전했다. 공기가 콧속 세포 하나하나를 긁는 게 느껴진다고 했다. 노출된 피부와 눈은 화끈거렸다. 침을 뱉으면 땅에 떨어지기도 전에 얼었다. 동창 환자가 속출했다. 잠깐만 바깥에 나갔다가 실내로 들어오면 김이 서린 안경이 얼굴에 달라붙었다.

지난 20년간 유례없이 따뜻했던 날씨 때문에, 콜로라도에서 브리티

---

* 웹사이트 RinkWatch.org는 2012년 1월 8일에 열렸고, 북미 대륙 전역에서 600명이 넘는 야외 스케이트장 애호가들이 보고를 올렸다.

시컬럼비아까지 1만 6000제곱킬로미터에 달하는 숲에서 나무좀이 가문비나무와 소나무를 갉아먹었다. 나무좀에게는 황홀한 일이었겠지만, 이미 가뭄에 약해진 나무들에게는 나쁜 소식이었다. 이후 메마른 잔해에 산불이 휘몰아쳐, 방대한 영역의 식생에 불길이 번졌다. 캐러멜색 메사가 널린 뉴멕시코에서 700제곱킬로미터의 땅을 숯더미로 만들었던 과거의 화재나 축복받은 숲을 간직한 콜로라도에서 벌어졌던 기록적인 산불을 방불케 하는 사건이었다.

대형 산불은 목재 수확자나 숲 애호가에게만 나쁜 게 아니라 산소가 풍부한 공기를 마시고 살아가는 우리 모두에게 비극이다. 숲은 이산화탄소를 마시고 산소를 뱉는 지구의 허파이기 때문이다. 우리는 숲이 배출한 가연성 폐기물을 들이마셔서 몸속 세포들에 불을 때고, 숲은 반대로 우리의 폐기물을 들이마신다. 곰, 인간, 나무는 들숨과 날숨으로 이어진 존재들이다. 산불이 남긴 재는 결국 눈처럼 가만히 땅을 덮은 뒤에 서서히 굳을 것이다. 그리하여 지질학적 기록에 화재의 잔해를 새겨넣음으로써 그 흔적을, 또한 우리의 흔적을 남길 것이다. 물론 그 흔적의 선은 가늘겠지만, 베수비오 화산이 남긴 재와 마찬가지로 결코 사라지지 않을 것이다.

동상이나 불붙은 숲은 극단적인 경우겠지만, 2012년과 2013년은 미국 전역이 기록적인 무더위를 기록한 해이기도 했다. 대륙 중심부에서는—교회 만찬이 펼쳐지고 매미가 울어대는 동네와 조용한 밤 10대들이 모여드는, 군데군데 흰 페인트가 벗겨진 야외 음악당이 자리한 시내를 가리지 않고—찌는 듯한 열기가 기승을 부려서 작물을 망치고 2만 9300개 지역에서 자체 최고기온 기록을 경신했다. 가을에는 가뭄으로 전국 농토의 80퍼센트에서 작물이 말라 죽었다. 챙 넓은 모자를 쓰고 말씨가 느릿한 텍사스 사람들은 1895년에 기상관측이 시작된 이래 가장 건조한 해를 겪었다. 토양이 생가죽처럼 메말랐던 그 유명한 먼지폭풍 시기보다 더 건조한 해였다. 어찌나 건조했던지, 농장들이 관개용수에 의존하는 바람에 공공상수 공급량이 곤두박질쳤다. 텍사스 주에서만 50억 달러의 피해가 났다. 작물을 망친 것만 문제가 아니었다. 땅이 하도 건조해서 거친 발뒤꿈치처럼 온통 갈라지는 바람에 상수도관이 비틀려 분리되었고(포트워스 시에서만 마흔 군데가 망가졌다), 다리와 도로의 포장이 일그러졌다.

지난해(2013년)에는 세계적으로 기록적인 폭설, 가뭄, 폭우, 홍수, 혹서, 허리케인, 산불, 토네이도, 심지어 메뚜기떼까지 닥쳤다. 이런 기후의 장난들은 규모가 어마어마했을 뿐 우리가 평소에도 예상하는 말썽들이지만, 그렇다고 해도 이렇게 한꺼번에 극단적인 규모로 사방에서 발생할 줄은 몰랐다. 모든 사건을 종합해서 지구의 기후가 균형을 잃은 모습으로 인식하면, 당연히 우리는 마음이 무거워지고 눈이 휘둥그레진다. 부모들은 자식이 살 미래를 걱정하게 된다. 유엔의 '기후변화에 관한 정부 간 협의체IPCC'는 약 6년마다 보고서를 발표한다. 2013년 9월 39개국에서 모인 필진 209명과 보조 필진 600명은 9200건이 넘는 과학 문헌을 놓고 검토한 뒤 다음과 같은 기념비적 결론에 도달했다. 지구온난화는 "명백한" 사실이고 해수면은 높아지고 있고 빙하는 녹고 있고, 만일 우리가 지금의 추세를 이어간다면 "더 심각한 온난화가 야기되고 기후의 모든 요소가 변할 것"이라는 선언이었다.* 하지만

* 증거는 이미 넘쳐나지만 계속 쌓이고 있다. 코펜하겐의 기후학자들이 1923년 이후 조수와 허리케인의 역사를 조사한 결과, 바다의 열기와 허리케인의 빈도 및 강도 사이에 불길한 연관관계가 발견되었다. 바닷물이 따뜻해질수록 조수 간만의 차가 높아져서 좀더

우리가 지금 당장 나선다면 그 속도를 늦출 수도 있다고 덧붙였다.

이 이야기는 앞으로 어떻게 펼쳐질까? 그 결과는 언제까지나 말없이 제자리를 지키는 바위들 속에 색색의 띠로 기록될 것이다. 먼 미래에 바위들은 한때 기후를 만지작거리다가 의도와는 사뭇 다른 결과를 빚어내고 만 지적인 유인원들이 지구에 우글거렸던 시절을 회상할 것이다.

그렇다. 우리가 만지작거리는 바람에 지구는 미열을 앓고 있고, 우리는 그 열이 더 오르기 전에 어서 눅여야 한다. 하지만 지구온난화가 모든 장소에서 모든 종에게 비극으로 작용하진 않을 것이다. 지구의 생물, 지형, 지질, 물, 기후가 행성 전체에 고르게 퍼져 있다면야 모두 똑같은 비극이겠지만, 현실은 그렇지 않다. 지구는 다양한 서식지들의 조각보와 같고, 기후변화는 그 각각에 희한한 방식으로 영향을 미칠 것이다. 더운 지역을 식히고 추운 지역을 데우고 건조한 지역을 범람

격렬한 사이클론이 발생한다. 지난 90년 동안 갈수록 따뜻해진 기후 때문에 더 많은 허리케인이 발생하여 해안을 덮치고 더 거센 바람을 만들어냈다. 나사 고더드 우주연구소의 제임스 핸슨에 따르면, 1951년에서 1980년까지는 극심한 이상기후(혹서, 폭우, 가뭄 등)에 시달린 지역이 지구 총면적의 1퍼센트였으나, 1980년에서 2012년 사이에는 10퍼센트로 크게 늘었다. 핸슨은 이 추세라면 다음 10년간은 지구의 17퍼센트가 이상기후에 시달릴 것이라고 말했다. 모든 사람이 주변에서 펼쳐지는 기후변화의 모습을 직접 보고 그것이 자신에게 미치는 영향을 느끼는 게 중요하기 때문에, 적극적인 활동을 펼치고 있는 온라인 환경보호 사이트인 350.org는 '지구적 행동의 날'을 지정하여 전 세계 사람들로 하여금 각자의 지역에서 드러난 기후변화의 증거를 조명하게 하는 날로 삼자고 촉구했다. 2011년 행동 당일 새벽, 마셜제도 사람들은 산호초 소멸을 경고하는 시위를 벌였다. 세네갈 다카르 시민들은 해일이 덮칠 수 있는 범위를 표시하는 퍼포먼스를 벌였다. 오스트레일리아 사람들은 파괴적 가뭄의 결과를 보여주는 '메마른 개울 보트 경주'를 열었다. 프랑스 샤모니에서는 등산가들이 알프스 빙하가 녹아내린 지점을 표시했다. 행사의 주제는 '흩어진 점들을 잇자'였다. 환경보호주의의 고무적인 활동에 참여하고 싶은 사람은 350.org를 참고하라.

시키고 온대 지역을 가물게 하면서. 기후변화 덕분에 유럽에서는 농사가 가능한 기간이 예전보다 더 길어졌다. 따뜻한 기후에서 자라는 작물들이 이제 북쪽 지방에서도 잘 자라서 농부들을 기쁘게 한다.(거꾸로 유럽 중부와 남부의 작물들은 극심한 더위와 가뭄으로 신음하고 있지만 말이다.) 그린란드의 농부들은 생전 처음으로 비옥한 토양을 누리게 되어 열렬히 식물을 심기 시작했다. 겨울이 더 따뜻해지면 난방을 적게 해도 되므로 에너지가 절약되고, 좀더 따뜻해진 세상에서는 북쪽으로 여행하고 이주하는 일이 훨씬 수월해진다. 우리는 역사의 거대한 연대표로 따지자면 그다지 오래전도 아닌 시점에 이미 온난기를 경험한 적이 있다. 950년에서 1250년까지 이어졌던 이른바 중세 온난기다. 당시 바이킹들은 해빙이 사라진 바다를 적극 항해하여 오늘날의 뉴펀들랜드 지역까지 가서 식민지를 세웠다.

더 따뜻해진 세상이 모두에게 끔찍한 세상은 아닐 것이다. 비극뿐만 아니라 새로운 기술과 좋은 의미에서 놀라운 일들을 불러오기도 할 것이다. 다만 모든 곳에 똑같이 적용되는 현상이 있다면, 그것은 변화 그 자체다. 그런데 인간에게 단 하나 변하지 않는 특징이 있다면, 바로 우리가 자연의 변화를 싫어한다는 점이다. 아마도 우리가 통제할 수 없다고 느끼기 때문일 것이다. 우리는 기술과 현장에서 벌어지는 변화는 반길지 몰라도, 자연은 스노글로브 속 세상처럼 늘 한결같고 예측 가능하기를 바란다. 심지어 자연이 온통 뒤흔들린 뒤에도. 우리는 늘 연속성을 갈망하지만, 현실에서는 걷잡을 수 없이 변화하는 세상을 살고 있다. 우리는 삶을 맹렬하게 사랑하지만, 언젠가 모두 죽을 수밖에 없는 존재들이다. 이런 역설은 결코 해소할 수 없다.

우리는 우리 자신이 화석 기록으로 남기는 자취를 일일이 깨닫지는 못한다. 하지만 캐나다의 연못이 얼지 않고, 사모아제도의 산호가 바래가고, 오스트레일리아의 개울이 바싹 마르고, 알프스 샤모니의 빙하가 녹는 현상을 보면서, 사람들은 예상치 못했던 기후의 변화를 알아차린다. 우리가 기후를 만지작거린 탓에 지구가 머리끝에서 발끝까지 속속들이 바뀌었다는 사실을 우리는 몸소 체험하기 시작했다. 넓게 보면 우리 집 마당이라고도 할 수 있는 뉴욕 주에서, 그 새로운 표준 상태는 최근 샌디라는 이름으로 나타났다.

성난 가이아

부디가 날씨 앱을 톡 건드려 열면 그의 친척들이 야생에서 수없이 목격했던 섬뜩한 사건들이 펼쳐진다. 퍼붓는 비, 거센 바람, 뚝뚝 부러지는 나무들이. 우리가 집, 거리, 가게를 머릿속에 지도로 그려두듯이 오랑우탄들이 먹이와 이동을 위해서 머릿속에 지도로 그려두는 그 나무들이다. 그런데 최근 들어 극성스러워진 기후변화로, 이런 허리케인은 우리가 이전에 보지 못했고 상상조차 못했던 광포한 수준으로 거세지고 있다.

별난 겨울 폭풍과 열대 허리케인이 합쳐진 샌디는 처음에는 아프리카 서해안에서 숨을 고른 뒤 카리브 해를 순식간에 가로지르고 미국 동해안을 따라 질주해 올라와서는, 방향을 왼쪽으로 꺾어 굉장한 주먹을 날렸다. 집들을 깨부수고 항구에 정박한 배들을 빨아올리더니 돛대와 삭구를 집 대문이나 차고에 내동댕이쳤다.

핼러윈 하루 전이었던 그날의 광경은 죽음의 무도를 능가했다. 샤갈의 그림이 갑자기 현실이 되어서 나무며 동물이며 물건이 시속 150킬로미터의 돌개바람에 휘말린 듯했다. 운 나쁘게 바깥에 있다가 폭풍을 만난 사람들은 갓길로 떼밀렸다. 괴물이 레슬링을 걸어 전깃줄을 땅으로 내팽개치고, 도로를 할퀴고, 동네를 제 놀이터로 바꿔놓은 듯했다. 초대형 폭풍은 부두와 해변 산책로를 마분지처럼 우그러뜨려 바다로 내던졌다.

미국에서도 가장 인구밀도가 높은 이곳, 허리케인과 북동풍 모두에 취약한 우리 동네에서는 조수의 차를 보통 몇 센티미터 단위로 측정한다. 무시무시한 말썽꾼이었던 샌디는 기록 활동의 기록마저 깨뜨렸다. 샌디가 일으킨 조수의 차는 몇십 센티미터 단위로 측정해야 했던 것이다. 퀸스의 해변 동네에서는 그 지역 기록을 1미터 능가한 밀물이 밀려들어, 파도가 6미터까지 솟아 어느 연구소를 통째 바다로 휩쓸어갔다. 또다른 동네에서는 폭풍이 보일러와 가스관을 부수는 바람에 불이 이 집 저 집 옮겨붙었고, 주민들은 집의 1층은 물에 잠기고 지붕은 활활 불타는 이중으로 망연자실한 상황을 맞았다. 집들은 초현실적인 독립기념일 폭죽처럼 타올랐다. 퀸스 브리지포인트의 해변 동네에서는 화염이 집 110채를 삼켰다. 소방관들은 거센 물길을 헤치면서 불난 집들에 다가가려고 애썼다. 그 지역의 공항 세 곳이 모두 폐쇄되었고, 2만 편의 비행기 운항이 취소되었다. 전미여객철도공사는 북동 해안 지역 노선을 오가는 전체 열차 운행을 중단했다. 1억 6000만 리터의 물이 브루클린배터리 터널로 쏟아져 들어갔다. 바닷물이 거세게 몰려와 터널과 지하도를 메웠고, 맨해튼 남부를 침수시켰다. 차들은 형형색색의 딱정벌레처럼 물에 떠서 까딱거렸다.

나는 이렇게 땅을 할퀴고 집채만한 파도를 일으키고 집을 부수며 아수라장을 만드는 태풍들에 데비, 밸러리, 헐린 같은 귀여운 이름을 붙여주는 관행에 영영 익숙해지지 못할 것 같다. 샌디라는 이름은 또 어떻고. 마치 태양에 잘 그은 순진한 서퍼의 이름 같다. 우리가 왜 재앙 같은 폭력을 이런 식으로 받아들이려고 하는지 잘 모르겠다. 이는 제2차세계대전 때 조종사들이 전투기에 여자친구의 이름을 써넣었던 것과 너무 비슷하다. 조종사 출신인 시인 랜들 재럴은 이 역설을 다음과 같이 시적으로 통렬하게 표현했다. "여자애들의 이름을 딴 폭격기로, 우리는 / 학교에서 배웠던 도시들을 불태웠지."

광란이 멎을 때까지 샌디는 미국에서 쉰 명, 카리브 해에서 예순아홉 명의 목숨을 앗아갔고, 집들을 완파하여 수천 명의 삶을 허물어뜨렸으며, 그 외에도 수백만 명을 식량도 물도 전기도 없는 상태로 몰아넣었다. 또 웨스트버지니아, 노스캐롤라이나, 사우스캐롤라이나에 습기를 잔뜩 머금은 눈 폭탄을 떨어뜨려 눈이 1미터까지 쌓였다. 테네시는 관측 사상 최고 적설량을 기록했다. 어떤 순간에는 가이아가 하도 성난 나머지 자신이 만든 작품을 몽땅 지워버리기로 결심한 게 아닐까 싶었다. 가이아가 우리를 죄다 원자로 되돌리기로, 우리 푸른 구슬을 지구의 금속 원자들이 처음 주조되었던 초신성의 아가리로 도로 튕겨내기로 작정한 것 같았다.

샌디가 떠오른 건 가장 최근에 우리 주를 습격한 사건이었기 때문이다. 하지만 2012년에는 그 밖에도 오스트레일리아, 브라질, 르완다에 대홍수가 몰아닥쳤다. 칠레에서는 큰 산불만 50건이 발생했다. 사헬지역에서는 극악한 가뭄이 발생했다. 유럽은 기록적인 추위, 비, 눈에 시달렸다. 중국에 닥친 태풍들은 집 6만 채를 망가뜨렸다. 2011년의 도호쿠 대지진과 쓰나미를 생각하면 지금도 어지럽다. 2005년에 루이지애나가 겪었던 허리케인 카트리나의 시련을 누가 잊을 수 있을까? 그리고 이 모두를 시시해 보이게 만들 만한 사건, 역사상 가장 강력한 태풍으로 기록된 하이옌은 2013년에 필리핀으로 돌진하여 5000명이 넘는 사망자를 냈다.

샌디가 지구의 윤곽을 다시 짜고, 크고 작은 만을 파내고, 새로운 습지와 모래톱을 만들어내고, 문자 그대로나 비유적으로나 지도를 바꿔버리기 전까지, 뉴욕과 뉴저지는 상대적으로 안전한 곳으로 느껴졌다. 기후변화가 유년기의 추억을 산산조각낼 때 역시 마음이 아프다. 나는 집들이 무너지는 뉴스 영상을 보고 또 보면서 내 마음의 불빛과도 같은 곳, 우리 가족이 잠깐씩 여름 휴가를 보내곤 했던 애틀랜틱시티를 떠올렸다. 당시에는 해변 산책로를 따라 카지노가 줄지어 있지 않았다. 화려한 레스토랑들도 없었다. 하지만 꼬마들에게 그곳은 얼마나 즐겁고 뜨겁고 모래투성이인 축제 장소였는지 모른다. 널찍한 해변에 두껍게 깔린 모래는 익을 듯 뜨거웠지만 10센티미터쯤만 파고 들어가면 서늘하니 축축했다. 모래 조각을 만들기에 완벽한 질감이었다.

판자가 깔린 산책로에는 매력적인 구경거리가 무수했다. 소금물을 섞은 태피 사탕을 파는 행상, 휘핑크림과 딸기를 얹은 벨기에 와플 가게, 롬 사람을 흉내낸 점쟁이 기계와 스키볼 볼링 기계가 있는 게임센터, 잡화점 '5&10' 앞에서 카주 피리를 연주하는 남자, 식품회사 '플랜터스'의 거대한 피넛맨 모형, 목탄으로 속사화를 그려주는 화가, 게처럼 어기적어기적 줄지어 지나가는 바퀴 세 개짜리 고리버들 의자들. 산책로의 판자들이 휘어 있었기 때문에, 그 버들 의자에 앉으면 꼭 덜컹거리고 삐걱거리는 놀이기구를 타는 것 같았다. 우리는 그 속에 앉아서 숙녀들이 신은 하이힐이 판자 틈에 자꾸만 끼는 모습을 보며 깔깔 웃어댔다. 그리고 놀이공원 '스틸피어'가 있었다. 온갖 놀이기구와 다이빙하는 말을 갖춘.

그곳 주민들이 의지했던 그 모든 일상, 집과 물건과 거리와 부두에 스며들어 있던 향기로운 의미, 그 모두가 이제 사라졌다.

허리케인 시즌은 우리를 겸손하게 만드는 교훈을 상기시킨다. 우리가 아무리 노력하고 예언을 동원해도 자연은 여전히 예측 불가능하다는 교훈이다. 과거의 허리케인 시즌들을 속속들이 분석해서 미래를 예측하는 예보 기법을 동원하더라도, 대서양이 이번에는 어떤 종류의 폭풍을 선보일지 정확히 알 수는 없다. 우리가 그 속에 희한한 양념을 잔뜩 퍼부었기 때문에 더욱더 그렇다. 카리브 해 지역에서 펼쳐질 다음 크리켓 시합의 최종 점수를 예측할 수 없는 것처럼, 최첨단 일기예보 도구를 총동원해도 우리는 다음번 태풍이나 토네이도가 어디에서 발생할지 예측할 수 없다.

해안 지역에서 사는 사람들에게 바다는 늘 너그럽거나 괴팍한 이웃이었다. 그러나 사람들은 바다의 기분이 대략 어떻게 바뀔지 정도는 알고 있었다. 그러니 전문가들이 불안해할 만하다. "물론, 끔찍한 기상 사태는 늘 벌어진다. 하지만 지난 2년간 두 번이나? 이건 뭔가 문제가 있다." 기상학자 제프 매스터스의 말이다. "우리는 새로운 기후 상태로 접어든 것 같다. 극심한 기상이변으로 많은 사람이 죽는 것이 새로운 표준으로 자리잡은 상태다."

이누이트 유피크족은 지난 10년 동안 더 높은 지대로 이주하려고 애써왔다. 알래스카 북서 해안, 베링 해협에서 남쪽으로 640킬로미터 떨어진 곳에 자리한 뉴톡의 작은 마을 유피크 주민들은 희뿌연 액체를 걸친 재앙이 자기들의 발을 잡아당기며 소금기 어린 숨을 내뱉는 걸 생생하게 느낀다. 새브리나 워너는 자꾸 이런 악몽을 꾼다. 자다가 문득 소스라치게 놀라서 깨어보면 얼음이 둥둥 뜬 바닷물이 집안에 밀려들어와 자기 몸 밑에서 침대를 쓸어가고 집을 무너뜨리는 꿈을. 그와 어린 아들은 살기 위해 헤엄친다. 지붕에 매달린 채로 온 마을이 떠내려가는 광경을 본다. 하지만 안전하게 대피할 곳이 없다. 지붕들이 하나하나 그의 손가락에서 미끄러져나간다. 결국 마을에서 가장 큰 건물인 학교 지붕 말고는 의지할 곳이 없다. 학교는 무른 땅에 박아넣은 6미터 기둥들 위에 위태롭게 올라앉은 물수리 같다. 그러나 그마저도 결국 바다의 검푸른 아가리에 삼켜진다.

이는 충분히 실현 가능한 악몽이다. 태양 복사열로 얼음이 녹으면서, 지구는 최북단부터 더 빠르게 녹고 있다. 북극의 겨울 기온은 1975년 이래 3도나 올랐다.(지구 평균 상승치의 두 배다.) 유피크 마을의 삼면을 뱀처럼 감싼 닝글리크 강은 갈수록 하구와 습지가 넓어져서, 품에 감싼 땅을 가리가리 찢으면서 바다로 쏟아져 들어간다. 당장 오늘이라도 이곳을 포함한 이웃의 많은 토착민 마을이 흐물흐물 녹은 동토층으로 흰 유사流沙처럼 잠겨버릴 수 있다. 북극곰과 일각돌고래 등으로 다채로운 이누이트 설화 속으로 사라져버릴 수 있다는 이야기다. 미 육군공병대의 예측이 옳다면 2017년이면 북서 해안과 보초도*를 따라 늘어선 수많은 토착민 마을이 같은 궁지에 몰릴 것이다.

미국의 첫 기후변화 난민이 된 유피크족은 주정부와 연방정부에 도움을 호소했다. 그러나 국제법은 폭력이나 전쟁이나 박해를 피해서 도

* 육지와 가까운 바다에 길게 이어진 산호초로 이루어진 섬.—옮긴이

망친 사람만 난민으로 인정한다. 그리고 미국 연방정부의 재난구호법은 그 자리에 있는 기반시설과 피해를 복구하는 자금을 지원할 뿐, 슬로모션으로 진행되는 재난을 피해 다른 곳으로 이주하는 일은 돕지 않는다. 우리의 인도주의적 법률은 인류세 환경의 현실을 따라잡지 못하는 것이다. 알래스카 앵커리지에서 활동하며 뉴톡을 자주 방문하는 인권 변호사 로빈 브로넌은 법을 바꾸기 위해 끈질기게 노력하고 있다.

"이것은 전적으로 인권 문제다." 그는 주장한다. "오늘날의 기후 위기에 책임이 가장 적은 사람들(유피크족)이 기후변화 때문에 이토록 심각한 결과에 직면해 있다. 우리는 이런 공동체들이 위험을 겪지 않도록 도움을 주고 자금을 제공할 도덕적, 법적 의무가 있다."

뉴톡 주민들이 겨우 15킬로미터 떨어진 넬슨 섬의 새 마을 메르타비크로 무사히 이주한다면, 대부분의 사람들은 예전처럼 어업으로 자급자족하는 얼음 해안의 일상으로 돌아갈 것이다. 하지만 그때는 지금과 또 달라진 시대를 증언하는 존재들이 되어 있을 것이다.

남태평양의 야자수 우거진 산호섬 투발루는 국민들을 뉴질랜드로 대피시키기 시작했다. 오스트레일리아와 하와이 사이 350만 킬로미터 거리의 바다에 흩뿌려진 33개 환초로 이뤄진 섬나라 키리바시에서는 대통령이 피지 땅 20제곱킬로미터를 사들이기 위해서 피지 정부와 협상중이다. 10만 2000명 남짓한 인구를 그곳으로 모두 이주시키려는 것이다. 키리바시 주민 이오아네 테시요타가 최근 뉴질랜드 오클랜드에 난민 지위를 인정해달라고 신청한 일도 있었다. 그의 논리는 키리바시의 환초들 중 해수면에서 2미터 이상 솟은 곳이 전혀 없기 때문에 지구온난화로 인한 해수면 상승으로 자신의 삶이 위협받고 있다는 것이었다. 테시요타의 사건을 심리한 판사는 그 주장이 참신하긴 하지만 설득력은 없다고 판결했다.

적도에서 극지까지 브레인스토밍

그런 주장은 곧 덜 참신해질지도 모른다. 하지만 다행히 우리 인간은 참신함에 대한 감식안만은 타고나서 창조력 넘치는 반응을 보여왔다. 우리는 화석연료로 굴러가는 산업 시대의 강철 방조문 같은 구식 기계적 해법에서 멈추지 않는다. 근본적 원인을 처리하고 태양의 힘을 활용하는 새롭고 유망한 방법들도 모색하고 있다.

어떤 나라들은 오래전부터 바닷물과 용감한 싸움을 치러왔다. 지구에서 손꼽히는 대형 가동 구조물 '마슬란트케링'은 거친 북해로부터 네덜란드를 보호해주는 수문, 댐, 둑, 제방, 해일 방파제 네트워크의 일부인 구축물이다. 텍사스 주 갤버스턴은 저지대에 자리한 도시를 앞으로 닥칠 범람으로부터 보호하기 위해서 일명 '아이크 다이크'라는 미국에서 가장 긴 방조제를 설계하고 있다. 베네치아 시는 55억 달러를 들여 '모세 프로젝트'를 추진하고 있다. 바다 밑에 강철 수문 일흔여덟개를 설치하여 베네치아 석호를 아드리아 해와 분리하고 도시를 범람으로부터 지키겠다는 계획이다.

런던에는 벌써 수문 전사들이 주둔해 있다. 목까지 물에 잠긴 채 무기를 숨기고 나란히 늘어선 거대한 기사들처럼 투구를 번쩍이고 있는 템스 장벽은 런던 중남부 울리치 근처의 강 하류에서 가로지른다. 각각의 투구 너머로 온갖 레버와 유압식 기계로 만들어진 골동품 같은 뇌가 어렴풋이 보인다. 미래주의적 성형 강철에 감싸인 설비는 언뜻 물보다 가벼워 보이지만, 사실은 수문 하나당 3300톤쯤 나간다. 그들은 강물 밑에서 똘똘 뭉쳐 런던을 해일로부터 방어한다.

다른 많은 강처럼 템스 강도 예전보다 폭이 줄었다. 사람들은 꼭 강물에 스며들어 그 일부가 되기라도 할 것처럼 강변에 가게와 집을 지으면서 강둑을 딱딱하게 덮었고, 강물 속까지 발을 들였다. 그 과정에서 물길이 좁아졌고, 결국 사람들의 생활과 재산이 위험에 처하게 되었다. 런던은 과거에 악명 높은 범람을 겪었으며—307명이 사망한 1953년 홍수 이야기다—전 세계 해수면이 상승하면서 이 도시도 100년마다 30센티미터씩 꾸준히 가라앉는 형편이므로, 아닌 게 아니라 기후를 지키는 기사단이 꼭 필요하다.

온화한 날이나 계절에는 수문들이 열려 있다. 우리는 5층 높이의 투구들 사이를 배로 지날 수 있다. 그러면서 그 반들반들한 아름다움에 감탄하고, 1600년대에 런던의 아들 존 밀턴이 이 광경을 보았다면 어떻게 여겼을까 상상해본다. "오직 참고 기다리는 자, 그들이 또한 섬기는 것이다." 밀턴은 자신의 실명失明을 노래한 소네트에서 이렇게 읊었다. 이 시구는 신을 섬기는 밀턴 자신을 향한 것이었지만, 템스 장벽의 기사단 역시 그렇게 참고 기다리면서 런던 시민들에게 기후변화의 현실을 환기하는 일을 하고 있다고 말해도 좋을 것이다. 우리가 무슨 조치를 취하지 않을 경우 그 변화가 우리의 마당, 거리, 선창에서 어떻게 펼쳐질지 환기하는 일을. 그때까지는 번쩍거리는 수문장들이 해안을 방어해줄 것이다. 그들의 얼굴을 들여다보면, 튼튼한 금속의 어둠이 우리를 반긴다. 그들은 몇 년 더 우리를 섬길 테고, 결국 금속이 약해지면 더 새롭고 유능한 기사들로 교체될 것이다.

현재진행형인 기후변화의 후유증을 물리치기 위한 보호 장비를 만들 때, 즉 우리를 우리 자신으로부터 보호해주기를 바라는 기술적 구제자들을 불러낼 때, 애초에 우리를 이 곤경으로 몰아넣은 바로 그 과정을—즉 화석연료의 연소를—활용한다는 것은 어딘가 아이러니하면서도 시대에 어울리는 일인 듯하다. 그러나 그보다는 태양을 활용하는 편이 더 낫다.

태양을 활용한 방안들 중 가장 훈훈한 이야기는 세계 최대의 범람원을 품은 방글라데시 북서부의 사례다. 그곳은 당장 비가 내리지 않는 순간에도 습도가 100퍼센트에 육박하고, 공기는 고무처럼 빽빽하다. 몬순철이 끝나가는 시기임에도 하늘은 언제든 맹렬하게 비를 퍼부을 기세인 그곳에서, 색색의 튜닉과 바지를 입은 아이들은 태양광발전으로 움직이는 학교 보트에 올라타기 위해서 서둘러 강둑으로 향한다. 좀더 나이든 주민들은 의료 보트나 도서관 보트나 농업용 보트를 기다린다. 한 사람의 재간과 아량 덕분에, 범람이 닥치더라도 이제 희망이 물위를 떠다니게 되었다.

모하메드 레즈완은 방글라데시에서 자란 건축가이자 기후변화 활동가로, 갈수록 심해지는 홍수에 시달리는 고향을 보면서 마음 아파했다. 기온이 올라 히말라야에서 더 많은 눈이 녹다보니, 매년 방글라데시 범람원으로 더 많은 물이 밀려든다. 방글라데시 영토의 3분의 1이 매년 물에 잠긴다. 거대한 지우개가 사람들이 손으로 그린 일상을 매년 쓱싹 지워 없애는 것만 같다.

레즈완은 일반적인 건물을 설계했다가 건물이며 온 마을이 자기 눈앞에서 쓸려나가는 꼴을 보고 싶진 않았다. 그래서 2008년에 '시둘라이 스와니르바르 상스타'('스스로의 힘으로 살아가는 시둘라이 마을')라는 비영리단체를 설립하여, 저지대를 떠다니면서 도서관, 학교, 보건소, 혹은 물 위의 텃밭으로 기능하는 흘수 얕은 3층짜리 배 100척을 운영하기 시작했다. 지역의 보트 제작자들을 설득하여, 전통적인 대나무 배에 태양전지판, 컴퓨터, 화상회의 장치, 인터넷망을 설치했다. 함대에는 자원봉사 의사도 상주해 있고, 태양광발전으로 켜는 허리케인용 랜턴, 자전거 발전기를 이용한 펌프도 제공한다. 모든 배에 태양전지가 있어 휴대전화와 컴퓨터를 충전할 수 있고, 주민들은 등을 충전해서 집으로 가져갈 수도 있다. 단 아이들을 계속 학교에 보낸다는 조건하에. 이 사업은 지금까지 9만 가구에 혜택을 주었고, 2015년까지 8만 1500가구에 더 도움을 줄 것으로 예상된다.

홍수기에는 사람들이 고립되어 제대로 먹지 못하기 때문에, 레즈완은 일명 '태양열 수경농업'을 발명했다. 그의 설명은 이렇다. "이 시스템은 부레옥잠으로 만든 (채소를 기르는) 수중 모판, 그물과 대나무 막대기로 동그랗게 둘러싼 이동 양식장, 태양열 전등으로 밝히는 수상 오리 우리로 구성된다. 무엇보다 이 시스템은 재활용 시스템이다. 오리 분뇨를 물고기 먹이로 쓰고, 부레옥잠 모판은 유기비료로 팔고, 태양에너지로 오리 우리를 밝혀서 알을 계속 낳도록 하는 것이다."

그래서 홍수가 진 달에도 아이들은 키득거리며 계속 학교에 다니고, 가족들은 사방이 물에 잠겼어도 식량과 깨끗한 물을 조달할 수 있다. 이런 식이면 몬순이나 모종의 갈등 때문에 사람들이 집에서 살지 못할 때도 보트들이 인명구조원으로 나서 교육, 의료, 식량, 조명, 통신을 제공할 수 있다.

물론 레즈완 혼자 기후변화를 물리칠 순 없다. 그러나 놀랍도록 간단한 그의 해결책은 사람들이 변화에 적응하도록 돕는다. 기후학자들의 어휘에서 점점 더 자주 등장하고 있는 '적응'과 '완화'라는 단어는 기후변화에 대응하는 실용적인 (또한 비실용적인) 시도들을 통칭하기 위해서 사용된다.

우리가 산소에 푹 빠져 살 수 있도록 해준 은인이라고 했던 남조류를 기억하는지? 어떤 이들은 남극해에 철가루를 뿌려서 그런 조류의 생장을 촉진하자고 제안하기도 했다. 논쟁적인 발상이다. 조류가 햇빛과 이산화탄소를 흡수하여 엽록소를 만들어내려면 철이 필요하다. 조류는 대기의 이산화탄소를 빨아들인 다음에는 바다 밑으로 가라앉아 죽는다. 과학자들은 광범위한 '철 비료'가 과연 해양생물들에게 안전한지 아직 확신하지 못하기 때문에, 최근 남극의 소용돌이 해류 속에(그래야 더 퍼지지 않을 테니까) 철가루를 붓는 소규모 실험을 해보았다. 기대했던 대로 규조류가 엄청난 규모로 증식했고, 공기의 이산화탄소를 빨아들인 조류 대부분은 몇 주 뒤에 이산화탄소 진주를 품은 채 바다 밑으로 가라앉아 죽었다. 이 기법을 대규모로 적용해도 안전할까? 아직은 답을 알 수 없다. 지구공학은 대단히 논쟁적인 작업이다. 실제 시도해보기 전에는 결과를 알 수 없지만, 만일 결과가 나쁘다면 치명적이다. 우리는 벌써 지난 수십 년간 의도하지 않은 지구공학적 작업을 수행해왔다. 대기를 이산화탄소로 가득 채웠고, 바다를 비료로 가득 채웠다. 그리고 그 결과는 좋지 않았다.

지금까지 사람들이 제안한 지구공학적 방안 혹은 적응 방안은 '아뿔싸, 내가 왜 이걸 미처 생각 못했지' 싶은 것부터 말짱 정신 나간 소리까지 다양하다. 일례로 '모노크롬(단색) 지구' 기법은 도시와 도로를 새하얗게 칠하고, 사막에 흰 비닐을 덮고, 작물을 유전공학적으로 개량하여 더 옅은 색을 띠게 만듦으로써 햇빛을 우주로 더 많이 반사시키자는 발상이다. 더운 날에는 하얗게 변하고 추운 날에는 검게 변하는 타일을 지붕에 설치하자는 제안도 있다. 이보다 더 괴상한 기술적 해법으로는 수조 개의 작은 거울을 우주로 쏘아올려서 길이가 15만 킬로미터 이상 되는 지구용 차양을 설치하자는 의견이 있고, 이산화황 입자를 대기로 뿜어내어 햇빛을 차단하는 소형 화산들을 인위적으로 만들자는 의견도 있다. 유전공학을 이용해 미래 인류의 덩치를 지금보다 더 작게 줄임으로써 자원을 덜 쓰도록 만들자는 '소박한 제안'도 있다.

노르웨이 해안에는 노르웨이 정부와 세 정유회사가 공동으로 소유한 거대 탄소포집저장시설이 있다. 대기로 배출된 이산화탄소가 날아가버리기 전에 포집하여 지하 저장고에 묻는 시설이다. 탄소 감옥은 모든 곳에서 실용화하기에는 아직 너무 비싼데다가 걱정거리가 없는 장치도 아니지만, 많은 나라가 노르웨이의 선례를 따르고 있다. 한편 리처드 브랜슨*은 효율적이면서도 경제적인 방식으로 이산화탄소를 대기에서 제거하는 기술을 공모하며 무려 2500만 달러의 거금을 상금으로 내걸었다.

세포생물학자 렌 온스타인의 계산에 따르면, 만일 우리가 오스트레일리아 아웃백과 사하라 사막에 숲을 가꿀 수만 있다면 그 숲이 우리

* 온실가스 감축 활동에 적극적인 버진그룹을 창립한 영국 실업가.—옮긴이

가 매년 대기로 내보내는 이산화탄소를 몽땅 흡수할 것이라고 한다. 쉬운 과제가 아니란 건 분명하지만, 최소한 기술적으로는 가능하다. 아프리카에서는 벌써 비정부 풀뿌리 토착 단체들이 나무를 5100만 그루 넘게 심었다. 언젠가는 그 숲이 흙에서 빨아올린 물을 잎사귀를 통해 대기로 내보내 스스로 구름과 비와 그늘을 만들고, 그럼으로써 주변을 시원하게 해주고, 지속 가능한 방식으로 자란 목재까지 보너스로 제공할 것이다.

한편 보스턴에서 플로리다까지 미국 동해안에는 광범위한 방파제가 필요하다. 가급적 모래톱이면 좋겠지만, 이용할 수만 있다면 인공 방파제와 수문도 좋다. 꼭 런던처럼 시적인 구원의 기사들을 세울 필요는 없다. 어쩌면 한때 미 대륙 양쪽 해안을 따라 자리했던 천연 암초와 굴 서식지를 변형한 형태로 방파제를 만들 수도 있다.

예전에는 미국 동해안에 굴이 잔뜩 자랐다. 돌쩌귀 같은 껍데기로 뒤덮인 굴 서식지는 폭풍해일을 둔화시켰고, 암초에 붙어 파도를 붙잡음으로써 물결이 하구를 덮치기 전에 부서뜨렸다. 허드슨 강 하구는 품질 좋은 굴로 유명했다. 해변 가까이 서식하는 굴은 바닷물을 여과하는 역할도 하는데, 그 덕분에 해초가 살기에 적합한 서식지가 형성되면 해초의 뿌리가 흙을 붙잡아서 침식을 막아준다.

우리는 그 길고 광범위했던 천연 방파제를 거의 다 망가뜨렸다. 그러고는 허리케인 해일에 도시와 항구를 두들겨 맞는 경험을 하고서야 무엇을 잃었는지 비로소 깨닫기 시작했다. 별 탈 없을 줄 알고 작은 야생 조개류를 채취해서 몽땅 먹어치운 것만이 문제가 아니었다. 도시와 농장에서 바다로 흘러나가는 유독물질도 문제였다. 사정은 전 세계가 마찬가지다. 19세기 말 이래 세계의 굴 서식지 85퍼센트가 사라졌다.

경관건축가 케이트 오프는 뉴욕 시를 보호할 방안으로 "바위, 조개껍질, 보풀보풀한 밧줄"을 쌓아서 인공 암초를 만든 뒤 그곳에 굴을 이식하는 방법을 제안했다. 굴 서식지는 자연스럽게 파도의 위력을 줄인다. 시간이 흐르면 굴로 뒤덮인 방파제가 바닷물을 정화하고, 일종의 생태적 접착제 구실까지 할 것이다. 오프는 이렇게 설명했다. "기반시설은 우리와 동떨어져 있는 게 아니다. 그래서도 안 된다. 그것은 우리 가운데에 있고, 우리 옆에 있고, 우리의 도시와 공공 공간 속에 있다."

청색혁명

"해양재배라고요." 나는 찬물에서 오래 버티도록 도와주는, 묵직하지만 물에 뜨는 주황색 작업복을 입으면서 머릿속으로는 바다에 수직으로 조성된 텃밭을 상상한다.

"바닷속 공간을 수직으로 온전히 활용해서 다양한 종을 재배하는 삼차원 농업이라고 생각하시면 될 거예요." 브렌 스미스가 검은색 빨간색 체크무늬 플란넬 셔츠와 청바지 위에 작업복을 껴입고 발목의 지퍼를 올리고 벨트를 잠그면서 내게 말한다. 미국 동해안을 따라 가족 단위로 운영되는 작고 지속 가능한 유기 양식장들의 망을 구축함으로써—다시마들의 커튼 밑에 굴을 양식함으로써—폭풍해일을 억제하고 지역사회에 식량과 에너지를 공급하겠다는 그의 전망에서, 해양재배는 시작 단계일 뿐이다.

기후변화의 타격은 어부와 농부가 특히 심하게 받는다. 코네티컷주 스토니크리크의 얼어붙을 듯 추운 아침, 소형 보트에서 나를 마주보고 앉아 있는 서른아홉 살의 이 뱃사람은 둘 다에 해당한다. 호리호리한 체구지만 팔과 어깨가 강인한 브렌의 몸매는 그가 밧줄을 당기고 양식통을 끌어올리는 직업에 종사하고 있음을 알려준다. 지금은 수염과 머리를 싹 밀어버렸지만, 오랫동안 그는 타고난 붉은 머리카락과 긴 턱수염을 길렀고 지금도 자국이 남아 있다. 진한 오렌지색 털모자를 쓰고 계피색 수염 자국과 적갈색이 섞인 금발 눈썹을 자랑하는 그는 가시광선 중 파장이 가장 긴 빨강의 여러 색조들을 담은 컬러칩처럼 보인다.

우리는 휘청거리다가 배 밖으로 떨어질 때 따위는 대비하지 않았지만 많은 어부들처럼 브렌도 실은 수영을 못한다. 작업복은 최근 들어 연달아 바다를 때리는 겨울 폭풍의 거센 바람과 뇌설을 견딜 수 있도록 온기를 더해주는 용도다.

평생 바닷사람이었던 브렌은 뉴펀들랜드의 500년 된 작은 마을 페티하버에서 자랐다. 페인트칠 된 오두막 열한 채가 서 있는 마을에는 어부들이 살았고, 소금기에 칠이 벗겨진 선창에는 배들이 밀치락달치락 떠 있었다. 소년은 돌투성이 해변에서 가재잡이 통발, 부표, 닻, 밧줄, 해초가 엉킨 조개껍질, 물고기와 새의 뼈, 그리고 뱃사람들의 허풍을 잔뜩 접했다. 그러니 그가 열다섯 살에 고등학교를 그만두고 바다로 내뺀 것은 놀랄 일이 아니었다. 그는 메인에서 가재잡이 배를 탔고, 매사추세츠에서 대구잡이 배를 탔고, 알래스카 베링 해협에서는 저인망어선, 주낙어선, 게잡이 배를 탔다. 맥도날드에 납품하는 생선 양식장에서도 일한 적도 있다.

"자신을 어부라고 생각하세요, 농부라고 생각하세요?" 내가 묻는다.

"지금은 농부입니다. 바다의 위험에 맞서는 것보다는 루꼴라를 기르는 쪽에 더 가깝거든요. 바다의 위험을 경험하는 일이라면 이제 충분합니다."

삼차원 농업은 어떤 의미에서 순환 농법이다. 브렌은 겨울과 초봄에는 다시마를 수확하고, 6월과 9월에는 홍조류를 수확하고, 굴과 가리비와 대합은 1년 내내, 홍합은 봄과 가을에 수확한다. 적어도 이론상으로는 그렇다. 그러나 현실에서는 허리케인 아이린이 그의 굴 양식장을 초토화해버렸다. 그는 새로 수확하려면 2년을 더 기다려야 한다는 것을 알면서도 곧장 다시 씨를 뿌렸다. 그런데 이번에는 허리케인 샌디가 굴들을 질식시켰다. 대합은 강한 발로 조금이나마 움직일 수 있기 때문에 허리케인을 견뎌낼 가능성이 좀더 높지만, 굴은 그냥 있던 자리에 갇혀버린다. 굴은 심지어 먹을 때나 짝짓기할 때도 움직이지 않는다. 암초가 막아주지 않으면 폭풍해일이 굴들을 휘젓고, 그 때문에 토사가 일면 굴들은 그 자리에서 질식해 죽는다. 그리하여 화석 기록에 합류하는 느린 과정을 밟기 시작한다. 1917년에서 1918년 사이에 롱아일랜드 해협이 얼어붙었을 때 웬 무모한 인간들이 차를 몰고 그 위를 지나가려다가 물속으로 가라앉은 일이 있었는데, 아마도 그때 그 T 자동차 곁에서 나란히 화석이 되어갈 것이다.

"얄궂죠." 브렌이 생각에 잠겨 말한다. "제가 기후변화 때문에 망하는 첫 친환경 어부가 될지도 모른다니요."

하지만 브렌은 낙관적이고 자신감이 있다. 다행히 그는 블리자드 니모가 강타하기 직전, 눈보라가 한창일 때 홍합을 좀 수확했다. 그리고 최소한 다시마만큼은 허리케인 시즌이 지난 뒤에 양식하는 작물이다. 허리케인 샌디가 지나간 뒤에 브렌은 그해의 다시마를 심었고, 2월 중순이 된 지금 거의 수확할 때가 되었다.

브렌은 보트의 밧줄을 푼 뒤 폴짝 배에 오른다. 우리는 800미터쯤 떨어진 앞바다에 작은 쇄빙선처럼 얌전하게 떠 있는 그의 태양열 동력 고깃배를 향해 보트를 몬다. 도중에 심블 제도를 통과한다. 무수한 작은 섬들로 구성된 제도의 몇몇 섬에는 6억 년 된 분홍 화강암으로 이뤄진 장엄한 절벽이 있다. 많은 섬에는 기둥으로 밑을 받치고 꼭대기에는 작은 탑을 갖춘, 동화책에나 나올 법한 사치스러운 집들이 올라앉아 있다. 나선형의 긴 나무 계단이 아래쪽 바다까지 이어져 있다.

옛날옛적, 빙하는 이 섬들을 엎질러놓은 채 물러났다. 거대한 화강암 혹, 징검돌 같은 석판, 물에 잠긴 돌덩어리와 암붕이 뒤에 남았다. 어떤 바위는 썰물일 때만 드러난다. 작아서 귀엽다고 골무(심블)가 아니라 야생 멍석딸기(심블베리)에서 이름을 딴 이 제도에는 머니 섬, 리틀펌프킨 섬, 컷인투 섬, 마더인로 섬, 헨 섬, 이스트스투핑부시 섬 등등 100개에서 365개 사이의 섬이 있고(조수의 높이에 따라서, 혹은 섬을 어떻게 정의하느냐에 따라서, 혹은 1년 365일 하루에 섬 하나씩이라는 생각이 마음에 든다면 그렇게 세나가도 좋고, 어쨌든 세는 기준에 따라서 개수가 달라진다), 그중 약 스물세 개에는 여름마다 사람이 와서 거주한다. 점박이바다표범과 새는 넘치도록 많다. 모든 섬이 나름의 가십과 설화에 싸여 있는데, 태프트 대통령이나 키드 선장이나 링글링 브러더스 곡예단의 톰 섬 같은 유명 체류자들 덕택이다.

바다의 짠물과 강의 민물이 하구에서 섞이는 곳이라, 170종의 물고기와 1200종의 무척추동물과 무수한 철새가 먹이를 찾고 번식하기에 알맞은 피난처이기도 하다. 호스 섬과 아우터 섬은 야생동물 보호구역이다. 한편 브렌에게 이곳은 여름이면 철새 같은 손님들이 찾아들고 겨울이면 광포한 폭풍이 몰아치는 곳, 그러나 언제든 수면 위아래에서 생명이 자라는 비옥한 텃밭이다. 오늘처럼 아크등을 켠 듯 밝은 겨울날, 싸늘한 바람이 물길을 가르고 스치면 텃밭은 얼음장처럼 푸르게 반들거린다. 공기는 소집 나팔 소리처럼 청명하다.

"화강암 절벽이 굉장하군요." 나는 절벽들의 고양이 같은 아름다움을 들이마시면서 말한다. 벨벳처럼 까만 흑운모가 점점이 흩어져 있고 크림색과 회색의 석영이 띠처럼 박혀 있는 절벽은, 위로는 반짝거리는 햇살을 받고 아래로는 요란스럽게 발치를 때려대는 바다를 거느린 모습이 광물이라기보다 동물 같다.

"자유의 여신상 기단에 쓰인 돌이 바로 이 분홍 화강암이에요." 브렌이 설명한다. "링컨기념관과 의회도서관에 쓰인 돌도 마찬가지고요. 에인 랜드의 『파운틴헤드』를 보면, 건축가가 화강암 채석장 가장자리에 서서……"

"자본주의자다운 마초성에 가득차서 말이죠, 제 기억이 맞는다면요."

"바로 그거예요!" 브렌이 푸른 눈을 빛내면서 말한다. "내가 여기로 온 이유 중 하나는 그런 이미지와 극단적인 이데올로기를 지워버리기 위해서랍니다."

나는 그가 말한 대목을 안다. 주인공 하워드 로크는 오로지 자신의 대단함만을 걸친 채 채석장을 굽어보며 서 있다. 모든 자연은 그의 원재료, 세상을 지배할 자격이 있는 소수의 강한 인간들이 집어삼킬 대상이다.

> 그는 생각했다. 이 바위들은 나를 위해서 여기 있는 것이다. 드릴과 다이너마이트와 내 목소리를 기다리면서. 깨지고 찢기고 두드려 맞고 재탄생하기를 기다리면서. 그것들에게 형상을 부여할 내 손을 기다리면서.

"과거에 저는 바다를 약탈했습니다." 브렌이 죄책감이 어린 목소리로 고백한다. "제 인생을 돌아보면, 마치 생태적 참회록 같습니다. 어릴 때는 서른 시간 교대 근무를 하면서 밤낮으로 물고기를 잡았죠. 그게 무진장 좋았습니다. 저는 탁 트인 바다에서 살아야 하는 사람이거든요. 하지만 우리는 바다를 바닥까지 긁으면서 생태계를 갈가리 찢어놓았습니다. 보호수역에서 불법 조업을 일삼았지요. 제가 바다에 도로 던져넣은 죽은 잡어만 해도 수만 마리는 될 겁니다. 최악의 산업적 어획이었지요."

예전에는 대구가 어린아이를 삼킬 만큼 크게 자랐다. 그러나 어부들이 조직적으로 제일 큰 개체만 잡아들이자, 대구들은 종으로서 살아남기 위해 점점 더 어리고 덩치가 작을 때 짝짓기를 시작해야 했다. 그렇게 살아남은 개체들이 제 유전자를 물려주었고, 이제 대구는 접시에 쏙 들어가는 크기가 되었다. 머지않아 바다에는 작은 개체들만 남을 것이다. 우리는 대구의 몸집을 줄이는 과정에서 대구에 대한 우리 자신의 인식까지 바꿔놓았다. 한때는 온 가족이 먹을 수 있는 대어였지만 이제는 작고 무해한 물고기로. 그리고 그 작은 대구들마저도 오늘날 지구에 닥친 역사상 최대 수준의 대량 멸종 사태를 맞아 다른 해양생물들과 더불어 사라지고 있다. 브렌은 우리의 수렵·채집자적 사고방식이 우리를 지난 수십 년간 해적 행위나 다름없는 일을 하도록 이끌었다고 생각한다. 낭만조차 없는 해적 행위를.

"한번은 뉴펀들랜드로 돌아갔다가 그런 방식의 어업은 지속 가능하지 않다는 생각이 굳어졌습니다. 내가 사랑하는 바다가 파괴되고 있다는 사실을 깨달았던 거예요. 생태계를 훨씬 더 많이 의식하게 되었습니다. 그후에 연어 양식장에서도 일했는데 역시 똑같은 산업적 양식일 뿐이었어요. 환경에도 나쁘고 사람들에게도 나쁘고. 야생 어획도 농장식 양식도 둘 다 지속 가능하지 않습니다. 바다는 제 영혼이고, 저는 제가 바다에서 일해야 하는 사람이라는 걸 잘 알아요. 하지만 동시에 뭔가 다른 것을 원하는 새로운 세대의 사람입니다. 그래서 고민하기 시작했지요. 어떻게 하면 친환경 어부로 진화할 수 있을까?

제가 여기 롱아일랜드 해협으로 온 때는 마침 시기가 좋았습니다. 마흔 살 미만의 젊은 어부들에게 조개류 양식장을 제공해서 어업으로 도로 끌어들이려는 움직임이 일던 참이었거든요. 여기서 조개 양식장을 얻기란 여간 힘든 일이 아니에요. 대략 여섯 집안이 여러 세대에 걸쳐서 완전히 장악하고 있으니까요. 하지만 그들이 10년 전에 자신들의 양식장을 일부 떼어서 제공하기로 했고, 마침 그때 제가 이리로 와서 양식을 시작한 겁니다. 고민이 됐어요. 자, 이 25헥타르의 바다 텃밭에서 바람직한 방식으로 지속 가능한 식량을 길러내려면 어떤 재주를 갖춘 종들을 골라야 할까? 양식이 단순한 식량 생산을 넘어서 바다를 복원하는 일이 될 수도 있을까? 훌륭한 식량을 기르는 동시에 세상을 더 나은 곳으로 만들 수도 있을까?

그러다보니 어느덧 가능한 한 가장 효율적이고 환경적으로 지속 가능한 방식으로 농사를 짓고 있더라고요. 수직으로 말이지요. 자라기도 아주 빨리 자랍니다. 다시마는 5개월 만에 2.5미터에서 3.5미터까지 자라요. 이 식량 기둥 전체는 영양분도 풍부합니다. 굴, 홍합, 가리비는 저지방 단백질은 물론, 여러 중요 비타민도 제공합니다. 셀레늄, 아연, 마그네슘, 철, 비타민 B, 오메가 3 같은 영양소요. 바다 채소, 그러니까 다시마 같은 여러 종류의 해조를 분석한 결과를 보면 수많은 비타민, 미네랄, 아홉 종류의 아미노산, 게다가 오메가 3까지 생성한다고 해요.

우리가 '바다 채식주의'라고 부를 만한 걸 시도해볼 수 있을까요? 저는 가능하다고 봅니다. 제2차세계대전중에 독일도 영국도 식량 대비책으로 그런 계획을 세웠죠. 전쟁에서 식량 부족이 큰 위협이 되리라고 예상했기 때문에, 실제로 이런 연구를 수행해서 사람들에게 해조류를 먹여보기도 했고요. 최근 연구도 있는데, 만일 전 세계에 걸쳐 작은 해조류 양식장을 만들어서 총 넓이가 워싱턴 주만해진다면 그걸로 세계 인구를 다 먹일 수 있다는 겁니다. 그야 지금 당장 모든 사람에게 해조류를 먹일 순 없겠지만, 잠재력이 충분하다는 것만큼은 보여준 거죠."

우리는 브렌의 조업용 배에 다다른다. "이 배는 무키라고 해요." 그가 소개한다. 선체는 코발트블루 색깔이고, 선실 문은 하늘색, 한때 그것과 색을 맞췄을 법한 갑판은 이제 허옇다. 부츠, 양식통, 밧줄, 표면이 거친 선창과의 마찰 때문에 얇게 발라두었던 페인트는 진작 벗겨졌고 가장자리에만 가늘게 하늘색이 남은 것이다.

우리는 배에 올라 닻을 걷고 그가 소유한 바다 뙈기를 향해, 육즙이 흘러내리듯 까만 밭을 향해 나아간다. 자잘한 물보라가 배 뒤로 끌린다. 회색과 흰색이 섞인 재갈매기들이 머리 위를 선회한다. 갈매기들은 여느 큰 포식자를 따라다니는 것처럼 우리를 따라오며 노란 눈을 빛낸 채 수면에서 튀어오르는 작은 물고기를 사냥한다.

우리는 닻을 내린 뒤, 무거운 양식통 하나를 감아올려서 배에 설치된 나무 벤치에 조심스레 얹는다. 쌩쌩 콧김을 내뿜는 찬바람이 칼날처럼 살을 찌른다. 두툼한 작업복을 입은 게 다행이지만 그 때문에 거동이 불편해서 꼭 달에서 걷는 것처럼 느릿느릿 움직일 수밖에 없다.

브렌이 뚜껑을 열자 300마리쯤 되는 굴과 다른 해양생물들이 든 저장고가 드러난다. 불가사리도 있고, 오렌지색 조류의 작고 갈라진 잎도 보이고, 목걸이처럼 이어진 총알고둥의 회백색 알 껍질들도 보인다. 알 껍질이 꼭 뿔이나 산호 따위로 만든 단추 같다.

"보세요." 브렌이 이로 알을 하나 가르고는 작은 씨들을 짜내어 칼끝에 얹는다. "고둥 알입니다. 미니 고둥처럼 생겼지요."

놀랍게도 정말 그렇다. 맛있는 총알고둥은 수천 년 동안 영국, 아일랜드, 아시아, 아프리카 요리 문화의 한 축이었다. 총알고둥은 바위에(혹은 굴 양식통에) 들러붙어 몸을 가눈 채 식물성플랑크톤을 먹고산다. 그러나 굴에게는 이 무임승차자가 달갑지 않은 존재다. 물렁물렁하고 동그란 멍게도, 반투명한 몸에 체절이 있는 갯가재도, 차르륵 늘어지는 올리브그린색 바다포도도, 깨진 껍질 조각도 마찬가지다. 브렌은 그런 것을 모두 바다로 돌려보내지만, 그물망에 들러붙어 입을 벌리고 있는 작은 따개비들은 예외다. 따개비는 모르타르를 바른 것처럼 딱 붙어 있기 때문에, 잠시 뒤에 굴과 함께 도로 물로 들어갈 것이다.

갈매기들이 하늘을 헤엄치는 동안, 우리는 나무 탁자 위 얕은 통에 굴을 쏟아붓는다. 오늘 우리가 할 일은 굴을 '단련'시키는 것이다. 상처를 입히려는 게 아니라, 스트레스를 약간만 주어서 껍질이 더 딱딱해지도록 만드는 것이다. 우리가 운동을 하면 근육이 붙는 것처럼, 굴은 파도에 많이 부딪힐수록 껍질이 두꺼워진다. 게으른 사람과 마찬가지로 게으른 굴에게는 운동이 필요하다. 고생 없이는 힘을 기를 수 없다. 이렇게 굴을 인간에 빗댄 생각들이 머릿속에서 펼쳐지다가 차가운 바람에 날아가버린다. 나는 고무장갑으로 손을 뻗는다.

"빵 반죽처럼 치대세요." 브렌이 시범을 보여주면서 말한다.

나는 손을 활짝 벌려 굴을 열두어 개쯤 쥔 뒤 손바닥 아래쪽으로 앞으로 굴렸다가 도로 당겼다가 하면서 물결이 치는 듯한 움직임을 반복한다. 나는 파도가 되었다.

"5주마다 한 번씩 만져줍니다. 튼튼하게 자라라고요."

"굴들이랑 친한 것처럼 말씀하시네요."

"가족이나 다름없죠. 제가 녀석들을 심었고, 2년 동안 함께하면서 자라는 걸 지켜보고, 정기적으로 만져주니까요. 모든 굴을 하나하나 다 알아요."

"이름도?"

브렌이 웃는다. "그렇게까진 아니고요. 아직은."

"정말 아름다워요." 나는 잠시 손을 멈추고 여기 심블 제도에 사는 굴 하나를 집는다. 깊게 파인 껍질과 황금빛 색조, 자줏빛 얼룩, 무지갯빛 광택을 바라본다. 어떤 굴은 뼈가 도드라진 손처럼 생겼고, 어떤 굴은 험준한 산등성이처럼 생겼다.

브렌이 칼로 하나를 열어 내게 건넨다. 거절할 수 없다. 굴을 자랑스러워하는 그는 내 반응을 기다린다. 굴 감식가가 못 되는 나는 입속 맛봉오리가 말하는 대로 이야기하는 수밖에 없다. "엄청나게 짜고, 매끄럽고, 부드럽고, 벙어리장갑처럼 통통해요. 바다를 한 입 먹은 맛이에요."

프루스트적 기억이 대번에 나를 프랑스 브르타뉴 해변으로 데려간다. 그곳 몽생미셸 수도원의 그늘에서도 사람들이 바다를 수확한다. 그곳은 조수 차가 엄청나고 물이 아주 짜다. 브르타뉴의 훌륭한 진미 중 하나인 굴을 기르기에 완벽한 조건이다. 기억하기로 그 굴도 짰지만, 이 맛과는 달랐다. 그때의 굴에서는 약간 금속 맛이 났고, 홍차와 놋쇠 맛이 살짝 풍겼다. 미셸 드 몽테뉴는 굴에서 제비꽃 맛이 난다고 했다. 그러나 굴의 맛은 환경에 따라 달라지며, 내가 읽기로 어떤 굴은 오이나 멜론 같은 끝맛을 남긴다고 한다.

"잘됐네요." 브렌이 미소 짓는다. "맛이 나쁜 게 있으면 꼭 제가 자식 농사에 실패한 아빠처럼 느껴져요."

우리는 단련시킨 굴들을 도로 통에 담아 물속의 제자리로 내려보낸다. 그리고 배를 돌려, 이번에는 30미터 길이의 밧줄을 따라 까만 부표들 밑에 대롱대롱 매달린 다시마를 확인하러 간다.

"줄을 따라가는 거죠." 브렌은 경전을 써넣은 히말라야의 오색 깃발처럼 나부끼는 다시마 줄기를 하나하나 눈으로 살피면서 말한다. 구름 그림자가 드리운 물밑의 다시마는 애써서 살펴야 가까스로 눈에 들어온다. 브렌은 빨간 손잡이가 달린 갈고리로 줄기 하나를 낚아서 물위로 끌어올린다. 가장자리가 고불고불한 다시마 띠들이 길게 이어진 모습이 좀 놀라웠다. 띠의 폭은 8센티미터쯤 되고, 길이는 1미터쯤이며, 몇몇에는 희미한 물결무늬가 나 있다. 다시마도 육상식물처럼 광합성을 하는데, 잎사귀만 하는 게 아니라 몸통 전체가 한다. 그래서 대기중 이산화탄소를 육상식물보다 다섯 배 더 많이 흡수한다.

한 가닥을 만져보니 놀랍도록 건조하고 매끄럽다. 햇빛을 받은 다시마의 빰은 황갈색으로 빛난다. 아시아에서 오래전부터 주요한 식재료로 쓰여온 다시마(와 그 밖의 다른 해조류)는 요즘 캐나다, 영국, 카리브 해 요리에서도 맛의 깊이를 더해주고 있다. 다시마는 또한 고대부터 의학적 용도로도 수확되었다. 다른 어떤 음식보다 미네랄이 풍부한 다시마에는 사람의 혈액에 녹아 있는 미네랄 종류가 거의 다 들어 있으며, 갑상샘과 호르몬과 뇌 건강에 유익하다고 한다. 게다가 항암, 혈액응고방지, 항바이러스 효능까지 자랑한다. 다시마는 라메르사의 고급 스킨크림 제품군에 다른 재료들과 함께 쓰인 '비장의 성분'이기도 하다. 다시마의 알긴산은 푸딩에서 아이스크림, 치약까지 오만 것을 걸쭉하게 만드는 데 쓰이고, 심지어 3D 생체프린터에서 살아 있는 세포들을 뭉치는 용도로도 쓰인다.

"맛 좀 보세요." 브렌이 내게 두번째 코스를 제안한다.

나는 곱슬거리는 다시마 조각을 하나 맛본다. 쫄깃하지만 별맛은 없는 편이라 맛보다는 질감으로 먹지만, 일본 음식점에서처럼 참기름에 버무리거나 된장국에 넣으면 딱 좋을 것이다. 브렌은 굴과 다시마를 지역 주민과 식당에 팔고 맨해튼의 요리사들에게도 판다.

"저는 이걸 '기후 친화적 농업'이라고 생각합니다." 브렌이 말한다. "다시마는 탄소를 엄청 많이 흡수하는데다가 생물연료나 유기비료로 쉽게 바꿀 수 있거든요. 그래서 요즘 여러 회사, NGO, 연구가와 계속 의논하고 있어요. 다시마는 50퍼센트 이상이 당분입니다. 에너지부처에서 연구한 게 있는데, 만일 메인 주 절반만한 면적에 다시마를 키운다면 미국 전체 석유 수요를 대체할 만한 생물연료를 얻을 수 있다는 내용입니다. 굉장하죠! 게다가 육지에서 생물연료 재료를 기를 때 발생하는 부정적인 문제들도 없습니다. 말이 나왔으니 말인데, 육지에서 그렇게 기르는 건 끔찍한 방법이에요. 물, 비료, 에너지를 엄청 낭비합니다. 하지만 여기에서는 에너지 자급 농장을 일굴 수 있어요. 민물을 전혀 안 쓰고, 비료도 전혀 안 쓰고, 공기도 전혀 안 쓰고, 그러면서도 지역사회에 연료를 제공할 수 있죠. 저야 다시마를 식용으로 기르지만, 브롱크스 강이나 하수처리장 앞에 이걸 심는다면 수질오염을 줄일 수도 있습니다. 아니면 생물연료용 다시마를 따로 키울 수도 있겠죠.

지난 10년 동안 온갖 조사를 하면서 어떻게 이 모두를 하나로 합칠 수 있을까 궁리해왔어요. 생각해보세요. 바다에서 식량을 기르는 겁니다. 비료도 공기도 흙도 물도 안 쓰고요. 엄청나게 에너지 집약적인데다가 민물과 토양에 기후적 위협을 일으키는 일들을 전혀 안 하는 겁니다. 잘만 꾸려진다면 얼마나 좋겠어요. 정말 신나겠지요! 녹색혁명의 뒤를 이어서 청색혁명이 펼쳐질 거예요. 그런 전망이 코앞에 다가온 걸 느낄 수 있어요. 그리고 이건 수직 농업이기 때문에 공간도 아주 적게 차지하지요."

모두가 브렌의 기법에 찬성하는 것은 아니다. 특히 구식 환경보호주의자들이 반대하는데, 브렌이 먼저 그 말을 꺼낸다.

"반발도 상당합니다. 일부 보존주의자들이 그래요. 그 사람들은 바다를 아름다운 야생의 공간으로 생각하기 때문입니다. 거기에는 저도 공감합니다. 평생을 바다에서 살았으니까요. 하지만 우리는 새롭고 냉엄한 현실에 직면해 있어요." 브렌의 얼굴에서 결의가 불타오른다. "만일 우리가 우리 세대에게 가장 중요한 이슈인 환경문제를 외면한다면, 야생의 바다는 죽은 바다가 되어버릴 겁니다. 얄궂게도 기후변화 덕분에 우리는 바다를 살리기 위해 개발해야 하게 될지도 몰라요. 이런 개발도 필요하고, 그와 동시에 바다의 넓은 부분을 해양보호공원으로 보존하는 일도 해야 합니다. 그런다고 해서 우리가 직면한 문제들이 죄다 풀리진 않겠지만, 적어도 시작하는 데는 도움이 될 겁니다."

브렌의 열정에는 기후변화로 인한 바다의 산성화를 걱정하는 공감대가 점차 확산되는 사회 분위기가 바탕에 깔려 있다. 브렌은 자신의 생활방식을 지구의 건강과 시급히 조화시켜야 한다고 느끼는 과도기적 세대의 일원이다. 개척자라고 해도 좋겠고 생물개척자라고 불러도 좋을 텐데, 어쨌든 그 신념 덕분에 그는 '기후문제 청년 지도자 네트워크'에 합류해달라는 초대를 받았다. 그 네트워크는 "기후문제를 풀고자 노력하는 혁신적인 지도자와 선구자, 전통적인 환경 단체 밖에서 활동하는 많은 사람까지 포함하는" 작은 집단을 후원하는 기구다.

브렌의 눈이 바다에 머무른다. "물론 그러자면 우리가 바다에 대해서 다시 생각해야 할 겁니다. 바다를 지구에서 마지막으로 남은 야생의 장소이자 인간의 손이 닿지 않은 최후의 장소로 숭배하는 사람들에게는 그게 가슴 미어지고 논쟁적인 일로 여겨질 테지만요."

그러나 사실을 말하자면, 바다는 결코 인간의 손을 타지 않은 장소가 아니다. 2007년 아일랜드 유일의 연어 양식장 주인은 자고 일어났더니 하룻밤 새 연어 10만 마리가 해파리떼에게 몽땅 잡아먹힌 광경을 보았다. 전 세계 바다에서 우산, 낙하산, 종 모양의 수많은 해파리가 상승하는 수온, 영양분이 풍부한 농업 유수, 오염물질에 이끌려 이리저리 몰려다니고 있다. 반투명 위장술을 쓰는 해파리들은 어부들이 선호하는 가자미, 연어, 기타 대형 생선들에 몰래 다가가고, 수많은 서식지에 침입하여 그곳 물고기들을 먹어치우거나 몰아낸다. 바다를 복원하고 보호하는 일을 하는 단체 '오세아나 유럽'에 따르면, 해파리 개체수가 급증한 것은 기후변화와 더불어 인간이 참치나 황새치 같은 해파리의 천적들을 남획했기 때문이다. 도쿄, 시드니, 마이애미 같은 항구도시의 시민들도 불어난 해파리와 전쟁을 벌이고 있다. 최근의 어느 여름에는 기록적인 수의 해파리가 플로리다 남부와 멕시코 만의 얕은 바다를 점령했다. 조지아 주 타이비아일랜드 시의 해양구조대는 어느 토요일 하루에만 사람이 해파리에 심하게 쏘인 사고가 2000건이나 발생했다고 발표했다.

바다는 수준기*이고 식량 저장고이고 놀이터이고 생명으로 소란스러운 저택이고 우리의 기원을 상기시키는 장엄한 존재고 또다른 종류의 몸(물로 된 몸)이다. 한 달을 주기로 조수가 발생한다는 점을 고려하자면 생물학적 여성의 몸이다. 그러나 그의 뼈는 갈수록 약해지고 있고, 그의 짠물은 우리가 공기에 잔뜩 쏟아낸 이산화탄소와 논밭에서 흘려보내는 비료로 갈수록 산성화하고 있다. 바다가 산성화되면 칼슘으로 된 껍데기가 물러서 녹아버리기 때문에 산호, 굴, 홍합, 대합 같은 생물에게는 끔찍한 일이다. 반면 불가사리에게는 따뜻한 바닷물이 강장제라서, 요즘은 예전보다 훨씬 더 북쪽까지 떼 지어 다닌다. 그들의 먹이인 조개들이 사라질 때까지.

"환경보호주의자들은 지금까지 잘못된 질문을 던져왔습니다." 브렌이 잠시 뒤에 말한다. "우리가 어떻게 바다를 살리지? 우리가 어떻게 해양생물을 보호하지? 이렇게만 물어서는 안 됩니다. 물론 그것도 다 중요한 문제라는 데는 동의합니다. 하지만 우리는 생각을 뒤집어서 이렇게 물을 필요도 있습니다. 바다가 어떻게 우리를 살릴까? 바다가 어떻게 우리에게 식량, 일자리, 안전, 지속 가능한 생활양식을 제공할까? 저는 그 답이 바다를 보호하면서도 바다와 공생하는 친환경 양식업에 있다고 확신합니다."

마지막으로 우리는 남은 홍합들을 살펴본다. 이는 등을 혹사해서 저 깊은 물속으로부터 밧줄을 끌어올려야 한다는 뜻이다. 그 깊은 곳에서, 홍합들은 검고 반들반들한 단추처럼 그물 양말에 안전하게 담겨 망 틈새에서 자란다. 홍합들은 수확하기에는 아직 너무 작다. 그러니 도로 물속으로 내린다. 사프란 크림소스에 덮이기에는 너무들 어리니

* 어떤 면의 수평을 측정하는 기구로 유리관에 보통 알코올이 담겨 있다.—옮긴이

까. 브렌이 왜 이 일과를 탁아소 일처럼 여기는지 이제 알겠다.

주름진 파도가 이는 해협을 둘러보면, 이곳이 산업 경관이라는 느낌은 전혀 들지 않는다. 그러나 사실 물밑에서는 어마어마한 양의 식량이 자라고 있다. 브렌의 긴 낚싯줄에만 2톤의 다시마가 매달려 있다. 나는 브렌의 '공생적' 사고방식이 마음에 든다. 창조적이고 문제풀이를 좋아하는 우리 수십억 인류는 환경의 기생생물로만 머물 이유가 없다. 우리에게는 기술이 있고, 지식이 있고, 환경적으로 지속 가능한 공생자가 되려는 열의가 있다.

스토니크리크 항으로 돌아올 때, 우리는 다시 한번 섬마다 올라앉은 빅토리아풍 저택들과 소금처럼 흰 오두막들을 스친다. 어제의 실망을 태워 날리는 석조 굴뚝, 빗줄기에 달그락거리는 창문, 바다를 염탐하는 현관, 바람에 찌든 나무와 정원을. 또한 여기에는 언제나 깊고 눈부신 푸른 바다가 있다. 암초와 바위, 수면 바로 밑에서 소용돌이치는 음흉한 해류, 폭풍이 닥치면 그레이하운드처럼 날뛰는 파도가 있다.

새 부두는 깔끔하고 깨끗하며 허리케인에 대비하여 단단히 닻을 내린 듯 거뜬하다. 검은 가마우지 한 쌍이 혹처럼 튀어나온 바위 위에 앉아 있다. 브렌이 몸짓으로 새들에게 환영 인사를 건넨다. 어부들 사이에는 어부가 물에 빠져 죽으면 까만 우의를 입고 부츠 대신 물갈퀴를 신은 허기진 가마우지가 되어 돌아온다는 미신이 있다.

바람은 차지만 오후 햇살은 따뜻하다. 곧 밀물이 들 테고, 분홍색 발을 가진 갈매기들이 해안을 스치듯이 날아다닐 것이다. 몇 달이 지나면 여름 손님들이 몰려들어 신선한 해산물을 먹고, 인형극을 관람하고, 바다의 웅얼거림을 들으면서 잠들고, 해변의 삶과 깨끗한 바다의 황홀을 즐길 것이다. 시간은 손목에 잠시 비끄러매둔 채로.

2. 돌과 빛의 집

THE HUMAN AGE

아스팔트 정글

부디가 굴러떨어졌다가 기어오르고 공과 그림자와 아이패드를 똑같이 대하며 가지고 노는 것을 보면서, 나는 인류가 지금까지 걸어온 길에 감탄한다. 상상력을 발휘하여 우리의 시작이 어땠는지 떠올려보자. 우리는 대부분의 시간을 나무 위에서 보내던, 반쯤 직립한 유인원이었다. 그다음에는 유랑하며 수렵과 채집을 하는 오합지졸 무리가 되었다. 그리고 그다음에는 수천 년에 걸쳐서 혼미할 정도로 뜸을 들이며 몇몇 작물을 선택해 목적에 맞게 보살피는 관리인이 되었다. 그러다 이윽고 용감무쌍한 농부이자 숲의 개간자가 되어, 머리 위로 지붕을 이고 좀더 안정적인 식량 공급을 누리게 되었다. 그뒤에는 고랑을 내어 잘 경작한 농토 옆에 그에 비하면 왜소해 보이기 짝이 없는 마을과 도시를 짓는 건설자가 되었다. 그러고는 증기기관과 같은 발명품에 힘입어 제작자가 되었다.(증기기관은 말, 소, 물의 힘보다 센 동력원, 동물의 건강이나 날씨에 구애되지 않고 특정 장소에 제약되지 않는 동력원이었다.) 더 나중에는 산업을 움직이는 사람,

단순노동자나 실업가가 되어, 한없이 펼쳐진 주요 작물(옥수수, 밀, 쌀)의 논밭과 거대한 규모의 핵심 가축종(주로 소, 양, 돼지) 무리 옆에 벌집 같은 도시를 짓고 그 속에 공장들을 심더니 근처로 이주했다. 그러다 마침내 우리는 북적거리는 거대 도시를 건설하기에 이르렀다. 도시 가장자리를 교외 주거지가 둘러쌌고, 그 너머에는 갈수록 줄어드는 농장과 숲이 자리했다. 그후 우리는 한덩어리로 뭉치려는 강력한 충동에 이끌리기라도 한 것처럼, 드높은 희망의 냄새를 피워올리는 도시들로 떼 지어 이주했다. 알알이 흩어졌다가 또르르 굴러서 도로 뭉치는 수은 방울들처럼, 우리는 마침내 소수의 덩어리들로, 거대한 문명의 금속 공들로 융합되기 시작했다.

지구 역사상 최대 규모인 이 대량 이주는 인류세의 온갖 충격과 경이 중에서도 수위에 오를 것이다. 우리는 불과 100년 만에 도시 거주종이 된 것이다. 오늘날 인류의 절반이 넘는 35억 명이 도시에 몰려 있다. 과학자들은 2050년이면 도시가 세계 인구의 70퍼센트를 홀리리라고 내다본다. 이 추세는 밤하늘의 달처럼 엄연하고, 산사태처럼 막기 힘들다.

2005년에서 2013년 사이에 중국의 도시 인구는 13퍼센트에서 40퍼센트로 치솟았다. 대부분 깡촌을 떠나 거리마다 기회와 유혹이 쨍그랑거리는, 삶이 뒤죽박죽 쌓여 있는 대도시로 찾아든 사람들이었다. 이 추세라면 2030년에는 중국 국민의 절반 이상이 도시에서 살 것이다. 그들은 자기 지역에서 식량을 재배하는 대신, 산업과 발명과 제조의 과실을 내주고 다른 나라들로부터 식량을 사올 것이다. 영국은 이미 그렇게 변해서, 1950년 무렵에는 바둑판처럼 배열된 도시들이 인구의 79퍼센트를 품게 되었다. 도시 거주자 비율이 92퍼센트에 달할 2030년이면 영국은 진정한 도시형 국가가 되어, 한 발 앞서 그렇게 변한 다른 나라들의 대열에 합류할 것이다. 아르헨티나는 이미 인구의 90퍼센트가 도시에서 살고, 독일은 88퍼센트가, 프랑스는 78퍼센트가, 한국은 80퍼센트가 그렇다. 시골형 국가를 보려면 부탄, 우간다, 파푸아뉴기니 같은 나라로 가야 한다. 그런 나라에서는 거의 모든 인구가 시골에서 살고 있고, 대도시의 삶에 투신한 인구는 10퍼센트밖에 안 된다. 최소한 지금까지는.

도시를 추구하는 우리의 행태는 광적인 수준에 도달하여, 이주라는 단어로는 그 화급함도 특별함도 제대로 포착하지 못하는 지경이다. 경제적 격차가 큰 세상에서, 도시로 갓 이주한 사람들이 결국 복잡한 판자촌과 빈민가에 정착하게 되는 것은 놀랄 일이 아니다. 도시는 그들이 탈출하려고 했던 바로 그 가난을 오히려 집중시키는 곳이기 때문이다. 그러나 희망이 나이키를 입고 매연에 잠겨 있는 한, 도시로의 유입은 줄지 않을 것이다.

오즈와도 같은 오늘날의 도시들은 더 나은 교육, 더 훌륭한 의료, 더 많은 여성 일자리, 더 폭넓은 신분 상승의 기회를 제공하는 번영의 봉화로서 일렁거리고 있다. 도시는 환경문제 면에서도 인구밀도가 낮은 농촌보다 낫다고 볼 수 있다. 도로, 송전선, 하수도가 서로 가까이 놓여 있으면 자원을 덜 쓴다. 아파트는 도시 내 건물들의 기하학적 배치로 단열 효과를 누리기 때문에 냉난방과 조명 소비가 좀더 수월하다. 인구밀도가 높은 동네는 대중교통을 이용할 수 있고, 대부분의 목적지가 걷거나 자전거를 타고 갈 만한 거리에 있어 굳이 차를 쓸 일이 드물다. 그래서 도시 거주자는 시골 거주자보다 탄소발자국이 오히려 더 작다. 뉴욕 같은 대도시는 가구 및 1인당 에너지 소비가 최저 수준이다. 따라서 역설적이게도 도시는 전체적으로는 에너지를 더 많이 쓰지만 개개인은 덜 쓴다. 언뜻 직관에 반하는 말처럼 들리지만, 사실은 도시 생활이 좀더 친환경적인 생활양식일 수 있는 것이다. 개발도상국 도시들도 에너지를 적게 쓰는데, 다만 이는 도시에 가난한 인구의 비율이 더 높은 경향이 있고 그런 사람들은 식량과 물뿐만 아니라 소비를 전반적으로 적게 하기 때문이다.

서비스가 밀집되어 있고 개개인의 탄소발자국이 더 작다는 장점에도 불구하고, 시골을 떠나 도시 생활을 추구하는 인구가 기록적으로 많다는 현실은 기후학자들에게 걱정스러운 일이다. 왜냐하면 도시는 환경 면에서 게임의 판도를 바꿔놓는 존재이기 때문이다. 대도시는 주변보다 온도가 평균 10도 더 높은 열점이다. 그 속에서 차들이 잔뜩 돌아다니고 식량 운반자들이 더 먼 거리를 이동하여 저장고를 채우기 때문에, 도시는 지구의 오염물질 대부분을 배출한다. 여름에는 공기가 하도 탁해서 눈에 보일 듯한 날도 있다. 마치 수백만 영혼이 한꺼번에 숨을 내뿜은 것만 같다. 지하와 연결된 통풍구에서 피어오르는 증기를 보노라면, 도시 밑에 거대한 땀샘이 도사리고 있는 게 아닐까 싶기도 하다.

인류세의 역설 중 하나는 우리가 도시에 사는 영장류이지만 몸은 아직 야생에 맞춰져 있다는 것, 한편으로는 모든 야생을 파괴하고 그 위에 뭔가를 짓거나 농토로 바꾸면서도 다른 한편으로는 야생을 갈구하고 필요로 한다는 것이다. 사람들이 아스팔트 정글로 쇄도하고 있으므로, 우리는 도시 생활을 인류 및 지구의 안녕과 조화시킬 독창적인 방법을 얼른 찾아야 한다. 둘 다를 해내면서 지구를 보전하는 방법을 찾는 것이 우리의 과제다.

지금까지 접한 훌륭한 발상들 중에는 바로 그렇게 도시를 때투성이

에너지 폭식가에서 활기찬 생태계로 바꿔놓는 방법이 여럿 있었다.

도시 공원은 기본이다. 그 밖에도 더 상상해보자. 골목 그늘마다 야생화가 핀 모습, 신선한 채소를 재배하는 옥상과 부두 텃밭, 식물이 우거진 건물 벽, 고층 건물의 수직 농원, 건물 지붕의 벌통, 낡고 녹슨 기반시설을 따라 이어진 자연 산책로 같은 것들을. 도시를 식생으로 녹화하는 것은 기온을 낮추고, 공기를 정화하고, 이산화탄소를 흡수하고, 더 많은 산소를 내보내고, 시끌벅적한 환경 가운데 중간중간 한숨 돌릴 수 있는 공간을 마련하는 이미 검증된 기법이다.

그렇게 도시와 자연이 뒤섞인 상태를 달성하기 위해서, 최근 환경운동 진영에서는 '조정생태학'이라는 새로운 분야가 등장했다. 조정생태학은 도시나 여타 인간이 점령한 서식지, 즉 우리 거주지 바로 곁에서 생물다양성을 보존하려는 노력이다. 조정생태학이라는 용어는 마이클 로전즈와이그가 『모두에게 유익한 생태학』에서 처음 썼는데, 이 이름에는 사랑스러운 울림이 있다. 이 이름은 신랄한 비난을 던지는 대신, 다함께 망가진 울타리를 수선해 조화롭게 공존하자고 제안한다. 조정생태학의 선구자들은 수치 자료에 근거하여, 인간이 거주하지 않는 땅이 이제 거의 없기 때문에 우리가 지구의 모든 생물다양성을 보호할 순 없겠지만, 도시와 앞마당에서 좀더 많은 공간을 다양한 생물에 내어줄 순 있다고 주장한다.

우리 집 근처 시골길, 주로 곡물을 재배하는 밭과 집이 펼쳐진 이 동네에서는 사려 깊은 새 애호가들이 파랑새를 위해서 마련해둔 둥지 상자가 여기저기 눈에 띈다. 천연 나무 구멍이 귀해졌기 때문이다. 주민들이 울타리의 나무 기둥을 강철 기둥으로 교체한 뒤 때까치(맹금처럼 부리가 갈고리 모양인 중간 크기의 새)가 금세 사라지자, 사람들은 기둥을 도로 나무로 바꿨다.(때까치는 나무 기둥 위에 앉기를 좋아한다.) 그러자 때까치들이 다시 돌아왔다. 이런 활동은 그저 사소한 조정에 불과하겠으나, 사소한 조정들이 쌓이면 큰 그림을 바꿀 수 있다. 시골에서만 그런 것도 아니다. 이런 게 과연 존재할까 싶은 방안들 중에는 문명과 야생의 경계선을 흐리려는 노력도 있다. 폐수처리장은 딱히 자연적이거나 경치 좋은 장소로 여겨지지 않는다. 그러나 공생적 사고방식을 지닌 몇몇 도시들은 재활용을 적극적이고 기발한 방식으로 해석함으로써 폐수처리장을 새로운 종류의 야생생물 보호구역으로 설계했다. 처리한 물을 그냥 흘려보내는 대신 동물들에게 먹이와 서식지가 되어주는 생태계의 긴요한 구성 요소로 활용해 자연으로 되돌려보내는 것이다. 식생 덕분에 물이 한번 더 정화되고, 철새와 텃새가 찾아들며, 식물과 곤충의 복잡한 공동체가 그곳을 터전으로 삼고, 각종 야생생물이 우글거리는 식이다.

그러면 도시 주민들은 타성에 젖은 감각을 잠시나마 일신하기 위해서 굳이 멀리까지 나갈 필요가 없다. 보호구역을 산책하고 멍하니 바라보고 앉아서 쉬고 카메라를 찰칵대는 사람들은 영원한 풍광 속에 쉴새없이 바뀌는 또하나의 구성 요소로 편입된다. 둥지를 트는 새들이 신경도 안 쓰는 익숙한 존재가 되어.

그런 보호구역 중 내가 각별히 좋아하는 곳은 플로리다 교외 델레이비치에 있는 와코다해치 습지다. 안전을 고려해 수면으로부터 3미터 높이에 깔아놓은 산책로에서, 사람들은 골풀 사이를 미끄러지는 악어, 약탈자 거북으로부터 진흙 둥지를 지키는 물고기, 첨벙거리는 오리와 쇠오리, 먹이를 노리는 물새를 구경할 수 있다. 얕은 수심과 공중에 뜬 산책로 덕분에, 아래에서 펼쳐지는 많은 드라마를 내려다볼 수 있다. 이를테면 수염 난 수달이 역시 수염 나고 돛처럼 생긴 등지느러미를 단 메기를 잡는 모습을. 돼지개구리들은 이름처럼 꿀꿀 울어댄다. 운이 좋다면 마치 햇빛에 다이아몬드들이 튀겨지듯 수면의 한 부분이 부글거리는 장면을 볼 수 있을지도 모른다. 악어 수컷이 인간의 귀에는 들리지 않을 만큼 낮은 저음으로 울고 있는 지점이다. 아니면 거대한 선사시대의 유령이 보초병처럼 물에 서 있는 모습을 볼 수 있을지도 모른다. 멸종 위기종인 검은머리황새가 옹이가 많은 나무줄기처럼 울퉁불퉁한 대머리와 길게 굽은 부리를 뽐내는 모습이다.

판자 산책로는 1.5킬로미터 가까이 구불구불 이어지면서 20헥타르 넓이의 늪, 습지, 연못, 갈대밭, 습원을 통과한다. 물과 땅이 만나는 곳이라면 어디에서든 생명이 번성하는 듯하다. 따오기는 덤불과 나무가 무성한 섬들을 펄럭펄럭 날면서, 까악거리는 새끼들이 가득한 둥지로 줄기차게 먹이를 물어나른다.

도시의 일상적인 소음을 뚫고, 와코다해치에서는 염주비둘기의 구슬픈 노랫소리부터 퀘이커앵무의 아수라장같이 시끄러운 울음소리까지 140종의 새들이 저마다 한 채널씩 차지하고 노래를 방송한다. 코가 붉은 쇠물닭은 나팔 소리, 꼬꼬댁 소리, 원숭이가 낄낄대는 것 같은 소리로 배경음악을 깔아준다. 구애하는 진홍저어새는 부리로 캐스터네츠를 연주한다. 붉은어깨지빠귀는 하나밖에 모르는 단어를 지겹도록 줄기차게 지껄인다.

와코다해치 습지는 음식점, 사무실, 콘도, 쇼핑몰, 고속도로에 둘러싸여 있는데도 무수한 생명을 끌어들인다. 그중에는 도시에서 흔히 볼 수 없는 야생식물도 있다. 언뜻 조류가 증식한 것처럼 혹은 햇살을 받은 수면의 점묘화처럼 보이는 것은 밝은 황록색 좀개구리밥이다. 이 단순한 수초는 물살이 느린 곳이라면 어디에서든 자라면서 새에게 먹이가 되어주고, 개구리와 물고기에게 그늘을 드리워주고, 악어와 치어들에게 따뜻한 담요가 되어준다. 언젠가는 사람에게 값싼 고단백질 식량이 되어줄지도 모르고(아시아 일부 지역에서는 벌써 야채처럼 먹고 있다), 값싼 생물연료 재료가 되어 차들을 달리게 하는 동시에 공기 중 이산화탄소를 제거할 수도 있다.

분쟁 지역의 평화를 도모하는 화해 활동이나 마찬가지인 조정생태학 사업이 수익성이 좋다고 해서 부끄러운 낙인이 찍히는 것은 아니다. 일례로 이스라엘의 에일라트 해변에서 70미터 떨어진 바다에 있는 레드시스타 레스토랑은 식당과 전망대의 결합이다. 수면에서 5미터 밑, 모래로 덮인 해저에는 바다에서 영감을 받은 알록달록한 식당이 있다. 손님들은 말미잘 모양의 흐릿한 조명 밑에서 오징어 모양 의자에 앉아, 밤이든 낮이든 플렉시글라스 창문 너머로 산호 정원을 누비는 풍성한 해양생물들을 구경할 수 있다. 사람들 못지않게 호기심 많은 물고기들도 창문 너머에서 사람들에게 눈길을 던진다. 이 식당은 건축적 역작인 동시에 생태적 성공작이기도 하다. 인간이 초래한 오염과 남획으로 사라졌던 산호초를 복원한 결과물이기 때문이다. 건축가들은 우선 황량한 해저의 한 지점을 고른 뒤, 강철 그물망으로 이뤄진 구조물을 물속에 잠그고, 그 위에 산호 군락을 이식했다. 산호가 슬로모션으로 움직이는 공중곡예사처럼 그곳에 매달려 살면서 다른 해양생물들을 끌어들이도록 만든 것이다.

힐튼 호텔이 소유한 인도양 몰디브의 이타 레스토랑은 바다에 잠겨 있는 아크릴 관이다. 이곳의 손님들도 물고기와 산호에 둘러싸여 식사를 한다. 해수면에서 겨우 1.5미터 솟은 섬들로 구성된 몰디브는 세계의 오염원으로 손꼽히는 일은 거의 없지만, 대통령 모하메드 나시드는 세계 어느 나라보다도 야심찬 기후 목표를 수립했다. 10년 안에 탄소 중립 상태를 달성하고 그동안 지속 가능한 호텔과 식당, 심지어 물에 뜬 골프장을 짓겠다는 것이다. "석유 발전소를 태양열, 풍력, 바이오매스 발전소로 교체할 것이다." 나시드는 이렇게 설명했다. "쓰레기는 열분해 기술을 써서 청정 전기로 바꾸고, 새로운 설계의 배로 해운 오염을 대폭 줄일 것이다. 2020년까지 몰디브 제도에서 화석연료 사용을 사실상 없앨 것이다." 경제를 친환경화하는 것은 최근 생태관광객과 투자자를 끌어들이기 시작한 몰디브에 유익한 일이고, 기후를 바로잡는 데 도움이 될 만큼 급진적인 변화를 추구하는 모델로서도 훌륭하다.

어떤 도시에서는 자연과의 공존이 오래되고 녹슨 기반시설을 구조하는 일, 버려진 구역이나 쓸모없는 땅을 되찾는 일, 금속 쓰레기가 된 철로를 동식물과 사람을 끌어들이는 서식지로 바꾸는 일을 뜻한다. 미국의 모든 주와 아이슬란드, 에스토니아, 오스트레일리아, 페루 등 많은 나라가 폐철로를 평화로운 '철로 산책로'로 탈바꿈시켜서 자전거, 하이킹, 들이나 산을 횡단하는 크로스컨트리에 적합한 공간으로 활용하고 있다. 그런 길은 대개 도시를 관통하거나 논밭을 에둘러 지나면서 사람들과 야생생물들을 녹음이 우거진 샛길로 끌어들인다. 나는 오하이오, 캘리포니아, 애리조나, 뉴욕의 그런 아름다운 길에서 자전거나 크로스컨트리 스키를 타보았다. 오하이오 주 갬비어 외곽의 철로 산책로에서 자전거를 탔던 일은 특히 기억에 남는다. 새벽에 자전거를 타고 가는데, 어느 농장의 거위들이 나를 추격해왔다. 나는 거위들의 공격이 허세에 불과하다는 것을 알았기 때문에, 속도를 늦춰서 거위들이 내 바짓가랑이를 깨물도록 놔두었다. 거위들은 제 영역을 방어했다는 만족감을 느끼는 듯하더니 곧 농장 마당으로 돌아갔다. 나는 짧게나마 꽥꽥거리는 친구들과 함께한 시간이 즐거웠으며, 거위에 대해서 미처 몰랐던 사실을 배웠다. 녀석들이 시끄러운 경비견이라는 사실을.

역시 길쭉하게 이어진 오아시스로서 인기를 얻고 있는 곳은 맨해튼 웨스트사이드의 '하이라인'이다. 벤치, 둥지, 횃대, 전망대가 굽이굽이 이어진 이 놀라운 산책로는 도시와 전원을 잇는 뉴욕의 새로운 다리가 되었다. 원래 폐기된 고가 화물 철로로 허드슨 강 위의 녹슨 흉물에 지나지 않았던 그곳은 이제 들꽃과 사람들이 가꾼 꽃이 수놓인 융단으로 변신했다. 하이라인이 세계 최초의 고가 공원은 아니지만(파리의 프롬나드 플랑테와 바빌론에 있었다는 공중 정원도 잊지 말아야 할 것이다), 내가 아는 도시 고가 산책로들 가운데 가장 아름다운 곳임에는 분명하다.

멋진 조망을 잔뜩 제공하는 그림 같은 그곳은 또한 오밀조밀 풍성하게 살아 있어, 나비, 새, 사람, 다른 여러 생물들이 어우러진 하늘 위 정원을 거닐며 한껏 고양된 기분을 만끽할 수 있다. 그곳은 실용적인 의미에서 고층 지름길로도 기능한다. 그 숱한 교차로를 피하는 하늘의 통로인 셈이다. 벌써 100만 명의 시민이 아름답게 꾸민 그 통로를 거닐었으며, 이에 영감을 받은 다른 도시들도 비슷한 하늘 공원을 계획하고 있다. 시카고, 멕시코시티, 로테르담, 산티아고, 예루살렘은 도시의 버려진 교각을 활용해서 하이라인의 선례를 따르려고 한다. 이들 작업은 각 지역의 토착 식물뿐 아니라 독특한 특징과 유머감각까지 활용한 도시 재생 사업이다. 일례로 독일 부퍼탈에는 산책로로 바꾼 철로 중간에 마치 레고 조각처럼 원색으로 귀엽게 꾸민 다리가 있다.

폐수를 이용한 습지와 마찬가지로, 이런 사업은 재활용에 관한 생각의 폭을 넓히고 자연과 긴밀하게 얽힌 도시적 생활양식을 구축한다.

묘안들의 약장에 든 하나의 연고라 할 수 있는 초소형 도시 공원 및 야생생물 통로는 세계적으로 그 뿌리가 깊다. 황새들의 이주 경로에서 기착지에 해당하는 루마니아, 스위스, 폴란드, 독일, 스페인을 비롯한 여러 지역들에는 사람들이 황새를 위해서 설치해놓은 상자 둥지가 있다. 그 밖에도 풍부한 생물종이 살아가는 뉴욕 도심의 센트럴파크, 런던의 도시 공원 여덟 곳(몇 군데에서는 사슴이 뛰논다), 밴쿠버의 온대림이 우거진 스탠리파크, 모스크바의 로시니오스트로프(일명 '물사슴 섬') 국립공원, 뭄바이의 산제이간디 국립공원, 독일에서 페로 제도까지 이어진 뗏장 지붕과 생태 통로, 도쿄 성누가국제병원의 옥상 정원, 모든 옥상에 정원 조성 의무를 법으로 정한 코펜하겐(그리고 같은 법안이 상정된 토론토) 등의 사례가 있다. 또한 녹지가 풍성하게 조성된 리우데자네이루, 이스탄불, 케이프타운, 스톡홀름, 시카고는 도심과 주변에서 놀랍도록 다채로운 토착종들이 뒤섞여 살아가면서 생물다양성의 요지가 되었다. 싱가포르 도심에 있는 거대한 '가든스바이더베이' 정원은 16층 높이까지 솟은 돔 구조물 속에 24만 종이 넘는 희귀 식물, 꽃, 나무를 가꾸어 도시 생활을 풍요롭게 한다. 운무림과 공중 산책로를 갖춘 정원은 빗물을 모으고, 태양열발전으로 전기를 생산하고, 공기를 씻어낸다. 2012년 6월 29일에 정원이 개장했을 때, 첫 이틀 동안 자연에 굶주린 방문객 7만 명이 찾아왔다.

새로운 도시 오아시스가 모든 종과 모든 사회에 효과적이진 않겠지만, 도시를 재야생화하려는 시도는 갈수록 늘고 있다. 이런 움직임은 긍정적이고, 계몽적이고, 광범위하고, 유용하다. 우리는 도시를 지구 친화적 성채로 개조하고 재고해야 한다. 도시는 우리의 벌집이고, 우리의 암초다. 각자의 껍데기를 쓰고 다함께 뭉쳐서 살아가는 동물이 홍합만 있는 것은 아니다.

초록 그늘 아래 초록 남자

어릴 때 파트리크 블랑은 병원에 가는 것이 좋았다. 대기실에 있는 길이 1.8미터의 수족관은 다채로운 색깔의 열대어들과 물결에 나부끼며 손짓하는 무성한 초록 수초로 그의 눈을 간지럽혔다. 파리 교외에서 자란 도시 소년에게 그 풍경은 몰래 훔쳐보는 천국 같았다. 수족관에 붙어 있는 작은 상자에 귀를 갖다대면, 관을 통해 공급되는 보글보글 물소리와 웅웅거리는 여과기 소리가 들렸다. 물고기 못지않게 그런 수력학적 원리와 기술도 그의 흥미를 끌었다. 오래지 않아 그는 집에 자신만의 작은 수족관을 만들었다. 언젠가는 산호색 부리의 밀랍부리새들을 입양하여 목요일과 일요일 오전마다 아파트 주변을 자유롭게 날아다니도록 풀어주기도 했다.

사춘기에 접어들자, 방랑하는 호기심은 수족관과 새에서 해양식물로 넘어갔다. 열다섯 살에는 세상에서 가장 습하고 그늘진 지역, 즉 열대 밀림의 신비로운 하층 식생에 관심을 갖게 되었다. 대학 때 타이와 말레이시아의 우림을 여행하면서 그는 "식물이 땅에서만이 아니라 어느 높이에서든 솟아날 수 있다"라는 깨달음을 얻었다.*

오늘날 세계 여러 도시들을 상쾌하게 만들어주는 수직 정원은 블랑이 그동안 선보인 생태적 작품에서 설계나 영감을 빌린 것이 많다. 벽에 식물을 심어 조성하는 수직 정원은 계절에 따라 변천하며 새, 나비, 벌새를 불러들인다.

블랑이 개인적으로 좋아하는 작품이자 녹색 도시의 상징이 된 작품은 파리의 근사한 케브랑리 박물관이다. 2006년에 개관한 이 박물관은 많은 사람에게 식물학적 계시처럼 다가왔다. 면적이 1200제곱미터에 달하는 건물 전면에 다양한 질감의 초원이 기어올라 있어 전면의 절반 이상이 살아 있는 셈이다. 나머지 부분은 창문이므로 벽은 두꺼운 잎과 이끼가 숨쉬는 거대한 격자무늬가 되었다. 그 벽은 만지면 부드럽고, 향이 풍성하고, 새들이 북적거린다.

블랑은 박물관에 소장된 전 세계 예술가들의 문화적 다양성을 반영하는 의미에서 건물 전면을 다양성으로 덮고 싶었다. 그래서 북아메리카, 유럽, 남아메리카, 아시아, 아프리카의 온대 지역 식물종을 섞어서 심었다. 오세아니아도 포함하면 좋았겠지만, 열대식물은 파리의 겨울을 견디지 못한다. 절반은 식물 태피스트리이고 절반은 숨어 있는 작은 늪이며 전체가 흙 한 톨 없이 만들어진 전면은 파리 시민들의 감각을 채우고, 딱딱한 도시 생활 한가운데에 높이 12미터, 폭 198미터짜리 생태계를 제공하며, 그 와중에 공기를 정화하고 이산화탄소를 제거하면서 오랫동안 유지되도록 설계되었다. 날씨가 따뜻할 때는 꽃이 피

* Patrick Blanc, *The Vertical Garden: From Nature to the City* (New York: W. W. Norton, 2012), 76쪽.

고, 나비가 날아와 꿀을 빨고, 새가 빽빽한 덤불 속에서 횃대와 둥지를 마련한다. 멍하니 바라보노라면 저 이끼 낀 구릉에서 작은 사슴이 풀을 뜯고 있어야 하지 않을까 싶을 정도다. 박물관 관장은 앞으로 개구리와 나무도마뱀도 들일 계획이다. 수평적인 실내 생활은 사람들의 마음을 납작하게 짓누르기 쉬우므로, 행정동에도 몇 군데에 좀더 작은 수직 정원을 마련해놓았다. 창을 통해 내다보이는 그 정원들은 밖과 안의 경계를 한층 흐린다.

북향으로 높이 솟은 정원이 어떻게 센 강을 휩쓰는 얼음장 같은 바람을 견뎌낼까? 바로 이 대목에서 식물학자 블랑의 공부와 연구가 개입한다. 살아 있는 벽이 튼튼한 것은 그가 하층 식생 중에서도 강한 직사광선과 바람을 견디는 수백 종을 골랐기 때문이다.

"바위취, 하면 말이죠." 블랑이 말한다. 바위취는 단지산호와 범의귀 등을 포함한 과科로, 작고 섬세한 꽃을 피우고 잎은 손가락을 활짝 편 손처럼 생겼다. "4월에 녹기 시작한 눈 속에서 솟아나는 온전한 형태의 잎들이 떠오릅니다. 캘리포니아의 거대한 세쿼이아 공원 그늘 속 급경사면에서 솟는 모습 말이에요."

블랑은 수십 가지 미묘한 색조와 농도가 있는 짙고 풍성한 초록색들의 팔레트로 작업한다. 아스파라거스, 양치식물, 삼림, 사마귀의 초록…… 질감도 다양하여 윤기가 없는 것, 솜털이 난 것, 스펀지 같은 것, 번들거리는 것까지 오만 종류가 있다. 더구나 그 모습은 하루중 어느 시각이냐에 따라, 시기, 계절, 태양을 가린 구름, 강에 낀 안개, 혼잡시간의 교통량, 황혼의 색수차 등에 따라 늘 달라진다. 우리 눈의 막대세포와 원뿔세포에 비친 그 색깔들은 온통 뒤섞여서 계속 진화하는 것처럼 느껴진다. 아마 숲에서 그런 색깔들을 마주친다면 꼭 그렇게 보일 것이다. 블랑은 꽃보다 잎을 선호하고, 길게 늘어지는 덩굴은 좋아하지 않으며, 잎의 형태에 민감하다. 그가 조각보로 짜넣는 수천 포기 식물들의 잎은 짧고 빳빳한 것, 뾰족한 것, 별 모양, 톱니 모양, 타원형, 낫 모양, 원형, 물방울 모양, 뭉툭한 모양, 하트 모양, 화살촉 모양 등 다양하다. 기어오르는 식물이 있는가 하면 아래로 뻗어내려가는 식물이 있다. 무더기로 자라는 식물이 있는가 하면 홀로 우아한 꽃을 피우는 식물이 있다. 솟아나는 식물이 있는가 하면 떠받치는 식물이 있다. 각각의 습성을 잘 아는 블랑은 여러 칸으로 나뉜 식물 지도를 그리는데, 꼭 소용돌이 모양의 지문 혹은 순서대로 색칠하기 그림본처럼 생긴 지도의 각 칸에는 식물들의 이름이 학명으로 적혀 있다.

"처음에는 그림처럼 시작됩니다. 그다음에 질감과 깊이가 더해지지요." 그가 설명한다.

이 작업은 과학에 바탕을 둔 예술형식으로, 여러 뮤즈로부터 받은 영감을 혼합한 산물이다. 처음에는 평평한 종이에 식물을 그리므로, 설계가 정말 하나의 그림으로 시작되는 셈이다. 이후 작품은 만질 수 있고 다듬을 수 있는 생물학적 형태와 색깔로 이뤄진 감각적인 조각으로 변형된다. 잎, 꽃, 줄기가 공중에서 슬로모션으로 발레를 춘다. 블랑은 그 안무를 어느 정도까지는 짜둘 수 있다. 그러나 그 앙상블은 결국 날씨에 따라 달라지는 즉흥무가 될 것이다. 거기에 개구리, 새, 곤충이 터를 잡으면 개굴거리고 짹짹거리고 윙윙거리는 합창이 더해진다. 예측할 수 있는 음들을 바탕으로 나머지는 재즈 변주처럼 진행된다.

식물은 자연히 곡선을 그리기 마련이지만, 설계에 확실한 선과 깔끔한 가장자리를 부여해두면 완성작이 난장판처럼 되지 않고 관능적이면서도 우아한 형태를 띤다. 고상하고 복잡하지만 어수선하지 않다. 전적으로 야생 상태는 아니되, 독창적인 방식으로 번성하는 식물들. 이 점에서 블랑의 작품은 정렬된 혼란이라 할 수 있다. 의도적이고 통제되고 세심하게 계산되고 솜씨 좋게 수행된 무질서인 셈이다.

실용적인 식물학, 수력학, 물리학, 재료과학은 이 예술에 꼭 필요한 비계다. 견고하게 틀이 잡힌 납작한 펠트 천에 단 수많은 주머니 속에 일일이 손으로 수천 포기 식물을 집어넣고, 천 꼭대기에는 관이 가로로 눈에 띄지 않게 설치되어 있다. 그 관으로 마치 비가 내리는 것처럼 간헐적으로 물을 뿌려주면 식물은 흙이 없는데도 금세 자라서 펠트 천과 관을 뒤덮는다. 그렇게 해서 생성된 전체적인 효과는 마치 야생의 자연을 한 모금 삼킨 것처럼 보는 사람의 명치를 때린다. 이 정원은 우리가 다른 사람을 만날 때처럼 일어서서 눈높이로 맞아야 한다. 정원은 우리에게 손으로 만져보고 냄새를 맡아보라고 기꺼이 청한다. 위를 올려다보면, 정원은 동화 속 거인이 아니라 넓디넓은 밀림 속 하층 식생처럼 4층 높이에서 우리를 굽어본다. 가까이 다가가보면, 정원이 자신만의 국지적 기후를 만들어냈음을 알 수 있다. 그 옆에 서서 현기증 나는 녹음을 향해 턱을 약간 치켜들면, 정원이 만든 그늘과 습기가 느껴진다. 순응과 자유의지 사이의 좁은 경계에서 용케 균형을 잡는 수직 정원은 친근하면서도 우리의 손을 벗어난 존재처럼 보인다.

수직 정원, 살아 있는 지붕, 도시 농장은 세계 곳곳에서 대세가 되고 있다. 내가 좋아하는 사례를 몇 가지만 꼽자면, 우선 멕시코시티에는 차가 가득한 대로 위에 높게 걸쳐진 아치를 5만 포기의 식물로 덮은 구조물이 있다. 리스본의 '돌체비타 쇼핑센터' 내벽은 꽃을 피우는 토착 식물들의 융단으로 장식되어 있다. 밀라노의 카페 '트루사르디'에는 유리 온실 안마당이 있는데, 식사를 하거나 칵테일을 홀짝이며 노닥거리는 사람들 위로 고불고불한 초록색과 보라색 식물들이 천장을 이루어 마치 천국처럼 덩굴과 꽃을 늘어뜨리고 있다. 오타와의 캐나다 전쟁박물관 옥상은 황금빛 밀밭이다. 스위스 디티콘에는 흙과 잔디에 파묻힌 물결 모양의 집 아홉 채가 있다. 뉴욕 브루클린 해군공창의 두 건물 옥상에 마련된 농가는 유기농 채소와 허드슨 강의 경치에 둘러싸여 있다. 시카고 식물원의 벼보존과학센터 지붕은 수백만 명의 관람객이 방문하는 정원 겸 연구소다. 시카고 시청의 옥상도 연구 현장으로 쓰이는데, 한쪽에는 평범한 까만 타르가 깔려 있지만 다른 쪽에는 야생화 정원이 꾸며져 있다. (여름에는 식물이 심긴 쪽 위의 공기가 까만 포장 위의 공기에 비해 25도나 더 낮다.) 살아 있는 지붕들은 부동산으로도 인기가 높아지고 있다. 미국의 한 부동산 회사는 풀과 나무가 자라고 꽃이 피고 새와 벌과 나비가 찾아드는 옥상 총 11만 제곱미터를 주로 개인 주거 용도로 판매했다.

살아 있는 지붕과 수직 정원을 만들어주는 다른 회사들도 속속 생겨나, 병원에서 주택과 경찰서, 은행과 사무실까지 온갖 종류의 건물들을 녹화하기 시작했다. 어떤 회사는 수경재배법을 쓰고, 어떤 회사는 유럽 전통 양식으로 지붕에 뗏장을 입힌다. 한때 르노자동차 공장으로 쓰였던 프랑스 불로뉴의 부지는 구불구불한 초록 지붕 덕분에 냉난방 비용을 아낀 학교로 재탄생했다. 브리티시컬럼비아 주 밴쿠버의 설계회사 그린오버그레이는 캐나다 곳곳에 근사한 수직 정원을 조성했다. 그중 한 곳인 에드먼턴 공항 국제선 청사에 도착하는 방문객들은 거대한 수직 정원 식물이 씻어낸 신선한 공기와 산소를 가뜩 들이마시게 된다. 이 수직 정원의 소용돌이 무늬는 높은 하늘의 구름 모양에서 착안했다. '정글 폭포'는 밴쿠버의 한 사무용 건물에 설치된 드라마틱한 다층 폭포인데, 주변에는 열대 나무들이 심겨 있다. 관리자들은 혹시라도 파인애플이 떨어져서 지나가던 사람이 맞을까봐 이따금 파인애플을 수확한다.

식물을 심은 벽과 지붕, 그리고 지속 가능성을 고려하여 설계한 건물은 야생생물 통로, 도시 공원, 태양열과 풍력 발전, (가로등 대신) 생체발광 잎사귀로 빛나는 나무 등과 더불어 영국, 독일, 대만, 미국, 기타 세계 많은 지역에서 각광받는 무수한 시도들 중 몇 가지일 뿐이다. 다육식물을 심은 지붕은 꽃을 피우고 계절에 따라 색을 바꾸면서도 유지비는 적게 들고 열을 반사하고 새들의 서식지가 되어준다. 이렇게 해서 집과 공공 공간을 살아 있는 유기체로 만들고자 한다. 공기에서 오염물질을 씻어내고 산소를 늘리고 소음을 줄이고 에너지를 아끼고 기분을 돋우고 우리의 뿌리를 자연에 더 깊게 내리게 해줄 존재로.

케브랑리 박물관의 우아하고 절도 있는 벽이나 런던 애서니엄 호텔의 비슷한 작품과는 달리, 파리 변두리에 있는 블랑의 집은 작다란 초록 서식지들이 흐드러진 혼잡한 축제 장소 같다. 창 모양 잎사귀들이 작은 산을 이루고, 바위가 툭 튀어나와 있고, 작은 꽃들이 매달린 줄기와 두꺼운 하트 모양의 잎들이 있고, 화살 모양의 잎을 가진 필로덴드론이 흐르는 물에 뿌리째 떠다닌다. 블랑이 오랜 파트너인 배우 파스칼 앙리(일명 '발리우드의 파스칼')와 함께 사는 그 공간에 들어가는 일은 집에 발을 들인다기보다는 초록의 광시곡, 혹은 어쩌면 아수라장에 합류하는 일이다. 그곳에서 당신은 축제처럼 흐드러진 잎, 둔덕을 이룬 이끼, 우산처럼 드리운 양치류, 팔꿈치처럼 튀어나온 잔가지, 탐색하듯이 뻗은 뿌리, 당신을 포함한 모든 것에 팔을 뻗어 더듬는 잎사귀의 일부가 된다. 지나치게 많은 잎들, 핏줄이 희미하게 드러난 그 손가락이 곁을 지나가는 당신을 가볍게 어루만진다. 구슬을 엮은 커튼이 문을 대신하고, 산호색 부리의 밀랍부리새들이 이 방 저 방 자유롭게 날아다닌다. 폴짝폴짝 뛰는 개구리와 스르르 기는 도마뱀이 눈알을 굴리기도 하고 이따금 파티용 코끼리피리처럼 혀를 좌르륵 펼치면서 느긋하게 집을 활보한다. 마그리트의 그림 같은 초현실주의풍 창문은 안쪽에서 자란 덤불과 바깥에서 자란 쌍둥이 덤불이 거울상을 이루고 있다. 시선이 오락가락한다. 안, 밖, 안, 밖. 어디가 안이고 밖인지 확실히 말할 수 없다. 따지고 보면 유리도 액체 모래다. 유리는 늘 움직이는데, 모래시계처럼 아주 천천히 떨어지기 때문에 우리 눈에 고체처럼 보일 뿐이다.

블랑의 서재는 초록 그늘 아래 초록 생각을 할 수 있는 곳, 물위를 걸을 수 있는 곳이다. 정말이다. 바닥은 가로 6미터 세로 7미터 크기의 수족관을 덮은 유리판이다. 그 아래 수족관은 풍성한 수초와 천 마리가 넘는 열대어의 집이다. 물 2만 리터가 든 수족관에는 길고 흰 뿌리를 메두사의 머리카락처럼 나풀거리면서 물을 자연스럽게 정화하고 물고기들에게 작은 은신처를 제공하는 식물이 가득하다.

유리 책상 너머 널찍한 벽에는 풍성한 질감의 식물들이 엮여 있다. 더부룩한 이끼, 흐드러진 잎사귀, 만화경처럼 다채로운 초록들. 살아 있는 벽의 발치에는 좁은 개울이 흘러, 뿌리에 영양을 공급하고 생기를 더하며 새들의 둥지가 되어준다. 블랑이 그 물에 손을 담근다. 새 한 마리가 저기 철쭉에 앉으려고 그의 머리 위를 날아간다. 조류, 이끼, 우산이끼류가 여기저기 멋대로 솟아나 있다. 큰 책장에 꽂힌 책들은 거의 다 초록색 장정이다. 작은 갈색박쥐와 폭탄먼지벌레까지 있으면 끝내줄 텐데.

“저는 매일 야외에서 샤워를 합니다. 눈이 와도요.” 그가 털어놓는다. “열대에서 기원한 인간은 좀더 추운 곳으로, 나아가 얼음이 덮인 기후로 이주하면서 비로소 안과 밖을 구분하는 생활양식을 갖게 되었는데, 저는 그 경계를 신경쓰고 싶지 않습니다. 더군다나 우리는 어리석게도 열대 도시에서 살 때는 냉방으로 실내 공기를 차갑게 만들지요. 계절에 무관하게 세계 어디를 가든 집에 난방이나 냉방을 하고요.” 우리가 어리석다는 말에 동의하게 만드는 현실이다. “우리는 열 균형을 좀더 잘 맞추는 건물을 지어야 합니다.”

의도는 진지하지만, 그가 아끼는 이 서식지에는 장난기가 스며 있다. 이는 블랑 자신도 마찬가지다. 그의 셔츠는 잎사귀 무늬로 된 것밖에 없는 듯하다. 초록색 신발을 신었고, 엄지손톱은 5센티미터나 길러서 짙은 황록색으로 칠했으며, 머리카락은 형광녹색으로 부분 염색을 했다. 한순간 나는 그의 머리통에서 술붓꽃 잎이 한 가닥 자라는 게 아닌가 하고 상상한다. 그의 초록색 앞머리가 꼭 길게 늘어진 그 식물의 잎을 닮았기 때문이다. 술붓꽃은 블랑의 서명과도 같은 식물로, 야생에서는 숲 가장자리에 대롱대롱 매달려 살아간다. 블랑은 부드럽게 굽이쳐 내리는 물줄기를 연상시키는 요소로서 대부분의 설치 작품에 술붓꽃을 사용한다.

“우리는 인간의 활동이 압도적인 시대를 살고 있습니다.” 그가 계속 말한다. 차게 식힌 화이트와인, 보그 박하담배, 컴퓨터, 전등은 그가 코즈모폴리턴적 생활을 영위한다는 사실을 확실히 알려준다. 사실 그는 평생 도시에서 살았다. 그러면서 가끔씩 지구에서 가장 야생적인 장소들로 나가본 것이다.

"우리가 자연과 인간을 훨씬 더 잘 조화시킬 수 있을 거라고 생각합니다."

그런 신념을 가진 사람이 블랑만 있는 건 아니다. 어쩌면 우리가 사는 집을 재고해보는 것으로 시작할 수 있을지 모른다. 모든 도시의 폭주하는 심장 속에는 여전히 집이라는 개념, 결코 양보할 수 없는 오래된 그 개념이 자리잡고 있기 때문이다.

실내 식물? 너무 구식이잖아

이누이트에게 집이란 기본적이고 단순한 것이었다. 그들은 뼈칼을 써서 눈 채석장에서 단단히 언 얼음덩이를 깎아냈다. 출입구로 이어지는 짧고 낮은 터널은 열을 안에 가두고 매서운 추위와 동물을 밖으로 몰아내는 역할을 했다. 모르타르는 필요 없었다. 얼음덩이들은 서로 아귀가 꼭 들어맞도록 깎였으며, 안에 있는 사람의 체온이 얼음을 살짝 녹여 그 틈을 메웠기 때문에 밤이 되면 돔은 반들거리는 얼음 요새로 굳어졌다. 이런 식의 집은 비바람과 포식자로부터의 피난처였기에 그 두 가지를 신중하게 파악하는 것이 기본이었다. 이글루는 사실상 인체의 연장, 눈으로 된 어깨뼈이자 얼음으로 된 척추였고, 그 밑에서 가족은 두꺼운 동물 털가죽으로 몸을 감싸고 작은 고래기름 등잔불 한두 개를 옆에 둔 채 잠을 청했다. 모든 건축 재료는 손 닿는 곳에 놓여 있었고, 영구적으로 재활용할 수 있었으며, 노동 외에는 한 푼도 들지 않았다.

오늘날 우리의 주택과 아파트 건물을 떠올려보자. 직각이 가득하고, 자연에 없는 불빛과 색깔로 밝혀져 있으며, 합판과 리놀륨과 철과 시멘트와 유리로 지어진다. 세련되고 효율적이고 대체로 위치도 좋지만, 피난처이자 휴식처라는 느낌, 혹은 행복의 느낌을 늘 안겨주진 못한다. 그리고 건강에도 그다지 좋지 않다. 미국환경보호청 조사에 따르면, 열두 가지 휘발성 화합물의 농도는 야외보다 실내가 두 배에서 다섯 배 더 높다. 집이 시골에 있든 도시에 있든 마찬가지다. 우리가 사용하는 물건들과 부실한 환기가 원인이기 때문이다. 그러면서도 자연 가까이 살고 싶다는 오래된 갈망을 떨치지 못하는 우리는 본능적으로 집 주변에 잔디밭과 정원을 가꾸고, 전망창을 내고, 반려동물이나 보스턴고사리를 들이고, 생활에 접해 있는 모든 것에 향을 부여한다.

그러니 파트리크 블랑에게서 영감을 얻어 파릇파릇한 벽과 지붕을 갖춘 초록 주택을 지으려는 시도, 그 못지않게 푸르며 길고양이처럼 스스로 숨쉬고 청소하는 일터를 꾸리려는 시도, 옥상이나 층층의 베란다에 잘 경작된 농장을 가꾸려는 시도가 전 세계에서 열렬히 이어지고 있는 현상은 놀랄 일이 아니다. 예전과 같은 방식으로 자연을 차단하는 것은 이제 합당하지 않다. 지금까지 우리가 생각하는 건물의 기본은 지상에 앉은 정사각형 갑옷 정도였지만, 이제 정적이고 궁극적으로는 폐기될 주거 공간을 탈피하여 마치 나무처럼 주변 환경과 하나로 어우러지는 장소로 진화하고 있다. 영양소를 무진장 흡수하기만 하는 게 아니라 자신이 소비하는 것보다 더 많은 양을 생산하는 존재로.

대안은 지속 가능성의 문화, 그리고 상품과 건축과 도시계획의 세계를 재정의하는 이른바 '요람에서 요람으로' 설계다. (스위스 건축가 발터 R. 슈타헬이 1970년대에 제안한) 이 원칙에 따르면, 우리가 만드는 모든 물건—아파트 건물, 다리, 장난감, 옷—은 결국 다시 거둬들여 재탄생시킬 것을 염두에 두고 설계해야 한다. 짧은 수명으로 금세 구식이 된 문명의 이기를 쓰레기 더미에 던져버리고는 그것을 대체하기 위해서 더 많은 자원을 캐고 갈아넣는 대신, 애초에 자연적으로 생분해되거나 산업 분야에서 '기술적 영양소'로 재활용할 수 있는 물건을 제조하는 편이 낫지 않을까? 텔레비전, 자동차, 컴퓨터, 냉장고, 난방기, 카펫 같은 내구재들은 빌려서 쓰다가 낡거나 유행이 지나면 교환하면 된다. 그리고 제조자들은 그 폐품을 재활용하여 원재료를 수확하면 된다.

1999년 건축가 윌리엄 맥도너는 미시건 리버루지에 있는 85년 된 포드자동차 공장을 재설계하는 프로젝트를 맡았다. 이 프로젝트에는 10만 제곱미터 넓이의 트럭 조립 공장 옥상을 재설계하는 과제도 포함되었다. 맥도너는 우선 옥상에 독자적인 기상계를 조성했다. 가을에는 탁한 분홍색이나 흐린 흰색의 꽃을 피우고 나머지 계절에는 빗물을 머금어 통통해진 잎을 자랑하는 키 작은 다육식물, 돌나물속 식물들로 옥상을 뒤덮은 것이다. 그다음에는 공장들과 식물들을 하나의 경관으로 엮음으로써 "습원 정원, 투수성 포장, 산울타리와 생체여과장치로 이루어진 시스템이 빗물을 다스리고 정화하고 부지 전체에 전달하도록" 설계했다.

요즘 건축가들은 이런 모범 사례에 감화되어, 또 최근 각광받는 친환경건축물인증제도LEED에서 높은 점수를 받기 위해서 "환경적 책임을 다하고, 수익성이 있고, 사람들이 거주하고 일하기에 건강한" 장소로 바람직하게 기능하는 건물을 짓고자 앞다투어 노력하는 중이다—건물에서 나오는 폐수를 직접 정화하는 건물, 사용한 양보다 더 많은 에너지를 생산하는 건물, 폐기물을 퇴비화하거나 재활용함으로써 산업과 자연이 이음매 없이 매끄럽게 이어지는 재생 건물을. 안드레스 에드워즈는 『지속 가능성 혁명』에서 "궁극의 목표는 한계와 오염과 쓰레기의 세상이 아니라 풍요의 세상"이라고 말했다. 이런 혁명은 선진국이니 개발도상국이니 할 것 없이 전 세계에서 울려퍼지고 있는 오늘날의 시대정신에서 비롯한 것이다. 에드워즈는 "브라질, 캐나다, 중국, 과테말라, 인도, 이탈리아, 일본, 멕시코, 네덜란드령 앤틸리스제도에도 친환경건축물인증제도를 획득한 프로젝트들이 있다는 사실은 그 기준이 여러 문화와 생태 지역에 적용될 수 있다는 것"이라고 피력했다.

이제 우리는 식량은 원래 먼 곳에서 길러 트럭으로 운반해오는 것이라는 통념을 믿지 않는다. 식당 옥상에 꾸민 농장, 도시 양봉, 시내의 닭장을 쉽게 떠올릴 수 있다. 당연히 모든 작물을 동네에서 기를 수는 없지만—곡물이나 콩이나 옥수수는 안 될 것이다—야채와 과일은 대부분 기를 수 있다. 지역 농장은 식량 사슬을 뒷받침하고, 연료를 아껴주며, 좀더 신선하고 영양 많은 식단을 보장한다. 모든 대륙에서 그런 농장이 속속 생겨나고 있다. 우리가 미처 염두에 두지 못하는 대륙에서도.

남극은 해안의 평균기온이 영하 55도이고 내륙은 영하 120도까지 떨어지는 곳이다. 그곳에 자리한 미국의 맥머도 연구기지는 벌거벗은 기계들과 단단히 껴입은 사람들이 사는 마을이다. 겨울이면 어둠이 사방으로 퍼져나가 6개월 내내 하늘을 잉크처럼 캄캄하게 물들인다. 간간이 초록색 오로라가 자기를 띤 악마의 꼬리처럼 솟구치고, 실내에서는 인공 형광 오로라가 하얀 빛의 소나기를 쏟아낸다. 그곳에는 크게 두 가지 냄새(땀냄새와 디젤연료 냄새)가 있고, 두 가지 색깔(검은색과 흰색)이 있다. 신선한 농산물은 항공편으로 로스앤젤레스에서 공수받는데, 비용이 여름에는 한 주에 8만 달러에서 10만 달러쯤 든다. 겨울에는 배달이 몇 달에 한 번일 때도 있다.

"여기가 바나나벨트*가 아니란 건 확실합니다." 로버트 테일러의 말이다. 유머러스한 기술자인 그는 다른 자원자들과 함께 맥머도 기지에 와서 60제곱미터 넓이의 온실을 관리해왔다. "나무 쟁기를 맨 황소가 검고 비옥한 흙을 갈아엎었던 역사도 없습니다. 사실 대륙 안에서도 이쪽에는 흙이 전혀 없습니다. 풍화한 화산암, 그리고 당연히 얼음뿐이지요. 유기물이라고 할 만한 것은 전혀 없고, 눈에 띄는 육상식물도 없습니다. 그래도 생명은 꽃핍니다…… 수천 와트의 인공조명 밑에서요."

그 온실은 널찍하다고는 말할 수 없다. 테일러의 고향인 몬태나 주 미줄라의 드넓은 밭들에 비하면 더욱더 그렇다. 그래도 그는 수경재배 기법으로 매년 1600킬로그램가량의 시금치, 근대, 오이, 각종 허브, 토마토, 피망 같은 채소를 수확했다. 초록에 굶주린 그곳 주민들에게는 만나나 다름없는 식량이다.

"세계의 수출품 시장에 명함을 내밀 만한 건 못 되지만, 만일 당신이 이곳에서 겨울을 나는 200명쯤 되는 사람 중 하나라면 코웃음치지 못할 겁니다." 테일러가 이메일로 내게 설명한다.

"양상추는 투사가 내달리듯 잘 자랍니다. 시기를 불문하고 늘 900포기쯤 되는 양상추가 다층식 재배 시스템에서 자라고 있습니다. 바질이랑 파슬리도 손이 거의 안 가는 허브입니다." 그건 잘된 일이다. 왜냐하면 식물의 꽃가루받이를 그가 일일이 손으로 해주어야 하기 때문이

* 기후가 온난한 지역을 가리키는 미국식 표현.—옮긴이

다. 자연의 수분 매개자인 곤충은 에덴 같은 그 작은 온실을 초토화할 우려가 있기에 출입에 금지되어 있다.

"원예가가 굳이 먼 남극까지 와서 채소를 기른다는 게 이상하긴 하지만, 도전과 흥분이라는 면에서 식물이라곤 한 포기도 없는 이 환경보다 식물의 아름다움을 마주하기에 더 나은 곳이 있을까요? ……토마토 하나하나, 오이 하나하나가 소중한 보석이 됩니다."

그곳이 플로리다 키웨스트의 여유로운 술집이라도 되는 듯, 습한 온실 한구석에는 해먹 두 개와 낡고 아늑한 안락의자 하나가 있다. "루꼴라와 교감하고 싶은 사람들을 위해서" 마련된 것으로 많은 대원들이 찾아온다. 맥머도에서는 식물뿐 아니라 습기, 향기, 자연의 색깔이 다 귀하다. 고통스러운 고립과 긴장된 인간관계가 일상인 곳이다. 대부분의 사람들은 포물선을 그리는 햇빛과 유달리 친밀한 공동체 속에서 문제없이 잘 살아가지만, '극지 T3 증후군'이라고도 불리는 월동 증후군을 겪는 사람은 갑상샘 호르몬 수치가 낮아져서 신진대사가 교란되고 불면, 초조, 우울에 시달린다. 새하얀 얼음과 눈의 왕국에서는 낮게 뻗은 가지에 열린 과일이라고는 별들뿐이다. 이곳에서는 사람의 정신 건강이 마리골드의 가는 줄기처럼 위태롭게 흔들릴 수 있다.

다행히 보라색과 노란색이 섞인 팬지와 오렌지색 마리골드가 온실에서 자란다.(둘 다 식용이다.) 근대의 무지갯빛 줄기들은 작은 환각의 숲을 조성한다. 진홍색 방울토마토들은 늘어진 마리오네트 인형처럼 지지대 줄에 매달려 있다. 고수, 바질, 차이브, 로즈메리, 타임이 공기를 향긋하게 채운다. 온실을 방문하는 사람은 식량뿐 아니라 감각의 식사도 즐기고, 식물은 사람이 뱉는 이산화탄소를 받아먹는다. 여느 겨울 온실과는 달리, 이 온실에는 햇살을 받아들이는 대성당 스테인드

글라스 같은 유리벽이 없다. 세계의 맨 밑바닥에 있는 맥머도의 도시 농장은 완벽하게 밀봉되고 단열되어 있다. 온실은 창문이 귀한 황량한 그 마을에서 저녁 데이트에 알맞은 전원 풍경도 제공한다. 벽지의 전초기지에서도 초록은 분위기를 근사하게 만들어주는 장점을 발휘하는 것이다.

농업이 반드시 시골 냄새를 풍기리라는 법은 없고 머잖아 그런 시대가 올 것이다. '북쪽 40'은 40층에서 자라는 작물을 가리키는 말이 될 것이다.* 네덜란드의 플랜트랩이라는 회사는 수경재배 기법과 첨단 감지기를 써서 실내에서 마흔 종의 작물을 기른다. 농약도 창문도 필요없다. 사실 식물에게는 빛의 스펙트럼 전체가 필요한 게 아니다. 그 대신 작물마다 필요한 빛이 있으므로, 푸른 빛이나 붉은 빛을 정확한 양만큼 가해서 기를 수 있다. 물은 증발된 것을 재활용하므로 아주 조금만 더 더하면 된다. 특수하게 통제된 이 환경에서의 수확량은 야외에서보다 세 배 높다. LED 조명이 조금 더 저렴해진다면, 이 방법을 사하라나 시베리아에도 적용할 수 있을 것이다.

모든 건물이 자기 생활비를 직접 벌어야 한다. 에너지를 등쳐먹기만 하는 건물들의 시대는 우리 시대가 마지막일 것이다. 아직은 미국만 따져도 건물들은 전국에서 사용되는 원재료의 40퍼센트를 쓰고, 전체 전기 소비의 65퍼센트를 차지하고, 음용수의 12퍼센트를 삼키는 한편, 철거 및 건축 쓰레기로 매년 1억 3600만 톤의 폐기물을 내놓는 형편이다.

* '북쪽 40'은 원래 어떤 농장이나 목장에서 제일 북쪽에 있는 40에이커의 땅을 가리키는 관용적 표현이다.—옮긴이

우리의 목표가 살아 있는 유기체 같은 건물이라고 해보자. 집이나 사무실은 어느 수준까지 살아 있을 수 있을까? 수직 정원과 옥상 정원에서 더 나아가, 식물의 대사와 동물의 근육을 흉내낸 껍질을 건물에 씌울 수도 있다. '생체모방'은 오래된 개념이지만, 최근 건축과 공학 분야에서 역동적이고 수익성 좋은 새로운 방향에서 각광받고 있다. 여기서 생체모방이란 인간의 복잡한 문제들을 해결하는 지속 가능한 방법을 찾기 위해서 자연의 천재성을 발굴하는 것을 말한다.

이를테면 이런 모습이다. 물에 젖지 않는 나뭇잎에서 착안한 자동 세척식 페인트인 로투신을 건물 외벽에 칠한다. 물건에는 빛이 공작이나 큰어치 깃털 표면에서 다채롭게 춤추는 원리를 이용하여 염료 없이 색깔을 입힌다. 렌즈와 광섬유를 만들 때는 거미불가사리의 몸을 덮은 왜곡이 거의 없는 렌즈나 해면의 촉수 끝에 달린 휘어지는 광학적 기관을 모방할 수 있다. 저절로 분해되는 홍합의 조직을 흉내낸 전자제품을 만든다. 건물의 외피는 나뭇잎의 기공처럼 필요한 에너지를 알아서 흡수한다. 배의 몸체를 고래의 피부처럼 만들어 물을 미끄러질 때 연료를 덜 태우고, 비행기 날개를 고래의 너풀거리는 지느러미를 흉내내 만들어 역시 연료를 아낀다.

이런 해법들은 유기적이고 자기 조립적이고 오염을 일으키지 않는다. 자연이 이미 이런 해법들을 터득해두었으니 우리는 베끼기만 하면 된다. 다만 그러려면 우리의 사고방식을 크게 바꿔야 하고, 우리가 자연에서 존재하는 방식에 대한 생각도 바꿔야 한다. 산업의 모토는 오랫동안 '태우고 때리고 처리하라'였다. 우리는 지구의 자원을 약탈하여 도시를 짓고 제국에 연료를 공급했다. 자연을 조각조각 썰고 가열하고 독성 화학물질을 퍼부어 분해한 뒤 하나로 뭉쳤다. 생체모방은 이런 질문에서 출발한다. "좋아, 사람들이 물건을 그렇게 만든다는 건 알겠어. 하지만 그 방법은 별로 통하지 않아. 그렇다면 생명은 어떻게 물건을 만들까?"

"생물들은 주어진 자원과 후손의 미래를 위험에 빠뜨리지 않고도 기적적인 일들을 해내는 방법을 알아냈다." 생체모방의 선구적 연구가 재닌 베니어스의 말이다.

베니어스를 비롯한 선구자들에게 감화되어, 요즘 도시에는 성징하는 생물처럼 기능하는 (가끔은 외모도 닮은) 건물들이 생겨나고 있다. 전면을 정교한 근육처럼 확장시켰다 수축시켰다 하면서 에너지를 아끼는 투명한 고층 건물을 상상해보자. 실제 뉴욕의 데커이든 사가 설계한 시험 단계의 건물이 바로 그런 종류다. 유리 전면을 덮은 구불구불한 은색 리본들은 사실 세 겹으로 구성된 근육이나 다름없다. 맨 안쪽의 유연한 고분자층을 고무 같은 고분자층이 감싸고 있고, 그 위에 표면 전체로 전하를 전달하는 은도금이 되어 있다. 날이 추우면 리본 근육이 '발사되어' 더 가늘게 오그라들면서 창문을 햇빛에 더 많이 노출시킨다. 날이 더우면 리본들이 진줏빛 실크 조각보처럼 넓게 펼쳐져 판판한 양산이 된다. 그 밖의 다른 많은 요소도 이처럼 스스로 온도조절장치를 가동하여 항상성을 지킨다. 사람과 마찬가지다. 덥다고? 스웨터를 벗고 직사광선을 피하면 된다. 이런 근육 벽은 태양전지판보다 더 유연하고 강하다.

또는 짐바브웨 하라레 시의 고층 복합 건물 '이스트게이트센터'를 떠올려보자. 이 건물은 거대한 흰개미 탑에서 영감을 얻었다. 꼭대기에 둥글거나 뾰족한 탑들을 올린 흰개미 집은 일종의 도시로, 바싹 마른 땅 위로 마치 딴 세상 성처럼 최고 9미터까지 우뚝 솟아 있다. 그 속에서 수백만 일개미와 병정개미가 구슬땀을 흘리고, 왕과 여왕 개미가 그들을 다스리며, 모두가 공동으로 새끼를 기른다. 그곳은 농경 사회인데, 흰개미가 좋아하는 작물인 균류는 상온 30도에서만 자란다. 두꺼운 진흙 벽 밖에는 기온이 밤에는 거의 영하까지 곤두박질치고 낮에는 찌는 듯이 치솟는다. 바람은 세게 콧김을 뿜듯 내뿜다가 갑자기 지친 유령처럼 가볍게 두드리기를 반복한다. 인간의 풍차와 풍력 터빈은 바람이 일정하게 불어야만 작동된다. 난류에는 제대로 돌아가지 않는다. 그러나 흰개미 기술자들은 개미탑을 흡사 안팎을 뒤집은 폐처럼 이용함으로써 그 종잡을 수 없는 바람을 우리보다 훨씬 더 능숙하게 활용한다.

산처럼 솟은 도시 깊은 곳에서 흰개미들은 고르지 않게 털털거리고 열기에 불쑥 떼밀리고 흐름이 뒤죽박죽인 바람까지 모조리 잡아채 일정하게 다듬는다. 그래서 서식지를 통풍하고 작물을 기르기에 알맞은 규칙적인 진동으로 바꿔낸다. 흰개미들이 낮게 달린 정교한 문을 여닫으면, 개미탑은 미로 같은 방과 통로 속으로 공기를 훅 들이마셨다가 지지대를 지나서 정상의 굴뚝으로 쏜살같이 내뱉는다. 흰개미들은 문을 여닫고, 새 문을 내고, 낡은 문을 봉하고, 좀더 빨리 냉각해야 하는 지점에는 축축한 진흙을 덧바르고 하면서 끊임없이 구조를 조정한다. 흰개미 한 마리 한 마리는 집단적인 뇌 속의 신경세포 하나와 같다. 각각이 똑똑할 필요는 없고 어떤 개체도 전체 그림을 보진 못하지만, 다 함께 일관된 행동과 일종의 지성을 창조해낸다. 쉬지 않고 일하는 정원사인 흰개미들은 바람을 미세하게 조정하고 온도를 일정하게 유지하여 작고 기계적인 집단을 안락하게 지킨다.

그 점은 우리도 마찬가지다. 흰개미들처럼 우리도 문을 적절하게 잘 낸다. 흰개미들의 문은 물리적인 문인 데 비해 우리의 문은 상징적일 때가 많지만 말이다. 칼날처럼 생긴 흰개미의 이른바 '나침반' 탑은 세월의 시험을 견딘 기법에 따라 정오의 이글거리는 햇살은 피하되 저녁의 희미한 햇살은 끌어들이는 방위로 지어진 것이 많다. 내가 사는 집의 첫 주인도 똑같은 원리에 따라 집을 설계했다. 우리 거실에는 아치 모양의 창문이 남향으로 나 있어, 겨울에는 해를 더 많이 받고 여름에는 그늘을 드리운다.

손상된 폐라도 노래를 하면 산소를 빨아들일 수 있고, 흰개미들은 자신들이 사는 진흙 군락이 비브라토로 가득찰 때 모든 것이 정상이라는 안도감을 느끼는 듯하다. 우리로서는 알 수 없는 어떤 이유에서 음정이 맞지 않는 개미탑은 흰개미들의 귀에 잘못된 소리로 들리는 모양이다. 그래서 흰개미들은 가급적 가장 정교한 폐를 만들려고 노력한다. 그들의 삶이 거기 달려 있기 때문이다. 이는 흰개미 군락 전체가 모종의 미학을 공유하고 있다는 뜻일까? 누가 알겠는가. 어쩌면 흰개미들에게 음정이 맞지 않는 공기 흐름은 무수한 화살에 쏘이는 것처럼 고통스러운 일일지도 모른다.

아프리카 출신 건축가 믹 피어스는 구석구석 바로크풍 공간으로 구성된 흰개미의 진흙 집에 영감을 받아, 이스트게이트센터를 설계했다. 이 건물의 1층에 있는 환풍기들은 관을 통해 공기를 훅 빨아들인 뒤 건물 중앙의 척추로 보낸다. 그러면 고여 있던 공기가 각 층의 배출구를 통해 흘러나가고, 마지막에는 꼭대기의 굴뚝으로 빠져나간다. 그리고 그 대신 신선한 공기가 흘러들어 자동으로 그 자리를 메운다. 환경 친화적인 이 건물은 근처 다른 건물들이 쓰는 에너지의 10퍼센트만을 소비한다. 덕분에 소유주는 온도 조절 비용만 350만 달러를 아꼈고, 그 소득을 입주자들의 임대료를 낮추는 것으로 분배했다. 피어스는 그로부터 10년 뒤에 오스트레일리아 멜버른에 한층 더 효율적인 10층짜리 공영주택 '카운슬하우스 2'를 지었다. 이 건물은 재활용 목재로 만든 덧문들이 한쪽 면을 완전히 덮고 있는데, 이 문들은 밤이 되면 꽃잎처럼 열려서 사무실과 가게에 고여 있던 더운 공기를 몰아낸다. 이런 기법은 아프리카에 적합하다. 하지만 이보다 더 추운 기후에서는 잉여의 온기를 이처럼 낭비할 수 없을 것이다. 그래서 어떤 나라에서는 이제 난로가 두 다리를 달고 자급자족하게 되었다.

기회를 틈타 데우다

프랑스는 어찌나 친밀하고 낭만적이고 지속 가능한 곳인지. 바람 거센 11월의 어느 날, 나는 파리 랑뷔토 지하철역에서 한 무리의 파리 시민들과 지하철을 기다리고 있었다. 얼었던 발가락이 그제야 녹기 시작했다. 우리가 각자 혼자였다면 오들오들 떨었겠지만, 함께 있자니 체열이 모였기 때문에 사람들은 하나둘 어두운 색 코트의 단추를 끌렀다. 우리는 남극의 얼음장 같은 바람 속에서 온기를 찾아 옹기종기 모인 황제펭귄들과 비슷했을 것이다.

사람들 사이에 멍하니 서 있는 우리 몸은 약 100와트의 잉여 열을 방출한다. 닫힌 공간에서는 그 열이 빠르게 축적된다. 바삐 움직이는 통근자들은 그보다 더 많은 열을 내보내며, 전동차가 철로와 마찰할 때도 열이 발생하여 컴컴한 터널의 미로로부터 흘러나온다. 덕분에 플랫폼의 온도는 약 20도까지 높아진다. 거의 지열 온천에 맞먹는 온도다. 사람들이 계속 나타나서 전동차를 타고 내리고, 보부르 거리로 이어진 계단을 종종 오르내리면, 그들의 서두르는 움직임 덕분에 공동의 동굴이 훈훈하게 유지된다.

화산섬 아이슬란드라면 지열이 넘치겠지만 파리 시내에서 지열을 얻기는 쉽지 않다. 그러니 이 열을 낭비하지 말고 사람들을 재생 가능한 친환경 에너지원으로 발굴하면 좋지 않을까? 인구의 일부만 활용해도, 가령 지하철 통근자들이 피워올린 자욱한 열기만 활용해도 상당히 두둑한 공짜 에너지가 될 것이다. 그런 취지에서, 파리의 공공주택 공사인 '아비타'의 영리한 건축가들은 지하철역을 급히 오가는 인체들의 잉여 에너지를 근처 공공 임대주택의 바닥 난방열로 바꾸기로 했다. 마침 그 아파트가 지하철역의 안 쓰는 계단통 하나를 공유하고 있었던 것이다. 이렇게 활용하지 않는다면, 크루아상과 카페오레로 급하게 때우는 아침식사, 사람들 마음속의 극장, 쓸데없는 몽상, 지루함에서 피어난 열기는 오전 혼잡시간이 끝나자마자 깡그리 흩어져버릴 것이다. 기회를 틈타 데워야 한다.

이 설계는 매력적이기는 하지만, 파리 전역에 적용하려면 비싼 돈을 들여 건물과 지하철역을 개조해야 한다. 하지만 다른 지역에는 이 설계를 성공리에 적용한 사례들이 있다. 미국 미네소타로 가보자. 그곳에는 초원처럼 광활한 자본주의의 기념비, 면적이 37만 제곱미터나 되는 쇼핑몰 '몰오브아메리카'가 있다. 영하로 떨어지는 겨울날에도 그곳 실내 온도는 20도를 맴돈다. 쇼핑객들의 체열, 조명, 연장 1.9킬로미터의 천창을 통해 쏟아지는 햇빛이 합해진 결과다. 블루밍데일스 백화점 옆건물이기도 한 그곳 3층 '사랑의 예배당'에서 결혼식을 올리는 사람들에게는 다행한 일이다. 태피터 천과 시폰 소재는 방한 효과가 좋은 천들은 아니니까 말이다.

이번에는 바람 거센 1월의 아침 혼잡시간, 스칸디나비아에서 제일 붐비는 스톡홀름 중앙역으로 가보자. 밖은 영하 20도에 거리는 얼어서 눈썰매장이 되었고, 차가운 다람쥐들이 얼굴 위를 달리는 것처럼 공기는 에는 듯하며, 모직 손모아장갑을 끼고도 손은 얼음덩어리처럼 무감각하다. 그러나 실내는 딴 세상이다. 사방팔방으로 떠나는 사람들이 잔뜩 모인 온대 지역이다. 그 뜻밖의 횡재를 챙기기 위해서, 기술자들은 기차 여행자 25만 명의 몸에서 나온 열을 끌어다가 약 100미터 떨어진 곳에 있는 13층짜리 사무용 건물 '쿵스브로후세드'를 덥힌다. 여행자들은 널따란 역 지붕 아래에서 한 사람당 100와트짜리 잉여열을 자연스럽게 내놓는다. 수십 곳에 달하는 가게를 찾아온 손님들도 먹거리, 음료, 책, 꽃, 화장품 등을 사느라 바삐 돌아다니면서 에너지를 내놓는다.

피부가 살짝 당기는 느낌이 들 정도다. 따뜻한 바람이 흐른다.

"그걸 왜 안 쓰겠는가?" 이 프로젝트를 진행한 국영 개발회사 예른후센의 책임자 클라스 요한손은 이렇게 되묻는다. "우리가 안 쓰면 그냥 통풍구로 빠져나가버릴 텐데."

스스로 점등원이 된 시민들, 난로에 장작을 채우는 당번이 된 시민들. 고풍스러운 자원봉사단의 이미지가 떠오른다. 그들 자체가 값싸고 재생 가능한 에너지인 셈이다. 참으로 친환경적인 이 설계는 높은 연료 가격, 생태적 사고방식에 익숙한 시민들, 전설적인 북구의 겨울이 있는 스웨덴에서 훌륭하게 작동하고 있다. 그곳 겨울은 한낮에도 겨우 몇 시간만 환하고, 태양은 늘 지평선 어귀에 걸려 있다. 오후 3~4시면 별이 총총한 어둠이 도시를 덮는다. 아늑한 등불이 밝혀진 거리, 촛불이 밝혀진 창문, 북극광이 뿜어낸 형광 초록 리본과 춤추는 후광이 긴 밤을 상쇄하지만, 추위가 뼛속까지 스며들 때 위안이 되는 건 열기

뿐이다. 그러나 연료에도 여러 형태가 있다. 화석연료, 태양에너지, 석유나 가스, 제지소에서 배출하는 폐기물 에너지, 혹은 중앙역의…… 글쎄, 그 에너지를 뭐라고 불러야 할까? 엄연한 하나의 기술인 그 발상에도 입에 착 붙는 이름이, 호감 가는 이름이 필요하다. '오라글로 Auraglow(은은히 빛나는 아우라)' '비레이디언트 Beradiant(따스하게 빛나라)' '엔스네어드 EnsnAired(손에 잡히는 산들바람)'…… 아니면, '프렌드 에너지'는 어떨까?

열 재활용의 구조가 딱 그러니까 말이다. 우선 중앙역의 환기 시스템이 통근자들의 체열을 포집하여 지하탱크 속 물을 덥힌다. 뜨거워진 물은 관을 통해 쿵스브로후세트로 흘러들어 연간 연료 수요량 가운데 3분의 1을 제공한다. 쿵스브로후세트 건물에는 그 밖에도 지속 가능성을 고려한 요소가 많다. 창은 겨울에 햇살을 최대한 끌어들이고 여름에는 따가운 햇살을 막아주는 각도로 나 있다. 낮에는 지붕의 광섬유가 컴컴한 층계참이나 그 밖의 창문 없는 공간들로 햇빛의 속삭임을 내려보낸다. 다른 게으른 건물 같으면 돈을 내고 전기를 써서 밝힐 장소들인데 말이다. 여름에는 뼈 시리게 차가운 호숫물이 건물 혈관으로 흘러든다. 호수에 자주 몸을 던져 더위를 식힐 수 없다면, 최소한 건조한 다이빙이라도 즐길 수 있는 것이다.

체열로 건물을 덥히는 설계의 한 가지 매력은 유쾌하리만치 단순한 방식으로 오래된 기술을 새롭게 활용한다는 점이다. 사람들, 관, 펌프, 물만 있으면 되니까. 하나 지적해둬야 할 점은 두 건물이 60미터 이상 떨어져 있으면 안 된다는 것이다. 그러면 운송중에 열이 너무 많이 소실된다. 매일 많은 사람이 오가며 안정적으로 열을 제공하는 것이 필수 요소이므로, 이 설계는 통행량이 많은 장소에서만 유효하다. 통행이 적은 날은 아이들을 초대하여 그 공간을 에너지 넘치는 운동장으로 쓰도록 해도 좋을 것이다.

“에너지가 되세요.” 엔스네어드 난방의 공익광고판은 이렇게 촉구할지 모른다. 밑에는 작은 글씨로 이렇게 덧붙여져 있을 것이다. “사람은 시간당 약 35만 줄Joule의 에너지를 몸 밖으로 방출합니다. 1와트는 1초당 1줄이므로, 한 사람당 100와트짜리 전구가 되어 어두워지는 세상을 밝힐 수 있는 셈입니다. 인구 225만 명의 도시라면 등불 2만 2500개를 밝힐 수 있습니다.” 잠시 이 이미지를 음미해보자. 등불 하나하나는 겨우 깜박거릴 뿐이겠지만, 무수히 모이면 거대한 빛의 망토로 세상을 덮을 수 있을 것이다. 국제사면위원회를 창설한 피터 베넨슨의 유명한 말을 비틀자면, “어둠을 저주하느니 하나의 전구가 되는 편이 낫다.”*

‘예른후센’ 사의 기술자들은 이런 전망을 지역사회 규모로 넓혀, 더 대규모로 잉여 체열을 포집해 그 열로 주택과 사무용 건물을 데움으로써 상호 호혜의 순환이 영구적으로 돌아가도록 하는 방안을 논하고 있다. 밤중에 사람들이 집 안에서 방출한 열을 관에 실어 아침 일찍 사무용 건물로 운반하고, 낮 동안 사무실들에서 방출한 열을 늦은 오후에 주택들로 흘려보내는 것이다. 자연에는 생명을 살리는 순환이 가득하다. 거기에 재생 가능한 인간의 순환도 더하면 좋지 않을까?

상부상조의 황금률을 따른 기술을 통해서, 우리는 각자의 세포 속에 지펴진 작은 모닥불의 열기를 나눌 것이다. 이보다 더 이타적인 행

* 베넨슨의 말은 다음과 같다. “어둠을 저주하느니 한 자루의 촛불을 밝히는 편이 낫다.”—옮긴이

위가 있을까? 그냥 씩씩하게 걷기만 해도, 아니면 가게를 어슬렁거리기만 해도 다른 누군가의 쌀쌀한 부엌에 불을 때줄 수 있는 것이다. 친구의 부엌일 수도 있지만 아니라도 상관없다. 내가 오늘 당신의 아파트를 데우고, 당신이 내일 우리 교실을 데우는 것이다. 마치 모두가 동굴에 옹기종기 모여 있는 것처럼 효율적이고 아늑하다. 때로는 낡은 발상을 개조하는 일만큼 좋은 게 없는 법이다.

스웨덴 사람들의 결단을 칭송하기는 쉽지만, 그들이라고 늘 이랬던 건 아니다. 1970년대에 스웨덴은 그 어떤 산업국가보다 더 심각한 오염, 죽어가는 숲, 깨끗한 물의 부족, 석유 의존에 시달렸다. 그러다 지난 10년 동안 풍력과 태양열을 활용하고, 폐수를 교외에서 친환경적으로 재활용하고, 도시 기반시설을 공생적인 방식으로 연결하고, 엄격한 건축 규약을 부과함으로써 석유 의존도를 무려 90퍼센트나 줄였고, 이산화탄소 배출은 9퍼센트 줄였으며, 황화물 오염률은 제1차세계대전 이전 수준으로 낮췄다. 1968년에 스웨덴은 인간이 환경을 어떻게 이용하고 고갈시키는지 살펴보는 회의를 열자고 유엔에 제안했던 나라였고, 1972년에 열린 그 회의의 주관 도시도 스웨덴 스톡홀름이었다. 유엔의 첫 인간환경회의라고 명명된 그 회의에서 채택된 선언문은 인간과 환경이 더이상 동떨어진 존재가 아니라고 강조했다. 우리는 "인간이 환경의 산물인 동시에 제작자인" 단계에 접어들었기 때문이다.

스웨덴 사람들은 인간의 생명력을 품은 온기를 수확하는 데뿐 아니라 도시에서 소비할 에너지를 다른 재생 가능 에너지원에서 얻어내는 일에도 탁월하다. 스톡홀름 알란다 공항에서 방문객을 맨 먼저 반기는 것은 지하에 묻혀 있는 세계 최대 에너지 저장시설이다. 길이가 1.5킬로미터를 웃도는 지하 저장고에 보관된 에너지는 면적 46만 제곱미터의 공항 청사들을 냉난방하는 데 쓰인다.

스웨덴의 바람 몰아치는 한 해변에는 요아킴 뷔스트룀의 회사 '압솔리콘'이 세운 세계 최초의 집광형 태양열발전소가 서 있다. 집광형 태양열발전소는 전기와 열을 동시에 생산하는 시설이다. 철과 유리로 만들어 반짝이는 텐트처럼 생긴 집광기는 나란히 늘어선 꽃들처럼 압솔리콘 건물 지붕 위에서 태양을 좇으며 공장에 연료를 공급한다. 스웨덴 반대편에 있는 칠레의 외딴 파타고니아 국립공원에서도 압솔리콘의 태양열 집광기 20기가 활약하며 등산객들이 하룻밤 편히 묵을 수 있는 호텔들에 에너지를 제공한다. 인도 모할리의 병원 옥상에도 압솔리콘 집열판들이 설치되어 있어 열, 전기, 증기를 생산한다.

한편 스웨덴의 친환경 소도시로 유명한 칼마르와 주변 마을들(인구 총 25만 명)은 나름의 사교적인 방식으로 극적인 변화를 만들어내고 있다. 석유, 가스, 전기난로를 재활용 연료로 대체하고 있는 것이다. 숲이 울창한 그 역사적 항구도시는 절반이 발트 해에 면한 내륙으로 이어지고 나머지 절반은 거미줄 같은 다리로 연결된 섬들로 이어진다. 8세기부터 주요 통상 거점이었던 칼마르는 조약돌 깔린 거리와 아주 세련된 사무용 건물 및 박물관이 공존하는 곳이다. 겨울에 칼마르 성이 바다에 비친 모습을 보노라면 성의 뾰족탑들과 만에 떠 있는 얼음장들을 구분하기 어렵다. 숲이 울창하니 목재가 나오고 목재가 나오니 톱밥을 비롯한 폐기물이 나오는데, 도시는 그것을 이용해서 지역난방을 구축했다. 물을 데워 지하 수도관 망으로 전달하는 것이다. 일대의 전기 수요 중 90퍼센트는 수력, 태양열, 원자력, 풍력 에너지로 충족된다. 시 소유의 차와 버스는 닭의 분뇨, 폐수처리장의 침전물, 가정의 퇴비, 에탄올 같은 찌꺼기를 활용하여 만든 가스로 굴러간다. 하이브리드 차와 트럭이 거리를 달리고, 자전거가 넘치고, 저에너지 가로등이 어둠 속에서 따뜻하게 빛난다. 칼마르 사람들은 온기를 인색하게 아끼거나 차를 포기하지 않고도 에너지의 65퍼센트를 완벽하게 재생 가능한 원천에서 얻는 자랑스러운 일을 해내고 있다.

이런 업적을 달성하기 위해 모든 차원에서 변화가 진행되고 있다—큰 회사에서도, 작은 부엌과 거실에서도. 많은 집과 건물이 환경 친화적 지역난방에만 의존한다. 한 소다펄프 공장은 예전에는 석유난로를 만들던 곳이었는데, 이제 재생 가능 에너지 난로와 열펌프로 품목을 바꾸었다.(판매는 두 배로 늘었다.) 이전에 이 회사는 뜨거운 폐수를 차가운 연못에 그대로 방류하여 쌀쌀한 공기 중으로 거대한 증기 구름이 피어오르곤 했다. 그러나 이제 그 증기로 터빈을 돌리고 뜨거운 폐수는 난방관으로 흘려보냄으로써 제 공장뿐 아니라 근처 마을의 2만 가구에 전기와 열을 공급한다.

이상적으로 생각하면 도시의 집집마다 태양열 집열판과 전기 자동차가 있어야 할 것이다. 칼마르가 공동체 사업으로 설정한 드높은 목표는 2030년까지 화석연료를 일절 사용하지 않는 것이다. 그날이 오면 가스, 디젤, 석유에 의존하는 삶은 과거의 어리석은 짓으로나 여겨질 것이다. 이는 몽상이 아니라 실현 가능한 꿈이다. 하룻밤 새에 가능하진 않겠지만 말이다. "작은 성취들을 이뤄내는 게 중요하다." 칼마르의 지속 가능성 사업을 관리하는 보세 린드홀름의 말이다. "잘못된 방향으로 빨리 달려가기보다 옳은 방향으로 천천히 나아가는 게 중요하다." 린드홀름은 칼마르 모델이 다른 곳에도 적용될 수 있으리라고 믿는다. "이것은 기술적 과제가 아니기 때문이다. 이것은 사람들의 생각을 바꾸는 문제다."

칼마르에서 멀지 않은 곳에, 외계의 거울 접시처럼 번쩍거리는 거대한 물체가 UFO처럼 착지용 다리를 펼친 채 진을 치고 있다. 거대한 모닥불을 지피거나 저멀리 배에 불을 지르려는 용도인가 싶은 저 물건은 '리파소에너지'에서 설치한 포물선형 거울로, 햇빛을 모아 증폭하는 장치다. 그리고 그 에너지로 스털링엔진의 피스톤을 돌린다. 회사 대변인의 설명에 따르면, 스털링엔진은 "1800년대 초에 스코틀랜드의 어느 사제가 발명하고 이후 스웨덴의 잠수함 제조업체 코쿰스가 개량한 장치"다. 그 결과 이 장치는 지금까지 개발된 것들 중 가장 효율적으로 가장 강력하게 태양에너지를 끌어들이고 있다. 리파소에너지의 토레 스벤손에 따르면, 이 설계를 세계 최대 수력발전소인 중국의 싼샤 댐과 비교한다면 같은 양의 에너지를 생산하는 데 싼샤 댐이 1000배 더 넓은 땅을 사용하는 셈이라고 한다. 리파소에너지의 공장들은 매년 10만 개의 번쩍거리는 태양 포획 장갑을 생산하여 원자력발전소 5기에 해당하는 에너지를 제공한다.

내가 지금까지 스웨덴을 집중 조명한 것은 그들이 몹시 제한된 원재료와 끔찍하게 적은 햇빛을 가지고도 훌륭한 장치들을 만들어냈기 때문이다. 교훈인즉 빛나는 아이디어와 그것을 장려하는 문화가 있다면 빛나는 태양은 좀 없어도 된다.

스톡홀름 중앙역의 열 공유와 시골의 친환경 도시는 스웨덴의 더 커다란 지속 가능성 퍼즐에서 몇몇 조각에 지나지 않는다. 가장 놀라운 조각은 스웨덴의 쓰레기 처리 방법이다. 스웨덴은 가정 쓰레기 중 무려 99퍼센트를 재활용하거나 에너지 생산에 활용한다. 매립지에 묻는 양은 극히 일부분이고, 나머지는 꼼꼼하게 수거해 최첨단 여과기를 갖춘 소각장에서 태워 25만 가정에 전기를 제공하고 나라 전체 난방망 20퍼센트에 열을 공급한다. 문제는 딱 하나, 스웨덴 사람들이 배출하는 쓰레기가 너무 적어 발전기를 계속 돌리기에 부족하다는 점이다. 그래서 스웨덴은 노르웨이와 다른 유럽 국가들로부터 매년 80만 톤의 쓰레기를 수입하는 희한한 해법을 쓰고 있다. 노르웨이는 스웨덴에 돈을 주면서 자기 나라의 쓰레기를 처분해달라고 하고, 스웨덴은 그 쓰레기에서 전기와 열까지 거둬들인다. 노르웨이 쓰레기가 깨끗하지 않을 수도 있기 때문에(어느 나라 쓰레기인들 깨끗하겠는가), 스웨덴은 자국의 해변에 오염물질을 더하지 않기 위해 소각하고 남은 재에서 독성 화학물질과 금속을 분리한 뒤 노르웨이 매립지에 묻으라고 돌려준다. 독일, 네덜란드, 덴마크도 소각장을 계속 가동하기 위해서 다른 나라들로부터 쓰레기를 수입하여 전기를 생산한다.

우리는 참신한 에너지원에서 에너지를 수확하는 작업의 최전선을 이제 막 탐사하기 시작했다. 또다른 사례로, 바람개비 원리를 이용해서 전동차로부터 에너지를 얻는 방법이 있다. 전동차가 휙 지나갈 때는 늘 열풍이 솟구쳐 먼지바람이 일고 신문이 플랫폼에 떨어진다. 이런 바람은 북아프리카, 지중해, 남유럽에도 불고 있을 것이다. '이걸로 뭔가 할 수 있겠는데' 하는 생각이 떠오르지 않는가. 우리 선조들이 동물 발자국에 고인 물을 보고 '이거 어떻게 잘하면 활용할 수 있겠는데' 하고 생각했던 것과 비슷한 식으로 말이다. 그래서 한국의 세 디자이너 홍선혜, 유찬형, 조신형은 전동차가 일으키는 바람으로 도시에 전기를 공급하는 방법을 고안해냈다. 그들이 설계한 '바람 터널'은 지하철의 여러 노선에서 전동차가 지나갈 때 휘날리는 바람을 붙잡은 뒤 터널 벽에 설치된 터빈과 발전기로 보내는 것이다. 좀더 많은 통근자가 지하철을 이용한다면 지상에서는 매연을 내뱉고 에너지를 퍼마시는 교통량이 줄 테고, 지하에서는 웅웅거리는 도시의 동맥과도 같은 바람 터널이 아파트와 사무실로 전기를 불어넣어줄 것이다.

방대한 고속열차망을 갖춘 중국도 바람을 잡는 장치에 매력을 느끼고 있다. 이 발상은 중국과 잘 맞아떨어지는 면이 있다. 수천 년 동안 중국 문화와 사원에서 바람개비는 악운을 몰아내고 길운을 불러들이는 상징이었으니까. 발상의 내용은 철로 침목 사이에 감춰진 풍력 터빈들이 전기를 모아 에너지망으로 보내면 그 전기를 기차가 활용해 순환을 완성한다는 것이다.

기차의 힘을 다른 방식으로 재사용할 수도 있다. 저장해두는 것이다. 내가 모는 낡은 '도요타 프리우스'는 브레이크를 밟을 때마다 전기가 배터리에 저장된다. 차는 저속으로 달릴 때는 저장된 에너지를 끌어다 쓰고 고속도로에서 빠르게 달릴 때만 기름을 태운다. 쓰고 저축하는 균형이 잘 맞기 때문에 기름은 거의 사지 않는다. 필라델피아에서는 사우스이스턴펜실베이니아 교통공단이 '버리더티에너지'와 손잡고 이와 비슷한 방식으로 에너지를 절약하는 하이브리드 지하철을 만들기로 했다. 전동차가 커브를 돌 때나 역에 들어서면서 브레이크를 밟을 때마다 공유 전력망으로 연결된 대형 배터리에 에너지가 저장되는 원리다.

사람을 여기서 저기로 나르는 활동이라는 운송에 대한 구식 개념은 이처럼 이동에 편승하여 에너지를 재활용하는 개념으로, 즉 보너스까지 제공하는 운송 수단의 개념으로 전 세계에서 서서히 바뀌고 있다. 이 개념은 자동차와 버스에도 물론 적용된다. 회사들이 수소나 전기 같은 재생 가능 연료를 선호하는데다가 그런 연료도 좀더 적게 써서 더 높은 연비를 내기 바라기 때문이다. 이 분야에서 최근 등장한 혁신품으로 '그린애플'이라는 콘셉트 차량이 있다. 왜 이런 이름이 붙었는가 하면, (별명이 빅애플인) 뉴욕 시의 다섯 자치구를 누비는 택시 차량으로 설계되었기 때문이다. 이 차는 탄소발자국을 찍기는커녕 오히려 조금 지운다. 우주에서 쓰는 유체역학적 헬멧처럼 생긴 좌석 세 개짜리 차량은 도로의 오염된 공기를 끌어들여 사용한 뒤 정화해 내뱉는 터빈으로 구동된다. 근사한 공기정화기인 셈이다. 어릴 때 엄마나 아빠가 끄는 진공청소기에 올라탔던 재미난 기억을 떠올려보자. 그처럼 공기가 말 그대로 '재활용된 쓰레기'가 될 수 있는 것이다. 쓰레기와 재미 문제라면, 재미는 없지 않느냐고?

재미있는 발상, 있다. 꼭 새장에서, 아니면 과학소설의 페이지에서 튀어나온 듯한 바람 수확 아이디어들이. 내가 요즘 좋아하는 설계 중 하나는 뉴욕의 '아틀리에 DNA' 사가 아부다비의 마스다르 시 프로젝트를 위해서 설계한 청정에너지 공급 장치 '윈드스톡(바람줄기)'이다. 일종의 '대지예술'인 윈드스톡은 펄럭거리고 흔들거리고 덜덜거리고 전체적으로 "최대한 혼란스럽게" 움직이면서도 아름다운 모습으로 풍력에너지를 공급하는 장치다. 이국적인 오아시스의 부드럽고 주술적인 바람이 설계자의 설명에도 불어들어, 매혹적인 여유로움과 그러면서도 뭔가 갈망하는 듯한 분위기가 풍긴다.

> 우리 프로젝트는 열망으로, 속삭임으로, 지푸라기를 잡는 것처럼, 물을 움켜쥐는 것처럼 시작되었습니다. 우리 프로젝트는 바람이 밀밭이나 갈대밭을 휩쓰는 모습에서 단서를 얻었습니다. ……우리 프로젝트는 콘크리트 기단에 고정된 55미터 높이의 줄기(스톡) 1203개

로 구성되어 있습니다. ……기둥의 맨 위 50센티미터는 빛나는 LED 조명으로, 기둥이 바람에 흔들리는 정도에 따라 조도가 달라집니다. 바람이 전혀 없을 때는…… 불이 꺼집니다. ……비가 오면, 빗물이 기단의 경사를 따라 흘러서 기둥들 사이 공간에 고여 귀한 물을 모아 줍니다. 여기에서 식물이 자유롭게 자랄 것입니다. ……사람들은 경사면에 기대거나 눕거나 잠시 머물며, 바람이 기둥을 스칠 때 나는 소리를 감상할 것입니다. 우리 프로젝트는 단순한 열망으로 그치지 않을 것입니다.

내가 좋아하는 또다른 설계는 사막에서 노래하고 춤추는 윈드스톡과 정반대다. 그것은 찬바람에 땀을 식히면서 가만히 서 있다. 네덜란드의 델프트 공과대학 잔디밭에서, 나는 정말 꼭 타임머신의 입구처럼 생긴 무언가를 목격했다. 매끈한 강철로 된 큼직한 직사각형 창틀이 공중에 떠올라, 차가운 봄바람에도 미동조차 하지 않는다. 그 물체 뒤로 전기공학·수학·컴퓨터공학부 건물이 서 있는 걸 보고 있자니, 도트 매트릭스의 '○' 표시를 닮았다고 생각하는 것도 무리는 아니다. 어쩌면 미래주의 조각인지도 모르겠다. 그러나 사실 저 정체는 날이 없어 새와 박쥐에 친화적인 풍력 터빈이다. 델프트 공과대학과 바헤닝언 연구소, 건축회사 메카누, 그 밖의 여러 단체로 구성된 협력단이 정부의 대체에너지 사업의 일환으로 설계한 장치다. 현재로서는 대담한 시제품 상태지만, 이 터빈은 움직이는 부속이 전혀 없고, 간헐적으로 땅에 그림자를 드리우는 일도 없고, 주변 사람을 움찔거리게 만드는 진동도 없고, 안달루시아나 케이프코드 해변에 늘어선 통상적인 세 날짜리 풍력 터빈들 근처에서 발생한다는 무덤에서 기어나오는 좀비 같은 소음도 내지 않으면서 풍력을 전기로 전환해준다. 지나가는 학생들이 그것을 멍하니 바라보다가 저도 모르게 미소를 띠는 것도 이해할 만하다. 아마 다들 나처럼 이렇게 생각하는 게 아닐까? '저게 어떻게 작동하는 거라고 했더라?'

다행히 설계에 참여했던 델프트 공과대학의 두 교수 디라지 자이람과 요한 스밋은 말해줄 수 있다. 이 장치는 기술적으로 풍차와 다르지 않다. 오래전부터 바람으로 동력을 생산해온 네덜란드의 유명한 전통을 따른 장치다. 하지만 움직이는 날개는 없다. 자이람은 "대전 입자들이 바람을 받아 전기장의 방향을 거슬러 움직이면서 풍력을 전력으로 바꾸는 것"이라고 설명한다.

우아한 강철 틀 속에는 관들이 베니션블라인드처럼 가로로 배열되어 있다. 그 관들은 전하를 띤 작은 물방울을 생성한다. 그 물방울이 바람에 휙 날려갈 때 전류가 발생하고, 그 전류가 도시의 에너지망으로 흘러드는 원리다. 원, 정사각형, 직사각형 등 어떤 모양으로도 만들 수 있는 풍력전환기 '이위컨'*이 바람 거센 고층 건물 옥상에 홀로 서 있거나 해변에 질서 있게 늘어선 모습은, 언젠가 TV 안테나처럼 우리가 전혀 신경쓰지 않을 만큼 친숙한 것이 될지도 모른다. 그러나 당장은 초대형 비눗방울 불기 놀이도구처럼, 아니면 미래로 가는 타임머신의 문처럼 경이로워 보일 것이다. 상상의 날개를 펴서 우리가 정확히 알 수 없는 어떤 복잡한 원리에 의지해 타임머신을 타고 떠나, 우리가 개개인의 괴팍함과 약점을 고스란히 간직하고 우리 시대의 지식과 무지도 고스란히 간직한 상태로 미래의 지구인들이 어떻게 사는지를 느

* EWICON. 'Electrostatic Wind Energy Converter'의 약자.—옮긴이

껴볼 수 있다고 하자. 우리 시대의 환등 같은 기술적 경이들이 우리에게는 예사로워 보이는 것처럼, 미래의 인간들을 둘러싼 미래의 경이들도 그들에게는 예사로워 보일 것이다. 그들은 과연 어떤 재생 가능 에너지원을 일상적으로 사용할까? 과연 어떻게 바람을 울타리에 가두고 태양 전차를 몰까?

앞에서 만났던 미래의 지질학자 올리빈이 바닷가에서, 혹은 대도시 한가운데에서, 혹은 낮은 위성 궤도에서 우리 시대를 돌아본다고 하자. 그는 이렇게 생각할 것이다. '옛날 인류 말이야, 그들은 어떻게 그 많은 질병과 자연재해를 견뎠을까? 더구나 자신의 주변을 사방팔방 더럽히면서? 그리고 왜 그들은 태양열 헬리콥터, 날 없는 풍력 탈곡기, 쿠페형 수소 자동차를—그리고 여러분이 원하는 그 밖의 여러 가지를—발명하는 데 그토록 긴 시간이 걸렸을까?'

델프트 공과대학은 다른 방식으로 공중에서 풍력을 수확하는 방법들도 연구하고 있다. 그중 하나인 '사다리 풍차'는 실제로 연을 줄줄이 엮어서 연에 달린 날들이 상공의 거센 바람을 타게 하는 것이다. 자이람은 "터빈에 꼭 강철 다리가 달려 있어야 한다는 생각에서 벗어난다면, 바람을 수확하여 전기를 공급하는 방법은 얼마든지 있다"라고 말한다.

눈이 델 것처럼 강렬한 태양의 동력실에서 에너지를 수확하는 문제는 어떨까. 우리는 그 뜨겁고 유용한 가능성을 이제야 막 탐색하기 시작했다. 인류는 수천 년 동안 태양을 숭배해왔다. 충분히 그럴 만했다. 그러나 요즘은 태양이 우리 존재에 발휘하는 마법을 보며 새삼 감탄하는 경우가 드물다. 태양은 우리 개개인의 우주에 구석구석 도달하여 성장을 북돋고, 우리의 모든 사건과 성취에 빛을 비추고, 우리의 일상을 바꾼다. 햇살이 먹이가 되어 땅과 바다의 초록 식물을 먹이고, 동물이 그 식물을 뜯어먹고, 우리가 그 동물을 식사로 삼으므로, 햇살은 우리 핏속에 흐르는 셈이다. 우리 몸의 모든 분자, 우리 안의 모든 티끌, 우리 몸의 저택과 마음의 그늘에 딸린 모든 원자와 처마는 태양이 생애 초기에 겪었던 혼돈의 순간중에 만들어졌다. 태양과 우리의 기나긴 대화는 우리가 죽을 때에야 비로소 끝날 것이다. 지구에 존재하는 다른 원소들은 태양보다는 못한 발광체에서 비롯했을 수도 있다. 가령 우리가 열심히 캐내는 금은 지금으로부터 2억 년 전에 지구로 쏟아졌던 반짝거리는 소행성들에서 왔을지도 모른다. 그러나 지구의 모든 생명을 가능케 한 것은 결국 태양의 숨결이었다.

직립한 유인원에 불과한 우리 종에게는 그 정도도 감지덕지였을지 모른다. 그러나 우리는 태양에 제련된 뇌를 열심히 굴려, 태양을 포획하고 감금하여 우리 삶의 나머지 부분에도 동력으로 제공하는 방법을 자꾸만 더 찾아냈다. 우리가 인류세에 연료를 때어 몸을 덥히고 제국을 구동한 것은 따지고 보면 모두 태양을 착취한 일이었다. 연료란 결국 땅에 묻힌 햇빛이니까. 산업혁명은 결국 태양에너지에 관한 일이었다. 그리고 이제 우리는 매개물마저 건너뛰고, 연료의 근원으로 곧바로 다가가는 중이다. 나무, 석탄, 석유, 가스는 결국 중개물일 뿐이고, 그런 자원을 쓴다는 사실은 우리가 종으로서 미성숙하다는 증거였다.

태양에너지 분야에서 두각을 드러내기 시작한 곳이 스웨덴의 리파소에너지만은 아니다. 아직은 수익성이 화석연료만 못하지만 말이다. 그러나 앞으로는 나아질 것이다. 그래야만 하니까. 그리고 곧 그렇게 될 것이다. 우리가 그동안 이룬 업적과 정복을 넘어서 앞으로도 생존하려면 말이다. 미국 네바다 주의 세계 최대 태양열발전시설 아이반 파는 벌써 모하비 사막의 지평선까지 길게 뻗어 있는데, 미국이 유럽에서 가장 화창한 나라이자 집광형 태양열발전 분야에서 세계 선두인 빛의 나라 스페인만큼 많은 햇빛을 받는다는 사실을 고려하면 당연한 일이다. 한편 무려 4000억 달러가 들어갈 원대한 사업인 '데저텍'은 햇살에 흠뻑 젖은 아프리카의 사막에서 태양에너지를 수확하여 세계에 배달할 계획이다. 북아프리카에 매일 넉넉히 쏟아지는 햇빛은 아프리카 대륙은 물론이고 유럽까지 에너지를 공급하기에 충분하다. 데저텍의 최종 목표는 사막에서 햇빛을 충분히 포집하여 온 지구에 에너지를 공급하는 것이다.

독일에서는 반질반질한 기타 피크 같은 태양전지판이 지붕마다 줄을 지어 서서 철로 옆에서 에너지를 가둔 채 번쩍거리고, 산허리에서 스팽글 드레스처럼 반짝이고, 아우토반을 따라 차들을 안내하고, 줄기 끝에 해바라기처럼 하늘을 올려다본다. 도심 아파트에서 농장이나 버려진 옛 군사기지까지, 눈 돌리는 곳 어디에서나 태양전지판이 맥동한다. '에를라제 태양에너지 공원'에서는 제멋대로 자란 잡초가 전지판을 기어올라 그늘을 드리울까봐, 풀 뜯는 양떼가 관리인처럼 성실하게 침입자를 뽑아낸다. 독일 남부, 인구 1250만 명의 바이에른 주에는 사람 한 명당 세 개 꼴로 태양전지판이 설치되어 있다. 독일은 직사광선을 엄청나게 많이 받는 나라는 아니지만, 프리즘처럼 밝고 화창했던 2012년 5월 어느 날은 태양으로부터 무려 22기가 와트의 에너지를 얻었다. 통에 담긴 번개와도 같은 그 에너지량은 원자력발전소 20기의 생산량이자 그날 전 세계에서 수집된 태양에너지 전체의 절반에 해당했다.

독일은 1991년에 통과된 기민한 법률, 금전적 유인책, 재생에너지의 필요성을 잘 배운 시민들의 폭넓은 지지에 힘입어 이 분야에서 세계 선두가 되었다. 바람, 물, 태양의 힘을 수확함으로써 총 에너지 수요의 4분의 1을 충당하는데, 그중 가장 큰 몫을 공급하는 것이 태양에너지다. 독일 회사들 역시 태양에너지 기술 연구와 설계 분야에서 선봉에 서 있다. 햇살은 공짜일지언정 사용료는 싸지 않다. 태양에너지는 아직 화석연료나 원자력보다 비용이 더 든다. 그러나 2006년 이래 가격이 66퍼센트나 떨어졌으므로, 길들인 햇살은 곧 석탄만큼 값싼 연료가 될 게 분명하다. 게다가 태양에너지 연구는 정부로부터 막대한 보조금을 받고 있고, 투자자들로부터도 막대한 지원을 받고 있다. 하지만 정부 보조금이 없는 인도와 이탈리아에서도 태양에너지는 융성하고 있으며, 중국도 태양에너지의 물결에 화려하게 올라탔다. 그 덕분에 갑자기 가격이 곤두박질쳐서 독일의 일부 기술회사들이 추월을 당했을 정도다. 가장 이상적인 상황은 집집마다 태양전지판을 갖추는 것이다. 그리고 1억 5000만 킬로미터나 뻗어 있는 태양, 그 물렁한 콘센트에 꽂아서 쓸 수 있는, 값싸고 완전한 전기 자동차도 집집마다 있어야 할 것이다.

세계 각지의 많은 지역사회와 나라가 창의적인 방식으로 에너지를 수확하고 재사용하려 노력하고 있는데도, 그런 풀뿌리 시도들은 언론에서 좀처럼 다루어주지 않는다. 지역적으로는 삶을 바꾸는 변화지만 다른 세계의 눈에는 보이지 않는 것이다. 보르네오 섬의 다약 사람들은 디젤발전기를 수소발전기와 (개울에서 얻는) 수력에너지로 대체해 사용하고 있다. 브라질의 쿠리치바 시는 한때 교통 문제로 골머리를 앓았으나, 지금은 통근자의 70퍼센트가 버스를 탐으로써 매년 2700만 리터의 연료를 아끼고 대기오염을 줄인다.

기후변화가 워낙 가시적인 현상이 되고 야생생물과 신선한 물이 눈에 띄게 귀해졌기 때문에, 이제 그 증거를 부정할 만큼 어리석은 사람들은 적어졌다.* 인류세를 헤치고 나아가는 우리는 지구의 생태계와 은총에 다시금 우리 자신을 끼워넣으려 애쓰고 있다. 비록 그다지 매력적인 단어는 아니지만 '지속 가능성'이라는 용어는 이제 언론에서 대활약하고, 학교에서 뿌리내리고, 모든 유형의 거주지에서 사람들의 마음을 움직이고, 작은 마을에서나 큰 도시에서나 대세가 되어가고 있다. 우리는 생각의 혁명을 겪고 있다. 이것은 산업혁명에 대한 반작용이 아니다. 대공황이 한창일 때, 그리고 1970년대에 다시 유행했던 '전원으로 돌아가자'풍의 운동도 아니다. 지구의 자원 감소에 직면한 우리는 가끔은 자동차 전조등 불빛에 사로잡힌 사슴처럼 소스라치게 놀라지만, 그럼에도 대대적인 지속 가능성 혁명으로 가는 문을 열고 있다. 집과 도시를 바라보는 우리의 근본적인 시각이 진화하기 시작한 것이다. 집과 도시가 좀더 지혜롭고 좀더 친환경적으로 우리의 생존을 뒷받침해야 한다는 방향으로.

---

* 『지구의 지배자들: 기후공학 시대의 여명』에서 클라이브 해밀턴은 미국에서 기후변화가 원래 초당파적 관심사였으나, 보수 활동가들이 지구온난화를 총기 규제, 낙태권과 함께 진보주의자들의 악의적인 의제로 뭉뚱그림으로써 탈정치적이고 지구적인 주제가 아니라 진보주의자들이 지어낸 문제인 것처럼 보이게 만들었다고 지적했다. 그 탓에 누군가가 지구온난화를 믿는지 안 믿는지 알면 그의 정치적 입장을 비교적 정확하게 추측할 수 있다. 한 공화당 기상학자가 지적했듯이, 지구온난화는 "보수주의의 기이한 리트머스 시험지"가 되었다. 그들은 지구온난화를 뒷받침하는 과학적 증거를 정치적 근거로 부인하는데, 이는 말도 안 되는 일이다. 이 상황을 오싹하게 보여주었던 사례는 조지 W. 부시 대통령이 2008년 G8 정상회담에서 취한 행동이었다. 그는 기후변화 관련 목표를 받아들이기를 거부한 뒤, 최종 회의장을 뜨며 사람들에게 등을 돌린 채 반항적으로 주먹을 쳐들고는 농담처럼 다음과 같이 말했다. "세계 최대의 오염자는 이만 물러납니다." http://www.independent.co.uk/news/world/politics/bush-to-g8-goodbye-from-the-worlds-biggest-polluter-863911.html 참조.

3. 자연은 지금도 '자연적'일까?

THE
HUMAN
AGE

자연은 지금도 '자연적'일까?

지금 나는 흐드러진 늙은 목련나무의 중간 높이에 낸 퇴창 안에서 이 글을 쓴다. 나무는 봄이면 밀랍처럼 빠닥빠닥한 브랜디잔 모양 분홍빛 꽃을 피우고, 굴뚝새와 박새에게 다락을, 올빼미와 날개가 지친 벌새에게 홰를, 노란배수액빨이딱따구리에게 수액을, 다람쥐에게는 콩콩 달릴 나뭇잎 우거진 길을 제공한다. 그 이웃인 거대한 플라타너스는 수십 개 가지를 하늘 쪽으로 웅크린 채 내밀고, 곰 발바닥만한 보풀보풀한 잎으로 햇빛을 붙잡는다. 사슴이 그 밑으로 그늘을, 갈색박쥐는 은신처를, 황금방울새는 장식물 겸 먹잇감을 찾아든다. 두 나무에는 무수한 지류로 갈라진 강 같은 수액이 고불고불 흐른다. 나무들은 곤충이며 동물과 타협하고 자신만의 시간 개념에 따라 살아가며 나로서는 거의 헤아릴 수 없는 걱정과 생존 비법을 품고 있다. 비록 뇌는 없지만 나무에게는 켜켜이 쌓인 기억이 있고, 강한 욕구와 기술과 재주가 있다. 우리는 모두 울퉁불퉁한 한 행성의 후손이지만, 서로 워낙 다르기 때문에 어떨 때 보면 서로 다른 외계 우주에서 사는 것 같다. 범죄자의 심리도 나무의 마음보다는 이해하기 쉬울 것이다. 나무의 마음, 그것은 우리가 들어가볼 수 없는 본질, 우리를 포함하지 않는 정수다.

대부분의 사람들처럼 나도 목련과 플라타너스와 동물들을 저절로 존재하는 푸른 자연의 일부로 여긴다. 우리와는 혈통이 다른 존재들이 저마다의 생활주기와 신비로운 목적을 추구하느라 바쁜 영역으로 말이다. 인간 중심 세상에서 자연의 타자성은 자연이 주는 가장 큰 위안이자 매력이다. 환경문제 전문가 빌 매키븐은 "자연의 독립성, 그것이야말로 자연의 의미다. 자연이 없다면 세상에는 우리밖에 없을 것이다"라고 말했다.* 인간이 상상하는 그 이상으로 오래된 존재인 자연은 인간사에서 벗어나 숨는 피난처이자, 복잡한 사회적 관계도 연애의 혼란도 희망과 걸림돌도 없는 세상이다. 적어도 그렇게 보인다. 그러나 정말 그럴까?

우리 집 목련나무가 속한 속屬은 벌의 속보다 오래되었고(선조 목련나무들의 꽃가루받이는 딱정벌레의 몫이었다), 인류보다는 확실히 오래되었다. 화석이 들려주는 이야기를 따라가면, 목련의 기원은 1억 년 전까지 거슬러올라간다. 그 선조들은 빙하기를, 산맥의 융기를, 대륙 이동을 견뎌냈다. 그 계통은 핑거 호의 구릉보다 오래되었을지도 모른다. 그러나 이 목련이 쌀쌀한 우리 집 마당에서 생을 시작한 것은 아니다. 이 나무를 아꼈던 아스테카 사람들은 엘록소치틀이라는 이름을 붙여주었다. '초록색 껍질의 꽃을 피우는 나무'라는 뜻이다. '신세계'로 간 스페인 탐험가들도 여인의 뺨처럼 발그레하고 빽빽하고 큼직한 꽃

* Bill McKibben, *The End of Nature* (New York: Random House, 2006), 58쪽.

잎에 매료되어 초콜릿, 바닐라, 화사한 붉은색 카민 염료 같은 신기한 사치품들과 더불어 목련나무 뿌리를 고향으로 실어보냈다. 1730년대에 이르러 목련은 유럽의 정원을 장식했고, 다른 종들과의 교배를 통해 더 튼튼하고 장식적인 꽃으로 진화했으며, 그것이 도로 대서양을 건너와 미국 남부의 집들을 꾸미게 되었다. 사람들은 보통 앞마당에 목련을 심었다. 이후 원예사들은 이 신기한 품종을 북부 묘목상들에게 팔았고, 그중 한 명이 내가 지금 사는 집의 첫 주인에게 묘목을 팔았다. 곤충학자였던 옛 집주인은 이 나무에 물과 비료를 주고 틀림없이 애정을 쏟아 보살폈을 것이다.

이 늙고 당당한 목련나무는 인간의 계획과 실수에 긴밀하게 얽혀 있기 때문에, 엄밀한 '야생'이라기보다는 인간이 만든 세상의 일부에 가깝다. 인간과 함께 살면서 인간에게 아름다움과 야생의 추억을 제공하는 반려동물처럼. 플라타너스도 마찬가지다. 나는 지금 언덕 꼭대기에 살지만, 원래 플라타너스는 강가나 습지에서 자라며 밭과 개울 사이 푸른 둔덕에서 우거진다. 플라타너스의 수많은 구멍과 가지에는 주머니쥐, 아메리카원앙, 왜가리, 아메리카너구리가 둥지를 튼다. 아메리카토착민은 플라타너스 몸통을 통째로 파내어 카누를 만들었다. 나무는 사과 모양 열매로 뒤덮이는데, 작은 스푸트니크호처럼 생긴, 갈색 털이 촘촘하게 난 열매에는 씨앗이 잔뜩 들어 있다. 그러나 사실 우리 집 플라타너스는 미국산과 아시아산을 교배해서 질병 저항력을 높인 잡종이다. 그러니 이 나무도 여행자다. 적어도 그 유전자만큼은.

야생의 새들에 대한 이야기도 해보자. 나는 벌새가 먹을 설탕물을 놓아주고 검은눈방울새, 동고비, 핀치가 먹을 씨앗을 내어준다. 까마귀들의 발목에는 끝나지 않을 시위에 나선 이들처럼 하나씩 밴드가 둘려 있다. 지역 조류학자들이 연구를 하느라 매둔 것인데, 밴드에는 인간이 좋아하는 로고인 숫자들이 새겨져 있다. 태그는 조심스럽게 부착되며, 새들이 딱히 거추장스러워하는 것 같지는 않다. 나는 까마귀가 태그를 또하나의 깃털인 듯 부리로 정성껏 다듬는 모습을 가끔 본다. 나무와 마찬가지로 새들도 우리와 동떨어진 삶을 사는 독립적 존재가 아니다. 인간은 새들의 활동 영역, 개체수, 건강, 유전자 풀까지 만지작거려왔다.

나는 새와 나무와 동물이 가득한 이 경관을 실내와 대비되는 개념에서 '자연'이라고 여긴다. 이런 시각에서는 전신주와 사유지를 경계 짓는 울타리, TV 케이블과 금속 우편함, 아스팔트 거리와 그르렁거리는 차, 멀리서 트럭이 저속 기어로 바꾸며 아르페지오를 연주하는 소음이 모두 인간이 세공한 세계에 속한다. 쉼 없는 축복과 고난으로 가득한 인공의 낙원 말이다.

마구 뻗어나가는 아스팔트 도시에 대한 한 가지 신화는, 우리가 토착 동물을 몰아내고 그들의 서식지를 훔쳤다는 생각이다. 꼭 그렇지만은 않다. 우리는 늪의 물을 빼고 숲을 베고 풀밭을 쇼핑몰로 바꾸면서 몇몇 동물을 추방했다. 그러나 그런 우리에게도 자연이 필요하기 때문에, 결과적으로는 뜻밖에 몇몇 야생동물에게 아주 안락한 새 생태계를 창조해주었다. 소수의 종에게는 이곳이 야생보다 더 매력적이다. 인간의 건물은 동물이 깃들 구멍과 틈을 제공한다. 우리는 연못과 잔디밭과 과일나무가 있는 숲을 조성한다. 길모퉁이에 쓰레기를 내놓고 화단을 설계하여 물을 주고 가꿈으로써 사슴에게 맛있는 뷔페를 제공한다. 그 과정에서 우리는 새로운 생태적 지위를 계속 만들어낸다. 대체로 보면 그럴 의도는 없었지만.

인류세의 도시는 인간과 잘 공존하는 한정된 수의 생물종이 모인 장소가 되었다. 주로 사슴, 쥐, 고양이, 새, 여우, 스컹크, 너구리, 집파리, 참새, 원숭이 등이다. 우리가 남긴 음식을 먹고 우리의 그늘에서 살다가 우리의 철과 플라스틱 옆에 누워 화석이 되는 것 외에 다른 수가 없는 곳이라면 어디에서나 이런 도시종을 만날 수 있다. 그러는 한편 우리는 그들의 진화 과정을 바꾸고 있다. (인간을 포함한) 도시 동물은 도시 생활에 맞춰 자신의 습성과 심리를 바꾼다. 공원이나 동물원에서 사는 동물도 인간의 생체리듬과 경관에 적응한다.

도시로 점점 더 많이 찾아드는 새들은 도시에서 먹이를 풍성하게 얻지만, 그러느라 그들의 생체시계는 박자를 놓친다. 스코틀랜드 글래스고 대학의 조류학자 바버라 헬름이 뮌헨의 찌르레기와 시골의 찌르레기를 비교한 연구에 따르면, 도시 새들은 하루 일과를 더 일찍 시작하고 생체시계도 더 빨리 째깍거린다. 도시의 인간과 마찬가지로 도시의 새는 더 급하게 살고 더 오래 일하며, 쏟아지는 불빛이 별빛을 압도하고 인간이 만든 별자리가 지평선 가까이 빛나는 보금자리에서 좀더 적게 쉬고 적게 잔다. 도시의 수컷은 털갈이를 더 빨리 하고 성적으로 더 빨리 성숙한다. 대조적으로 시골의 찌르레기들은 하루 일과를 전통에 따라 동틀녘에 시작하고 서두르지 않으며 더 오래 잔다.

"우리 연구는 야생종이 인간과 서식지를 공유하면 생체시계가 바뀐다는 사실을 처음으로 보여준다." 헬름의 결론이다.

연구를 함께한 독일 막스플랑크 조류연구소의 다비데 도미노니는 도시의 명금이 "일찍 일어나면 짝을 찾는 데 유리할 수 있고, 따라서 후손을 생산하는 데 성공할 확률이 높아지며, 그와 더불어 자신의—하루중 어느 시점에 신체 기능이 활발한가 하는 문제인—일주기리듬을 후세에 물려줄 가능성도 높아진다. 다른 연구에 따르면 일주기리듬은 유전성이 높으므로, 자연선택에 따라 도시 새들은 점차 일찍 일어나는 새로 진화할 것"이라고 덧붙였다.

우리는 진화를 만지작거리며 반려동물과 식물이 (나아가 우리 근처에 사는 야생동물이) 우리가 제조한 일정에 따르도록 만든다. 빛과 어둠의 일정, 우리가 자고 걷고 용변을 보고 운동을 하고 식사를 하는 일정에 맞추도록. 계절에 따른 시간성은 사라지고, 그 대신 정교하고 만족스러운 아름다움과 확실성을 지닌 시간성이 자리잡는다. 이런 속성은 자연에서는 거의 찾아볼 수 없다. 우리는 시계를 조작하여 하루를 짧고 고른 여러 조각으로 나누고, 유리에 가둔 비활성기체로 밤을 밝히고, 그 과정에서 우리의 생체리듬을 재편할 뿐 아니라 다른 생물들의 리듬까지 재설정한 것이다.

이솝 우화 「서울쥐와 시골쥐」에서, 두 사촌은 서로의 집을 방문한다. 서울쥐는 시골의 초라한 식사에 실망하고, 시골쥐는 도시의 삶이 더 풍요롭기는 하지만 참기 힘들 만큼 위험하다는 걸 알게 된다. "두려움에 끝도 없이 갉아먹히느니 콩이나 갉아먹으며 살겠어." 시골쥐는 현명하게 말한다. 그러나 우리 인간 덕분에, 요즘 서울쥐들은 만연한 위험에 현명하게 대처할 수 있는 더 큰 뇌를 갖게 되었다. 쥐만 그런 것도 아니다. 미네소타 대학의 벨 자연사박물관 연구가들에 따르면, 우리 때문에 최소한 열 종의 도시 동물—들쥐, 박쥐, 뒤쥐, 땅다람쥐 등—이 시골사촌보다 6퍼센트 더 큰 뇌를 갖게 되었다고 한다. 맙소사, 더 똑똑한 쥐라니! 생각만 해도 무섭다. 우리가 동물들이 사는 숲과 풀밭을 베어내고 작물을 심자, 가장 영리한 개체들만이 인간이 점령한 경관에 맞춰 제 식단과 행동을 바꾸어 살아남았다. 살아남은 개체는 자신의 큰 뇌 유전자를 꾀바른 후손에게 물려주었다. 그런 개체들은 운이 좋은 경우였다. 모든 동식물이 우리를 피하거나 진화할 수 있는 건 아니기 때문이다. 가장 유연한 것들만 그럴 수 있다.

도시 생활에 대처하기 위해서 어떤 동물은 생물학자가 추적할 수 있을 만큼 빠른 속도로 제 몸을 재설계하기 시작했다. 찰스 브라운은 가도 가도 끝이 없고 평탄한 네브래스카의 고속도로에서 교통사고로 죽은 삼색제비를 발견할 때면, 사체를 면밀히 살피곤 했다. 삼색제비는 밤색 목덜미와 흰 이마와 미색 가슴에 날개는 길고 뾰족하다. 이 새는 선조 때부터 절벽을 좋아해 둥지로 삼았다. 나는 빅서의 절벽에서 이 새들이 때로 곡예비행을 하는 모습을 감상한 적이 있다. 새된 재잘거림으로 말다툼하는 듯한 울음소리가 부서지는 파도 소리와 어우러졌더랬다.

삼색제비에게는 절벽이 필요하다. 그러나 도시가 제멋대로 뻗어나가는 요즘, 이 새들은 건물 벽, 고속도로 고가 밑면, 철로 트러스와 가대 틈새 등 콘크리트 절벽에 조롱박 모양 진흙 둥지를 부착하여 수천 마리 군집을 이루어 살아간다.

오클라호마 털사 대학의 행동생태학자인 브라운은 이 새의 군집 생활을 30년간 지켜보았다. 그는 이 군락 저 군락 찾아다니다가 간혹 쌩쌩 달리는 차에 치여 죽은 새를 발견한다. 그러면 차를 세우고 새의 다리에 감긴 밴드를 확인한 뒤, 조사를 위해 새를 수거하기도 한다.

"그러다가 갈수록 도로에서 죽은 새가 덜 보인다는 걸 알아차렸다."

더 놀라운 사실은 새의 날개 길이였다. 차에 치여 죽은 삼색제비의 날개는 그가 새그물로 잡은 삼색제비의 날개보다 더 길었다. 교통사고로 죽는 새가 적어진다는 것, 그리고 죽은 새와 산 새의 날개 길이가 다르다는 것, 이 두 사실로부터 그는 충격적인 결론을 끌어냈다. 삼색제비가 도로를 안전히 건너려면 잽싸게 움직여야 하기 때문에 기류와 공중전을 벌이기 쉬운 짧은 날개가 유리한 것이다. 불행하게도 전원의 삶에 더 알맞은 긴 날개를 가진 새들은 사고로 죽고, 짧은 날개를 가진 새들만 남아서 번식하고 우세를 점한다. 불과 수십 년 동안에 벌어진 일이다.

"아마도 날개가 긴 새는 짧은 새에 비해 길가에 앉아 있다가 황급히 날아오르는 일이 어려울 것이다. 혹은 빨리 고도를 높일 수 없을 것이다. 그래서 전자는 달려드는 차와 충돌할 가능성이 더 높다." 브라운의 가설이다. "이 동물은 도시 환경에 아주 빨리 적응할 수 있다."

우리의 기술 때문에 순식간에 진화하고 있는 찌르레기, 삼색제비 같은 이런 동물들을 어떻게 보아야 할까? 그들은 결국 새로운 종이 될까? 아니면 그저 인류세의 새로운 시민이 된 것뿐일까?

자연은 무엇으로 자연이 될까? 이는 본질적으로 인류세만의 질문이다. 자연은 도시가 번성하기 한참 전부터, 엄청나게 많은 인간이 지구를 덮기 한참 전부터 번성했다. 야생동물은 우리와 더불어 살아간다. 우리의 노동과 기계는 이들의 운명과 얽혀 있다. 과밀한 도시조차도 야생이 침투 가능한 공간이다. 비록 우리는 자연과 분리된 세상을 유지하려고 애쓰지만 말이다. 우리는 야생의 경계를 결정하고, 도시가 시작되고 끝나는 지점을 결정한다. 한때 존재했던 무성한 완충지대, 두 세상 사이의 과도기적 영역은 교외의 확장으로 달라지고 있다. 이제 야생동물과 도시 동물은 매일같이 서로 마주친다.

우리는 추억이 가득한 공간에 강한 애착을 품는다. 그러나 다른 동물들도 공간 감각을 따르기는 마찬가지다. 밴드를 묶어 추적하는 조류

표지법 연구에 따르면, 붉은목벌새들은 매년 똑같은 경로로 좋아하는 마당을 찾아온다. 우리 집 뒷마당에는 봄마다 낯익은 청둥오리 한 쌍이 찾아와서 애무한다. 다른 많은 동물도 각기 짝짓기를 하거나 둥지를 틀기 위해 특정한 장소로 돌아온다. 우리가 그들의 세상을 대대적으로 조각내어 우리가 좋아하는 물질과 동식물을 심어두더라도, 그들은 계속 돌아오려고 할 것이다. 사람들은 땅 한 조각을 차지하여 자기 물건으로 영역 표시를 하고 야생동물을 몰아내면 동물들이 순순히 물러나리라고 기대한다. 그들이 포기하지 않고 한때 아끼던 거처로 복귀하려고 애쓰면, 민감한 독재자인 우리는 그만 당황하고 만다.

도시 사정에 밝은 동물은 대체로 밤에 사냥하거나 그늘로 몰래 다니기 때문에 우리 눈에 잘 띄지 않는다. 그러다가 그들과 마주치면, 우리는 동물들이 이렇게 엉뚱한 장소에 존재한다는 사실에 소스라친다. 우리는 동물의 세계란 예고 없이 종종 들르는 이웃들로 구성된 세상이란 걸 잊고 산다. 설령 예전에 살던 거주자들이 허둥지둥 떠나거나 일과를 재조정했더라도, 새로운 종들이 마치 엉큼한 친척처럼 대체 어딘지도 모를 곳에서 나타나기 시작한다. 그들이 짧게 머무르다 떠나지 않으리라는 걸 우리가 깨달을 즈음, 그들은 이미 뿌리를 박고 좁은 영역을 제 것으로 선언하고 우리의 몇몇 이웃을 괴롭히고 우리 일상에 작은 부록으로 편입되어 있을 것이다. 그리고 그것이 늘 환영받는 일만은 아니다.

1990년대 이전까지 시카고 거리에서 코요테는 전혀 볼 수 없는 동물이었다. 요즘 시카고는 코요테 약 2000마리의 피난처가 되었다. 녀석들은 공원, 묘지, 연못을 좋아하고 보통은 사람을 피해 달아난다. 그러나 일부는 하루에 100번 넘게 도로를 건너고, 주거지역으로도 들어온다. 알래스카에서는 물사슴들이 자주 가정방문을 온다. 먹을 것을 찾아서 마당과 현관으로 쿵쿵 침입해 들어오는 것이다. 거대한 뿔까지 달린 육중한 몸으로 철책을 훌쩍 뛰어넘는다. 플로리다의 많은 골프장에서는 악어가 새로운 워터 해저드*로 추가되었고, 호숫가에 사는 사람들은 기르는 치와와를 집 안에 있게 해야 한다는 걸 알게 되었다. 몬태나의 여러 도시에서는 퓨마가 먹이를 찾아 어슬렁거리고, 캘리포니아에서는 쿠거가 조깅하는 사람을 노리고, 콜로라도에서는 엘크가 집들 사이를 거닌다. 잭슨빌의 한 여성은 변기 뚜껑을 열었다가 그 안에서 튀어오른 늪살모사에게 물렸다. 또다른 여성은 브루클린에 있는 자신의 집 변기에 2미터가 넘는 비단구렁이가 도사리고 있는 것을 발견했다. 뉴델리의 거리에서는 밤마다 표범이 어슬렁거린다. 오스트레일리아 멜버른의 왕립식물원에는 멸종 위기종인 회색머리날여우박쥐들이 그곳에서 재배되는 토착 식물에 이끌려 찾아와 3만 마리의 군집을 건설했다. 그곳에는 박쥐가 좋아하는 건강한 과일 나무가 여든일곱 종이나 있어서 1년 내내 오아시스가 되어준다. 그러니 왜 야생의 위험을 감수하겠는가? 그리고 아마도 가장 희한한 사례일 텐데, 탁 트인 초원에서 사는 프레리도그들이 우리 도시에 자기네 마을을 만들어 파기 시작했다.

한편 사람들이 길들여지지 않은 자연과 만들어진 자연 사이에 선명한 경계가 없다는 사실을 깨닫기 시작하면서, 길을 잃고 우리의 미로를 헤매는 동물을 도와주려는 이들도 점점 많아지고 있다.

---

* 골프 코스에 있는 물웅덩이나 개울 같은 방해 요소로, 말 그대로는 '물가의 위험 요소'라는 뜻이다.—옮긴이

생후 8개월 된 코요테가 길을 잃고 시애틀 시내로 흘러들었을 때, 녀석은 거리와 건물에 당황하여 겁을 집어먹고 방향을 상실했다. 그래서 제 눈에 컴컴한 은신처처럼 보였을 곳으로 뛰어들었다. 연방정부 건물의 열린 문이었다. 녀석은 맨들맨들한 바닥과 좁은 복도에서 미끄러지고, 유리와 벽과 놀란 사람들에게 돌진하여 부딪쳤다. 그러다가 숨을 수 있는 굴을—열린 엘리베이터를—발견하고는 쏜살같이 달려들었다. 엘리베이터 문이 닫혔다. 가엾은 녀석은 세 시간 동안 금속 상자 속에서 오락가락했고, 결국 워싱턴 주의 '어류및야생동물부' 직원들이 와서 녀석을 사로잡아 시 외곽에 풀어주었다.

바닥에 붙어다니는 굼뜬 거북도 알고 보면 엄청난 혼란을 일으킬 수 있는 존재다. 2014년 6월 어느 날, 150마리가 넘는 후미거북들이 다이아몬드 무늬의 등딱지를 이고 JFK 공항 제4활주로를 종종걸음으로 가로질러, 비행기의 착륙을 늦추고 이륙을 중단시키고 관제사들을 좌절시키고 시간표를 망가뜨리는 등 세 시간 넘게 운항을 엉클어놓았다. 거북은 냉혈 파충류이기는 해도 아주 열정적이고 일편단심이다. 알을 낳을 준비가 된 암컷을 건드렸다가는 큰일난다.

등딱지에 아름다운 고리와 이랑이 새겨진 후미거북들이 이동하는 모습은 꼭 은하가 펼쳐진 광경처럼 보인다. 우리는 그 등딱지를 생명 없는 갑옷으로 상상하지만, 사실은 신경계와 연결되어 있기 때문에 단순한 방어벽이 아니라 신체 내적으로도 중요한 부분이다. 후미거북들은 민물이나 바다에 살지 않고 염분이 섞인 진흙이 있는 해안 늪지대에서 산다. 봄에 짝짓기를 하고 육지로 알을 낳으러 가야 하는 이들은 6월과 7월에 자메이카 만의 모래언덕으로 이동한다. 가장 빠른 지름길은 붐비는 아스팔트 활주로를 곧장 가로지르는 것이다.

용감한 거북들은 비행기를 못 보는 걸까? 아마 그럴 것이다. 점무늬가 박힌 목을 아무리 쭉 빼더라도 후미거북은 그다지 높이 보지 못한다. 그리고 가령 사자와는 달리 거북의 눈은 빠르게 움직이는 먹잇감을 쫓지 못한다. 거북은 그저 계절에 맞춰 느릿느릿 움직일 뿐이고, 비행기는 아마 시야의 배경으로 흐릿하게 물러나 있을 것이다. 비행기가 몰고 오는 바람은 위협이라기보다 거센 기상 환경의 일부로 여길 것이다. 그러나 비행기들이 열을 많이 내뿜는 활주로를 건너는 일은 거북들에게 틀림없이 스트레스일 것이다. 하물며 검거 과정은 말할 것도 없다. 조종사들과 관제사들 사이에 가벼운 농담이 오간 뒤, 공항 관리 직원들은 활주로로 내려가서 픽업트럭에 거북들을 퍼담은 뒤 가까운 해변으로 날라주었다.

"어머니 자연의 요구에 응한 것이지요." 공항 대변인 론 마르시코는 말했다. "거북이 수세대 동안 알을 낳아온 자리에 공항을 지은 건 우리니까 그들을 도와야 한다고 생각합니다."

자메이카 만 해변과 연방정부가 보호하는 공원에 자리잡은 JFK 공항은 거의 물에 둘러싸여 있다시피 하고, 한때 야생생물이 북적였던 땅을 차지하고 있다. 그러니 비행기가 갈매기, 매, 백조, 거위, 물수리, 심지어 우윳빛 날개로 북극에서 날아온 흰올빼미와 툭하면 충돌하는 것도 무리가 아니다. 여름마다 거북이 몰려들어 이따금 오랜 정체를 일으키는 일도 그런 일화 중 하나다. 자가용 비행기를 몰면서 경험했던 바로는 공항들이 동물의 '위협'에 총으로 대처하던 시절이 있었다. 요즘 사람들이 다른 해결책을 찾는다는 건 가슴 훈훈한 일이다. 사람들은 아예 위치를 옮기거나 경관을 새롭게 가꿈으로써 동물과 영리하게 공존하는 방법을 선호한다.

내가 사는 동네는 야생동물 손님이 잔뜩 찾아오는 축복받은 곳이다. 별코두더지와 독수리에서 수달, 야생 칠면조, 여우, 스컹크까지 찾아든다. 흰꼬리사슴은 워낙 많아서 주민으로 쳐줘야 할 지경이다. 지난주에는 우리 집 부엌 창 너머 새모이 통에 코요테가 슬쩍 발을 올린 모습을 발견하고 충격을 받았다. 그 바로 밑에서 통통한 토끼가 씨앗을 오물거리고 있었기 때문이다. 토끼가 다치지 않게 어떻게든 해보려고 창문을 열었더니, 코요테는 홱 돌아서서 진입로를 따라 난 키 큰 풀 속으로 총총 사라졌다. 어젯밤에도 녀석을 또 봤다. 이번에는 녀석의 노란 모스부호 같은 무늬가 뒷마당 덤불 속을 떠가고 있었다. 내 머리는 한 박자 늦게 그 무늬를 해독했고, 또 한 박자 뒤에야 잔디밭에서 토끼풀을 뜯고 있는 새끼 토끼 두 마리가 걱정되었다.

얼룩덜룩한 암사슴이 길을 잃을 만큼 희뿌옇게 비가 내리던 어느 날 오전, 우리 동네 사람들은 동네에 출몰하는 사슴들의 운명을 결정하기 위한 공청회를 열었다. 100명이 넘는 주민이 모여서 총기 관련 규칙을 수정하자는 제안을 논의했다. 야생동물 제거 전문가를 불러서 미끼로 사슴을 꾄 뒤 쏘아 잡자는 제안이었다. 단 집, 학교, 마당에서 150미터 이상 떨어진 곳에서만. 옥수수로 사슴을 꾄 뒤에 고성능 활과 라이플로 죽이면 될 것이라고 했다. 그리고 총알이나 화살이 엉뚱한 곳으로 튈지도 모르기 때문에 수백만 달러의 책임보험을 들어둘 계획이라고 했다. 이 방법이 사슴 문제를 해결하는 방안으로는 너무 위험하고 극단적이라고 느끼는 사람이라면, 반대자들이 얼마나 울화통이 터졌는지 이해할 것이다.

주택 소유자들은 자신들이 유해동물로 여기는 사슴을 쏘아 잡자는 방안을 옹호했다. 그들에게는 사슴이냐 조경이냐 양자택일 문제였다.

반대자 중에서 정원을 가꾸는 사람들도 사슴이 식물을 먹는다는 건 인정했지만, 총이 아니라 울타리를 택해야 한다고 주장했다. 한 남자는 관리위원회에 자연과의 조화를 호소하면서 복받치는 눈물을 참지 못했다. 한 심리학자는 위원회의 '집단사고'를 비난하며, 그들이 사슴을 새로운 악마적 소수집단으로 여기고 있다고 말했다. 엄마들은 아이들이 학교에서 돌아오는 길에 또는 밖에서 놀다가 빗나간 총알을 맞을까봐 염려했고, 다친 사슴이 죽는 장면을 목격하고 심리적 상처를 입을지도 모른다고 걱정했다.

한 소녀는 엄마에게 이렇게 물었다고 한다. "사슴을 다 쏘아 죽이면 산타가 선물을 어떻게 가져다줘요?"

또다른 엄마는 아이의 초등학교에서 교사들이 아이들에게 평화적 중재를 가르친다고 말하며 이렇게 물었다. "그런데 어른들은 총잡이를 고용해서 사슴을 죽이는 걸로 문제를 해결하려고 하는 이 위선적인 상황을 아이에게 어떻게 설명하죠?"

"사슴 울타리가 너무 많아서 꼭 교전지역에서 사는 것 같단 말입니다!" 사슴 수렵에 찬성하는 한 남자가 외쳤다. 그러자 사슴 보호에 찬성하는 남자가 대꾸했다. "그러면 앞으로 10년 동안 저격수가 동네를 돌아다니며 총을 쏴대는 건 교전지역 같지 않을 거란 말입니까?"

대부분의 수렵 반대자들은 울타리와 중성화에 기대를 걸어보자고 호소했다. 다른 사람들은 위원회가 다수결에 따라 사냥을 시작할 의무가 있다고 주장했다. 어떤 사람은 사슴이 라임병의 매개자라는 오래된 믿음은 틀렸다고 지적했다.(라임병 진드기를 주로 나르는 것은 흰발생쥐이고, 진드기는 고양이와 개를 포함하여 스물일곱 종의 포유류에 기생하므로 사슴을 죽이더라도 사라지지 않을 것이다.) 사슴이 교통사고를 가장 많이 일으키는 원인이라는 생각도 마찬가지로 틀렸다.(주범은 과속과 알코올이다.) 번식 통제 기법이 소용없다는 생각도 틀렸다.(면역피임법은 여러 국립공원에서 효과를 거두었다.) 피임법은 비용이 만만찮게 들지만, 매년 명사수를 고용하고 책임보험료를 지불하는 것도 마찬가지다.

내가 사슴 수렵에 찬성하는 사람들의 말에서 놀란 점은 그들의 어조에 두려움과 혐오가 어려 있다는 것이었다. 야생에 침범당하는 것, 자연의 혼란스러운 힘에 거칠게 압도되는 것에 대한 공포가. 꼭 사슴에 대해서 논하는 게 아니라 프로이트가 이드라고 불렀던 것, 즉 우리의 정신에 깃든 사나운 악마에 대해서 논하는 것 같았다. 우리가 그것을 가까스로 억제하고는 있지만, 그러지 않으면 그것이 당장 침을 질질 흘리고 발정을 일으키고 마구 죽이고 돌아다닐 것이라고 느끼는 듯했다. 그런 야성과 방만함이 고삐를 쥐면 어떻게 되겠는가? 동네 마당들은 곧 제멋대로 자란 잡초로 넘칠 것이다. 아니면 사람들이 낙엽 긁어모으기를 그만두어 알록달록 엉긴 낙엽이 모두의 잔디밭을 질식시킬 것이다. 물론 제일 무서운 것은 네발 달린 포식동물이다. 야생 칠면조나 사슴이 교외 주거지로 찾아들 수 있다면, 그보다 더 사나운 동물, 날카로운 송곳니가 있고 시뻘건 눈으로 밤을 꿰뚫는 동물도 머지않아 찾아들 게 아니겠는가?

그렇지만 한편 우리는 마음 깊은 곳에서 한때 동물과 함께했던 시절을 기억하고 있다. 그다지 멀지 않은 과거에만 해도 소, 염소, 말 따위의 동물이 실내에서 우리 곁에 누워 잠들었다. 아니면 최소한 한 지붕을 공유했다. 요즘도 세상의 일부 지역에서는 그렇다. 그러나 대부분은 도시와 교외에 회반죽 벽으로 건물을 올리고는 동물을 몰아냈다.

특히 야생동물을 멀리 더 멀리, 일상의 변경으로 내쫓았다.

우리가 오랜 세월 갈고 닦았던 공존의 기술은 마음의 안개에 가려 희미해졌다. 우리는 자연을 몰아낼 벽을 세우고, 실내를 깨끗이 쓸고 닦는 것을 자랑스러워한다. 기껏 그렇게 하고 나서는 실내를 꽃다발로 꾸미고, 일상의 모든 사물에 향을 더한다. 벽에 창을 내고, (에어컨과 난방으로) 계절을 설치하고, 하루에 최소한 한 번은 한낮의 태양이 모든 방에 비쳐들어 우리가 빛의 샤워를 할 수 있게 신경쓴다. 좀 헷갈리지 않는가?

우리는 실내에서도 주변에 동식물을 끌어다둔다. 이들은 인간과 자연 사이, 인간의 동물성과 문명 사이 무인지대처럼 펼쳐진 영역에 다리를 놓는 존재들이다. 줄에 매인 개가 주인에게 길들여졌다는 건 정확한 표현이 아니다. 줄은 사실 쌍방을 묶고 있다. 인간도 그 줄을 통해서 자신의 인간성 중 개나 다름없는 부분, 그저 먹고 자고 짖고 교미하고 기뻐서 땅에 오줌을 싸고 싶어하는 욕망의 영역으로 자신을 확장한다. 우리는 누구나 그 기분을 안다.

자연은 역동적인데다가 제멋대로 움직이는 존재이고, 우리도 그렇다. 그러니 이 조합이 고요할 리가 없다. 이 상황을 제일 잘 나타내는 말은 조직된 혼란 같은 역설적 표현이겠지만, 문제는 우리가 역설을 편하게 받아들이지 못하는 존재라는 점이다. 역설은 우리 정신을 서로 다른 두 방향으로 잡아당기고, 단순한 진리에 대한 추구를 좌절시키고, 관성이 주는 즐거움에 어깃장을 놓는다. 역설에 직면한 뇌는 자동적으로 그것을 풀거나 뭉개버리거나, 양자택일을 하려고 든다. 무질서한 존재인 우리 인간은 이런 무질서한 우주에서 질서에 대한 갈망이라는 축복 혹은 저주에 걸린 채 살아가는 것이다. 우리에게는 우주의

질서를 충분히 더 엄격히 세울 능력이 있다. 그러나 절대적인 질서는 불가능하다. 영원한 질서 또한 불가능하다.

가끔 나는 오랑우탄 부디가 우리의 대도시 정글을 어떻게 마주할까 하는 공상에 빠진다. 전 세계 도시에서 살아가는 여느 원숭이처럼 부디도 건물 지붕을 훌쩍 넘고, 배수관을 덜컹덜컹 타고 내려오고, 밤에는 철제 비상계단을 숲 천장 삼아 거하면서 도시 생활의 고된 외양에 적응할 게다. 아이들은 부디가 자신들은 꿈에서나 바랄 수 있는 원숭이다운 민첩함으로 학교 놀이터의 구름사다리와 정글짐을 타는 모습을 구경할 것이다. 부디는 여러 길모퉁이에서 과일을 훔쳐먹을 것이고, 나무가 빽빽한 공원에서 몸집과 정신연령은 자신과 엇비슷하지만 훨씬 약하고 쉽게 다치는 다른 종의 대형 유인원들과 어울릴 것이다. 우리가 무서워하는 곰, 코요테, 퓨마 같은 도시 동물들을 부디도 무서워할 것이다. 부디가 도시를 또하나의 자연경관으로 여길까, 네모진 산들, 대규모로 무리 지은 인간, 술집과 시장으로 둘러싸인 이곳을? 그럴 가능성이 높다. 부디는 그냥 적응하는 것을 넘어서 새 영역에 맞게 자신의 행동을 바꿀 것이다. (우리를 포함하여) 다른 많은 도시 동물이 놀랍도록 성공적으로 그렇게 해온 것처럼 말이다. 도시 혹은 동물원의 우리는 이른바 '자연'환경에 해당하지 않는 게 분명하지만, 인류세에는 무엇이 자연인지 말하기 어려울지 모른다.

만일 우리가 더 많은 동물이 콘크리트 보도를 헤매며 인간의 쓰레기를 먹고사는 걸 바라지 않는다면, 어떻게든 개입해야 한다. 현시점에 야생을 보존하는 일은 전통적 환경보호주의가 규정했던 것처럼 우리가 무조건 자연에서 손을 떼야 하는 식의 문제가 아니다. 우리가 손을 대야 하는, 그래서 야생동물 통로 같은 새 서식지를 창조해야 하는 문제이기도 하다. 기억을 더듬어 마음의 눈을 뜨면, 브라질 대서양 해변에 점점이 흩어진 작고 푸른 우림들이 보인다. 아마존 우림과 비슷한 그 숲에는 아메리카 대륙의 멸종 위기종 새들이 가장 많이 몰려 있고, 몇 마리 안 남은 황금사자타마린이 고속도로와 마을에 찢겨 꼭대기에만 남은 작고 깨끗한 에덴 같은 산숲을 활보한다. 10여 년 전에 미국국립동물원의 황금사자타마린 보호사업단에 끼어 그곳을 방문했을 때, 또다른 팀은 '파젠다 도라다'라는 야생동물 통로를 구축하고 있었다. 산꼭대기에 남은 숲들을 이어서 새들과 타마린의 활동 영역을 넓혀주려는 시도였다. 그로부터 멀지 않은 곳에서는 아르헨티나를 뱀처럼 감아올라 텍사스까지 이어지는 '재규어 통로'가 이제 신화나 다름없는 그 희귀 점박이 고양이들에게 날뛸 공간을 선물해주고 있다. 인간은 야생의 천을 빌려 쓰는 처지이니, 그중 약간의 초록 소매만이라도 다시 기워서 동물들이 멀리 떨어진 친족을 만나고 선조의 길을 따라 이동할 수 있도록 되돌려주는 게 마땅한 처사인 듯하다. 세계 여러 나라들이 연민과 이익 추구가 바람직하게 뒤섞인 동기에서 이런 연결고리를 열심히 구축하고 있다. 미국에는 또 아주 긴 야생동물 통로가 몇 있다. 애팔래치아 산길은 조지아 주에서 메인 주의 커타딘 산까지 3500킬로미터 능선이 이어진 폭 300미터의 초록 통로다. 인도의 시주-레와그 통로는 인도 전체 코끼리 집단의 20퍼센트를 인간의 문명 및 그 장난감들과 충돌하지 않도록 보호해준다. 케냐는 아프리카 최초로 코끼리 지하 통로를 만들었다. 차들이 쌩쌩 달리는 간선도로 밑에 천장이 높은 터널을 뚫은 것인데, 덕분에 인간 정착지 때문에 오래 떨어져 있었던 두 코끼리 집단이 서로 오가고 섞여서 짝을 찾고, 겁먹은 인간이나 겁나는 차를 피할 수 있다.

유럽에서는 이른바 그린벨트 통로가 곧 완성되어, 야생동물이 노르웨이 끄트머리에서 독일, 오스트리아, 루마니아, 그리스를 거쳐 터키 저 밑까지 이어진 고대의 길을 따라 먹이, 온화한 날씨, 안전한 번식지를 찾아 돌아다닐 수 있을 것이다. 24개국을 잇고 국립공원 마흔 곳을 통과하는 통로는 총 길이가 1만 2500킬로미터에 이를 텐데, 그중 일부는 과거 철의 장막이 그렸던 역사적 경계선을 따라간다. 한때 독일을 남북으로 할퀴어 동독과 서독을 분리했던 1400킬로미터 길이의 철책들과 감시탑들 말이다. 한때의 '무인지대'는 통일 후에도 한동안 생기 없는 흉터로 남아 있었지만, 환경보호주의자들이 그것을 굽이치는 자연 통로로 재편해나갔다. 인간의 손으로 변형된 훌륭한 길은 이제 억압이 아니라 관용을 뜻한다. 그 피난처에는 모래언덕과 짠물 습지에서 숲과 초원까지 다양한 서식지가 포함되어 있다. 원래 차량이 넘지 못하도록 팠던 도랑은 이제 멸종 위기의 유럽수달이 넘어다닌다. 두루미, 먹황새, 산개구리, 흰꼬리수리, 그 밖의 국적 없는 여러 동물들이 안전하게 뒤섞인다.

프랑스, 중국, 캐나다를 비롯해 여러 나라에서도 야생동물이 타고난 서식지를 오갈 수 있는 터널, 지하 통로, 육교, 다리를 왕성하게 지어서, 동물을 차로부터 보호하고 우리를 동물로부터 보호한다. 네덜란드에는 그런 지상 내지 지하 통로가 600개나 있어서 노루, 멧돼지, 유럽오소리 등이 철로에서 스포츠 경기장 주변까지 어디든 쏘다닌다. 이런 노력 덕분에 우리는 동물을 다시 친족으로 느낄 수 있게 되었다. 동물은 사람들 사이를 안전하게 달리고 돌아다니고 기어오르고 날면서 이음매 없이 하나로 이어진 생명의 그물망에서 눈에 보이는 일부가 된다. 여느 밀접한 관계와 마찬가지로 야생동물과 함께 사는 일에서도 연민, 타협, 모두에게 유익한 해결책을 찾는 자세가 필요하다. 평화로운 공존이 그저 쉽기만 한 일이었다면 세상에 이혼이나 정치적 분쟁은 없고 화목하고 평온한 가정과 제국만 있지 않겠는가.

많은 이웃처럼 나도 장미, 철쭉, 원추리, 비비추같이 사슴이 좋아하는 식물에는 울타리를 쳐둔다. 앞마당에는 사슴이 싫어하는 예쁜 식물을 심는다. 붓꽃, 작약, 코스모스, 알리움, 족제비싸리, 디기탈리스, 투구꽃, 모나르다, 금낭화, 세이지, 수선화, 베로니카, 양귀비, 패랭이 같은…… 그래도 여전히 많이 씹어먹히지만 말이다. 나는 마당 전체에 울타리를 두르는 대신 사슴, 여우, 코요테 등 다른 동물들이 지나갈 수 있는 통로를 열어두었다. 개울을 따라 난 통로는 북쪽 샙서커 숲까지 이어진다.

나는 이토록 풍성한 야생생물들과 동네를 공유하는 것이 즐겁다. 이 친족 관계는 삶을 대단히 풍요롭게 해준다. 물론 마멋이 서재 밑에 굴을 파진 말았으면 좋겠고 너구리가 화장실 천창을 톡톡 두드리면서 산적 같은 눈으로 나를 내려다보진 말았으면 좋겠지만, 그래도 녀석들을 내쫓진 않는다. 매일 밤 곤충을 수백 마리씩 잡아먹는 우아하고 매혹적인 작은 생물, 갈색박쥐가 해거름에 휙 내리덮치는 모습을 보는 일도 재미있다. 비록 섹스에 안달난 개구리들과 두꺼비들이 뒷마당에서 파티를 열어 야단법석을 떠는 소리가 텔레비전 소리를 삼켜 영화 관람을 방해할 때도, 나는 녀석들의 소란을 여름날 저그밴드의 공연 중에서 제일 웃긴 대목으로 받아들인다. 그 밑에서 물을 가르면서 극악한 소음을 더하는 아이들은 물벌레들이다. 등은 짙은 구릿빛이고 배는 올리브색인 이 곤충은 노 같은 두 다리를 저어 배영을 하는데, 고대의 아르고호 선원들처럼 각자 숨쉴 때 필요한 은빛 산소 방울을 지니고 다닌다. 이 벌레는 몸집은 작지만(6에서 13밀리미터), 몸집에 비해 상대적으로 지구에서 제일 시끄러운 동물로 통한다. 후텁지근한 여름밤, 녀석들의 노래하는 음경은 (음경을 빨래판처럼 배에 대고 빠르게 문질러 소리를 내는데) 99.2데시벨까지 볼륨을 높인다. 바로 옆에서 지나가는 화물 기차 소리보다 시끄럽고, 공연장 맨 앞줄에 앉아 듣는 우레 같은 교향곡 연주보다 더 시끄러운 수치다. 물이 소음의 일부를 삼키는데도 그렇다. 점박이영원 수컷이 암컷을 유혹하려고 진입로나 울타리 위에서 남자답게 팔굽혀펴기를 하는 모습은 늘 감동적이다. 좁은부리딱따구리가 도로의 정지 표지판을 쪼아서 헤비메탈을 연주할 때도 즐겁다. 어느 여름에 그 새가 우리 집 초인종을 쉴새없이 눌렀을 때조차 유쾌했다. 체셔 고양이처럼 큼직하고 붉은 볏을 단 도가머리딱따구리가 부리를 휘둘러 나무를 파내는 장면을 보는 일도 좋다. 땅을 파헤치는 다람쥐를 피해 알뿌리식물을 철조망 아래 심어야 하는 건 좀 귀찮지만 그래도 다람쥐 녀석들의 행동은 흥미진진하다. 호기심 많은 아메리카흑곰과 씨름할 일이 없다는 건 좀 슬프다. 우리 집을 찾아오는 동물 중 몸집이 제일 큰 것은 사슴이다. 공중전을 벌이는 벌새, 나무를 오르는 얼룩다람쥐, 마상馬上 창 시합 같은 희한한 결투를 벌이는 토끼와 마찬가지로 사슴도 내가 초대한 손님은 아니다. 그래도 녀석들은 자연이 보낸 반가운 사절이다.

해마다 꼭 한 번씩은 붐비는 고속도로 위에 열 대씩 멈춰선 차 뒤로 줄을 서는 경험도 한다. 캐나다기러기 새끼들이 보호자 기러기들 사이에서 뒤뚱뒤뚱 지나가는 행렬을 기다려주는 것이다. 간간이 참을성 없는 운전자가 빵빵거려도 새들은 동요하지 않는 듯하다. 대부분은 나처럼 가만히 앉아서 미소를 짓는다. JFK 공항의 거북처럼, 이 새들은 우리가 비록 강철과 콘크리트로 된 자아를 가졌을지언정 눈송이나 기러기 새끼, 거북으로 나타난 자연 앞에 쉽게 겸손해진다는 사실을 상기시킨다. 그들은 모두 우리의 통행을 멈출 수 있다. 그들은 또한 우리가 실은 자연에 대해서 아주 모순된 생각을 품고 있음을 상기시킨다.

자연은 지금도 '자연적'일까? 물론이다. 그러나 더이상 확고부동한 타자는 아니다. 지구과학자 얼 엘리스는 "오늘날 지표면을 점령한 인간-자연 혼성계"를 가리키는 '인공생물계anthrome'라는 용어를 창안했다. 작고 아담한 정원부터 광활한 야생 지역과 국립공원까지, 이제 자연은 어디든 우리의 선택을 반영한다. 그런데 우리가 자연에 대해서 가장 소중하게 여기는 한 가지 개념은, 자연이란 사람이 없는 곳이어야 한다는 생각이다. 그래서 우리는 국립공원으로 지정했으면 하는 장소에서 토착민을 쫓아냈다. 미국의 옐로스톤과 그랜드캐니언에서 그랬고, 카메룬의 코루프 국립공원과 탄자니아의 세렝게티에서도 그랬다. 토착민 부족들은 까마득한 과거부터 환경과 훌륭하게 공존하며 그곳에서 살아왔는데도 말이다.

유럽인에게 원래 '야생'이란 거칠고 황량하고 혼란스러운 곳, 역경과 위해가 가득한 곳, 방향이나 정신을 잃기 쉬운 곳을 뜻했다. 우리는 낭만주의가 자연의 거친 아름다움을 재발굴하기 전까지 사람들이 자연을 추한 것으로 보았다는 사실을 곧잘 잊는데, 19세기 초 작가들만 해도 야생을 그로테스크한 것으로 여겼다. 위험하고 거치적거리고 피에 굶주린 동물이 들끓을 뿐 아니라 정말로 사악한 풍경이라고 말이다.

오늘날 야생의 개념은 정반대다. 이제 야생은 성소, 고요의 상징, 순수한 풍경이다.

자연은 때로는 대대적으로 때로는 사소한 수준에서 늘 변한다. 여름의 풍성한 햇빛도, 철마다 마주치는 죽은 잠자리도. 이런 규칙적인 순환은 낡은 옷처럼 범상한 것이 되어, 우리는 관심은커녕 일말의 의식조차 기울이지 않는다. 그런 변화를 압도적으로 느끼는 경우는 너무 드물다. 자연과 사랑을 속삭이던 시절인 인류의 유년기에서 이제 어떤 목적을 품고 자연을 이끄는 동반자 단계로 접어들었다고 할까. 자연은 이제 여간해서는 우리 흥미를 붙들지 못한다. 그러나 철이 바뀌어도 이주하지 않는 철새 기러기, 좀처럼 번성하지 않는 작물, 한 달이나 이른 시기에 타악기 카리용 같은 꽃을 피운 스노드롭, 아닌 제철에 익은 열매, 북쪽으로 비척비척 나아가는 바닷가재들이 가득한 만, 겨울의 기이한 부재…… 이런 현상들은 우리를 생각에 빠뜨린다. 우리가 최근 새로이 품게 된 생각은 자연이란 취약한 존재라는 관점이다. 광활하게 뻗어 있고 복잡하게 얽혀 있지만 갈수록 약해지는 하나의 유기체로서의 자연.

우리가 유례없는 위업을 달성하고 대규모로 지구를 지배하기 시작한 이 시점에, 우리는 바로 그 때문에 우리 종의 미래가 괴로워질지도 모른다는 사실을 깨달았다. 자연은 우리와 분리되어 있지 않다. 우리가 충분히 받아들일 수 있는 이 단순한 진실을 설령 반색하진 못할지언정 최소한 존중하는 것, 우리 종의 구원은 어느 정도는 여기에 달려 있다.

슬로모션으로 다가오는 침입자들

최근 플로리다 에버글레이즈에서 발견된 버마왕뱀은 무슨 폭격기나 귀중한 파피루스 두루마리라도 되는 듯 'P-52'라고 명명되었는데, 몸무게는 75킬로그램에 쭉 펼친 길이는 5.2미터로 지역기록을 세웠다.(세계기록은 아니었다. 세계기록 보유자는 일리노이 주에 사는 183킬로그램에 8.2미터짜리 뱀이다.) P-52는 아름다운 황갈색 몸통에 직소 퍼즐 조각 모양으로 까만 반점이 나 있고, 피부는 새틴처럼 매끄럽고 건조하며, 몸통은 단단한 지우개 같았다. 머리통은 피라미드 모양이고, 본능이 들끓는 뇌와 까맣고 작은 사탕 같은 눈, 상대를 가차없이 덮치는 본능적인 기질의 소유자였다. 전성기에 P-52는 악어나 퓨마도 몸통을 죄어 죽일 수 있을 만큼 힘도 셌다. 그리고 이 암컷은 임신중이었다.

해부대에 어깨를 맞대고 선 플로리다 대학 과학자들은 P-52의 자궁에서 여든일곱 개나 되는 알을 꺼내면서 놀라움을 감추지 못했다. 물론 모든 새끼가 다 생존하진 못했을 것이다. 그래도 이 정도 생식력이라니, 에버글레이즈 남쪽에 어째서 그토록 왕뱀이 넘치는지 쉽게 이해할 수 있다. 왕뱀은 억새밭을 미끄러져 사사프라스 나무처럼 쉬쉬 소리를 내면서 먹이 위로 몸을 가만히 기울였다가, 덥석! 안쪽으로 굽은 이빨로 먹이를 문 뒤 몸통을 친친 감아 한 입 한 입 천천히 삼킨다.*

플로리다 남부에 왕뱀이 얼마나 많은지 아무도 정확히 모르지만, 믿을 만한 추정에 따르면 3만 마리가 넘는다고 한다. 뱀 사냥꾼들은 지난 10년 동안 북쪽으로는 오키초비 호수에서 남쪽으로는 플로리다 키스까지 드넓은 일대에서 왕뱀 1825마리를 제거했다. 에버글레이즈의 심장부, 이름이 좀 엉뚱하지만 그림같이 아름다운 (상어는 안 살고, 계곡이란 것도 겨우 30센티미터 깊이의 물인) 샤크밸리에서는 왕뱀이 수풀의 강을 건너는 모습, 심지어 도로에 구불텅 걸쳐진 모습을 볼 수 있다. 왕뱀은 사냥을 하고 제방에서 햇살을 쬐고, (봄에는) 짝짓기를 하고 똬리를 틀어 알을 감싼 뒤 근육을 떨어서 부화시키고, 가끔 악어

---

* 왕뱀은 웬만큼 널찍한 서랍만큼 턱을 크게 벌릴 수 있다. 하지만 그렇게 큰 먹이를 어떻게 소화할까? 스스로 먹이보다 더 커지면 된다. 먹이를 삼키면 왕뱀의 심장, 간, 창자가 거의 두 배로 커진다. 과학자들은 왕뱀의 지방산으로 사람을 위한 심장병 약을 만들 수 있을지 연구하고 있다.

어떤 재앙에는 긍정적인 측면도 따른다. 에버글레이즈에 왕뱀이 들끓는 현상도 그렇다. 나는 2000년 이전까지만 해도 샤크밸리를 통과하는 포장도로에서 자전거 타기를 즐겼는데, 그때는 아직 에버글레이즈가 야생생물로 약동하던 시절이었다. 그러나 아메리카너구리가 너무 많았다. 너구리들은 거북, 새, 악어의 둥지를 침범하여 알을 먹고 이들 종의 미래를 위협했다. 그런데 우연히도 버마왕뱀이 너구리 맛을 좋아했고, 그 때문에 너구리 개체수가 감소하여 이제 더 많은 거북과 새와 악어 알이 부화할 수 있다.(하지만 이것이 한때 풍요로웠던 생태계에 왕뱀이 미친 악영향을 상쇄하지는 못한다.)

식물들의 세계에서도 사정은 비슷하다. 많은 식물이 멸종할지도 모르지만, 한편으로 우리는 새로운 생태계에 여러 재배종, 외래종, 토착종을 모아들이고 있다. R. J. Hobbs et al., "Novel Ecosystems: Implications for Conservation and Restoration," *Trends in Ecology and Evolution* 24(2009), 599~605쪽 참조.

와 레슬링을 하고 밤에는 여태 뜨끈한 아스팔트 도로에서 온기를 흡수하느라 바쁘다.

아, 가엾게도 이 뱀들 때문에 여우, 아메리카너구리, 토끼, 주머니쥐, 보브캣, 흰꼬리사슴은 공원에서 싹 사라지다시피 했다. 키가 1미터나 되는 조각 같은 흰황새도 사라졌다. 미국 『프로시딩 오브 더 내셔널 아카데미 오브 사이언스즈(국립과학아카데미 회보)』에 실린 2003년에서 2011년까지의 조사 결과에 따르면, 아메리카너구리는 99.3퍼센트, 주머니쥐는 98.9퍼센트, 보브캣은 87.5퍼센트가 사라졌다. 습지토끼, 솜꼬리토끼, 여우는 완전히 사라졌다. 지난해에는 35킬로그램 나가는 사슴 한 마리를 통째 삼킨 왕뱀이 발견되기도 했다.

인도, 스리랑카, 인도네시아 원산인 이 왕뱀들은 다 어디에서 왔을까? 일부는 길을 잃은 반려동물이거나 운송 트럭에 히치하이크한 녀석들이다. 또 일부는 연못에 살다가 홍수로 물이 넘치자 탈출하거나, 반려동물 가게에 있다가 허리케인을 틈타 탈출하거나, 해외 식재료 시장에서 탈출한 것이다. 수입 식물, 과일, 채소를 싼 포장재에 숨어서 들어오기도 하고 배의 몸체나 프로펠러 날에 붙어서 들어오기도 한다. 큰 배의 바닥짐용 탱크에 무임승차하는 뱀도 있다. 배들은 외국 항구에서 탱크에 물을 담을 때 딸려오는, 우리로서는 그 정체를 짐작조차 못하는 갖가지 해양 생물들을 싣고 목적지에 도착해서 그 외래종들을 내려놓는다. 또 어떤 뱀은 세계를 누비는 관광용, 군사용 비행기에 탑승한다.

침입종은 주로 법적으로 떳떳하게 들어온다. 가치 있는 작물로, 혹은 인간의 정체성을 정의하는 데 도움이 되거나 그저 인간의 흥미를 끄는 반려동물로서 도입된다. 버마왕뱀도 원래 미국에서 인기 좋은 반려동물이었다. 성격이 좋다는 평판 때문이었다. 뱀이 성격이 좋아봐야 얼마나 좋겠느냐만. 가끔 근사한 노란색과 흰색 모자이크를 뽐내도록 교배된 개체도 있었다. 브리트니 스피어스가 2001년 MTV 비디오 뮤직 시상식에서 흐느적거리는 춤을 출 때 어깨에 걸쳤던 그 뱀처럼 말이다. 그러나 많은 뱀 주인은 이 동물에게 20년이나 헌신해야 한다는 사실을 알고는 잘못 생각했다 싶어서, 혹은 뱀이 자라면 힘의 고삐가 금세 뱀에게 넘어간다는 사실에 경각심을 느껴서 뱀을 에버글레이즈에 풀어주었다. 그곳이 에덴 같은 서식지가 되어주리라고 생각하면서. 그리고 정말 그랬다. 뱀은 다 자란 악어보다 작은 동물이라면 무엇에게도 지지 않고, 맥박이 뛰는 것이라면 뭐든 잡아먹으면서 생태계를 초토화하고 있다. 토착종들은 아직 주변에서 가장 강한 존재인 왕뱀에게 저항하거나 왕뱀과 겨루게끔 진화하지 못했다.

물론, 우리 인간도 대부분은 이주자다. 우리는 도시에서 도시로 끊임없이 돌아다니며, 알고 그러든 모르고 그러든 친근한 동식물을 실어 나른다. 우리가 어떤 골칫거리를 풀어놓는지 별 고민도 없이. 우리는 지구의 가마솥을 들여다보면서 그 속의 생물들을 휘젓고 또 휘젓는 마녀 같다. 새로 익숙해진 생물들에 대해서 마음을 정하지 못한 채—들고양이는 괜찮지만 왕뱀은?—다음에는 대체 어떤 것이 보글보글 솟아날지 지켜보고 있다.

우연한 뜨내기인 외래종은 우리와 함께 어디로든 여행한다. 알려진 침입종의 목록은 몇 쪽에 걸쳐서 늘어놓아도 끝이 없고, 그들이 일으키는 사건은 책 몇 권 분량을 순식간에 채울 것이다. 침입종은 버마왕뱀처럼 생태계를 망칠 수 있기 때문에 우리는 그들을 습격자라고 비난한다. 마치 모든 문제가 그들 탓인 것처럼. 그러나 지구의 생물들을 재배치한 것은 대부분 바로 우리였다.

침입종 스스로 또다른 뜨내기를 실어올 때도 있다. 그것이 우리가 면역되지 않은 보균 미생물인 경우도 있다. 최근 샌프란시스코의 한 여성이 기르던 보아뱀 래리가 아팠을 때, 과학자들은 보아뱀의 유전체를 조사하다가 아레나바이러스가 뒤죽박죽 섞여 있는 것을 발견하고 충격을 받았다. 아레나바이러스는 에볼라, 무균성수막염, 출혈열처럼 악몽 같은 질병들을 일으키는 바이러스다. 과학자들은 에볼라바이러스가 뱀에서 시작되어 인간에게 퍼졌을 가능성도 충분히 있다고 추측한다. 아니면 진화 과정에서 어느 시점엔가 뱀도 우리처럼 에볼라바이러스에 취약해진 것일지도 모른다. 우리는 이제 파충류가 인간에게 제일 치명적인 바이러스 몇 가지를 보유하고 있다는 사실을 아는데도 여전히 뱀을 이곳저곳으로 실어나른다.

플로리다에 나타난 건장한 침입자는 왕뱀 말고도 더 있다. 케이프코럴에서는 1.8미터까지 자라는 왕도마뱀이 보호종인데다가 더없이 귀여운 가시올빼미를 위협하고 있다. 그래시키에서는 감비아주머니쥐가 급속히 퍼지고 있다. 쿠바청개구리는 더 작은 토착 개구리들을 닥치는 대로 잡아먹는다. 거대한 아프리카달팽이는 식물 500종을 가리지 않고 먹어치운다. 초대형 그린이구아나는 마이애미파랑나비를 멸종으로 몰고 있다. 그리고 늙은 프로 권투 선수처럼 납작코를 한 퀘이커앵무는 플로리다의 하늘을 떼 지어 날며, 엔진오일 깡통을 열 때 나는 끽 소리 같은 괴상한 비명을 질러댄다. 안타깝게도 퀘이커앵무의 거대한 군집 둥지가 주택가의 나무와 전선을 훼손하는데다 사람들이 전부 그 비명소리를 좋아하는 건 아니기 때문에, 이 새는 적잖이 성가신 존재로 여겨진다. 플로리다는 지구의 다른 어느 곳보다도 많은 침입종을 자랑한다. 멧돼지에서 자메이카과일박쥐, 다람쥐원숭이, 버빗원숭이, 아홉띠아르마딜로, 프레리도그까지.

민물에서도 똑같은 일이 벌어지기도 한다. 요즘 핑거 호에는 (러시아 원산인) 얼룩무늬홍합이 들끓어서 보트 엔진과 흡입관을 막고 부표를 끌어내린다. 탬파베이에서는 (뉴질랜드 원산인) 초록홍합이 일대의 굴 암초를 질식시킨다. 아시아산 잉어는 오대호를 자신들의 식당으로 바꿔놓았다. 무지갯빛 광택이 도는 알풍뎅이는 장미 잎을 싹둑싹둑 도려내 레이스 장식 깔개처럼 만든다. 나일농어는 지역 사람들의 식탁에 올릴 목적으로 빅토리아호에 도입되었지만, 아무도 녀석들의 포식자적 열의를 미처 예상하지 못했다. 나일농어는 100여 종의 토착 물고기로 퇴폐적인 만찬을 즐기고 있다.

우리는 수만 년 동안 생물을 방자하게 뒤섞어왔다. 방랑하는 호모사피엔스 무리는 여행길에 식물, 동물, 기생생물을 지니고 다녔다. 고대 문헌에는 이국적 진미나 생물종을 수입했다는 이야기가 종종 나온다. 방랑하는 생물종들은 인간의 짐, 소맷동, 차를 타고 동네를 다니든 세계를 일주하든 어디서나 우리를 그림자처럼 따라다녔다. 탐험과 항해의 시대였던 17세기와 18세기에 우리는 사상이며 물건과 더불어 유해 동물과 질병을 퍼뜨렸다. 극도로 열악한 생태계를 제외하고는 거의 모든 생태계와 대륙을 점령하여 빠르게 재편했다. 우리는 그저 예사롭게 살아가는 것만으로도—초원을 하이킹하고, 직장에 출퇴근하고, 비행기나 배로 외국에 나가면서—마치 거실의 가구를 재배치하듯 끊임없이 자연을 재배치한다.

그러니 침입종은 오래전부터 날뛰고 있었다고 봐야 한다. 일부는 성가신 골칫거리이고 일부는 삶의 낙이다. 우리는 아름다움, 신기함, 맛, 쓸모 때문에 많은 동식물을 일부러 이주시켰다. 찌르레기와 (옻 알레르기가 없는 유럽인들이 이 식물을 예쁘다고 생각하여 고향으로 가져간) 덩굴옻나무에서 이국적인 파충류나 철쭉까지. 새 터전의 기후와 생물이 마음에 든 외래종들은 뿌리를 내렸다. (가령 유칼립투스, 대나무, 인도몽구스처럼) 가끔은 토착종과 인간 거주자가 스트레스를 받을 만큼 맹렬하게. 사람들은 영국담쟁이, 노르웨이단풍, 황소개구리, 인동, 프랑스국화, 고추나물, 찔레꽃, 스코틀랜드소나무를 사랑한다. 반면 아프리카벌, 외줄모기, 불개미, 물상추, 우엉, 칠성장어, 좁쌀풀, 대나무, 칡, (청교도들을 따라 메이플라워호를 타고 온 게 분명한) 민들레 같은 외래 침입종은 경멸하고 저주하면서 뿌리를 뽑아버린다.

우리는 토착종은 야생에 속하지만 침입종은 아니라고 믿는다. 설령 있는 그대로의 자연에서 토착종이 사라지더라도 말이다. 우리는 이런 개념에 고취되어 옐로스톤에 늑대를, 미시간에 물사슴을, 스위스에 유럽스라소니를, 알래스카에 사향소를, 몽골과 네덜란드에 몽골야생말을, 아일랜드에 붉은솔개와 검독수리를, 인도에 치타를, 캐나다에 검은발족제비를, 알프스에 불곰을, 스코틀랜드에 순록을, 영국에 흰참매를, 인도네시아에 보르네오오랑우탄을, 캘리포니아에 콘도르를, 아르헨티나에 큰개미핥기를, 오만에 아라비아오릭스를, 노르웨이와 독일과 스웨덴과 폴란드에 송골매를, 그 밖에도 많은 종을 재도입했다. 우리는 한편으로 일부 생태계를 파괴하고 다른 한편으로 다른 생태계를 재창조하느라 바쁘다.

사람들은 생태계의 균형을 다시 맞춘다는 표현을 쓰지만, 사실 완벽한 '자연의 균형'이란 존재하지 않는다. 영구적 조화와 불변을 장담하는 전략이란 있을 수 없다. 자연은 대담한 변화와 수정이 끝없이 이어지는 콩가 춤 행렬이다. 그렇다보니 에버글레이즈를 왕뱀 없는 생태계로 만들어야 하느냐, 아니면 무엇이 되었든 알아서 다음 단계로 진화하도록 내버려두어야 하느냐를 놓고 논쟁이 끊이지 않는다. 그러나 우리는 이미 1920년대부터 플로리다 습지를 주택지로 탈바꿈시켰다. 따라서 진짜 던져야 할 질문은 우리가 어떤 종류의 길들여진 야생을 선호하느냐다.

이 사례에 대해서는 나도 마음이 갈팡질팡한다. 한편으로는 자연의 역동적인 우물을 휘젓고 싶지 않다. 서식지는 끝없이 새로운 종을 진화시키는 법이고, 우리가 거기 간섭해서는 안 된다. 그러나 다른 한편으로는 에버글레이즈에 넘치는 왕뱀을 잡아서 생태계가 이상적으로 보이는 상태로 돌아가도록 거들어야 한다는 주장에도 공감한다. 여우, 토끼, 사슴 등 사라져가는 생물들이 다시 번성하도록 돕자는 것이다. 생물다양성은 전 세계에서 걱정스러운 속도로 줄고 있고, 지구와 우리의 안녕을 위해서는 다양하고 풍요로운 동식물종이 필요하다. 우리는 아끼는 서식지에 단 하나의 포식자를 도입한 것만으로 충격적으로 많은 종과 그들에게 의존하던 종을 스러지게 만들고 말았다.

우리가 내면에서 은밀히 느끼는 동물적 본성과 인간적 본성의 줄다리기는 우리를 연민할 줄 아는 사랑스러운 존재로, 힘세면서도 희한한 영장류로 만들어주는 요소다. 다른 동물과 달리 우리는 지구를 공유한 다른 생물들을 깊이 염려한다. 그들이 우리 가족이 아니고 심지어 같은 종이 아니라도, 우리 소유가 아니고 친구가 아니라도 말이다. 우리는 직접 본 적도 없는 어떤 집단 전체를 추상적으로 염려하고, 이웃 생물들의 생존을 돕겠다고 다짐한다. 우리는 그들에게 강한 애착을 느낀다.

우리가 어떤 개입과 복원을 계획하든, 우리가 계획하지 않은 개입 요소가 이미 기후변화의 형태로 서식지들을 재편하며 사방에서 이주자를 낳고 있다. 더구나 그 과정은 점점 더 우리의 통제를 벗어나고 있다. 우리는 올해 소나무나 가문비나무에 나무좀이 좀더 많이 나타난 현상, 정장 장식용 손수건처럼 꽃 위에 앉은 친숙한 나비들이 덜 눈에 띄는 현상, 좀더 듬성듬성해지고 화재로 버석버석해진 숲에 먼지바람과 황당할 정도로 뜨거운 열기가 이는 현상을 눈치챌지도 모른다. 가는 목의 흰눈썹뜸부기들이 다 어디로 사라졌는가 하고 의아해할지도 모른다. 잔디에 물을 주거나 세차를 하거나 이를 닦는 동안 수도꼭지를 튼 채로 두지 말라는 권고에 고분고분 따르고 있을지도 모른다. 그러면서도 그 현상들을 하나로 잇지는 못한다. 물이 귀해지고 나비와 흰눈썹뜸부기가 사라지는 현상을 봄이 너무 일찍 오고 쌓인 눈이 너무 일찍 녹는 현상에, 그래서 길고 무더운 여름에 물이 부족해 숲이 건조해지는 현상에, 그래서 안 그래도 약해진 나무들이 나무좀떼와 가뭄으로 인한 화재에 시달리는 현상에 연결짓지 못한다.

이는 고의적 악순환이라기보다는 부주의하게 찢어진 천과 같다. 우리는 틀어진 솔기를 알아본다. 그리고 비록 꾸물꾸물 수선을 미루더라도 그 모습에 감각적으로 곤란해하고, 뭔가 온전하지 않다고 인식한다. 여우는 북쪽으로 떠났고, 마당에는 못 보던 뱀이 있고, 들쥐는 수가 줄었거나 거꾸로 하멜른의 피리 부는 사나이가 데려온 것처럼 늘었고, 웨스트나일바이러스가 동네 까마귀를 죽이며, 두 눈과 비늘을 드러낸 길쭉한 무언가가 운하를 헤엄쳐 다닌다. 악어들이 좀더 따뜻해지고 북쪽으로 확장한 습지에 이끌려서 플로리다를 벗어나 노스캐롤라이나로 진출한 것이다. 악어들은 조만간 버지니아에 터를 잡을 수도 있고, 버지니아비치까지 모험에 나설 수도 있으며, 선구적인 몇몇 녀석은 포토맥 강을 따라 워싱턴 D. C.까지 헤엄쳐 올라갈 수도 있다.

바다에서는 해양 먹이사슬의 핵심종인 플랑크톤이 우리에게 시대의 변화를 알려온다. 수조 마리가 한데 몰려다니는 작은 새우처럼 생긴 편모충 플랑크톤은 아무 생각이 없는 녀석들이다. 크기도 우리 맨눈에 가까스로 보일 정도다. 없으면 해양 생태계가 줄줄이 붕괴하고 말 핵심종이라기에는 너무 약해 보인다. 그러나 플랑크톤은 지구에서 가장 큰 생물량을 차지하는 종으로, 점묘화로 그려진 구름처럼 세계 어디에서나 물살에 떠밀려다닌다.*

북극해의 북극곰들은 새끼와 함께 해빙을 옮겨다니면서 휴식도 하고 사냥도 한다. 바닷새들은 얼음 절벽에 둥지를 틀고 갈라진 얼음 틈에서 물고기를 낚는다. 바다표범들은 부빙 위에서 새끼를 낳고 기른다. 바다코끼리들은 얼음 양탄자를 타고 멀리까지 나가서 물고기를 잡는다. 그런데 바닷물이 따뜻해지면서 조류가 엉겨붙을 빙산이 적어졌고, 그래서 조류를 먹고사는 플랑크톤이 적어졌다. 최근 『네이처』에 실린 조사에 따르면, 전 세계 플랑크톤 양은 1950년대 이래 40퍼센트가 줄었다. 이는 곧 플랑크톤을 먹고사는 물고기, 새, 고래의 먹이가 적어졌다는 뜻이다.**

플랑크톤이 적어지니 그것을 먹고사는 작은 갑각류인 크릴새우도

* 플랑크톤이라는 이름은 그리스어로 '떠돌다'를 뜻하는 단어에서 왔다. 플랑크톤은 물살에 따라 무력하게 휩쓸려다니기 때문이다.

** 먹이사슬의 바닥에 있는 식물성플랑크톤은 동물성플랑크톤에게 먹히고, 동물성플랑크톤은 크릴, 물고기, 기타 해양생물들에게 먹힌다.

개체수가 급감했고, 그러자 지구 반대편 남극해에서 크릴새우와 오징어를 먹고사는 아담한 아델리펭귄의 개체수도 줄어들었다. 펭귄 세계에서 제일 칠칠치 못한 석공인 아델리펭귄은 살짝 경사진 해변에 돌멩이로 둥지를 만든 뒤 그 소형 구덩이 속에서 복슬복슬한 갈색 설인처럼 생긴 새끼를 키운다. 20년 전에 아델리펭귄이 여기저기서 꽥꽥거리는 널찍한 군락을 찾아갔을 때, 돌멩이는 그곳에서 아주 소중한 물건이었다. 그러나 조류학자 빌 프레이저의 증언으로는, 아델리펭귄 개체수가 지난 25년 동안 90퍼센트 줄었고 그에 따라 구애하는 짝들도 적어졌기 때문에 요즘은 돌멩이가 지천으로 널렸다고 한다. 펭귄을 먹고사는 범고래와 얼룩무늬물범에게는 먹이가 줄어든 셈이다.

그러나 (자연 자체와 마찬가지로) 인류세가 들려주는 이야기가 간단히 끝나는 경우는 거의 없다. 우리가 교란한 날씨가 알래스카에서는 멸종 위기에 처한 울음고니에게 좋은 영향을 미치고 있다. 길어진 여름을 이용하여 먹이를 찾고 새끼를 기를 수 있기 때문이다. 범고래도 따뜻해진 바닷물로 이득을 보는 종이다. 북극을 덮은 얼음이 기록적인 수준으로 녹아버리자, 범고래가 여행하는 대양 항로는 한때 전설 속 존재였던 북서항로를 따라서 실제로 북극을 관통하게 되었다. 그 때문에 북극해의 생태도 바뀌고 있다. 얼음이 녹은 덕분에 범고래가 활동 범위를 넓혀서 바다의 카나리아라고 불리는 '노래하는' 흰돌고래와 유니콘처럼 뿔이 하나 달린 일각돌고래를 더 많이 잡을 수 있게 된 것이다. 흰돌고래와 일각돌고래는 범고래가 제일 좋아하는 먹이지만, 둘 다 멸종 위기종이다.

단 한 종의 온혈동물이 이 모든 소동을 일으킨다는 건 얼마나 충격적인 일인가. 벌집 같은 대도시와 하늘을 찌르는 콘크리트 둥지를 짓는 일만 해도 충분히 인상적인 업적이다. 그러나 동식물이 가득한 지구 전체를 지우고, 재배치하고, 재설계하고, 두루두루 들볶고 괴롭히는 것은 지구가 여태 겪지 못했던 새로운 차원의 말썽이다. 전자는 그저 생태적 지위를 확보한 하나의 탁월한 사례일 뿐이다. 다른 동물들도 규모는 훨씬 소박하지만 그렇게 한다. 비버는 나무를 쓰러뜨려 개울을 막아서 물속 오두막을 짓기에 알맞은 연못을 만들고, 그 과정에서 일부 동식물상의 위치를 바꾼다. 그러나 다른 어떤 동물도 지구의 모든 대륙과 바다에서 모든 생물을 어지럽힐 정도로 제 생태적 지위를 확장하진 않는다.

교란된 기후는 어떤 종은 밀어주고, 어떤 종은 해치거나 없애버린다. 어디 멀리서만 그러는 게 아니라 우리 주변에서도 그런다. 우리 집 잔디밭에서 잔치를 벌이는 캐나다기러기들처럼 증거들은 눈에 뻔히 보인다. 기후변화를 알리는 이런 뉴스는 비난도 전문적인 이야기도 논쟁 가능한 주제도 아니고, 말뿐인 문제도 아니다. 우리가 간절히 기다리는 나비가—기억하는 한 매년 유쾌한 여름날 우리의 부모와 우리와 우리 아이들을 매료했던 나비가—사라졌을 때 알게 되는 지역적이고 개인적인 뉴스다. 때로는 든 자리보다 난 자리가 더 눈에 들어오는 법이다.

영국에서는 한때 희귀했던 아르고스나비가 지난 30년 동안 북쪽으로 영역을 넓혀 천적(포식기생충)이 없는 서식지에서 식단을 바꿨다. 아르고스나비는 갈색 바탕 날개에 흰 테두리와 밝은 오렌지색 눈알 무늬가 있는 근사한 나비다. 날개 밑면은 좀더 옅은 갈색이고, 오렌지색 외에 흑백 눈알 무늬도 있다. 잉글랜드 북부의 어느 간호사는 동네 술집을 나서면서 문득, 풀밭을 가로지르며 꽃들을 순례하는 이 나비를 못 본 지 오래되었다는 생각을 떠올릴 것이다. 그러다 50킬로미터 북쪽에 사는 언니를 만나러 가게 됐는데, 그곳에서 그 예쁘고 희귀한 나비가 지천으로 있는 풍경을 맞닥뜨린다. 그는 자매 간의 생태적 경쟁심을 느끼면서 의아해할 것이다. '어떻게 언니한테 이 나비들이 몰려들었지?' 아르고스나비는 북쪽으로 이주했지만, 몇몇 식물에서 나비 애벌레에 기생하던 포식자들은 따라가지 못한 것이다.

상상해보자. 어느 날 아침 일어났더니 길 건너 식당들과 근처 식료품점들이—말하자면 평소에 이용하던 모든 식품 저장고가—간밤에 죄다 북쪽으로 몇 시간 떨어진 곳으로 옮겨버렸다. 당신은 매일 길고 힘든 쇼핑 여행을 감수할 것인가? 아니면 식단을 바꿀 것인가? 그도 아니면 먹을 것을 좇아서 북쪽으로 이사할 것인가? 수렵·채집인 선조처럼, 우리는 아마 짐을 싸서 먹이떼를 좇아갈 것이다. (요즘 우리의 먹잇감은 찬장에 꼼짝 않고 놓여 있는 경우가 많지만, 그래도 여전히 우리는 밖으로 나가서 수렵과 채집을 한다.)

스페인 조류학자 미겔 페레르의 추산에 따르면, 기후변화 때문에 그동안 갖가지 종의 새 약 200억 마리가 이주 패턴을 바꿨다고 한다. "장거리로 이주하던 새들은 더 짧은 거리를 이동하고, 단거리로 이주하던 새들은 텃새가 되었습니다." 페레르는 동물 이주 전문가 200명이 모인 회의에서 이렇게 말했다. "여러분이 사는 도시의 12개월 전 여름 평균기온은 이제 북쪽으로 4킬로미터 더 올라간 지점의 평균기온입니다. 별로 큰 차이가 아닌 것처럼 들릴 수도 있겠지만, 이 변화 속도는 마지막 빙하기 때의 기온 변화보다 스무 배 더 빠릅니다."

오듀본협회는 북아메리카 조류 305종 중 절반가량이 40년 전에 비해 북쪽으로 56킬로미터 더 올라간 곳에서 겨울을 난다고 보고했다.

자주핀치의 월동지는 북쪽으로 640킬로미터 이동했다. 새는 감상하기 아름다운 존재임은 물론이고 꽃가루받이 매개자, 씨앗 전파자, 곤충 포식자로도 중요하다. 새들의 도움이 없으면 우리의 작물과 생태계는 번성하지 못한다.

우리가 도시화하고 조각낸 경관에서 새들이 이주하기가 늘 쉽진 않다. 어떤 종은 따뜻한 날씨에 속아서 너무 일찍 여행에 나서는 바람에, 도착지의 밭에서 먹을 것이 돋아나기도 전에 도착해 부근의 새로운 장소에 내려앉는다. 흰눈썹뜸부기는 한때 북유럽에서 남아프리카까지 하늘을 뒤덮으면서 긴 점박이 목의 매력을 뽐내고 쉰 목소리로 울면서 풀밭 가장자리, 빽빽한 덤불, 초원에 둥지를 틀었다. 그러나 우리가 풀밭을 깎고 작물을 심었기 때문에 이제 흰눈썹뜸부기는 터전을 잃었고, 보기 드문 새가 되었다. 다행히 벨라루스에서 태즈메이니아까지 50개국이 합심하여 노력한 덕분에—농부들에게 새끼들의 깃털이 다 날 때까지는 풀을 깎지 말아달라고 협조를 구하는 등의 전략을 써서—흰눈썹뜸부기와 비틀비틀 걷는 까만 새끼들이 다시 돌아오고 있다.

동식물이 새로운 장소로 옮기도록 슬쩍슬쩍 부추기는 방식은 대체로 별 피해가 없다. (역사상 가장 성공한 침입종인) 우리는 바로 그런 방식으로 신대륙에 사과, 복숭아, 말, 장미를 이식했다. 원래 북아메리카에 사과라고는 야생 능금밖에 없었다. 우리가 여름 내내 기다리는 달고 아삭하고 꿀 냄새 나는 사과는, 그러니까 우리가 청바지에 반질반질하게 문질러 닦는 다육질의 레드딜리셔스 품종을 비롯하여 저마다 독특한 맛, 향, 식감, 쓸모를 가진 7500가지 재배종은 모두 침입종이다. 우리는 품평회 출전용 개들에게 하듯이 사과를 교배해서 우리가 선호하는 맛, 질감, 모양, 향을 지니도록, 우리가 원하는 대로 요리할 수 있도록 만들었다. 사과 애호가인 나로서는 우리 집 뒷마당에서 시큼한 열매를 맺는 오래된 사과나무 두 그루가 고마울 따름이다.

나는 북아메리카의 경관에 말이 더해진 것도 축복이라고 생각한다. 말은 스페인 사람들의 배를 타고 들어와서 광활한 초지에 적응한 침입종이지만 말이다. 정확히 어떻게 그런 일이 벌어졌는지는 수수께끼지만, 한 사례에 대해서는—동해안의 싱커티그 보초도와 애서티그 보초도에 서식하는 야생 조랑말들에 대해서는—흥미로운 가설이 몇 가지 있다. 해적들이 섬을 약탈하러 가면서 그동안 풀을 뜯도록 말들을 풀어놓았는데 돌아와서 보니 말들이 무성한 덤불과 숲으로 사라졌다는 이야기, 17세기에 유럽 말을 수입해들이던 사육자들이 세금을 피하려고 섬에 방목했는데 일부가 떨어져나가 무리를 이루었다는 이야기, 영국 식민지로 향하던 스페인 갤리언선이 폭풍을 만나 섬에 좌초하자 토착민들이 구조해주었는데 그사이에 조랑말들이 달아났다는 이야기, 스페인 사람들이 광산에서 부리려고 눈을 멀게 한 채 배에 실어가던 말들이 배가 폭풍으로 가라앉자 앞이 안 보이는 와중에도 날뛰는 파도 속을 허겁지겁 헤엄쳐서 해변에 올랐다는 이야기—정말 그랬던 걸까? 아무도 모른다.

조랑말 선조들은 타는 듯한 여름과 춥고 습한 겨울, 사포 같은 바람, 끈덕진 모기들, 주기적인 폭풍을 겪었고 먹이는 늘 부족했다. 그에 대응하여 두꺼운 털을 길러냈고, 떨어지는 기압을 감지하는 법, 언덕에 은신처를 마련하는 법, 머리를 옹기종기 맞대어 세찬 바람에 엉덩이만 노출시키는 법 등 여러 생존 기술을 익혔다. 그러면서 가장 튼튼하고 똑똑한 말들만 살아남았고, 그들의 유전자는 현재의 말들에게 이어졌다. 이 말들은 힘차고 영리하며 엄혹한 해안 경관에 잘 적응했다.

내가 유기농법으로 키우면서 최소한으로 돌보는, 한 번도 제대로 수를 헤아려보지 않은 사랑스러운 장미들은 그 기원이 3500만 년 전 화석까지 거슬러올라갈지도 모른다. 다르게 거슬러올라가면 최초로 이 꽃을 재배하기로 했던 5000년 전 중국 정원사들이 등장할 수도 있다. 장미도 북아메리카 토착종이 아니다. 그러나 역시 대단히 성공한 침입종으로서, 이곳에서 야생식물이 되어 정착민들을 놀라게 하고 즐거움을 준다.

중국산 참게는 샌프란시스코 만 서식지를 파괴하고 있지만, 유럽산 꽃게는 케이프코드의 짠물 습지 생태계가 재생하는 데 도움을 준다. 우리는 과거에 여름 아지랑이 속에서 느긋하게 부채질하던 키 큰 풀을 초원에 재도입하여 생태계를 회복시키고 있으며, 개울의 흐름을 바꾸고 토착 식물을 심음으로써 습지를 되살리고 있다. 이런 행동은 물론 기후도 바꾸고 새와 곤충의 이주 패턴도 바꾼다. 어떤 동물은 새집을 얻고 어떤 동물은 쫓겨난다. 생태계 복원은 대체로 성공적이지만, 가끔 우리가 실수하는 경우도 있다.

도쿄에서 남쪽으로 약 2400킬로미터 떨어진 마리아나제도 남단의 괌은 1898년 스페인·미국전쟁 때부터 미국의 속령이었다. 사람들은 그곳을 주로 군사기지로 여기지만, 그 섬은 녹음 우거진 열대의 낙원이기도 하다. 그러나 괌을 찾은 사람이 새벽에 듣는 것은 괴괴한 침묵뿐이다. 새소리는 없다. 토착종 새들이 대부분 멸종했기 때문이다. 멸종 원인은 무엇이었을까? 살충제 중독? 서식지 파괴? 외래 질병? 과학자들이 답을 알아내는 데는 긴 시간이 걸렸는데, 그 답은 1949년에 화물선에서 스르르 하선했던 임신한 인도네시아산 갈색나무뱀 한 마리였다. 야행성 갈색나무뱀은 나무 위에서 사는 포식자로 3.3미터 길이까지 자라고 독이 있다. 숲에서나 돌투성이 해변에서나 만족하며 살아가는 이 뱀은 현재 수십만 마리로 증식했다. 괌의 새들은 포식자 뱀이 없는 상태에서 진화했기 때문에, 숲에서 살던 새들은 대부분 뱀에게 잡아먹혔다. 토착 파충류, 양서류, 박쥐도 마찬가지였다. 날지 못하는 괌뜸부기는 포획된 개체들만 살아남았다. 마지막 순간에 사람들이 괌과 본토의 몇몇 동물원에서 포획 번식 프로그램을 시작한 덕분이었는데, 그럼으로써 이 종이 한때 이 섬에서만 살았던 괌딱새의 전철을 밟지 않게 하려는 것이었다. 새는 토착 과실수들의 주요한 씨앗 전파자였기 때문에, 새와 함께 나무들도 사라졌다. 그리고 이제 섬에는 거미가 예전보다 마흔 배 더 많이 들끓는다. 거미를 사냥하던 새가 사라졌기 때문이다.

이처럼 우리가 진화를 훼방하는 사건은 훨씬 더 큰 섬에서도 벌어진다. 오스트레일리아 사람들은 골칫거리인 사탕수수딱정벌레를 먹어치울 암살자를 물색하던 중, 아메리카 토착종으로 텍사스 남부에서 아마존 중앙 유역까지 분포한 왕두꺼비를 수입해왔다. 왕두꺼비는 임무를 대단히 잘해냈다. 원 서식지에서 왕두꺼비는 야구 글러브만큼 큼직하게 자라고 몸무게는 2.3킬로그램까지 나가는데, 새 서식지에서는 광활한 황무지를 누벼야 했기 때문에 다리도 좀더 길게 진화했다. 그런데 오스트레일리아의 뱀들 중 큼직한 왕두꺼비를 삼킬 수 있는 것은 입이 큰 개체들뿐이었고, 독이 있는 이 두꺼비를 삼킨 뱀은 모두 죽었기 때문에, 입이 작고 왕두꺼비를 꺼리는 개체들만 유전자를 물려주게 되었다. 그 결과 오스트레일리아의 뱀들은 좀더 작은 입으로 진화했다.

우리는 가끔 어떤 종의 멸종을 막기 위해서 그들을 인위적으로 번식시켜 다른 곳으로 이주시키기도 한다. 존 무알렘은 『야생의 존재들』에서 이른바 '이주 작전' 사업에 헌신한 경험을 들려주었다. 이주 작전은 멸종 위기종인 아메리카흰두루미 새끼들을 인큐베이터에서 부화시킨 뒤 야생의 습성을 가르쳐주는 사업이다. 교육에는 이주 방법도 포함된다. 흰두루미 복장을 한 사람이 초경량 비행기를 몰고 새들을 이끌며 수천 킬로미터를 날아서 이주시키는 것이다. 무알렘은 다음과 같이 썼다. "인간이 야생의 새를 대량으로 번식시키는 이 사업은 워낙 야심차고 지루하고 혼란스럽고 신비로운 일이라서, 지난 10년 동안 이 일에 헌신해온 사람들도 프로젝트가 얼마나 잘 굴러가고 있으며 다음에는 무엇을 해야 하는지에 대해서조차 쉽게 합의하지 못하는 지경이다."*

그러나 대개의 경우, 우리가 동물을 사육하고 이동시키는 것은 그들을 구하기 위해서가 아니라 우리의 필요를 충족하기 위해서다. 우리는 개, 고양이, 왕뱀까지 반려동물로 길들인다. 말과 황소는 노예로 길들여 일을 시킨다. 혹은 낙타, 말, 비둘기, 박쥐까지 다양한 동물들을 징집하여, 피투성이 전쟁터에서 우리와 함께 싸우게 만든다.

---

* Jon Mooallem, *Wild Ones* (New York: Penguin, 2013), 206쪽.

“그들에게는 선택지가 없었다”

실물 크기 말 인형이 연극 〈워 호스〉 무대에 등장한다. 놀랍도록 사실적으로 너풀거리는 갈기며 쫑긋거리는 귀 따위를 보면서, 저 사람들이 속이 훤히 들여다보이는 말 속에서 무엇을 하자는 건지 이해하기까지는 시간이 좀 걸린다. 그러나 인형 조종사들이 힘줄과 근육에 멋지게 생명을 불어넣는 모습을 한참 바라보노라면, 우리 내면의 샤먼은 저 무대 위의 장면을 차츰 납득한다. 우리 안에 있는 그 존재는 자신과 동물을 아주 밀접하게 동일시한다. 그래서 우리는 동물의 속성을 끌어와서 우리 자신을 표현하곤 한다.(독수리처럼 눈 밝은, 노새처럼 고집 센, 사자처럼 용맹한, 황소처럼 강한……) 아이들은 동물 흉내를 내며 놀고, 부모들은 아기방에 동물이 그려진 벽지를 바른다. 우리는 온라인에서 동물 아바타를 쓰고, 공포 영화에서 절반은 동물인 괴물로 변한다. 상사병에 걸린 절반은 동물인 뱀파이어가 나오는 드라마는 또 어떤가. 과거에 우리는 동물의 근육에 우리 근육을 밀착시킴으로써 전투에서 속도와 힘을 높이고 물자를 날랐다. 우리는 일종의 장비였던 그런 동물들을 곧잘 좋아하게 되었지만, 그들이 전투에서 죽는 걸 봐야 했고 전쟁이 끝나면 버리고 떠났다. 그러나 요즘 우리는 동물의 마음과 감각에 대해서 더 많이 안다. 그리고 동물도 우리와 비슷한 감정을 느낀다는 사실을 발견했기에 그들에게 더 큰 연민을 느낀다.

스티븐 스필버그의 서정적인 서사 영화 〈워 호스〉의 한 장면을 나는 잊지 못한다. 우리는 제1차세계대전이 벌어지는 숲으로 돌진하는 중이다. 포화와 비명과 유혈이 낭자하고 청년들과 말들이 충격으로 마비되고 공포로 미쳐간다. 그런데 영화는 그 순간 전투 장면에서 잠시 물러나 필요한 휴식을 취한다. 카메라가 멈추고, 우리는 놀랍고 내밀한 어떤 거울에 비친 모습으로 전쟁이라는 것을 바라보게 된다. 그것은 주인공 말 조이의 굽은 눈에 반영된 모습이다. 트라우마는 몇몇 환각제가 그러듯이 눈 조직에 오래 머문다는데, 이 장면에서 그 외상이 어떻게 작용하는지를 정확히 알 수 있다. 말의 시야는 굽어 있기 때문에, 이 장면도 굽어 있다. 남자들, 동물들, 연기와 빛 덩어리, 흙이 사방으로 뭉텅뭉텅 날아가 흩어진다. 전쟁은 그것을 일으킨 인간뿐 아니라 말과 다른 동물에게도 트라우마를 남긴다. 아름답게 형상화된 이 장면은 그 사실을 잘 말해준다. 날카로운 한 줄의 시처럼 우리 심장을 찌른다.

우리는 불운한 많은 동물을 징집하여 우리의 전쟁터에서 싸우게 했다. 그러다 동물들도 공포와 정신적 고통을 느낄 수 있다는 사실을 최근에야 깨닫고 이제 그들의 희생을 기념하기 시작했다. 어느 날 나는 런던 하이드파크 근처 복잡한 교차로에서, 떠들썩한 군중 틈에 서서 말과 노새 여러 마리, 잘 훈련된 개와 고양이 몇 마리, 질주하는 비둘기 한 무리에 둘러싸인 놀라운 전쟁 기념비를 우연히 보았다. 군모를 쓴 나이 지긋한 신사들이 가슴에는 훈장을, 옷깃에는 붉은 양귀비를 달고 서 있었다. 까마득한 옛 전쟁 때 입었던 화려한 예복을 걸친 사람도 있었다. 근위대 기병은 온통 까만 제복을 입었고 그에 맞춘 듯 까만 아일랜드 말을 탔는데, 흰 허리띠와 바지 자락의 진홍색 세로줄과 모자의 진홍색 띠가 없었다면 아예 말과 한덩어리처럼 보였을 것이다. 사막용 위장복을 입은 군인들, 잘 차려입고 작은 애완견을 안은 숙녀들, 참전 용사들과 동물권 단체 회원들도 많이 와 있었다. 이들은 모두 하얗게 빛나는 석회암 기념비 주변을 서성이면서 감탄을 금치 못했다. 완만하게 휘어진 길이 18미터의 기념비는 전쟁터를 상징했다.

기념비 벽에는 낙타, 코끼리, 원숭이, 곰, 말, 비둘기, 염소, 소 등 많은 동물이 전쟁터를 향해 당당하게 행진하는 모습이 양각으로 아름답게 새겨져 있다. 그로부터 몇 미터 떨어진 자리에는 무거운 짐을 진 청동 노새 두 마리가 서 있다. 라이플과 전투 장비를 짊어진 채 뼛속까지 지친 노새들은 기념비 중간에 난 틈을 향하여 얕은 계단을 힘겹게 오르는 중이다. 둘 중 앞에 있는 노새는 목을 화살처럼 길게 뽑고 진줏빛 석회석 문틈 너머로 펼쳐진 풀밭을 바라본다.

기념비 너머 반대편 풀밭에는 건장한 청동 말이 당장 달려나갈 듯한 자세로 서 있고 그뒤를 청동 세터종 개가 따른다. 둘 다 짐을 짊어지지는 않았다. 개는 고개를 돌려 낙오한 동료들을 보고 있다. 기념비의 뒷면에는 사실적인 돋을새김 대신, 마치 조각이 맞춰지기를 기다리는 퍼즐처럼 장식 없는 실루엣과 속 빈 테두리로만 동물들의 형상이 새겨져 있다.

개인들의 후원금으로만 100만 파운드를 모아서 제작한 기념비에는 이런 설명이 새겨져 있다.

오랜 세월 전쟁터와 군사작전에서 영국군 및 연합군 병사들과 함께 복무하고 전사한 동물들에게 이 기념비를 바친다.

그 밑에는 좀더 작은 글씨로 이렇게 새겨져 있다.

그들에게는 선택지가 없었다.

노병들은 전쟁중에 자신이 여러 면에서 의지했던 동물들을 기리는 이야기를 들려주었다. 어떤 참전 군인은 버마 정글에서 군수품을 날랐던 노새들을 칭송했다.(노새의 울음소리 때문에 군인들이 위험에 빠지는 일이 없도록 노새들의 성대는 다 제거했다고 한다.) "노새들이 내 목숨을 구했습니다." 이렇게 말하는 군인의 시선은 과거로 빠져들었다. "총을 조달하기 위해 노새를 이용할 수밖에 없었지요." 익명의 동물권 지지자가 기념비에 바친 화환에는 이런 말이 쓰인 카드가 꽂혀 있었다. "너희는 우리의 공포를 느꼈다. 너희는 우리의 피를 보았다. 너희는 우리의 비명을 들었다. 동물들이여, 우리가 너희를 이런 식으로 전쟁에 끌어들인 것을 부디 용서해다오."

청동 노새를, 혹은 거친 시멘트로 마감된 낙타를 만져보면, 차가운 촉감에 화들짝 놀라게 된다. 봄날 화단에는 노란 트럼펫 같은 수선화가 한창이다. 기념비의 곡선 너머 내세에 해당하는 영역에 있는 말은 실물보다 훨씬 더 크다. 발굽이 큼직한 접시만하다. 사람이 타기에 너무 큰 이 말은 작은 데이지꽃이 흩어진 잔디밭을 걷는 시늉을 하고 있다. 영국 세터는 실물 크기다. 둘에게 인간적인 표정은 부여되어 있지 않다. 그들은 그저 건강하고 걱정 없는 동물로도 충분한 존재, 전쟁의 공포에서 해방된 존재다.

데이비드 백하우스가 설계한 이 기념비는 인간의 전쟁에서 일하고 죽은 수많은 동물의 고난을 시적으로 포착했다. 개들은 등에 얼레를 지고서 전신선을 놓았고, 생존자를 찾아 맨발이 찢어질 정도로 잔해를 헤집었다. 범고래들은 촬영기사가 되어, 입에 카메라를 물고 순찰을 돌았다. 비둘기들은 전방에서 메시지를 전달했다. 바다사자들은 바닷속 200미터까지 잠수하여 잃어버린 장비를 수거했다. 흰돌고래들은 물이 너무 차가워 다른 포유류가 감히 접근할 수 없는 곳에서 타고난 수중음파탐지기를 활용해 감시하는 법을 훈련받았다. 코끼리들은 산악지대와 밀림으로 출정하는 군인들을 태웠다. 아라비아와 북아프리카에서는 낙타 기병들이 싸웠다. 그리고 반딧불이는……

그렇다, 반딧불이. 반딧불이의 몸에는 분리된 칸이 여러 개 있어, 그 속에서 루시페린과 루시페라아제를 만들어낸다. 두 화학물질은 따로따로는 별 쓸모가 없지만 섞이면 달라진다. 더없이 환하게 빛나는 묘약이 되고, 이 곤충은 그 빛으로 사랑의 수신호를 깜박거린다. 반딧불이의 뒤꽁무니는 말 그대로 등대가 되어 짝을 해변으로 이끈다. '팜파탈' 암컷은 다른 암컷의 점등 부호를 흉내내어 그 암컷의 짝을 가로채기도 한다. 세이렌의 유혹은 전장에서도 매혹적이라, 곤충 구애자의 마음을 빛으로 가득 채우거나 군인이 가족으로부터 받은 편지를 비춰준다. 백열전구와는 달리 이 불빛은 주변 경관에 잘 녹아든다. 그래서 제1차세계대전중 프랑스 솜 강 유역의 참호전에 배치된 병사들은 전쟁터까지 가져온 살아 있는 등불인 반딧불이들의 싸늘한 초록 불빛에 지도며 편지를 비춰 읽었다.

제1차세계대전에서는 10만 마리의 비둘기가 비행 임무를 수행했고, 제2차세계대전에서는 20만 마리가 복무했다. 비둘기들은 1분에 1.5킬로미터씩 날아서 희한한 화물을 배달했다. 암호가 적힌 쪽지를 캡슐에 담아 비둘기 다리에 묶어두었던 것이다. 제1차세계대전에서 특히 유명했던 비둘기 셰르아미는 미군 통신대를 위해서 비행했는데, 긴급 메시지를 열두 번 연속으로 배달하다가 가슴과 다리에 총을 맞고 말았다. 셰르아미는 피를 흘리고 쇼크가 오고 다리가 부서졌는데도 끝끝내 메시지를 전달했다.(결국 1919년에 전사했다.) 프랑스군은 이 행동을 "영웅적"이라고 묘사하며 공식 무공십자훈장을 수여했다. 미국 뉴저지 주 몬머스 진지에서 훈련받은 뒤 군조로 선발되었던 셰르아미가 '조국을 섬겼다'고 말하는 것은 어폐가 있지만, 어쨌든 다리가 하나만 남은 셰르아미의 사체는 현재 스미스소니언 국립미국사박물관의 '자유의 대가—전쟁에 나선 미국인들' 전시장에 진열되어 있다.

그보다 훨씬 더 희한한 사례는 제2차세계대전이 한창일 때 미국이 태평양 연안에서 준비했던 '엑스선 프로젝트'다. 치과의사 라이틀 S. 애덤스가 고안한 이 계획은 '박쥐 폭탄 프로젝트'라고도 불린다. 박쥐는 이전에도 미국의 전쟁 수행에서 중요한 역할을 맡아왔다. 박쥐 배설물인 구아노를 발효하면 화약의 핵심 재료인 질산칼륨이 만들어지기 때문이다. 미국독립전쟁 때부터 군인들은 이주성 박쥐들이 머무르는 동굴을 찾아가서 구아노를 긁고 파냈다.

애덤스가 이끄는 팀은 어미와 새끼 멕시코자유꼬리박쥐 2000만 마리가 3월에서 10월까지 머무르는 브래컨 동굴에 찾아가서 수천 마리를 포획한 뒤, 박쥐들의 몸에 작은 소이탄을 붙였다. 그 박쥐를 금속통에 넣고 거기에 낙하산을 매단 뒤 일본 상공에서 떨어뜨린다는 계획이었다. 통은 지상 300미터 높이에서 열릴 테고, 그러면 박쥐는 지붕널이나 처마 밑으로 숨어들었다가 곧 폭발할 테니, 나무와 종이로 지어진 집들이 즐비한 도시 전체가 불길에 휩싸일 터였다. 루스벨트 대통령은 이 괴상한 계획을 승인하고 200만 달러를 지출했다. 그러나 어느 날 시범적으로 무장시킨 박쥐들이 사고로 탈출하여 텍사스 공군기지에 불을 붙였고, 엑스선 프로젝트는 폐기되었다.

역시 그 시절에 추진되었던 계획으로, 미국의 행동주의 심리학자 B. F. 스키너는 비둘기 유도미사일을 개발하려고 했다. 이른바 '비둘기 프로젝트'에서 스키너는 표적을 쪼면서 방향을 조정하도록 비둘기를 훈련시켰다. 전쟁 후 해군은 이 계획을 ('유기적 통제organic control'의 약자인) '오컨 프로젝트'라는 명칭으로 부활시켰다가, 전자 유도미사일이 더 믿을 만하다는 게 밝혀진 1953년에야 폐기했다. 그러고도 만일을 위해서 이 계획을 이후 6년 더 기밀로 묶어놓았다.

우리가 고대부터 비둘기, 개, 말, 낙타, 코끼리를 징집했다는 것은 잘 알려진 사실이다. 돼지도 전투에 나섰던 듯하다. 고대 로마의 대大 플리니우스는 꿀꿀거리는 돼지떼를 풀어서 침략군의 코끼리들을 놀라게 했던 일화를 들려준다. 그러나 최근 우리는 군 동물의 개념을 광기의 영역까지 확장하기에 이르렀다.

펜타곤의 방위고등연구계획국DARPA은—이곳 '심리전' 부서는 『염소를 노려보는 사람들』이라는 책과 동명 영화*로 대부분의 사람들에게 처음 알려졌다—한때 CIA 첩보원들에게 원격으로 동물을 죽이는

* 국내에서는 '초(민망한)능력자들'이라는 제목으로 개봉되었다.—옮긴이

기술을 연습시켰다. 그것은 CIA의 괴상한 동물 전투원 계획들 중 하나일 뿐이었다. '어쿠스틱 키티 작전'에서는 고양이의 몸에 도청 장치를 심고 꼬리에 안테나를 숨겼다. 냉전 시절에 5년 동안 500만 달러를 들인 이 프로젝트는 러시아 영내 근처에 풀어놓은 고양이가 길을 건너다가 차에 치여 죽은 뒤 취소되었다. 그런가 하면 고양이를 배에 떨어뜨리는 폭탄의 유도장치로 고려한 적도 있다.(고양이는 물을 꺼리니까 몸에 매단 폭탄을 갑판으로 인도할 것이라는 확률이 희박한 논리에 따른 발상이었다.)

전쟁에서 인간을 돕다가 죽은 동물은 수백만 마리에 달한다. 그런데 최근 몇십 년간 군인들이 점차 기술에 의존함에 따라, 군 동물들도 기술을 익히게 되었다. 2010년에 중국 『인민일보』는 정치 단체 탈레반이 원숭이를 훈련시켜 NATO군을 향해 칼라시니코프소총, 경기관총, 박격포를 쏘게 한다고 비난했다. 탈레반은 소문을 부인했지만, 이 뉴스는 사람들의 마음에 심란한 이미지를 남겼다. 영화 〈오즈의 마법사〉에서 원숭이 공군 부대가 하늘에서 공격해오는 장면이 떠오른다. 나는 그 영화를 어릴 때 봤지만, 그때도 원숭이들보다 동물을 훈련시켜서 인간의 전쟁에 폭력배로 동원할 만큼 사악한 마녀가 더 무서웠다.

CIA는 나비, 나방, 잠자리가 번데기 상태일 때 그 속에 마이크로칩을 삽입하여 원격조종 가능한 사이버 곤충을 만드는 실험을 하고 있다. DARPA의 제안서에 따르면 "곤충의 몸은 변태할 때마다 재생 과정을 거치면서 상처를 치유할 수 있고 내부 기관들이 이물질을 감싼 채 재배치"되기 때문에 가능하다는 것이다. 그 결과는 사이보그 잠자리, 로봇 나방, 수색 구조용 사이보그 바퀴벌레일 것이다. 또다른 계획으로는 상어를 (뇌에 심은 전극으로) 원격조종하여 폭탄과 폭발물을 감지하도록 하는 사안, 벌들을 훈련시켜 폭발물 감지견을 대체하는 사안, 고농도 아드레날린 냄새를 맡으면 레버를 누르도록 훈련시킨 햄스터를 보안검문소마다 배치하는 사안 등이 있다.

미 해군은 돌고래의 뛰어난 반향위치 측정기술 및 저조도 시야 능력을 활용하여 수중기뢰를 찾아내고 제거할 요량으로 지난 50여 년간 돌고래떼를 훈련시켰다. 돌고래들은 베트남전과 걸프전에서도 해군을 위해서 영상을 찍고 장비를 배달하고 적군 잠수부를 붙잡았다.(부표가 달린 족쇄를 잠수부의 발목에 끼우는 전술이다.) 기뢰 수색 돌고래들은 수중 폭발물을 확인한 뒤 터뜨리지 않고 조련사에게 돌아와서 질문에 예스 또는 노로 대답하는 기술을 익혔다. 어떤 때는 기뢰에 부표 줄을 조심스레 붙여서 위치를 표시했다. 기뢰에 폭발물을 부착한 뒤 잽싸게 도망쳐서 무력화하는 경우도 있었다. 2012년에 이란이 호르무즈해협에 기뢰를 매설하여 중요 항로를 봉쇄하겠다고 으름장을 놓았을 때, 미국 공영 라디오 방송국 NPR은 바레인 소재 미국 제5함대를 통솔했던 전임 사령관 팀 키팅에게 당사자라면 이 문제를 어떻게 처리하겠느냐고 물었다.

"우리에게는 돌고래가 있습니다." 키팅은 사무적으로 간단히 대답했다.

조련사야 돌고래를 소중하게 여기겠지만, 해군은 그저 또다른 유의 인력으로 여길 따름이다. 계급은 주지 않지만 진짜 군대식으로 분류한다. 가령 'Mk 4 Mod 0'은 해저에서 기뢰를 찾은 뒤 폭발물을 붙이도록 훈련된 돌고래를 뜻하고, 'Mk 5 Mod 1'은 기동훈련 때 사용한 기뢰를 회수하는 데 동원되는 바다사자를 뜻한다.

그러나 2012년 여름, 해군은 중대 발표를 했다. 2017년까지 기뢰 제거반 돌고래를 비롯한 모든 해양 포유류를 은퇴시키고 '나이프피시'(전기장을 발생시키는 물고기의 일종)의 이름을 딴 로봇 드론으로 일부를 대체하겠다는 계획이다.* 해양 포유류와 달리 나이프피시는 기뢰를 무력화하지는 못하고 위치 확인, 영상 촬영, 데이터 전송만 할 수 있을 것이다. 어떤 해저 로봇 드론들은 광섬유 케이블의 안내를 받을 것이다. 나는 해군이 이 결정을 내린 동기가 동물에 대한 연민이라고 믿고 싶지만, 실은 절약 정신도 한몫했다는 걸 안다. 군사 도구로 치면 로봇은 돌고래보다 훨씬 더 저렴한 비용으로 현장에 배치할 수 있다. 돌고래는 무거운 수조에 담아 전쟁터까지 날라야 하고 먹이와 건강도 챙겨야 하니까 말이다.

그동안 여론은 동물을 전쟁터와 실험실로 보내는 관행에 대해서 반대하는 목소리를 높였다. 특히 돌고래처럼 뇌가 큰 포유류들에 대해서는 더 완강히 반대했다. 그런 항의가 소귀에 경 읽기만은 아니었는지도 모르겠다. 전 세계가 합심하여 오랫동안 로비한 끝에, 2013년 미국 정부는 연구용 침팬지들을 거의 모두 은퇴시키고 침팬지를 멸종 위기종으로 등재했다. 이는 인간 대신 무수한 질병을 견뎠던 침팬지들이 마침내 동물보호구역으로 풀려났다는, 다시는 다른 침팬지들이 그런 끔찍한 일을 겪지 않아도 된다는 뜻이다.

동물을 지배해온 인간의 역사, 오랫동안 실험실과 전쟁터에서 동물을 학대해온 관행은 이제 기술로 빠르게 교체되고 있다. 다행스러운

* 미 해군은 아마 점진적으로 돌고래 전투병들을 은퇴시키겠지만, 국가자연자원보호위원회에 따르면 해군이 캘리포니아 앞바다에서 훈련할 때 안전하지 않은 수중음파탐지기를 쓰는 바람에 지난 5년간 약 280만 마리의 해양 포유류가 피해를 입었다. 다음을 보라. Brenda Peterson, "Stop U.S. Navy War on Whales," *Huffington Post*, March 14, 2014.

일이다. 이제 우리에게는 험준한 지형에서 말이나 트럭을 대신할 로봇 노새가, 열린 창을 뛰어넘어 정찰할 로봇 벼룩이, 독성 물질이 퍼진 지역에서 군인 대신 양손을 쓰며 자유자재로 움직일 줄 아는 로봇이 있다. 다만 엄청나게 발달된 개의 후각을 기술로 모방하는 법은 아직 아무도 알아내지 못했다. 개는 몇 시간 전에 사람이 떠난 방에서도 그 냄새를 맡을 수 있고, 신발 밑창에서 땅으로 떨어진 얼마 안 되는 냄새 분자까지 추적할 수 있다. 그 사람이 이동한 지형이 평탄하지 않았어도, 심지어 비바람 치는 밤이었어도. 로봇은 아직 개의 상대가 못 된다. 그러니 당분간 군견들은 유지될 것이다. 일부는 살인 훈련까지 받은 채로다.

만일 꼭 전쟁을 치러야 한다면, 드론은 최소한 무정하기라도 하다. 그러나 애석하게도 그 표적들은 그렇지 않다.

유전자 풀*에서 물장구질하기

우리는 수천 년 동안 지구 생물들 속에 우리가 선호하는 형질의 흔적을 남겨왔다. 그런 흔적은 작물과 가축은 물론이거니와 우리가 좋아하는 반려동물에도 남아 있다. 인간과의 오랜 상호의존성으로 정의되는 동물이라면 개를 따를 동물이 없을 것이다. 개는 애정 면에서도 야만성 면에서도 우리와 정말 비슷하다. 모든 개의 혈통은 하나의 갯과 동물로—즉 늑대로—거슬러올라가지만, 치와와, 베들링턴테리어, 벨지언그리펀, 코커스패니얼, 그레이트데인, 복서, 바센지, 아프간하운드, 코기를 보고 그 사실을 알긴 힘들다. 우리는 갖가지 작업과 스포츠에 투입하기 위해 수백 년간 개를 교배해왔다. 오소리 굴에 파고들 길쭉한 닥스훈트, 풍선처럼 부푼 가슴을 가진 경주용 그레이하운드와 휘핏, 양떼를 몰 엔틀레부허마운틴도그 등을. 반려용 개도 형태와 색깔이 환상적으로 다채롭다. 말하자면 지능이나

* 집단을 구성하고 있는 대부분의 개체가 가지고 있는 유전정보의 총량.—옮긴이

성격, 사랑스럽게 느껴질 수도 있는 신경증(가령 제 꼬리를 쫓는 습관)을 기준으로 반려견을 고를 수도 있다. 우리는 선택적 교배라는 재주를 부려 유행에 맞고 미관상으로 좋은 품종을 만들어내는데, 어떤 품종들은 근친교배가 너무 심해서 알려진 종류만 헤아려도 350가지 유전질환을 겪는다. 비글은 추간판이 약하고, 도베르만은 발작성 수면을 겪기 쉽고, 바셋하운드는 혈전증 우려가 있고, 얼굴이 납작한 페키니즈는 호흡이 문제이며, 스코티시테리어는 방광암 발병률이 다른 종에 비해 열여덟 배 높다. 우리는 너무 작은 개를 설계해서 무릎뼈 탈구에 시달리게 만들고, 너무 큰 개를 설계해서 엉덩이뼈에 문제를 겪게 만든다.

그러나 우리가 이웃 생물들의 번식을 통제하여 재정비한 결과가 아무리 일탈적이더라도, 우리는 그런 실험을 아주 오래전부터 해왔기 때문에 지금은 그 결과를 결코 '부자연스러운' 것으로 여기지 않는다. 그리고 이제 다른 동물은 물론이거니와 인간 세포의 메커니즘에까지 무정한 손길을 뻗어 유전자 개조 기술마저 갖추면서, 우리의 힘은 좀더 불안한 것이 되었고 여러 윤리적, 법적 과제에 직면해 있다.

2012년 존 거던과 야마나카 신야는 성체의 피부세포를 퇴행시킴으로써—심장, 뇌, 간, 이자, 난세포 등—어떤 종류의 세포로도 변형 가능한 만능 ('다능성') 줄기세포를 얻어낸 획기적 발견으로 노벨생리의학상을 공동 수상했다. 거던과 야마나카는 신체 시계를 발달 초기 상태로 재설정하는 법을 알아낸 셈이나 마찬가지다. 그럼으로써 아직 미래의 행보를 정하지 않은 자유로운 세포를 얻어낸 것이다. 더군다나 큰 논란을 일으키는 태아 줄기세포를 쓰지 않고서 말이다.

우주는 인류가 탐험할 궁극의 변경들 중 하나일 뿐이다. 또다른 변경은 분명 인류가 유전학에서 발휘할 상상력과 창조력의 우주다. "우리는 신이 되었으니 그 일을 잘해내는 게 좋을 것이다." 스튜어트 브랜드는 '자연으로 돌아가자' 운동의 발흥에 영감을 주었던, 1968년에 발표한 명저 『전 지구 카탈로그』의 첫머리에서 이렇게 말했다. 그가 2009년에 쓴 『전 지구 공부』는 좀더 걱정스러운 말로 시작한다. "우리는 신이 되었으니 그 일을 잘해내야 한다."

북부흰코뿔소는 희귀종 중에서도 희귀종으로 세계에 겨우 몇 마리만 남아 있다. 그러나 거던과 야마나카 덕분에 이제 유전학자들은 최근에 죽은 동물의 피부에서—가령 40년 전에 죽은 북부흰코뿔소의 사체에서—DNA를 채취하여 '유도 다능성 줄기세포IPS'로 바꾼 뒤 약간의 인간 유전자를 더함으로써 흰코뿔소 정자를 만들어낼 수 있다. 그다음에 살아 있는 흰코뿔소 암컷에서 얻은 난자와 체외수정시키면 후손을 생산할 수 있다. 과학자들은 이 방법으로 북부흰코뿔소의 유전자 다양성을 높이고 종을 구하기를 바란다. 현재는 배아 형성 단계까지 성공했다.

까만 화분 모양 얼굴에 부드러운 은색 털이 후광처럼 둘려 있어서 꼭 이마에 수염이 난 것처럼, 아니면 항상 아우라를 띄우고 다니는 것처럼 보이는 은색갈기드릴원숭이는 아프리카 영장류 중에서도 존속이 제일 위태로운 종으로, 조각조각 찢긴 서아프리카 밀림에서 살고 있다. 그나마 몇 안 남은 개체들도 당뇨병에 시달린다. 그래서 샌디에이고 동물원과 스크립스 연구소의 과학자들은 치료법을 찾고 드릴원숭이의 유전자 풀을 강화하기 위한 공동 프로젝트를 추진하고 있다. 그들은 최근 은색갈기드릴원숭이에게서 IPS를 만들어내는 데 성공했고, 그 줄기세포를 구슬려서 뇌세포로 바꾸는 데도 성공했다.

캘리포니아 스크립스 연구소의 마술사들은 사람을 대상으로도 IPS를 활용한 치료법을 개발하고 있다. 고대해온 첫 임상시험이 곧 시작될 예정인데, 대상 질병은 파킨슨병이다. 그렇다고 해서 머지않아 센트럴 파크에서 공룡이 풀을 뜯을 일은 없을 것이다. 과학자들이 공룡의 부활을 논의하고 있다는 말은 아니니까. 공룡은 멸종된 지 너무 오래되었기 때문에 DNA를 얻기가 불가능하다. 그 대신 나그네비둘기에서 큰바다쇠오리까지 다른 많은 동물이 후보에 올라 있다. 호기심의 분출은 인간이 타고난 성질로 진흙사태만큼이나 저항하기 어려운 법, 그래서 많은 사람들이 학회와 연구소에서 누가, 언제, 어떻게, 왜 탈멸종시켜야 하는지를 두고 열렬히 토론하고 있다. 러시아의 홍적세 공원에는 이미 고대 소와 말을 닮은 동물들이 노닐고 있는데, 공원 측은 여기에 텁수룩한 매머드떼가 합류하기를 바란다. 과거에 매머드가 풀을 뜯었던 스텝 지대는 사라지고 없는데 말이다. 탈멸종 프로젝트는 어떤 사람들에게는 생태적 죄책감을 덮어쓴 윤리적 탐구이고, 어떤 사람들에게는 열광적인 과학적 도전이다. 그리고 소수의 솔직한 사람들은 그것이 그저 너무 근사해서 놓치기 싫은 아이디어에 지나지 않음을 공공연히 인정한다.

하버드의 분자유전학자 조지 처치는 DNA 과수원을 거닐면서 바람직한 특질을 발현시키거나 해로운 특질을 제거하기 위해 유전자를 손으로 하나하나 따는 방법을 개척했다. 나는 늘 태즈메이니아데빌이 귀여웠다. 아마도 성질이 말도 못하게 괴팍하고 호전적이라서 오히려 우스울 지경이고 싸울 때는 털북숭이 스모 선수처럼 뒷다리로 일어선다는 점 때문인 것 같다. 야생의 태즈메이니아데빌은 전염성 안면종양 때문에 개체수가 5분의 1까지 급감했는데, 처치는 그 종양을 일으키는 유전자를 짚어내 혈통에서 제거하는 데 성공했다. 그가 원하기만 한다면 멸종한 나그네비둘기도 되살릴 수 있을 것이다. DNA를 이루는 네 염기 A, T, G, C를 써서 그 종만의 DNA 공식을 꿰맞추는 것이다. 처치와 동료들이 사용하는 연구 방법과 실험 설비는 미래주의적이지만, 사실 그들이 쓰는 어휘는 산업 시대적이고 기계적이다. 예컨대 어느 생물공학자가 어떤 세포를 만들고 싶다고 하자. 그는 우선 어떤 부품이 마련되어 있는지를 확인한 뒤 그중에서 자신이 원하는 생체 벽돌들을 고르고, 그 DNA 벽돌들을 주물공장에 가져가 (대장균 같은) 차대에 얹어 조립하는 식이다.

'우리가 동물들을 멸종으로 몰아넣었어…… 어떻게 그들을 복원할 수 있을까?' 한 동물종으로서 우리가 이런 생각까지 하게 되었다는 것은 놀라운 일이다. 우리는 주변에 존재했던 동물들을 그리워하면서 그들을 탈멸종시킬 가능성을 애타게 살피고 있다. 한때 우리는 우리가 동물들을 다스릴 뿐이라고 여겼다. 그러나 오늘날 동식물의 유전자 풀이 급감하는 모습과 다능성 줄기세포 기술이 급성장하는 모습을 보면서, 우리의 역할이 그보다 훨씬 더 복잡하다는 사실, 기발한 실수에는 그보다 더 기발한 대응이 필요하다는 사실을 깨닫게 되었다.

'이스트미들랜즈트레인스'를 타고 런던에서 노팅엄까지 가는 길, 창밖으로 오래되고 거대한 마로니에들이 스쳐간다. 꼭대기는 돔처럼 둥글고 아래로는 넓은 치마처럼 그늘을 드리운 그 가로수의 장관은 박수갈채를 보내고 싶을 정도다. 고깔 모양 꽃들이 바람에 흔들리면 주변은 라일락처럼 진하면서도 좀더 동물적인 향으로 가득찬다. 농가의 말 냄새보다는 달큰한 가죽 냄새에 가깝고 약간 땀냄새를 닮은 향이다. 창밖 시골 풍경은 곧 샛노란 줄무늬로 바뀐다. 유채꽃밭이다. 유채 기름은 한때 우리의 중장비를 윤활해주었고, 요즘은 바이오디젤이 되어 트럭에 주입되거나 카놀라유가 되어 식도를 타고 들어간다. 기차가 굽이를 돌자 저멀리 솟은 거대한 흰개미 탑들이 보인다. 좀더 가까이 다가가면 그 탑들은 연기를 내뿜는 화산으로 변하고, 이윽고 석탄 발전소에 세워진 일곱 개의 시멘트 굴뚝이라는 본모습을 드러낸다. 그 굴뚝들은 산업 시대의 기념비이고, 주변 몇 킬로미터 내에서 제일 큰 지형지물이다.(제일 큰 흉물이라고 말하는 사람들도 있다.) 기차가 달리는 두 시간 내내 우리를 호위한 것은 끝도 없이 늘어선 금속 작대기 인간들이었다. 각자 팔 세 개에 강철 솔방울을 대롱대롱 매단 그들은 널찍한 송전선 타래를 떠받친 채 성큼성큼 땅을 가로지른다.

우리는 이곳처럼 집들이 드문드문한 농토를 '시골'이라고 부른다. 그 모습을 보면서 영국의 목가적인 웅장함을 느낀다. 그러나 사실 그중 일부는 토착적인 것이 아니고(캐나다기러기), 다른 일부는 유전적으로 조작된 것이며(카놀라 유채), 대부분은 강철의 고군분투 틈에서 이미 기계화되었다. 영국의 동의어나 마찬가지인 마로니에조차 원산지는 발칸이며, 이 나무에는 산업적 비밀도 숨겨져 있다. 양차세계대전중 영국 아이들은 마로니에 씨앗을 모았다가—기분좋게 매끄러운 그 열매를 주머니에 넣어다니며 가만가만 문질러서 마호가니 손잡이처럼 윤이 날 때까지 몸에서 나온 기름으로 연마한 다음—군수물자로 기부했는데, 그 씨앗들은 폭약용 코르다이트를 만드는 재료로 쓰였다는 이야기다.

요즘은 하늘에 구름처럼 뜬 찌르레기떼가 예리하게 휙휙 방향을 틀면서 선회하는 모습을 구경할 수 없다. 우리가 남용한 살충제가 새들의 먹이인 야생생물들을 침묵시켰다. 이제 새, 곤충, 파충류가 거대한 떼를 지은 모습은 찾아볼 수 없다. 그런데 얄궂게도 영국 전체 면적의 70퍼센트가 작물로 덮인 덕분에, 지금은 농촌보다 도시에 더 많은 생물 다양성이 존재하게 되었다. 내 친구들에 따르면 런던에는 붉은여우가 종종거리며 나다닌다고 한다.

획일적이고 유연하고 풍요롭게 고랑을 이룬 농토가 몇 킬로미터나 이어진 모습은 그야말로 압도적이다. 단일 작물이 저기 창밖으로 행진해 지나간다. 단일 씨족의 소와 양도. 야생의 다채로운 서식지가 획일적이면서 더 번성한 대형 농장들에 밀려나면서, 단조롭고 균일한 유전자들이 지구의 대부분을 점령했다. 미국에서만 5만 2000제곱킬로미터가 넘는 땅이 옥수수로 뒤덮여 있다. 매사추세츠 주의 두 배 면적이다. 우리는 늘 우생학으로 장난을 쳐왔다. 덜 보기 좋고 덜 영양가 있고 더 쉽게 죽는 품종을 대신할 이상적 작물을 육성하고, 삼림을 베어 소들이 뜯을 풀을 심거나 쇼핑몰과 콘도를 세우며, 주택 소유자나 산업 관계자들이 선호하는 소수의 친숙한 수종으로 숲을 가꾼다. 그 과정에서 유전자들이 팡파르도 없이 차차 제거되어 나간다. 심지어 가끔은 선한 의도에서 시작한 일도 그렇게 끝이 났다.

진화하는 종인 우리는 위험한 시대에 접어들었다. 우리는 똑똑하고 저돌적이고 충동적이며, 자연을 이해하는 일보다는 주물럭거리는 데 훨씬 더 능하다. 사라져가는 생물들—그리고 그들의 DNA들—중 과연 무엇을 우리가 훗날 아쉬워하게 될지 누가 알겠는가? 단일 작물의 꽃가루는 인류세를 특징짓는 흥미로운 기록으로 화석에 남을 것이다. 그것을 조사할 미래의 지질학자 올리빈은 우리가 왜 다종다양 유익한 식물들을 쓸어내고 열매를 맺지 못하는 소수의 유전적 변종들을 선호했는지 의아해할 것이다. 그런 작물들이 대부분 탐욕의 밭에서 (농부들에게 특정 회사의 씨앗만을 사도록 강요하면서) 재배되었다는 사실을 올리빈은 짐작할 수 있을까?

우리는 지금 한창 지구의 여섯번째 대멸종을 겪고 있다. 매년 1만 7000종에서 10만 종 사이의 생물종이 사라져간다. 4억 4000만 년 전에 벌어졌던 지구의 첫번째 대멸종은 거대한 초신성 붕괴에서 방출된 복사선 때문이었다는 가설이 있다. 2억 4500만 년 전 두번째 대멸종은 아마도 소행성 충돌과 화산 분출이 원인이었을 텐데, 그때는 해양 생물이 하도 많이 죽어서 이후 1000만 년 동안 산호초가 자취를 감출 지경이었다. 약 2억 1000만 년 전에도 모종의 대재앙이 발생하여 지구 전체 생물의 절반 이상을 쓸어냈다. 그리고 6500만 년 전 지구를 황폐화했던 대멸종은 공룡을 쓸어냈고, 기온을 15도 가까이 급등시켰으며, 해수면을 270미터 넘게 끌어올렸다. 그러나 인류가 지배권을 쥔 이래 처음 발생할 대멸종인 오늘날의 대멸종이야말로 가장 파국적인 사건이 될지 모른다. 과학자 다수의 예측으로는 현재 추세가 이어질 경우 2100년에는 세상의 모든 동식물 중 절반가량이 사라질 것이라고 한다. 그런데 다른 때와 달리 이번에는 대멸종의 정확한 원인을 안다. 바로 우리가 일으켰으니까. 기후변화, 서식지 상실, 오염, 침입종, 대규모 농업, 바다 산성화, 도시화, 좀더 많은 천연자원을 필요로 하는 인구 증가 말이다. 동시에 우리는 이 대멸종을 멈출 수 있는 위치에 있다. 모두가 합심하여 그러기로 나선다면 말이다.

이처럼 주변에서 종들이 소멸함에 따라, 늦기 전에 DNA를 최대한 많이 수집하여 보호하려는 노력이 세계적으로 벌어지고 있다. 그 선두에 있는 것이 종말의 날에 대비한 두 가지 용감한 사업인데, 그중 하나가 '스발바르 국제종자저장고' 프로젝트다. 노르웨이의 외딴 스발바르 제도에 있는 스피츠베르겐 섬은 북극점으로부터 약 1300킬로미터 떨어져 있는데, 사암으로 이루어진 산의 120미터 지하에 파묻힌 이 동굴은 엄중한 경호를 받고 있다. 제임스 본드 영화에도 나왔던 이 장소는 인재와 자연재해로부터 모두 안전하다. 심지어 (해수면으로부터 130미터 위에 있어서) 만년설이 녹아도, 지각판이 움직여도, 핵전쟁이 터져도 안전하다.

몇몇 기후변화 시나리오에서는 앞으로 작물 생산이 위축되고 민물이 부족해져서 식량이 귀해지리라고 예측한다. 스발바르 국제종자저장고의 사명은 그때를 대비하여 종자 다양성을 보존하는 것이다. 앞으로 어떤 재앙이 닥칠지, 어떤 작물이 끝장날지, 그때 토종 씨앗이든 유전자 조작 씨앗이든 어떤 종자가 해결책이 되어줄지 아무도 모르기 때문이다. 어쩌면 지나간 시대의 유산이 열쇠가 될지도 모르는 노릇이다. 종자저장고의 부소장 폴라 브래멀은 이렇게 설명한다. "환경이 워낙 많이 바뀌었기 때문에, 요즘 농부들은 과거에 써왔던 다양한 종자들을 보존할 수 없게 되었다. 이는 모두에게 손실이다. 다양성은 미래에 정말로 중요한 요소일지도 모르기 때문이다."

지금 우리가 종자를 보관해두지 않는다면, 그런 작물들은 나중에 싹도 틔울 수 없을 것이다. 브래멀은 이 문제가 아프리카에서 특히 심각하다고 지적한다. 우리는 우리의 기술 궁전에서 기르기에는 비용이 많이 든다는 이유로, 혹은 우리가 바라는 만큼 결점 없는 종자가 아니라는 이유로 많은 토종 종자를 내버렸다. 어떤 종자는 기후변화에 튼튼하게 버티지 못하고 사라진다. 그러나 언젠가 우리는 그 씨앗들이 있다면 좋았을 거라며 아쉬워할지도 모른다. 그 점에서 종자저장고는 노르웨이 정부가 전 세계에 제공하는 선견지명의 선물이다. 다른 나라들도 아무 비용 없이 그곳에 종자를 저장하고 목록에 올리고 감독할 수 있다. 수백만 알의 예비 종자는 대개 영구동토층이 제공하는 영하 18도의 천연 냉방장치 속에 잠들어 있다. 잠자는 숲속의 공주 같은 씨앗들은 일부를 대강 10년마다 한 번씩 깨워서 꽃을 피우게끔 해야 한다. 그래야 신선한 씨앗을 다시 얻을 수 있기 때문이다. 물론 우리에게 은총이 임하여 최선의 미래가 펼쳐진다면, 그 씨앗들이 필요한 날은 오지 않을 것이다. 그러나 혹시 모르는 법이니까 그때까지는, 이 종자저장고가 철통같이 안전한 금고로 나서 4000종이 넘는 식물의 종자 표본 수백만 개를 보관해줄 것이다.

종말의 날에 대비한 두번째 사업은 영국 노팅엄 대학에서 진행되고 있다. 그곳에 위치한 '냉동 방주'에는 동물 5438종, 개체 4만 8000마리로부터 얻은 DNA가 저장되어 있다. 로빈 후드의 뒷마당에 계류해둔 그 노아의 방주에는, 이중나선 모양으로 넘실대는 푸른 파도 위를 항해하는 푸른 방주 로고가 새겨져 있다.

달팽이에 대한 사랑으로

브라이언은 달팽이를 사랑한다. 하지만 모든 달팽이를 똑같이 사랑하는 건 아니다. 그가 특별히 좋아하는 것은 터번 모양을 한 복족류 파르툴라속 달팽이들이고, 파르툴라 중에서도 파르툴라모오레아나라는 종에 반했다. 다윈의 핀치*처럼, 파르툴라도 작은 섬들에 뿔뿔이 정착한 뒤 차츰 이웃과 단절되더니 놀랍도록 다양한 색깔, 크기, 껍데기 무늬로 빠르게 분화했다. 그들에게 천적이라고는 껍데기를 엮어 의례용 목걸이를 만드는 폴리네시아 사람들 정도가 전부인 곳에서, 달팽이들은 화산섬 비탈 하층 식생에서 무성하게 우거져 자라는 칼라듐, 플랜틴 바나나, 용혈수, 강황 등의 잎 밑면에 붙은 조류를 진공청소기처럼 빨아들였다.**

* 정식 명칭은 갈라파고스핀치로, 여러 가지 환경 조건에 적응하여 비교적 짧은 시간 내에 진화하고 분화한 대표적인 적응방산종이다. 찰스 다윈이 이 새에서 진화론의 단서를 발견했다 하여 이런 별명이 붙여졌다.—옮긴이

** W. D. Hartman, "Description of a Partula Supposed to Be New, from the Island

나는 하늘색으로 칠한 브라이언의 사무실에 갔다가 책상 위에 펼쳐져 있는 낡은 책 한 권을 보았다. 그가 좋아하는 컬러 도판 부분이다. 어떤 달팽이 껍데기에는 밀짚 같은 누런색에 불그레한 밤색의 좁은 띠가 두세 줄 둘려 있고, 어떤 껍데기들에는 연갈색 바탕에 진갈색 소용돌이무늬 내지 크림색 바탕에 자주색 소용돌이무늬가 찍혀 있다. 무늬와 색조는 다 다르지만 모두 파르툴라 달팽이다. 책 옆에는 분홍색, 갈색, 황갈색, 회색 달팽이 껍데기 목걸이 여러 개가 똬리를 틀고 있었다. 작은 껍데기들의 색깔과 크기가 서로 어울리도록 세심하게 배열한 물건이었다. 브라이언 말로는 이 껍데기들은 놀랍게도 한 계곡에서도 약 20미터마다 무늬가 달라진다고 했다. 그렇게 많은 작은 생명의 흔적이, 그 속에 거주했던 끈끈한 존재는 오래전에 멸종한 채, 그의 책상에 유령처럼 머물러 있는 모습을 보고 있자니 어쩐지 심란했다. 껍데기의 나선형 내부는 가우디가 설계한 성당 같았다. 시선을 끄는 그 껍데기는 지금까지 우리를 즐겁게도 하고 심란하게도 하지만, 어쨌든 그 텅 빈 아름다움은 마음을 사로잡는 힘이 있다.

프랑스령 폴리네시아에는 한때 파르툴라 달팽이 100여 종이 살았다. 갈색과 초록색 줄무늬 껍데기는 가장 매력적이라고 여겨져 귀한 취급을 받았다. 사람들은 달팽이에게 파르툴라돌로로사, 파르툴라미라빌리스, 파르툴라솔리타리아, 파르툴라디아파나 같은 주술적인 이

Moorea," *Proceedings of the Academy of Natural Sciences of Philadelphia* 32 (1880), 229쪽; H. E. Crampton, *Studies on the Variation, Distribution, and Evolution of the Genus Partula: The Species Inhabiting Moorea* (Washington, DC: Carnegie Institution, 1932); Bryan Clarke, James Murray, and Michael S. Johnson, "The Extinction of Endemic Species by a Program of Biological Control," *Pacific Science* 38, no. 2(1984) 참조.

름을 붙였다. 그러던 1880년대에 달팽이의 맛을 좋아했던데다가 사업가 기질이 있던 한 프랑스 세관원이 그곳에 달팽이 농장을 열어서 섬 사람들에게 달팽이를 팔기로 결심했다. 그가 고른 달팽이는 아프리카 원산으로 통통하고 육즙이 흥건하고 큼직한 아카티나풀리카종이었으나 결국 요리 재료로 인기를 끌지 못했다. 그는 달팽이들을 야생에 풀어버렸고, 달팽이들은 지역 작물과 정원을 습격하며 다른 섬들로 건너가기 시작했다. 작물 피해가 심각해지자, 괌 행정가들은 1977년에 유달리 게걸스러운 포식자를 한 오렌지 농장에 들였다. 플로리다 원산으로 육식을 하는 장밋빛 늑대달팽이, 에우글란디나로제아종이었다. 그러나 달팽이도 식성이 까다로울 수 있는 법. 안타깝게도 늑대달팽이는 큰 아프리카달팽이를 좋아하지 않았다. 녀석들은 원래 제공된 달팽이를 먹는 대신 근처 숲으로 돌진하여, 어쩐지 입맛에 맞는 파르툴라 달팽이를 사냥하여 포식했다. 이 육식 달팽이가 작고 무력한 파르툴라에게 덤벼들어 동족을 맛있게 꿀꺽 삼키는 괴이한 모습이 담긴 동영상은 온라인에서 찾아볼 수 있다. 10년 만에 늑대달팽이는 온 섬을 지배했고, 파르툴라 달팽이 50종을 죄 집어삼켰다. 침입종이 (또한 인간의 개입이) 뜻밖의 비극을 일으킨 또하나의 사례였다.

화산 제도는 종들이 어떻게 진화하고 스스로를 재창조하는지 연구하기에 알맞은 천연의 실험실이다. 1990년대에 브라이언 클라크는 아내 앤, 조수 크리스 웨이드와 함께 파르툴라를 연구하기 위해서 프랑스령 폴리네시아로 향했다. 우연히도 정확히 같은 시기에 나도 그곳에 있었다. 나야 달팽이를 쫓아서 간 것은 아니었지만 그들이 일하면서 누렸을 감각의 향연이라면 잘 안다. 그곳 공기에는 그을린 백단의 매캐하고 달콤한 향이 감돈다. 6인용 아우트리거 카누들이 날렵하게 지나가곤 하는데, 배마다 균형을 잡을 요량으로 엄니처럼 생긴 나무 아우트리거(노 받침대)를 한쪽으로 비끄러매두었다. 엎어둔 카누 밑의 좁은 그늘에는 개들이 잠들어 있다. 하늘은 바닷새 천지이고, 땅에서는 흰제비갈매기 쌍들이 나뭇가지에 알을 하나씩 아슬아슬하게 올려둔 채 자신들도 작고 흰 천사처럼 나무에 앉아 있다. 남자들은 몸에 새까맣게 문신을 새겼고, 여자들은 몸을 하늘하늘 흔들면서 꼭 울부짖고 통곡하는 소리로 들리는 전통 민요를 부른다. 마을 길을 따라 작은 집이 줄지어 있다. 산기슭 곳곳에서 집들의 불빛이 수풀을 뚫고 반짝거리고, 그 너머 비구름에 감싸인 산맥은 화산처럼 증기를 피워올린다. 눈 돌리는 곳마다—교회의 돌, 나무조각, 수피포에—정교한 무늬가 가득 새겨져 있다. 덩굴처럼 구불텅하고 달팽이 껍데기처럼 돌돌 말린 무늬가 세상 속의 세상 같다. 토착 장인들이 꼭 현미경으로 세포의 심장을 들여다보기라도 한 것 같다.

코발트빛 바다 너머로 태양이 발끈하듯 퍼뜩 떠오르면, 이 연구가들은 빨갛고 흰 길쭉한 연락선에 올라 목적지로 향했다. 그러고는 단단히 묶어두지 않으면 당장 도망칠 들짐승을 사로잡듯 두꺼운 밧줄 네 가닥으로 배를 부두에 묶어두고, 암녹색 산비탈과 점판암 절벽이 바다로 곧장 떨어지는 작은 섬을 누볐다. 녹음이 빽빽한 외딴곳, 영국의 잘 다듬어진 잔디밭으로부터 몇 광년이나 떨어진 그곳에서 그들은 작디작고 희귀하고 리본 무늬가 아름다운 나무달팽이를 간절히 찾아 헤맸다.

그러다 모오레아 섬에서 살아 있는 파르툴라들을 한 줌 발견했다. 그러나 브라이언은 총 126종의 파르툴라 모두의 선조에 해당하는 종이 통가로부터 두 시간 반 거리에 있는 외딴 에우아 섬에 살고 있을지도 모른다는 직감이 들었다. 다른 섬들보다 3000만 년에서 4000만 년 가량 더 오래된 에우아 섬은 화산섬이 아니라 고대 곤드와나대륙붕에서 떨어져나온 평평한 덩어리가 통가 근처에 주저앉아 생긴 것이다. 태평양의 모든 섬으로 이주했던 최초의 달팽이를 과연 그곳에서 찾을 수 있을까?

실망스럽게도 에우아 섬에 도착한 연구진은 섬사람들이 카사바밭을 일구기 위해서 우림을 모조리 베어냈다는 사실을 발견했다. 파르툴라의 서식지는 사라졌다. 오직 한 가지 희미한 가능성만이 남아 있었다. 에우아 섬의 가파른 산골짜기 맨 밑에는 나무들이 개울을 따라 좁은 띠 모양으로 줄지어 자라고 있었다. 섬사람들은 위험한 등반을 무릅쓰지 않았고 브라이언도 마찬가지였지만, 앤과 크리스는 이렇게 멀리까지 와서 그냥 돌아설 순 없다고 버텼다. 그들은 밀고 나갔다. 섬의 깊고 푸른 호주머니 같은 협곡으로 차근차근 내려갔다. 3주 동안 그렇게 고원과 해변과 섬의 마지막 남은 우림까지 샅샅이 뒤진 끝에 발견한 것은 협곡 바닥 개울가에 쌓인 빈 껍데기들의 패총이 전부였다. 작고 둥근 껍데기를 집어 고대의 동전 살펴보듯 살그머니 돌려보면서, 그들은 자신들이 20년 늦게 왔다는 사실을 깨달았다. 달팽이 껍데기는 야생에서 사후 20년까지만 보존되기 때문이다. 슬픔에 잠긴 그들의 손에 들린 것은 멸종의 잔해였다.

겹겹이 닥친 상실감은 앤에게 너무나 견디기 버거운 감정이었다. 그들은 그곳에서 발견한 파르툴라모오레아나 몇 마리를 산 채로 도시락통에 소중히 담아서 노팅엄의 집으로 돌아왔다. 그 달팽이들은 대부분 런던 동물원에 가져갔고, 동물원은 그들을 이용해 포획 번식 프로그램을 진행했다. 브라이언과 앤도 나머지 달팽이들로 인공 번식에 나섰다. 파르툴라를 보살펴서 새끼를 낳게 하는 전문 기술자가 두 사람을 도왔다. 달팽이의 기준으로도 특이하게, 파르툴라는 알이 아니라 새끼를 낳는다. 그것도 껍데기까지 온전히 갖춰진 새끼를.

"여기 새끼와 함께 있는 파르툴라가 있네요." 앤이 책을 펴며 말한다. 놀랍게도 사진에 실린 달팽이의 (생식기관이 숨어 있는) 머리 뒤쪽으로 꼴이 완벽하게 갖춰진 작은 달팽이가 나오고 있다. "새끼는 이런 식으로 나와요."

"껍데기는 부드럽겠죠."

"아니에요. 딱딱해요. 온전한 어른 달팽이 모습으로 태어난답니다."

'희한하고 또 희한하도다.' 목걸이로 만들 만큼 예쁜 줄무늬를 가진 이 작은 달팽이들, 통가왕국의 숲에서 살았던 이 달팽이들은 암수한몸인 부모 중 어느 쪽에서든 그 옆구리에서 딱딱한 칼슘 껍데기까지 완전히 갖춘 채 튀어나온다니.(출산은 틀림없이 고통스럽겠지?) 그뿐 아니다. 이 달팽이들은 구애중에 각자의 화살통에서 칼슘이 주성분인 '사랑의 화살'을 꺼내 서로 머리를 찌른다.

인공 번식은 파르툴라의 멸종 속도에 경악한 세계의 몇몇 동물원의 기획이다. 울타리를 두른 타히티의 파르툴라 보호구역부터 런던 동물원의 '달팽이 방'까지, 몇 군데는 어느 정도 성공을 거뒀다. 달팽이 방에서는 손톱만한 달팽이들이 유리에 붙어 관람객들에게 배를 드러낸 채 슬로모션으로 미끌미끌 나아가는 모습을 구경할 수 있다. 그러나 이들을 야생으로 내보내는 건 소용없는 일이다. 굶주린 늑대달팽이 무리가 날뛰고 있는 한.

"도시락통에 파르툴라를 담아 돌아왔을 때만 해도 우리는 아주 의기소침해했어요." 앤이 애석하다는 듯 말한다. "브라이언과 내가 냉동 방주를 떠올린 게 그 순간이었던 것 같아요. 파르툴라가 모조리 죽어가는 광경을 봤기 때문이죠. 이런 생각이 들더군요. 달팽이를 위해서는 우리가 이 일을 하고 있는데, 다른 멸종 위기종들을 위해서는 누가 이런 일을 하고 있을까? 찾아보았지만 그런 일을 하는 사람은 아무도 없었죠."

클라크 부부는 위기 대응책으로 1996년에 냉동 방주 프로젝트를 시작했다. 목표는 딱 하나, 단순했다. 위기에 처한 동물들이 멸종하기 전에 그들의 DNA가 포함된 냉동 세포 표본을 저장해두자는 것이다. 그는 이 기획이 동물을 자연 한가운데에서 보존하거나 동물원에서 기르는 것을 대신하는 대안은 아니라고 강조한다. 다만 결정적으로 중요한 보험이라는 것이다.

지금은 세계 유수의 동물원, 수족관, 박물관, 연구소 스물두 곳이 방주에 합류하여 DNA를 제공해준다. DNA는 아주 조금만 있으면 된다. 수의사가 정기검진을 할 때 동물의 입안을 면봉으로 훑거나 똥, 털, 깃털, 혈액을 고통 없이 채취함으로써 얻을 수 있다. 표본을 노팅엄으로 보내오면 이곳 사람들이 목록에 올린 뒤 안전한 절차에 따라 얼린다. 표본을 보낸 동물원도 예비용으로 하나 따로 보관한다. DNA는 각다귀 수염보다도 수천 배 더 작아 보관하기에 편리하다. 여러 개체의 DNA라도 크기만큼은 작고 흰 여과지에 희미하게 묻은 얼룩에 지나지 않으니까. 차 한 대가 들어가는 차고라면 100만 마리의 DNA를 보관할 수 있고, 서류가방 하나에는 한 대륙을 다시 북적이게 만들 만큼 많은 수의 DNA를 담을 수 있다. 냉동 방주에서는 표본을 액체질소에 띄워 영하 130도에서 저장함으로써 수십만 년이 지나도 생육 가능한 DNA와 수백 년이 지나도 온전한 세포를 확보한다. 영하 130도에서는 아무것도 움직이지 않지만, 훗날 얼마든지 이 세포를 부활시켜 배양할 수 있다.

클라크 부부는 그 와중에 만일 거던과 야마나카의 다능성 줄기세포 연구를 활용한다면 방주의 언 화물로부터 이미 멸종했거나 거의 멸종한 동물을 다시 번성시킬 수 있다는 사실을 깨달았다.

"우리가 난자와 정자를 비롯해서 어떤 조직이라도 만들어낼 수 있다는 뜻이지요." 브라이언이 말한다. "이건 엄청나게 중요한 사건입니다. 왜냐하면 이제 최소한 이론적으로라도 어떤 생물체를 온전히 재구성할 수 있다는 뜻이니까요. 사라진 생물이라도 말입니다. 여러 연구가 있지만 그중에서도 일본의 사례를 보면요, 매머드 배아를 코끼리에 이식해서 출산시키려고 하고 있습니다. 영구동토층에는 매머드가 많이 얼어 있지요…… 물론 영원히 그렇진 않겠지만요. 동토층이 녹고 있으니까 말이에요."

꽁꽁 언 채 만 년 동안 잠들어 있었어도 그 매머드들은 냉동 DNA의 보물 창고나 다름없다. 브라이언은 매머드의 DNA가 이보다 더 오래 얼어 있어도 살아남을 것이며 우리가 적절한 방법을 쓰기만 한다면 그것을 되살릴 수 있으리라고 확신한다.

"요즘은 세포를 동결건조하자는 발상에 관심이 갑니다. 커피처럼 말입니다."

나는 어느 휴양지 잡화점 선반에 매머드의 동결건조 결정이 담긴 병이 도도새의 결정이 든 병과 나란히 진열된 모습을 상상하지 않으려고 애써보지만 소용없다.

"시베리아라면 매머드들의 서식지로 괜찮을 겁니다." 브라이언은 의자에 더 깊숙이 몸을 묻는다. "문제는 이겁니다. 매머드를 살리고 나면 그걸로 뭘 할 건가? 피할 수 없는 질문이지요. 두 마리를 만들어서 녀석들이 번식하여 종을 되살리도록 하는 게 나을까? 그것도 흥미로울 것 같습니다." 브라이언은 이 발상에 매력을 느끼는 게 분명하다. "그리고 녀석들은 자신이 살아갈 서식지를 찾을 수 있을 겁니다."

코끼리 어미에게서 태어난 21세기의 매머드들이 (어미는 털북숭이 새끼를 보고 놀랄까?) 시베리아를 쿵쿵 가로지르는 모습, 그리고 역시 탈멸종한 검치호랑이를 만나서 깜짝 놀라 소리지르는 모습을 상상하니 유쾌하다.

그러나 누구나 알듯이, 새끼는 어미에게 별의별 것을 다 배우는 법이다. 그런데 우리의 갓 태어난 매머드에게는 매머드 문화가 없을 것이다. 어쩌면 녀석들은 새끼 오리처럼 새로운 어미를 좇는 각인 행동을 보일지도 모른다. 코끼리처럼 귀를 펄럭여 신호를 보내고 모래찜질을 즐기는 습성을 익힐지도 모른다. 아니면 멸종 위기종인 캐나다두루미 새끼처럼 사람 손에 길러질까? 흰 두루미 옷을 입은 사람들이 새끼들에게 먹이를 주고 초경량 비행기까지 동원해서 두루미다운 행동을 가르치듯이? 그러니 되살린 매머드는 매머드이긴 하겠지만 정확히 옛날의 그 매머드는 아닐 것이다. 게다가 이 매머드의 내장과 피부에는 고대 선조의 몸에 서식했던 세균들의 DNA가 없을 것이다. 동물의 몸에서 까불대는 기생생물과 공생생물은 개체를 온전한 존재로 만들어주는 동반자들인데 말이다. 하지만 앤은 매머드 세균의 DNA도 되살릴 수 있을지 모른다고 말한다. 매머드의 조직이 얼어 있다면 그곳에 깃들어 살았던 세균들도 언 덩어리로 남아 있을 가능성이 충분하다는 것이다.

그러니 언젠가 매머드와 황금두꺼비와 양쯔강돌고래와 북아메리카 낙타가 다시 한번 지상에 북적거릴지도 모른다. 아니면 그보다 덜 논쟁적인 방식으로, 현재 개체수가 급감하여 멸종 직전인 동물종의 유전적 다양성을 높이기 위해서 얼린 세포를 이용할 수 있을지도 모른다. 유전체 다양성을 강화함으로써 위기에 처한 동물을 구한다는 계획은 대부분의 사람들에게 거슬리지 않을 것이다. 이는 죽은 동물을 환생시키는 것과는 한참 먼 얘기니까.

나는 네안데르탈인을 부활시키면 어떨까 하는 생각이 들면서 흥미진진해졌다. 얼마 전 우리 호모사피엔스의 DNA 중 1에서 3퍼센트쯤은 네안데르탈인의 DNA라는 이야기를 읽었기 때문이다. 의견을 물으니 앤은 이 수수께끼를 못내 흥미로워하는 기색이 역력하다.

"제 안에 네안데르탈인이 아주 많이 남아 있으면 좋겠어요!" 앤은 눈을 반짝거리면서 말한다. "얼마나 환상적이에요? 게다가 앵글로색슨 백인의 유전자 풀 속에 남아 있다니! 어쩌면 그들이 아니라 우리야말로 땅딸막한 인간일지 모르죠. 그들을 생각하면 좀 심란해져요. 우리가 그들을 모두 죽였을까요? 아니면 추위를 못 이겨 죽거나 했을까요? 만약에 우리가 그들을 쓸어버린 거라면 너무 끔찍하잖아요."

앤이 흥분하는 모습이 신선하다. 단언하건대 내가 만난 사람들 중에서 자신에게 네안데르탈인의 피가 흐르기를 갈망하는 사람은 그가 처음이다. 일찍이 그의 동포 작가 윌리엄 골딩이 최후의 네안데르탈인의 관점에서 신랄하고 생생하게 서술한 소설 『계승자들』을 쓴 예는 있었지만 말이다. 소설 주인공은 자신들보다 좀더 날렵하고 교활하고 수다스러운 우리 호모사피엔스 선조들이 자기 종을 몰살하는 과정을 목격한다.

"그리고 몇몇 근사한 멸종 동물의 경우는……"

"검치호랑이 같은 동물 말이지요?" 앤이 즐거운 듯 예를 든다.

"네! 하지만 검치호랑이가 살아갈 서식지가 남아 있을까요?"

"글쎄, 그건 논쟁적인 문제네요. 하지만 개인적으로 생물다양성은 좋은 거라고 생각합니다. 그리고 만일 우리가 우리 손으로 멸종시킨 종을 일부 되살릴 수 있다면, 나로서는 그들이 켄트의 들판이나 숲을 활보하는 모습을 보고 싶어요."

앤도 지금이야 이 이상으로 고민하지 않지만, 냉동 방주 프로젝트가 언젠가 이 문제를 고민해봐야 한다는 사실은 잘 안다. 그들은 매머드든 검치호랑이든 도도새든, 혹은 그 밖의 무엇이든 멸종 동물을 부활시킬 수 있을 것이다. 그러나 지금으로서는 동물들의 유전물질을 수집하는 데서 그치기로 결정했다. 아직 더 수집할 DNA가 200만 종에서 700만 종이나 남아 있으니 그들의 프로젝트가 완료되려면 한참 멀었다.

"하지만 물론 거기에서 그치진 않을 거예요." 앤이 불가사의한 미소를 띠며 말한다.

우리가 잘 아는 것처럼, 새 종의 도입에는 예상치 못한 결과가 따를 수 있다.(모오레아 섬의 육식 달팽이를 떠올려보라.) 그리고 물론 탈멸종은 의견이 엇갈리는 사안이다. 심지어 냉동 방주 협력단의 구성원들 사이에서도 나뉜다. 반대자들이 주로 걱정하는 문제는 탈멸종 작업이 진지한 보존 작업으로부터, 즉 애초에 동물과 생태계의 멸종을 막는 작업으로부터 사람들의 관심을 흩뜨릴 수 있다는 점이다. 또한 멸종종의 DNA가 마치 고대에서 온 신입처럼, 과거에서 온 특이한 침입종처럼 야생동물 집단에 섞여들 수 있다는 점도 우려한다. 두 걱정 모두 분명 타당하다. 나는 또 갈수록 상업화하는 요즘의 생명관, 우리가 거의 모든 것을 폐기하고 새로운 합성 모형으로 교체할 수 있다고 보는 생명관에서 탈멸종이 어떤 역할을 할지도 걱정스럽다. 그러나 한편으로는 앤처럼 얼룩말을 닮은 어떤 존재가 멸종 상태에서 벗어나 "켄트의 들판을 활보하는" 모습을 보고 싶기도 하다.

DNA를 모으는 일과 그것으로 무엇을 할지 합의하는 일은 다르다. 냉동 방주의 관점에서는 DNA를 보존하는 사업만 해도 일이 충분히 많다. 그것으로 무엇을 할지는 미래 세대가 앞으로 등장할 신기술을 가늠해 결정하면 될 것이다. 원래 다급한 위기에 처한 동물들의 DNA만 저장하려던 계획은 이제 생태계 전체를 시급히 저장하는 과제로 진화했다. 방주는 현장으로 나가서 기고 날고 뛰고 미끄러지는 것을 모조리 수집한다. 그들은 열대우림의 빽빽한 숲우듬지 아래에 시트를 펼친 뒤 나무를 마구 턴다. 곤충, 개구리, 달팽이, 나방이 비처럼 쏟아지는 광경을 상상하니, 앤은 그 털고 모으는 일을 무척 재미있어할 게 분명하다는 생각이 든다. 나도 그럴 것이다. 우리는 아직 지구의 총 생물량에서 약 65퍼센트에 해당하는 종들에게만 이름을 붙여주었다. 그러니 맘껏 털고, 얼리고, 표본을 자연사박물관으로 가져와서, 그것이 개미인지 벌인지 나방인지 알 수 있도록 꼬리표를 붙이자. 훗날 분류학자들이 공식적으로 명명할 수 있도록.

노팅엄에는 구애의 노래를 부르는 미시시피악어, 눈이 접시만한 대왕오징어, 신비스러운 눈표범, 볼리비아 우림에서 온 푸른목금강앵무, 아이콘 아프리카사자, 입술이 네모난 북부흰코뿔소 등의 DNA가 저장되어 있다. 머릿속으로 그 종들을 하나하나 떠올려본다. 그중 멸종 위기종 목록에 오른 것은 20퍼센트뿐이고 일부는 전혀 위기에 처하지 않았다. 이상적으로는 이런 식으로 냉동 방주가 지구상 모든 종의 DNA를 저장하면 좋을 것이다. 그래도 그건 현실적인 바람이 못 된다. 포유류는 수월하겠으나 곤충 작업은 한참 걸릴 것이다. 특히 딱정벌레는. 지구에서 딱정벌레만큼 종이 다양한 생물은 또 없으니까 말이다.(그중 내가 제일 좋아하는 건 옛 선원처럼 별을 길잡이 삼아 움직여 다니는 소똥구리다.)

내가 휴대전화를 내려놓는 순간, 앤이 내 전화의 바탕화면에 깔려 있는 미치도록 귀여운 새끼 웜뱃의 사진을 본다. 숱한 사람들의 애간장을 녹일 만한 그 모습에 앤의 눈이 동그래진다. 그는 막 시드니에서 웜뱃을 보고 온 참이기 때문이다. 그에게 암으로 고생하는 태즈메이니아데빌들은 어떡하고 있느냐고 물었다.

"포획 상태에서는 치료할 수 있대요." 앤은 걱정스러운 얼굴로 대답한다. "하지만 야생의 개체들이 걱정이죠." 그러고는 울적하게 고개를 끄덕이면서 덧붙였다. "코알라들은 또 클라미디아에 감염됐대요. 웜뱃들도 일부가 아프다고 들었어요."

세상에서 제일 껴안고 싶은 유대류인 북부털코웜뱃은 퀸즐랜드의 좁은 서식지에 불과 100여 마리가 남아 있다. 한때는 오스트레일리아 전역에 걸쳐 개체 수가 많았으나, 풀을 뜯어먹는 웜뱃은 농업과 (네발 달린 잔디깎이 기계나 마찬가지인) 소떼를 거느린 인간이 도착하자 상대가 되지 못했다. 가뭄과 침입종도 가세해 웜뱃의 먹이인 토착 식물의 싹, 덤불, 포아풀을 쓸어버렸다. 그 유명한 생물들이 사라진 오스트레일리아라니, 상상이 안 된다. 환경보호주의자들이 야생에서 웜뱃을 돌보려고 애쓰고는 있지만, 앤은 오스트레일리아 사람들이 그곳 동물들의 멸종을 심각하게 걱정하진 않는 것 같다고 한다.

"그들의 그 아름다운 땅에서는 모든 게 완벽해 보이는데다가, 그 문제로 시끄럽게 떠드는 사람도 그다지 많지 않아요."

"그래서 그게 영원할 거라고 생각하는군요."

"영원할 거라고 생각하지요." 앤은 믿기지 않는다는 듯 내 말을 반복한다. "반면에 미국 사람들은 보존에 좀더 관심이 있는 것 같아요. 안 그런가요?"

나는 내 경험을 토대로 상황에 대해 들려준다. 미국인들은 보존에 상당히 관심이 많지만 보존 방식에 대해서는 이견들이 맹렬하게 충돌 대치하고 있다. 어떤 사람들은 장엄한 국립공원을 보존해야 한다고 믿지만, 어떤 사람들은 국립공원은 이미 진 싸움이며 넓은 보존구역에서 동물을 보호하려는 시도는 소용없는 짓으로 판명났다고 확신한다. 어떤 사람들은 불안정한 생태계들을 다시 잇고 균형을 회복시켜서 "거점, 통로, 육식동물 들"로 구성된 야생을 재구축해야 한다고 주장한다. 홍적세 시절의 야생을 재구축해야 한다고 생각하는 사람들도 있다. 가령 북아메리카라면 대평원에 코끼리, 사자, 들소, 치타를 풀어서 활보하게 두어야 한다는 것이다. 또 어떤 사람들은 위의 전략들이 모두 구시대적 사고라고 주장한다. 인간이 갈수록 대도시 서식종이 되어가는 만큼, 도시 안에 더 많은 야생을 엮어넣어야 한다는 것이다. 앤은 우리가 다각적 해법을 채택해야 한다고 확신한다.

"물론 야생을 보존하는 노력은 해야겠지만, 현실적으로 따지자면 결국은 저물게 되겠지요."

나는 잠깐 앤의 말을 이해하지 못했지만, 곧 야생이 해가 기울듯이 죽어가리라는 뜻임을 알아차렸다.

앤은 단호하게 말한다. "국립공원은 지켜야 해요. 그리고 야생도 관리해야 하고요."

"관리된 야생이라. 자연을 더이상 자연 그대로 내버려둘 순 없다고 생각하는 건가요?"

“네.” 앤의 말에선 확신이 묻어난다. “그럴 여유가 없어요.”

자연은 이미 그대로 내버려두어선 안 될 만큼 산산조각이 났다.

앤은 지역적 차원에서 효과가 있었던 해법을 하나 알려준다. 영국 소도시에는 벽을 맞대고 다닥다닥 붙어 있는 주택이 흔한데, 담장으로 막아놓았던 그곳 작은 정원들을 줄줄이 연결함으로써 야생생물을 위한 길고 비옥한 통로를 만들었다는 것이다.

“그래서 케임브리지에서 정원을 가꾸고 있으면 온갖 종류의 곤충이며 이끼며 나비가 날아들어요. 하지만 정작 우리 시골집 마당에는 아무것도 없죠. 찌르레기를 생각해보세요. 찌르레기는 부리를 흙바닥 아래 4센티미터쯤 박고 먹이를 찾죠. 그런데 농경지에서는 바로 그 깊이에 농약이 몽땅 농축되어 있거든요. 만약에 흙에 농약이 없다면, 찌르레기에게 완벽하게 알맞은 환경이 될 텐데요!”

꽃가루받이 매개자를 도로 불러들이려는 시도인 ‘플랜 비Bee’라는 프로젝트는, 땅 주인이 야생화 풀밭을 가꾸어 수레국화, 벌노랑이, 붉은토끼풀처럼 곤충, 나비, 벌이 좋아하는 잡초를 심으면 보상을 해주는 사업이다. 사람들은 그런 장소를 ‘벌의 길’이라고 부른다. 바다를 ‘고래의 길’이라고 부르는 앵글로색슨 전통에 발맞춘 표현일지도 모르겠다. 영국의 어떤 벌들은 도시 거주자가 되어, 농업용 살충제에 시달리지 않으며 잘 살아가고 있다. 덕분에 이제 소도시 정원에는 시골보다 참새, 찌르레기, 개똥지빠귀가 더 많다.

날갯짓하는 존재들이 사라져 새벽녘에도 괴괴하기만 한 영국 시골의 안타까운 풍경이 마음속에 가만가만 스며든다. 그러니 ‘몽땅 다 시도하자’는 앤의 사고방식이 더 마음에 들 수밖에 없다. 국립공원도 운영하고, 보존구역에서 야생 회복 작업도 하고, 야생생물 통로도 구축하고, 도시를 녹색으로 물들이는 사업도 하고, DNA 저장 작업도 하고, 그 밖에 동물들이 야생의 흙투성이 생활을 이어가고 자연이 언제까지나 생명으로 가득할 수 있도록 해주는 전략이라면 떠오르는 대로 무엇이든 다 하자.

사무실 문이 부드럽게 열리더니 크리스 웨이드가 고개를 디민다. 내게 실험실 구경을 시켜주려는 것이다. 키가 크고 검은 곱슬머리인 크리스는 우편으로 도착하는 표본을 받아서 DNA를 분석하는 일을 한다. 그는 방주 팀이 신선한 DNA 표본을 수집하기 위해서 곧 베트남으로 탐사를 떠나는데 자신도 합류하게 되어 기대된다고 말한다. 우리는 바깥 사무실을 가로질러 대학과 공동으로 쓰는 실험실로 들어간다. 벽은 하늘색이고, 작업대와 현미경이 놓여 있고, 한쪽 벽에는 흰 실험복들이 백색증에 걸린 박쥐떼처럼 걸려 있다.

크리스는 만일의 사태에 확실히 대비하기 위해 현장에서 보낸 DNA 표본을 여러 형태로 보관한다고 설명한다. 조직 절편을 시험관에 넣고 에탄올을 부으면 조직은 피클이나 다름없는 상태가 된다. 그 상태의 DNA는 이상적이지 않다. 신선동결한 DNA보다 품질이 떨어진다. 그러나 표본을 냉동실에만 넣었다가 냉동장치가 고장난다면, 그리고 실제로 여러 나라에서 한 번씩 그런 문제가 발생하는데, 표본은 완전히 망가지고 말 것이다.

세포를 얼리면 죽어버리는 게 아닌가 싶겠지만, 방주 관리자들은 1분에 1도씩 온도를 낮추는 방법을 쓴다. 그렇게 슬로모션으로 얼리면 세포가 온전히 보존된다. 만일을 위해서 그들은 세 가지 방법을 다 쓴다.

"첫째, 에탄올." 크리스가 설명한다. "손톱처럼 딱딱해지지만 끝까지

남죠. 냉동고가 망가지거나 별별 문제가 다 생겨도 그 조각만은 남을 거예요. 둘째, 신선동결한 조직 절편입니다. 그건 완벽하죠. 모든 조건에 다 들어맞습니다. 셋째, 나중에 세포배양에 쓸 표본을 하나 더 보관해둡니다. 이렇게 세 방법을 다 쓰는 게 이상적인 시나리오죠."

크리스가 나를 실험실 한끝으로 안내한다. 파란 수레국화 색깔로 칠해진 문 너머 작은 방에는 키가 큰 흰색 '산요' 냉동고 네 대가 서 있다. 놀랍도록 단조로운 냉동고들은 역사상 가장 큰 규모의 생존용 냉동 요새가 아니라 차라리 농장에서 겨울을 나는 가족용으로 어울릴 법하다. 문을 열기 전 영장류의 피부를 보호해주는 초록색 라텍스 장갑을 낀다.

크리스가 냉동고 문을 잡아당겨 열자, 작고 하얀 구름이 흘러나온다. 1만 마리 동물의 영혼이 부빙 위에서 한꺼번에 숨을 내쉬어 만들어낸 구름 같다. 냉동고에는 성에로 덮인 서랍이 차곡차곡 쌓여 있다. 장갑 낀 손으로 하나를 당겨본다. 나는 성에 낀 작은 유리병들이 라벨이 붙은 채 나란히 꽂혀 있는 게 전부라는 사실에 놀란다.

"하나 꺼내봐도 됩니다." 크리스가 '그렇지만 조심해서요!'라는 경고를 담은 말투로 말한다.

유리병 하나를 들어올린다. 내 손에 아프리카사자의 미래가 들려 있다는 것이 실감난다. 눈을 한번 깜박이니, 텁수룩한 갈기를 지닌 황갈색 수사자가 내 손바닥 평원에 서 있는 모습이 들어온다. 다시 한번 깜박이자, 이번에는 그 동물이 온전히 자리를 잡고도 내 손바닥은 키 큰 풀들과 아지랑이 열기와 녀석이 거느린 무리까지 차지할 공간이 충분하다. 우리가 동물의 미래를 이런 방식으로 보호하다니, 얼마나 신기한 일인가.

4. 자연, 픽셀화한

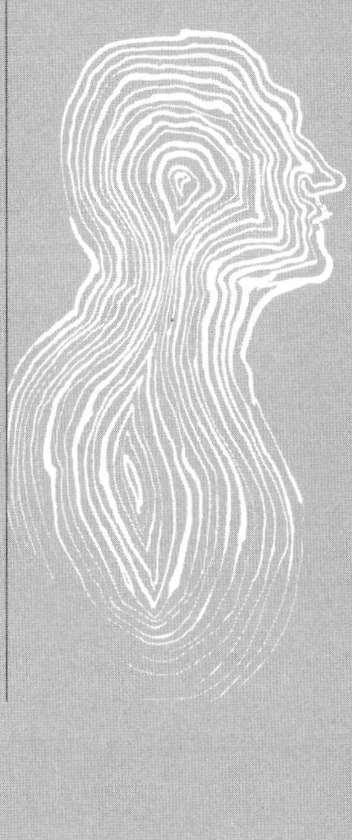

THE
HUMAN
AGE

감각의 (부)자연스러운 미래

우리는 어떨까? 우리도 여전히 자연스러울까? 어떻게 그렇겠는가? 우리는 이미 슈퍼히어로로 변신했는데. 우리 선조들은 감각이 부여하는 한계에 따라 자연에 적응했다. 그러나 우리는 기나긴 세월 동안 기발한 발명들로—언어, 문자, 책, 도구, 망원경, 전화, 안경, 차, 비행기, 로켓선으로—감각을 확장함으로써 세상과 관계 맺는 방식과 스스로를 바라보는 방식을 바꿔놓았다. 이제 우리는 인간이 당연히 하늘을 시속 800킬로미터로 날 수 있다고 전제한다. 혹은 계곡 너머의 매를 볼 수 있다고. 엄청나게 큰 수를 빨리 계산해낼 수 있다고. 지구 반대편에서 펼쳐지는 사건들을 목격할 수 있다고. 누군가의 심장을 안전하게 고쳐줄 수 있다고. 혹은 전쟁을 벌일 수 있다고. 자연-우리의 본성에 대한 태도, 우리가 어떤 존재인가 하는 질문에는 이제 우리가 감각에 부착한 참신한 것들까지 포함된다.

이 모든 부가물은 완벽하게 평범한 일상의 일부가 되었다. 우리가 자신을 주변 환경으로 점점 더 깊숙이 확장함에 따라, 도구와 기술의 사용은 우리가 타고난 성질처럼 자리잡았다. 지난 몇십 년간 우리가 사는 우주에 대한 개념이 진화했고, 인간이란 무엇이며 앞으로 무엇이 될 것인가 하는 개념도 진화했다. 이제 우리는 아이 손가락에 박힌 가시가 눈에 보이지 않아도 걱정하지 않는다. 자동적으로 안경을 찾아 쓰고는 좀더 좋은 시력을 가진 동물로 변신한다. 덕분에 아이는 감염되지 않을 것이다. 그런데 또한 그 때문에 인간이란 무엇인가에 대한 대답도 달라질 것이다. 이 변화는 우리 생애에 어떻게 펼쳐질까?

우리는 이미 보이지 않는 것에 정통하다. 우주가 우리 눈에 보이지 않는 암흑물질과 암흑에너지로 주로 이뤄졌다는 사실을 받아들인 것처럼, 우리는 현미경 없이는 볼 수가 없는데도 원생생물과 바이러스가 실존한다는 사실을 받아들였다. 어쩌면 그것들을 그저 교과서에 나오는 정적이고 별난 존재로만 받아들이는 사람도 있을지 모르겠지만, 그런 유혹을 느끼는 사람은 소수에 불과할 것이다. 우리는 텔레비전과 전파, 요정 같은 쿼크들, GPS, 마이크로파, 월드와이드웹, 거위 새끼 같은 광자들, 뇌의 베일 같은 신경종말, 빅뱅이 남긴 지직거리는 백색 잡음, 밤하늘 가득한 별의 주변을 도는 행성들의 존재를—그중 일부는 생명이 살기에 적합하리라—믿는다. 해가 비치지 않는 저 깊은 바닷속 심연에서 갈망하는 눈, 박동하는 젤리, 무지갯빛을 내는 부레, 발광하는 입 들이 존재한다는 것도 믿는다.

눈에 보이진 않지만 우리 정신적 우주에 포함된 것들의 존재감은 과거 어느 때보다 두터워졌다. 과거에는 우리와 더불어 사는 눈에 보이지 않는 힘이란 영혼, 유령, 신, 천사, 조상을 뜻했다. 오늘날 우리가 자연을 보는 시각에는 그와는 다르지만 역시 친숙한 유령들이 추가되었다—과학과 나노기술 덕분에 과거에는 불가능했던 수준까지 드러난 우리 몸의 갖가지 성긴 덩어리, 색조, 조각 등이. 우리는 우리 안팎을 둘러싼 보이지 않는 광활한 세상의 존재를 당연하게 여긴다. 이를 일종의 첨단 기술 샤머니즘(생물이든 무생물이든 모든 것에 영혼이 깃들어 있다는 믿음)이라고 할 수도 있겠다. 어떤 존재는 현관 앞 호랑가시나무에 숨어 있고, 어떤 존재는 우리로부터 몇 광년 떨어진 우주 공간에 떠 있다.

우리는 눈에 보이지 않는 무수히 많은 것을 정신의 눈으로 볼 수 있다. 충분히 많은 사람이 현미경, 망원경, 컴퓨터를 통해서 그것들을 직접 목격한 뒤 그 지식을 널리 퍼뜨렸기 때문이다. 그래서 이제 공기중에는 눈에 보이지 않는 것들이 늘 감돈다. 나는 그것들에 대해 듣기만 할 뿐 볼 수는 없지만 그래도 마치 사진으로만 본 먼 친척의 존재처럼 그것들의 존재를 당연하게 여긴다.

밤의 연주자들이 노래하는 계절인 가을이 다가오면, 나는 그들의 스산한 음악이 공기를 채우는 소리를 들으면서 스러져가는 여름을 느낀다. 그러나 숨은 연주자들의 모습은 눈에 보이지 않는다. 여치와 귀뚜라미가 날개를 쳐든 채 한쪽 날개의 날렵한 모서리로 다른 날개에 돋은 까칠까칠한 줄을 문지르면서 마림바를 연주하는 모습 말이다. 늦여름의 무성한—좀더 크고 훨씬 더 화려한 제왕얼룩나비(일명 모나크나비)들의 왕국인—치커리, 털전호, 클로버 향이 나는 박주가리 속에서 셀로판 날개를 지닌 녀석들을 알아보기는 쉽지 않다.

그럼에도 나는 녀석들이 날개로 노랫가락을 뽑아내는 모습을 마음속으로 그릴 수 있다. 미세한 털 한 올까지 세세하게. 여치katydid는 "케이티 디드(케이티가 그랬어)! 케이티 디드! 케이티 디드!" 하고 고자질을 해댄다. 매미는 배 근육을 조였다 풀었다 하면서 가윗날 가는 소리를 낸다. 온도에 민감한 초원귀뚜라미는 고음의 쨱쨱거리는 소리로 재즈 연주에 동참한다. 캐롤라이나귀뚜라미는 웅웅거리며 떤음을 보탠다. 메뚜기는 카드 섞는 소리를 낸다. 긴꼬리귀뚜라미는 일정 간격으로 쓰르르거리는 멜로디를 앙상블에 더한다. 그들은 자기 몸을 악기로 쓰는 궁극의 저그밴드다.

녀석들의 구애 행위는 눈으로 볼 수 없다. 녀석들은 작고 어둠 속에 숨어 있기 때문이다. 그러나 그들을 직접 본 과학자들과 과학기술이 전해준 덕분에, 녀석들 중에서도 세레나데를 부르는 것은 암컷에 몸이 단 수컷들뿐이라는 사실을 안다. 녀석들이 밤의 흑막에 몸을 감춘 채 배나 무릎처럼 희한한 위치에 달린 귀를 열심히 기울이며 기다린다는 사실도. 암컷은 수컷이 부르는 세이렌의 노래에 끌려 날개 달린 사내를 향해 날아들고, 그러면 수컷은 행복한 심정으로 또다른 구애의 노래를 부른다.* 그러나 그들에게는 희롱할 시간이 많지 않다. 곧 첫서리가 내려서 심장이 멎을 테니까. 전래의 시간표에 따르면—나는 여전히 전래의 지혜를 믿는다—여치가 처음 노래를 부른 날로부터 90일 뒤에 서리가 내린다고 한다. 곤충 소리로 시끄러운 우리 집 마당에서는 올해 예년보다 일주일쯤 이른 시기인 7월 중순에 첫 여치 울음소리가 들렸다. 그러니 나는 10월 중순에 첫서리가 내릴 것이라고 믿는다.

윙윙거리고 쓰르르거리고 딸랑거리고 쉬쉬거리는 한밤의 연주와 그에 곁들인 안무가 벌어지면서 녀석들의 노골적인 성적 모험이 펼쳐

* Jun-Jie Gu et al., "Wing stridulation in a Jurassic katydid (Insecta, Orthoptera) produced low-pitched musical calls to attract females," *Proceedings of the National Academy of Sciences* 109(2012), 3868~3873쪽; published ahead of print February 6, 2012, doi:10.1073/pnas.1118372109.

진다. 나는 우리 집 풀숲에서 일을 벌이는 수천 마리 곤충, 혹은 시내에서나 숲 천장 아래 나뭇잎 거실에서나 거친 시골 도로에서 욕정의 요들송을 불러대는 수만, 어쩌면 수백만 마리 곤충에게 굳이 추파를 던지기까지는 하지 않는다. 그래도 나 또한 한때 방자한 대학생이었으니 충분히 이해한다.

이 모든 일이 우리 눈에 안 띄게 벌어진다니 어쩐지 이상하게 느껴지지만, 우리는 귀뚜라미나 메뚜기나 매미나 여치를 눈으로 직접 보지 않더라도 이 계절에 그들이 쓰르르 우는 소리를 들으면 저게 바로 과학자들이 말하는 그 작은 괴물들이려니 하고 믿는다. 보이지 않는 세상의 한구석, 그들만의 시끄러운 공간에 여치가 실제로 존재한다는 것을 믿는다. 그리고 우리는 이 믿음만으로 퍽 만족한다. 대부분의 사람들은 겹눈에 더듬이를 지닌 존재를 직접 봐야 직성이 풀리겠다며 컴컴하고 시끄러운 밤의 세계를 뒤지고 싶어하진 않는다.

그리고 어쨌거나 요즘 우리는 직접 볼 수 없는 것들의 존재도 책, 영화, 아니면 인터넷의 곤충 페이스타임을 통해 쉽게 확인할 수 있다는 사실을 안다. 고대인은 천둥이 쩍 갈라지며 쾅 울리면 신들이 진노한 것이라고 생각했지만, 요즘 우리는 일기예보 채널의 레이더 영상을 확인한다.

바야흐로 자연에 대한 오래된 지식(신념, 전승, 풍문, 이야기)에 새로운 차원이 열렸다. 이 차원은 거의 매일같이 변화하며, 곤충들의 연애 파티 같은 현상을 관찰하고 듣고 기록하도록 임명된 목격자들, 즉 기술을 갖춘 과학자들과 연구가들이 우리를 대신하여 그 내용을 확인해준다. 우리는 그런 프로 목격자들을 믿기로 다같이 합의했다.

우리 자신이 아마추어 목격자가 될 때도 있다. 스마트폰만 있으면 충분하다. 언젠가 잉글랜드 남부 뉴포리스트의 산길을 걷던 중 햇살이 비치는 공터에서 우뚝 멈춰 선 적이 있다. 불교 승려들이 골이 파인 황동 깔때기를 황동 긁개로 살살 긁고 알록달록한 모래를 솔솔 떨어뜨리면서 만다라를 그릴 때 나는 독특한 쇳소리가 들렸기 때문이다. 나는 휘휘 둘러보았다. 나무들, 풀밭, 나무에 앉아 있다가 휙 날아오른 휘파람새, 산길에서 춤추는 그림자들뿐 승려들은 없었다. 그제야 내 귀가 부린 장난에 웃음이 났다. 바로 몇 주 전 펜실베이니아의 키스톤 대학에서 티베트 승려들이 모래를 떨궈 만다라를 제작하는 모습을 홀려서 구경했던 일이 생각난 것이다. 그러고보니 그때 눈에 보이지 않는 매미들의 울음소리와 비슷한 소리가 났다.

나는 주머니에서 아이폰을 꺼내 사우샘프턴 대학 곤충학자들이 만든 '매미 추적' 앱을 열었다. 그해 여름에는 1000명이 넘는 사람이 그 앱에 정보를 올렸다. 아이폰 화면에 초록색 카드가 떴다. 그 한가운데에는 까만 벨벳 위에 앉은 흰 매미가 그려져 있었다. 아이폰을 들고 매미 그림을 건드리자, 하얀 테두리가 떠오르면서 매미가 오렌지색으로 빛났다. 앱은 그 상태로 18초 동안 희귀한 뉴포리스트매미가 내는 울음소리의 주파수를 정확하게 분석했다. 그러나 행운은 없었다. 뉴포리스트매미는 2000년 이래 영국 아마추어 과학자 수천 명에게서 감지된 극소수가 전부다. 물론 그것만으로도 그 매미가 존재한다는 사실과 그 매미를 보호해야 한다는 사실을 뒷받침하는 증거로는 충분했다. 나는 별 가망이 없다는 걸 알면서도 혹시 내가 잘 아는 뉴욕 주의 매미 울음소리가 앱에 등록되어 있는지 돌려보았는데, 역시나 없었다.

만다라를 제작하는 불교 승려들이 몸담은 세계는 과거에 그랬듯이 요즘도 현란한 신성들이 춤추는 우주일 것이다. 그러나 요즘은 (과학 애호가라는) 달라이 라마를 비롯한 승려들도 마음챙김 명상의 순간순간 눈에 보이지 않는 또다른 차원을 인식할 것이다. 신경세포, 쿼크, 힉스 보손 입자, MRI, 응결핵, 백색왜성, DNA, 구골플렉스(10을 10의 100제곱한 큰 수) 따위가 포함된 세상을.

한편 지구 다른 곳에서는 시민 과학자들이 인터넷에 연결된 520만 대가 넘는 컴퓨터를 활용해 외계지적생명체탐사SETI 사업을 돕는다. 'SETI@home'이라는 프로젝트를 벌여 전파망원경의 데이터를 감시하는 작업을 거드는 것이다. 어느 먼 항성계에서 외계 생명체가 보내온 메시지를 잡아낼 수 있기를 바라면서. SETI의 수석 천문학자 세스 쇼스택은 외계인이 보내온 명함을 처음 감지해낼 장본인은 인도, 오스트레일리아, 푸에르토리코, 칠레에 줄지은 전파망원경을 관리하는 과학자들이 아니라 그런 가정용 컴퓨터일 가능성도 충분하다고 믿는다.

기술은 오늘날 우리가 과거 어느 때보다 자세히 오래된 감각을 한참 넘어서는 세상을 들여다볼 수 있도록 해준다. 세포가 호수만큼 커다랗게, 피부의 구멍은 깊은 골짜기처럼 보이고, 인체는 이제 또하나의 생태계나 마찬가지다. 지도 제작은 지형에만 국한되지 않는다. 우리는 벌써 은하와 유전체를 지도화했다. 몸으로 직접 횡단할 능력이 안 되는 경관 속으로도 끊임없이 자신을 실어보낸다. 컴퓨터는 얼마 전까지만 해도 우리 눈에 보이지 않았던 여러 생물학적 과정을 보여주었다. 나는 1990년에 우리가 세상을 감각으로 어떻게 파악하는지를 다룬 『감각의 박물학』을 썼는데, 겨우 20여 년이 지난 지금 우리의 감각 경험은 비록 기본적인 차원에서는 똑같더라도 그 범위만큼은 어마어마하게 확대되었다. 가령 자신이 현재의 공간에서 어느 지점에 존재하는가를 파악하는 고유수용성감각은 이제 육체를 한참 넘어선 영역에서까지 작동된다. 우리는 음흉하거나 공개적이거나 첩보영화 같은 방식으로, 다양한 시점에서, 자신을 안팎 모두 속속들이 염탐할 수 있다—위성으로, 드론의 시선으로, 스카이프를 통해서, 감시카메라로, 전자현미경을 통해서. 어떤 사람들은 심지어 앞으로 뇌를 몸밖 세상과 연결할 수 있을지 모른다는 전망에도 느긋하다. 신나하기까지 한다. 감각의 모험이 이처럼 광활해졌으니, 우리가 스스로를 묘사하는 방식도 변할 수밖에 없다. 또한 미래에 우리가 스스로를 어떻게 이해할지 결정하는 방식도 달라질 수밖에 없다.

우리가 밤하늘에서 목격하고 떠올리는 것도 바뀌었다. 20년 전만 해도 우리가 아는 행성은 우리 태양계의 행성들뿐이었다. 이제 우리는 우주에 행성이 무수히 흩어져 있다는 걸 안다. 밤하늘의 척추와도 같은 은하수가 예전에 우리가 생각했던 것보다 두 배 더 크고 더 무거우며 더 빠르게 회전한다는 걸 안다. 은하수의 팔이 (즉 갈래가) 두 개가 아니라 네 개라는 것도 안다. 우리가 만든 망원경들은 귀를 쫑긋 세운 채 최초로 시간이 시작되었던 순간, 온 우주가 겨우 자몽만큼 작고 단단한 물체였을 때, 별빛도 행성들의 운명도 아직 존재하지 않았을 때 흘러나왔던 낮은 속삭임을 빨아들이고 있다. 어떻게 그토록 작았던 것이 지금은 우리가 마음의 눈으로도 헤아릴 수 없을 만큼 광활한 공간을 만들어냈을까?

천장에 별이 총총 박힌 방 같은 우리 뇌 또한 머리뼈 속에 봉해져 있기 때문에 눈에 보이지 않는다. 그러나 이제 우리는 첨단 기술 감각들(MRI, fMRI, PET 스캔 등)을 한껏 뻗음으로써 우주에서 바라본 밤의 지구처럼 빛나는 뇌의 그물망을 유례없이 깊숙이 들여다본다. 디지털 디스플레이 덕분에 메스를 쓰지 않고도 살아 있는 환자를 해부하는 일은 보통이 되었다. 머리뼈를 절개하지 않고도 회색질을 얇은 절편으로 잘라 검사할 수 있게 되었다. 또렷한 의식을 유지한 채 이런저런 상념에 빠져 있을 게 분명한 그 뇌의 주인이 자기 뇌를 해부대에 내놓아 남들이 쿡쿡 찔러볼 수 있도록 한 것처럼, 뇌 절편은 삼차원으로도 회전시켜가면서도 볼 수 있다. 조현병과 자폐증을 비롯한 여러 정신이상과 질병이 이제 제 속을 조금이나마 드러냈고, 우리는 종교나 중독이나 연민처럼 그 정체를 종잡기가 어렵기로 악명 높은 정신적 허깨비들까지 탐구하기 시작했다. 뇌의 어느 지점에서 신경들이 분주하게 일하는지, 지점들 사이의 소통량은 언제 늘어나는지, 그 생각의 일꾼들이 어느 지점에서 산소를 많이 소비하는지를 살펴봄으로써 거짓말에서 사랑까지 모든 정신 현상에 대한 통찰을 얻는다. 우리를 서로 묶어주는 정서적 유대 중 일부를 역사상 처음으로 눈으로 볼 수 있게 된 것이다. '스캔'이라는 단어는 원래 눈으로 간단히 일별하는 것을 뜻했지만 지금은 정반대의 뜻으로, 즉 뚫어져라 응시하며 탐색하는 기계의 시선을 가리키는 말로 진화했다. 사람들은 자기 뇌를 조사당하는 실험에 용감하게 자원하여, 연구가들로 하여금 자신의 감정이 전속력으로 항해하는 모습을 (이따금은 좌초하여 곤란해진 모습도) 목격하도록 허락한다.

저녁 뉴스에는 뇌진탕, 우울증, 거부반응, 멀티태스킹, 공감, 위험 감수, 두려움 같은 정신 상태를 신경 구조와 뇌 배선으로 설명해냈다는 최신 연구 결과가 보도되곤 한다. 2012년에 오바마 대통령이 뇌 지도화 프로젝트에 연방 지원금 1억 달러를 쓸 것을 제안하면서 "인류는 이제 몇 광년 떨어진 은하를 확인할 수 있고 원자보다 작은 입자를 연구할 수도 있지만 우리 두 귀 사이에 놓인 3파운드짜리 물질의 수수께끼는 아직 풀지 못했"다고 말했을 때, 막대한 비용에 주춤한 사람은 좀 있었지만 그 목표가 불가능하다거나 무가치하다고 생각한 사람은 거의 없었다.

'대인관계 신경생물학'이라고 불리는 신생 분야는 인류세의 위대한 발견 하나를 젖줄로 삼고 있다. 뇌는 매일 배선을 새로이 한다는 사실, 우리가 맺는 모든 관계가 뇌를 바꾼다는 사실이다. 그리고 관계들 중에서도 가장 친밀한 관계들, 우리를 성장시키거나 망치는 관계들은 기억과 감정, 나아가 뇌가 선사하는 궁극의 선물인 자아를 형성하는 섬세한 뇌 회로들을 변화시킨다. 사랑은 최고의 수업인 셈이다. 그러나 그 수업료는 비싸다. 숙제가 육체적으로 고통스러울 때도 있다. 캘리포니아 주립대학 LA 캠퍼스의 신경과학자 나오미 아이젠버거가 발표한 뇌 영상 연구가 보여주듯이, 뇌에서 육체적 통증이 입력되는 부위는 사랑 때문에 참담한 감정을 느낄 때 활성화하는 부위와 같다. 우리가 퇴짜를 맞으면 딱 어디라고 짚어 말할 수 없게 온몸이 아픈 건 그 때문이다. 아니면 차라리 뇌의 배측전방대상피질을 짚어야 할지도 모른다. 이 부위는 (뇌의 두 반구 사이에서 메시지를 전달하는 신경섬유다발인) 뇌들보를 옷깃처럼 감싼 피질의 앞부분인데, 거절과 물리적 폭행이 둘 다 이곳에 입력된다. 아르메니아어를 쓰는 사람이든 만다린어를 쓰는 사람이든, 세상 사람들은 모두 상처입은 마음을 표현할 때 육체적 통증의 이미지를 동원하곤 한다. 마음이 으스러지는 것 같고, 몸이 마음대로 움직이지 않는 것 같고, 온몸이 산산조각날 만큼 아픈 충격이라고 묘사한다. 알고 보면 이런 표현은 그저 너무 모호해서 뭐라고 구체적으로 명명할 수 없는 감정적 타격에 대한 단순한 비유만은 아닌 셈이다. 사회적 고통은—거절, 실연, 사별은—실제로 복통이나 골절과 비슷한 감각 반응을 일으킨다는 사실을 이제 기술이 알려주었으니까 말이다.

그러나 사랑의 손길은 능히 모든 것을 바꿀 수 있다. 샬러츠빌 시 버지니아 대학의 신경과학자 제임스 코언은 이런 실험을 진행했다. 행복한 애정 관계를 누리고 있는 여성들의 발목에 전기충격을 가하는 실험인데, 충격 전에 피험자의 불안 수준을 기록하고 충격을 가하는 중에는 통증 수준을 기록했다. 그후 이번에는 피험자의 배우자가 피험자의 손을 잡고 있게 하고서 다시 충격을 주었다. 그랬더니 이전과 똑같은 수준의 전기를 가했는데도 통증이 현저하게 줄었다. 대상피질의 신경 반응도 실제로 누그러졌다. 반면에 배우자와의 관계에 문제가 많은 경우에는 이런 보호 효과가 발생하지 않았다. 요컨대 건강한 관계를 맺고 있는 사람이라면 배우자의 손을 잡고 있기만 해도 혈압이 낮아지고 스트레스 반응이 완화되고 건강이 나아지고 육체적 통증마저 누그러지는 것이다. 우리는 서로의 생리와 신경 기능을 극적으로 바꿔놓을 수 있고, 그 현상을 눈으로 볼 수도 있다.

이런 현상들을 스캔해서 목격할 수 있는 능력 덕분에, 이제 관계 맺기는 새로운 차원으로 접어들었다. 덕분에 우리는 좀더 사려 깊고 공감하는 짝이 되어야겠다고 마음먹을 수 있다. 상대방의 동기, 상처, 갈망에 좀더 마음을 쏟아야겠다고 다짐할 수 있다. 낡은 습관과 패턴을 깨기는 쉽지 않지만, 커플들은 이제 갈등을 줄이고 일체감을 강화하기 위해서 자신의 뇌를 일부러 재배선하는 방법을 선택하고 있다. 가끔은 심리치료사의 도움을 받아가면서. 아마 네안데르탈인들은 배우자의 신경세포에 대해서 생각해보는 일이라곤 없었을 것이다. 플라톤도, 셰익스피어도, 미켈란젤로도, 내 어머니도 그 점에서는 마찬가지였다. 나도 대학생 때는 다르지 않았다. 뇌 영상 과학은 아직 초기 단계이지만, 우리는 벌써 나비들에게 이름표를 붙이는 것처럼 눈에 보이지 않는 것들에게도 이름표를 붙이기 시작했다. 그렇게 삶을 바꿀지도 모르는 진실들을 밝혀내고 있다.

이러한 사실이 새로운 인류세의 윤리에서 어떻게 작용할까? 우리가 배우자, 아이, 친구, 동료와 관계 맺는 방식에 어떤 영향을 미칠까? 이런 지식이 사회로 흘러든다면 그 덕분에 우리가 관계를 수행하는 방식이 달라지게 될까? 가혹한 말이 주먹처럼 물리적으로 아픔을 주고, 심한 통증을 일으키고, 상대의 뇌 배선을 미묘하게 망가뜨릴 수 있다는 사실을 알게 된 우리는 이제 어떤 식으로 그에 따르는 책임을 지게 될까?

나노 규모에서 재다

우리는 보이지 않는 것을 그냥 보기만 하지도 않는다. 눈에 보이지 않을 만큼 미시적인 규모에서 물질을 조작하기도 한다. 그리스어로 '난쟁이'를 뜻하는 접두사 '나노'는 10억분의 1미터에 해당하는 길이를 가리킨다. 자연에서 그런 규모를 찾자면 물보라와 연기 정도를 들 수 있다. 개미의 몸길이는 나노입자 100만 개쯤 된다. 머리카락 한 올의 폭은 8만에서 10만 나노미터쯤 되므로, 그 속에는 완벽하게 절삭된 탄소 (무게는 강철의 6분의 1이지만 강도는 50에서 100배 더 센) 나노튜브가 넉넉히 10만 가닥은 들어갈 것이다. 사람 손톱은 1초에 약 1나노미터씩 자란다. 이 문장 마지막에 있는 마침표는 미생물들이 광란의 파티를 벌이거나 독재자의 심장이 들어갈 공간을 남겨놓고도 50만 나노미터는 거뜬히 될 것이다.

나는 가끔 주사전자현미경* 사진을 넋 놓고 바라보면서 꼭 대성당처럼 보이는 나노 규모 구조물들에 감동하곤 한다. 대학 재학 시절, 나는 시간이 날 때마다 (편광에 비춘) 아미노산 류신, 아기의 뇌세포, 신경세포 등 미시적 관찰로 드러난 여러 물질의 패턴을 본떠 털이 긴 모직 러그를 짜곤 했다. 어떤 아미노산은 편광에 비춰보면 어찌나 아름답게 빛나는지 모른다. 피라미드처럼 고요한 파스텔색의 결정들, 생명의 통로에 늘어선 작은 텐트들. 현미경 슬라이드에 얹혀 있든 책에 인쇄되어 있든 모두 보석처럼 빛을 발한다. 그러나 그것은 황량한 모습이다. 우리는 그것들의 생명력을 보지는 못한다. 그것들이 어떻게 충돌하고 공모하여 습성을 구축해나가는지를 보진 못한다. 그렇지만 나노 규모의 물리적 구조를 눈으로 볼 수 있다는 것만 해도 놀라운 경험이며, 우리는 그와 비슷한 영감을 자연에서 점점 더 많이 찾아보고 있다.

한때 사람들은 벽을 타고 오를 줄 아는 도마뱀붙이의 발바닥에 빨판이 붙어 있을 것이라고 생각했다. 그러던 2002년 오리건 주 포틀랜드의 루이스앤드클라크 칼리지와 캘리포니아 주립대학 버클리 캠퍼스 소속 생물학자들이 공개한 희한한 발견에 과학계가 술렁였다. 연구가들이 발가락이 다섯 개 달린 도마뱀붙이의 발을 나노 수준으로 확대해 살펴보았더니, 바닥에는 이랑이 줄줄이 솟아 있었고, 이랑마다 작은 관 모양의 탄력적인 털이 수십억 가닥씩 촘촘히 돋아 있었으며, 털 끝에는 그보다 더 작은 주걱 모양 부츠가 신겨 있었다. 바로 그 주걱들 덕분에 원자나 분자 사이에 형성되는 자연적인 힘만을 이용하여 거의 모든 물체의 표면에 들러붙을 수 있었던 것이다. 게다가 도마뱀붙이의 발가락에는 자동 청소 기능도 있다. 도마뱀붙이가 발을 내디디

* 조직에 미세한 전자선을 주사하여 재료의 표면에서 나오는 2차전자를 모아 그 전자의 양적변화를 전기신호로 바꾸어 화면에 확대되어 나타내는 기구.—옮긴이

려고 발가락에서 힘을 풀면, 틈에 꼈던 먼지가 스르르 미끄러져내린다. 도마뱀붙이는 먼지를 뒤로한 채 앞으로 나아간다. 일부러 청소할 필요가 없는 것이다.

나는 경이감을 전염시킬 줄 아는 생물학자 친구로부터 도마뱀붙이의 발 이야기를 들었는데, 그 순간 내 머리에서 접착의 개념은 어떤 끈적끈적한 감각이 아니라 자연의 공학이 이룬 업적으로 바뀌었다. 그후에 웬 도마뱀붙이가 회칠한 벽을 기어오르는 모습이 흘끗 보였을 때, 머릿속에는 작은 발가락들이 벽에서 떨어질 때마다 그 표면에 털들이 대롱대롱 매달려 있는 모습과 주걱 같이 생긴 끝눈이 떠올랐다. 맨눈으로는 녀석이 스르르 미끄러지는 모습 외에는 보지 못했는데도 말이다. 과학자들은 또 도마뱀붙이의 발가락에서 영감을 얻어 화학물질을 쓰지 않은 건조한 생生반창고와 생붕대, 다양한 생분해성 접착제, 가정과 사무실과 군대와 체육 현장에서 쓸 수 있는 코팅제 등을 발명했다.

경이로운 나노기술의 세상은 상상을 초월할 만큼 작고 기이한 성질로 가득하며 맨눈에 보이지 않는 여러 표면으로 이뤄져 있다. 그러나 보이지 않는 그 세계 덕분에 우리는 산업과 제조업을 아찔하리만치 새롭게 재발명하고 있다. 나노는 간단하고 값싼 방법을 이용해 자연재해중에 사람들의 목숨을 구할 수도 있다. 2012년에 태국에서 홍수가 빈발하자, 과학자들은 태양열로 가동되는 은나노입자 정수기를 작은 배에 설치해 탁한 강물을 마실 물로 정화했다.

나미브사막에서는 등에 돋은 혹으로 물을 응결시키는 그 지역 딱정벌레에게서 영감을 얻은 새로운 형태의 물통이 공기중에서 물을 끌어모아 스스로 채운다. 2014년에 정식으로 출시될 예정인 이 물통은 마라톤 주자는 물론이거니와 깨끗한 물이 귀한 발전도상국 사람들에게도 요긴할 것이다.* 한편 남아프리카공화국의 과학자들은 정수 기능이 있는 티백을 개발했다. 나노는 미국 식료품 제조사 '베티크로커'의 설탕 크림이나 젤로 푸딩을 허옇게 굳혀주는 이산화타이타늄 입자처럼 평범할 수도 있고, 반려동물에게 유전공학적으로 삽입하여 밤에 빛나는 동물로 만드는 반딧불이나 해파리의 단백질처럼 오싹할 수도 있다.(벌써 형광 초록색 고양이, 생쥐, 물고기, 원숭이, 개가 탄생했다.) 나노는 또 보편적이고 실용적일 수도 있다. 가령 최근 미군에서는 스스로 세탁되는 기능이 있는 옷을 발명했다. 또한 의외의 것일 수도 있다. 가령 인도에서 뱀을 부리는 사람들은 코브라에게 마이크로칩을 삽입해 두는데, 뱀이 뉴델리의 북적이는 인파 속으로 사라질 경우 소재를 확인하기 위해서다. 그리고 나노는 우리에게 희망을 잔뜩 안길 수도 있다. 가령 의학에서 나노기술은 횡재와도 같은 결실을 선사할 예정이다.

1966년 SF 영화 〈환상의 여행〉**에는 사람이 탄 초소형 잠수함이 환자의 거친 혈류 속을 헤엄치고, 동맥의 급류를 쏜살같이 내달리고, 적혈구들을 홱홱 피하고, 피부의 늪에서 유영하면서 치료가 필요한 질병이나 상처 부위를 찾아가는 모습이 나온다. 나노기술이 도래한 지금, 이 모험은 상상의 영역을 벗어난다. 현재 연구가들은 나노봇 혹은 (벌처럼 작은 침을 달고 있는) 비봇이라고 불리는 초소형 기기를 완성해가는 중인데, 이 기기는 혈류를 헤엄쳐서 종양이나 질병 부위를 찾아갈 수 있다. 대단히 새로운 치료법이 가능해지는 것이다.

---

* 실제로는 아직 개발중이다.—옮긴이

** 국내에서는 '마이크로 결사대'라는 제목으로 개봉되었다.—옮긴이

미래학자 레이 커즈와일은 "2030년대면 우리 몸속에서 수백만 대의 나노봇이 돌아다니면서 면역계를 보강하고 질병을 근절할 것이다. 벌써 한 과학자는 혈구만큼 작은 기기를 써서 쥐의 제1형 당뇨병을 치료하는 데 성공했다"라고 말했다.

나노봇들은 평소에는 면역계에 제 정체를 숨기고 있다가, 작업 위치에 도착해서야 위장복을 벗는다. 혈관의 섬세한 미로를 항해할 만큼 작고 민첩한 나노봇 중에는 사람 머리카락보다 더 가는 것도 있다. 캐나다 몬트리올 공과대학 연구가들은 세균이 타고 태어난 자성 내장을 이용해서 세균을 조종하는 방법을 개발중이다. 자연 상태에서 세균들은 코르크스크루처럼 생긴 꼬리로 추진력을 얻고, 몸속의 자성 입자들이 가리키는 방향을 나침반 바늘로 삼아 죽음의 덫인 산소를 피해 더 깊은 물속으로 나아간다. 연구가들은 그 점에 착안하여 MRI 기계로 세균을 정밀하게 밀고 당겨 조종하는 방법을 연구하는 것이다. 세균은 지름이 2미크론(즉 1000분의 2밀리미터)밖에 안 되기 때문에 인체의 가장 좁은 혈관도 거뜬히 통과한다. 이렇게 마구를 씌운 세균의 몸통에는 지름이 약 150나노미터 되는 고분자 알갱이들을 실을 수 있다. 과학자들의 목표는 그 알갱이를 약물로 바꿔서 종양을 비롯한 표적에 가닿게 만드는 것이다. 시각 스펙트럼의 양극단—우주적 무한함과 미시적 유한함—모두 상상하기 어렵기 때문에, 이런 이야기가 불가능하게 느껴지는 것도 무리가 아니다. 그러나 우리는 설령 눈에 보이지 않더라도 숲속에 여치가 존재한다는 사실을 믿듯이 이런 작은 존재도 확신한다.

마구라고 하면 뭔가 큼직하고 반질반질하게 닳은 가죽 물건이 떠오른다. 세균이라고 하면 눈에 보이지 않을 만큼 작은데다가 물체나 사람의 내부로 슬쩍 들어와 통과해 지나가고 주변을 맴도는 존재가 떠오른다. 그러니 세균에게 마구를 씌운다는 것이 어떤 모습인지 여간해서는 잘 상상되지 않는다. 세균 말이 자성 마구를 쓰고 암을 물리치는 고분자 알갱이 방울 약을 매달고서 달리는 모습을 떠올리는 게 쉽지는 않으니까. 하지만 어쩌면 의학적 '썰매'라는 단어가 머지않아 일상에 슬쩍 끼어들지도 모른다. 우리는 늘 뇌가 정신적 지름길처럼 활용할 수 있는 새로운 은유를 지어내기 마련이니까 말이다.

언젠가 환자는 의사에게 이렇게 물을지 모른다. "제 병에 맞는 썰매가 있나요?"* 우리가 요즘 "저한테 맞는 약이 있나요?"라고 묻는 것처럼 말이다.

아니면 어떤 개구쟁이들은 파고 끌고 굉음을 내고 터지는 거대한 기계를 좋아하니까, 썰매 대신 '예인선' '트랙터' '미사일' '잠수함'이라는 표현을 쓸지도 모른다. 어쩌면 올림픽 수영 선수의 이름을 따서 '펠프스'라고 할 수도 있고.

최근 나노기술이 선사한 또다른 경이도 일상을 바꿔놓을 가능성이 있는데, 다만 여기에는 밝은 전망과 더불어 무시무시한 위험성도 공존한다. 이로부터 무수한 특허가 나올 테지만, 생물윤리학 토론이 불

* 내 이웃인 코넬 대학의 한 연구가는 얼마 전 치명적인 혈액용 '옷솔'을 발명했다. 혈류에 이식하는 초소형 기기인데, 혈액 속을 흐르다가 암세포를 만나면 들러붙어 죽임으로써 암세포가 온몸으로 퍼지지 못하도록 막는 것이다. 우리는 뇌를 위해 끊임없이 새로운 은유를 지어내 정신적 지름길로 사용한다. 최근에 일상어로 편입된 또다른 은유로는 '낮은 가지에 열린 열매'(손쉽게 해낼 수 있는 일)가 있다. 『옥스퍼드 주니어 사전』은 아이들이 일상에서 해당 단어를 얼마나 빈번하게 사용하느냐를 기준으로 단어를 등재하는데, 최근에는 '물총새' '피라미' '황새' '표범' 등 자연에 관한 단어가 많이 삭제되었다. 그 대신 새로 추가된 단어로는 '아날로그' '잘라내기와 붙이기' '음성메일' '블로그' 등이 있다.

붙을 것도 분명하다. 나노기술자들이 개발한 이 기술은 진정한 은총알*이라 할 만한데, 바로 미생물을 죽이는 은나노입자를 단단한 표면(병원 침대 레일, 문손잡이, 가구 등)에든 부드러운 표면(시트, 가운, 커튼 등)에든 두루 씌울 수 있는 기법이다. 그렇다면 새로운 나노코팅은 병원에서 패혈증이나 폐렴에 감염되는 환자들, 그리고 매년 4만 8000명을 죽이는 악몽 같은 항생제 내성 미생물과 싸우는 의사들에게 희소식이 아닐까?

그렇다. 그리고 그게 문제다.

그 효과가 지나치게 좋을지도 모르기 때문이다. 기억하겠지만 대부분의 미생물은 우리에게 무해하고, 많은 종류는 유익하며, 일부는 환경과 인간의 삶에 반드시 필요하다. 세균은 지구에 등장한 최초의 생명체였으며, 우리는 세균에게 모든 것을 빚지고 있다. 세균은 우리 몸을 덮고 있고, 어떤 무리는 몸속에서 살아가며, 어떤 무리는 인체에서 온갖 주름, 동굴, 협곡을 찾아 새떼처럼 이리저리 몰려다닌다. 우리 몸의 생화학은 세균과 하나로 얽혀 있다. 또한 우리는 산업과 조리 용도로도 세균을 동원한다. 세균을 써서 하수를 정화하고, 발효주 케피르나 양배추 절임 자우어크라우트나 요구르트 따위를 시큼하고 맛있게 발효시킨다. 그러니 세균을 표적으로 삼아서 제거할 때는 신중할 필요가 있다.

나노기술 회사라면 마땅히 사람들의 두려움과 집착을 자본화하려고, 즉 가정과 산업에서 두루 쓸 수 있고 탁월한 효과를 자랑하는 은나

* Silver Bullet. 축자적으로는 은제 총알이지만 묘책이나 특효약이라는 뜻의 속어이기도 하다.—옮긴이

노입자 미생물 제거제, 방취제, 소독제 따위를 개발하려고 하지 않을까? 결국 우리는 나노기술이 일상에서 부리는 변화의 조화를 (가령 모기를 쫓아내는 항말라리아 옷 같은 것을) 멋진 신세계의 일부로 받아들이긴 하겠지만, 현재로서는 잠재적 결과를 철두철미하게 따져보지 않은 채 발명만 마구 해대는 상황이다. 요즘 슈퍼마켓에서 파는 항균 비누가 그냥 비누와 물보다 더 낫다는 증거는 없다. 오히려 해로울 수도 있다. 미국식품의약국은 항균 비누의 기본 재료 중 하나인 트리클로산을 살충제로 간주한다.

노터데임 대학의 생물학자 캐슬린 에글슨이 '나노영향 지식인모임'을 발족한 것은 그 때문이다. 이 월례 모임 자리에는 대학 소속 연구가, 지역사회 대표, 초빙 학자와 저술가 들이 모여서 나노기술의 최신 발전이 세상에 미칠 영향과 윤리에 관해 토론한다. 2012년 4월 같은 대학 나노과학기술센터에서 펴낸 에글슨의 논문은 무분별하게 출시된 제품들이 미생물의 생물다양성을 해칠 위험을 강조했다. 그는 한 섬유용 코팅제가 "식품의약국이 지난 12월 살충제로 분류한 최초의 나노물질이었다"라고 지적했다. 우리가 호흡 가능한 대기를 만들어주는 중요한 질소고정세균을 나노살충제가 실수로 죽이면 어떻게 될까?

생물윤리, 신경윤리, 나노윤리를 토론하는 국가위원회와 대학 세미나가 존재하는 세상이라니 얼마나 놀라운 일인지. 몽테뉴나 휘트먼은 우리가 만들어낸 윤리적 곤경 앞에서 그저 눈만 껌벅거릴 것이다. 월트 휘트먼은 1855년에 "나는 몸의 전기를 노래하네"라고 썼다. 단순한 말장난이 아니라 전기라는 유용한 발명품에서 영감을 얻은 구절이었다. 휘트먼은 훗날 그 전기로 가로등, 전화, 전차, 발전기가 작동하는 광경도 보게 된다. 그는 기술의 세상에서 겁먹지 않은 최초의 미국 시인이었고, 증기기관이나 철도 같은 동시대의 발명품을 즐겨 칭송했다. 미국적 삶을 예찬한 서사시집 『풀잎』에서는 자신을 살아 있는 전선으로, 자연의 것이든 발명된 것이든 인간의 것이든 광물의 것이든 지구의 모든 목소리를 매개하는 중계소로 묘사했다. "내 온몸에는 순간 전도체들이 있어…… 그것들은 모든 물체를 붙잡아서 내 몸속을 아무런 해 없이 통과시키지. ……내 살과 피가 일으키는 벼락은 나 자신과 전혀 다르지 않은 것을 내리치네."

전기의 발명은 휘트먼을 비롯한 시인들에게 섬광과도 같은 은유의 언어를 안겨주었다. 그것은 영감처럼 번득이는 불빛이었다. 예언자의 통찰처럼 어둠을 밝혔다. 섹스처럼 육체를 짜릿하게 만들었다. 생명처럼 날것의 물질에 에너지를 불어넣었다. 휘트먼은 확신에 차서 "나는 몸의 전기를 노래하네"라고 선언했지만, 그런 그도 우리 몸의 세포들이 정말 전기를 발생시킨다는 것, 심장박동의 조절 기능이 전기신호에 의존한다는 것, 뇌에서 수십억 개의 신경돌기가 하나하나 (약 60와트 전구에 맞먹는 양의) 전하를 띠고 있다는 것은 몰랐다. 그 자신이 자연의 힘이라는 사실은 모르는 채, 휘트먼은 전기의 광범위한 적용 영역과 강력한 힘에 감탄하기만 했던 것이다.

그러나 나는 그런 휘트먼도 나노기술의 최근 업적에는 틀림없이 충격을 받으리라고 생각한다. 꿈의 섬유라고 불리는 '그래프엑서터'는 어떤가.* 가볍고 유연하고 투명한 이 전도성 재료는 컴퓨터나 휴대전화를 옷으로 걸칠 수 있도록 만들어줌으로써 전자 제품 업계를 혁신

* 엑서터 대학의 연구진이 발명한 그래프엑서터는 현재까지 개발된 전도성 물질 가운데 제일 가볍고 투명하고 유연하다.

할 것이다. 충전은 자동으로 된다. 나노 규모 발전기들이 압전효과를 활용해서* (따로 감아줄 필요 없이 수정시계가 알아서 재깍거리는 것이 이 효과 덕분이다) 인체가 일상적으로 뻗고 뒤트는 움직임을 전기로 변환해주기 때문이다. 최근 노스캐롤라이나 웨이크포리스트의 공학자들은 '파워펠트'라는 나노튜브 섬유를 발명했는데, 이 섬유는 실온과 체온의 차이로부터 전기를 생성한다. 장차 우리는 노트북을 청바지에 꽂아서 켜고, 휴대전화를 주머니에 넣어서 충전할 것이다. 그때는 우리 몸의 세포들만 전기로 자글거리는 게 아니라 옷들도 끼어들 것이다.

엄연한 전기제품이 된 옷은 비행기의 전자 기기, 심장박동 조절기, 공항의 보안 모니터, 뇌세포의 신호 전달을 교란할까? 폭풍우 속에서 전기 코트를 입고 있으면 목덜미의 털이 쭈뼛 솟고 벼락에 맞을 확률이 더 높아질까? 언젠가 심야 토크쇼 진행자들이 전기 속옷에 대해 농지거리하게 될까? 사람들은 공항 대기실에서 충전 기둥에 매인 채 서성이게 될까? 번쩍이는 네온사인 광고, 인용구, 디자인을 몸에 걸치는 것이 유행할까? 애인 이름을 형광 문신처럼 새기고 다니는 건?

물론 전기는 펄떡이는 매력을 잃은 지 오래다. 뻔히 드러난 곳에 숨은 것들을 알아채기란 어려운 법이고, 그것이 아예 눈에 보이지 않을 때는 더욱더 그렇다. 우리는 이제 전기를 당연하게 여기며, 전깃불이나 기기를 껐을 때는 아예 의식조차 하지 않는다. 그러나 전기의 유령은 우리 주변의 벽에 늘 머문 채, 우리를 휘감는 커다란 고리를 돌면

* 다시 말해 결정을 이용해서 역학적에너지를 전기로 전환하거나 전기를 역학적에너지로 전환해서.

서 지글거리고 있다. 당신의 집에 콘센트가 있다면, 언제든 박동할 준비가 된 초소형 벼락을 늘 곁에 두고 있는 셈이다. 스위치를 탁 올리면 방안 가득 대낮의 빛이 흘러넘치고, 스위치를 탁 내리면 밤이 철문처럼 검게 내리닫힌다. 고대 로마인들은 천연 온천 주변에 목욕탕을 짓곤 했는데, 요즘 우리는 집안에 소형 전기 온천을 마련하고서 그것으로 세탁하고 목욕물을 데운다. 전자시계는 잠든 우리를 늘 굽어보고, 전기난로는 우리를 따뜻하게 지켜주며(가스나 기름을 쓰는 난방기라도 점화할 때는 전기 불씨를 사용한다), 선풍기와 에어컨은 우리를 시원하게 해준다. 여름마다 우리는 전기 이글루 속에서 산다.

최근 우리가 숨쉬는 공기마저 '조절'하고 향을 가미하는 것은 얼마나 인류세다운 일인지. 인류 역사 중 대부분의 기간에 우리는 주변에 있는 공기를 가리지 않고 마실 뿐이었다. 땅에 매장된 석유 때문에 가스가 그득한 공기든, 해변에서 불어와 짠내가 물씬 나는 공기든, 자연이 배달해준 것을 그냥 마셨다. 산업혁명 이전까지 우리의 모든 이웃이 비슷한 공기를 마셨다. 그러나 지금은 제 몸을 드나드는 공기를 맞춤 제작한다. 이웃들은 제가끔 자기 집 공기가 좀더 따뜻하기를, 좀더 시원하기를, 향기가 나기를, 좀더 습하기를, 암모니아나 표백제 냄새가 나기를, 자외선으로 소독되기를, '오존이 가미된' 전구로 정화되기를 바란다. 우리는 공기마저 개인화한 것이다!

그리고 우리는 이런 일을 전혀 이상하게도 부자연스럽게도 여기지 않는다. 전기가 나가지 않는 한 의식조차 못하고 지내지만, 그러다가 정말 전기가 끊기면 우리 몸속 세포들의 전기가 나가서 접속이 끊긴 것처럼 느낀다. 접속이 끊겼다는 표현은 정전을 가리킬 때도 쓰고, 정신적 소외를 가리킬 때도 쓴다.(실제로 우리 내면의 전력망에서 퓨즈가 무수히 끊어진 듯한 느낌이 들지 않는가.) 우리도 결국에는 전기인 셈이다. 평소에는 감지할 수 없을 만큼 미세한 전기 충격이 늘 발생하는 곳, 전기신호가 꼭 산양처럼 세포에서 세포로 펄쩍펄쩍 뛰는 곳—그게 바로 우리다. 뇌의 전보인 전기는 거의 즉각적으로 전달된다. 등의 신경이 꼬집히면, 그 순간 곧바로 피부에 칼날들이 박힌 것처럼 따끔하다. 목의 신경이 꼬집히면, 그 순간 곧바로 작은 전기충격기가 작동한 것처럼 느껴진다. 반면에 성적인 짜릿함과 따끔함은 멋진 쾌락으로 느껴진다. 아나이스 닌의 말마따나 그것은 "전기 같은 육체의 화살들"이다.

전기는 분자들의 줄다리기 현장으로, 생명체는 세포 각각에 들어 있는 전기 펌프 없이는 존재하지 못한다. 펌프는 칼륨 이온들과 나트륨 이온들이 세포를 들락날락하며 작동하는데, 나트륨이 쫓겨나면 그 대신 얼른 칼륨이 들어오고 칼륨이 밀려나면 나트륨이 밀고 들어오는 식으로 파도를 일으킨다. 이온들은 팔 하나로 곡예를 부리는 사람이 던진 공처럼 번갈아 하늘을 난다. 균형이 깨졌다가 회복되었다가 다시 무너진다.

우리에게는 너무 '흔들거리고' '비뚤거리고' '휘청거리는' 것을 저어하는 마음이 있다. 누군가를 두고 '불안정하고' '위태롭고' '불균형한' 사람이라고 비난하기도 한다. 그러나 가장 게으른 사람조차도 세포 깊은 곳에서는 늘 균형을 잃었다가 되찾으며 살아간다. 몸속 전기는 결코 차분하게 흐르지 않는다. 그런 우리가 인생에서는 변화를 배척하고 영속적인 상태를 갈망한다는 건 참 얄궂은 일이다. 실은 어떤 생명체도 죽기 전에는 그런 상태를 달성하지 못하는데 말이다. 우리는 끊임없이 넘어지고 그러다가도 폭삭 엎어지기 직전에 용케 추스르기를 반복하면서 살아가는 존재들이다.

현대 건물에서 언제 어디서나 전기가 유령처럼 돌아다니듯이, 디지털 기술도 곧 그럴 것이다. 디지털 기술은 벽에 매설되고, 바닥에 흐르고, 우리 주변과 몸 위에서 슬며시 돌아다닐 것이다. 우리는 그것으로 몸을 완전히 감싸고 그 속에서 헤엄칠 것이다. 이미 우리 삶에 편입된 자연의 전기나 인공의 전기와 마찬가지로, 우리는 언제 어디서나 우리 아래에 위에 속에 떠 있는 디지털 기술의 클라우드(데이터서버네트워크)를 의식하지 않게 될 것이다. 뇌는 익숙한 것을 즐긴다. 자동조종 상태를 좋아한다. 그러면 세부적인 사항은 대충 넘어가고 다른 새로운 것에 주의를 쏟을 수 있기 때문이다. 어느 여름에 '오시코시 에어쇼'를 구경하러 간 적이 있다. 오래된 복엽기의 날개 위를 걷는 곡예사가 처음 등장했을 때, 수천 관중은 놀라서 일제히 굳은 채 헉 숨을 들이마셨다. 곡예사가 두번째로 등장했을 때도 감탄하는 시선이 제법 모였다. 그러나 세번째가 되자 놀라울 정도로 많은 사람이 심드렁해했다. 사람들은 별 반응 없이 계속 돌아다니고, 잡담하고, 쇼핑했다. 사람들의 뇌가 투덜거리는 소리마저 들리는 듯했다. '아, 또 저거야, 또 날개 위를 걷는 묘기야.' 참신한 것이 눈에 띄지 않는 것으로 전락하는 데는 그다지 오랜 시간이 걸리지 않는다. 그러나 바로 그것이야말로 우리가 흥분되는 신기술에 바라는 바가 아닐까? 신기술이 삶에 스며들어 눈에 띄지 않게 되는 것, 그래서 삶이 좀더 수월해지고 즐거워지는 것 말이다.

우리는 디지털 거품 속에서 사는 데 금세 익숙해질 것이다. 뇌-컴퓨터 인터페이스를 통해 집안 기물과 접속할 때 명령을 내리기 위해 뇌가 골똘히 집중해야 한다는 건 좀 다른 문제지만 말이다. 그러나 만일 그렇더라도 습관은 무서운 법. 우리는 귀가했을 때 대문 비밀번호를 자동으로 떠올리고, 문지방을 넘고, 손을 휘둘러 방의 불을 켜고, 그러면서도 내내 딴생각을 할 것이다. 머릿속으로는 태양열 지붕널이 지붕에 쌓인 얼음을 녹일 거라고 예상하면서, 마음속으로는 그날 직장에서 받은 모욕이나 학교에서 맞은 퇴짜로 근심하고, 저녁식사를 기대하고, 괜찮은 남자나 여자를 몽상하고, 동시에 뇌의 어느 뾰족한 덤불에 걸렸는지 좀처럼 떨어지지 않고 맴도는 한심한 노랫가락을 듣고 있을 것이다.

세균을 물리치려고 은나노재킷을 입힌 병원 의자든, 투명 망토든, 다 쓰고 나면 자연 분해되는 전자 제품이든, 어떤 종류의 표면에도 붙이거나 바를 수 있는 얇고 유연한 태양열판이든, 미래 나노기술의 전조는 우리 눈에 뻔히 보이는 곳에 명백히 새겨져 있다.(그 글자를 읽으려면 현미경이 필요하겠지만.) 그리고 섬세한 균형을 구축하고 있는 지구 생명의 차원에서 보면, 이 세상은 결국 아주아주 좁은 곳일지도 모른다.

자연, 픽셀화한

뉴욕 주 북부의 겨울. 너무 추운 아침이라, 발밑의 땅에선 얼음 결정들이 날카로운 지느러미를 비벼대면서 시끄럽게 끽끽거린다. 나무들은 장갑을 끼고도 꽁꽁 언 손가락들을 펼치고 있다. 늙은 플라타너스 둥치에서 뭔가가 이쪽에서 빼꼼 저쪽에서 빼꼼 모습을 보이면서 나무를 오르고 있다. 동고비가 동면하는 곤충을 찾아 지그재그로 나무를 타는 모습이다. 까마귀 한 마리가 머리 위를 선회하다 내려앉는다. 소낙눈이 시작된다. 그러자 까마귀는 공중으로 날아올라 날개를 비스듬히 기울이고 눈송이를 잡아채 목을 축인다. 어쩌면 재미로 그러는 것일지도 모른다. 까마귀는 장난기가 많은 녀석들이니까.

길 저편을 돌아나오는 또다른 생물체가 시야에 들어온다. 여자아이다. 장갑도 안 낀 손가락으로 손에 쥔 어떤 기기에 잽싸게 문자를 입력하면서 깔깔 웃고 있다. 이런 광경은 너무 흔하기 때문에 나는 이제 놀라지 않는다. 그래도 어느 날 큰 공원을 산책하다가 정말 많은 사람이

고개를 숙인 채 걷는다는 사실, '폰'으로 통화를 하느라 겨우 코앞만 멍하니 응시한 채 걷는다는 사실을 깨달았을 때는 좀 놀랐다.

인류세인 오늘날 우리는, 끈적끈적하고 털이 보송보송하고 질척질척하고 따끔따끔하고 냄새가 나고 씨앗이 톡톡 터지고 꽃가루가 폴폴 흩날리는 자연이 디지털이라는 사실을 전혀 이상하게 여기지 않는다. 자연은 기기 속에 자리잡은 채 우리의 손가락에 떼밀리고, 타인들과 공유된다. 우리는 역사상 처음으로 자연을 주로 매개 기술을 거쳐서 경험하는데, 그 매개 기술은 역설적으로 세부를 더 풍성하게 보여주면서도 감각 경험은 더 단조롭게 만든다. 뇌는 극도로 시각적인데다가 새로운 것을 사랑하기 때문에, 우리는 전자 미디어에 갇힌 환각에 홀딱 빠지고 말았다. 그 때문에 시간이 흐르면 뇌의 반구 균형이 바뀔까? 그래서 우리에게 극적인 영향이 미칠까? 우리는 스스로 만들어낸 뒤 의존하게 된 물체를 통해서 자신의 진화에까지 영향을 끼칠까?

요즘 사람들의 뇌가 선사시대 선조들의 뇌와 다르진 않을 것이다. 그러나 이제 우리는 그 뇌를 다른 방식으로 사용하고, 21세기의 요구에 맞추어 재배선한다. 옛 네안데르탈인에게는 오늘날 현대인이 갖춘 여러 정신적 재주가 없었을 텐데, 현대인의 그 재주는 수많은 기술과 집착으로부터 얻은 것이다. 이를테면 레이저메스를 휘두르고, 차로 드라이브를 하고, 컴퓨터와 아이폰과 아이패드의 디지털 바다를 항해하면서. 스스로 끊임없이 증폭 편집 해체 개조하는 세상에서 늘 새로운 과제를 완수하려고 훈련한 결과, 뇌는 세대를 거칠수록 신경망을 변경하고, 뇌 회로의 배선과 뇌신경의 발화를 진화시킴으로써 어떤 행동은 예전보다 더 내세우고 어떤 행동은 폐기하게 되었다.

우리 뇌는 연습 부족으로 말미암아 차츰 말발굽 흔적을 읽는 법, 화살 제작에 알맞은 부싯돌을 고르는 법, 불을 지피고 운반하는 법, 동식물을 시계 삼아 시간을 읽는 법, 지형지물과 별을 보고 방향을 찾는 법 같은 정신적 지도를 잃었다. 선조들은 우리보다 관찰력이며 주의력 면에서 더 뛰어났다. 바로 그 힘에 그들의 삶이 달려 있었으니 그래야만 하기도 했다. 반면에 오늘날 그런 식으로 사사건건 주의하며 산다는 건 의식적으로 꽤 노력해야 하는 성가신 일일 것이다. 점점 더 많은 사람이 화면으로만 글을 읽는다. 여러 연구에 따르면 그럴 경우 인쇄지로 읽을 때보다 정보를 46퍼센트 더 적게 습득하게 된다고 한다. 이유는 분명하지 않다. 정신을 교란하는 요소가 많아서 집중 시간이 짧아지는 탓일까? 화면의 불빛이 기억을 방해하는 걸까? 화면으로 동물을 보는 경험 역시 실제로 보는 경험과는 다르다. 우리가 화면에서 보는 것은 사실 동물이 아니라 인광을 내며 깜박이는 30만 개의 작은 화소일 뿐이다. TV 속 사자는 우리 뇌가 명멸하는 화소들의 패턴을 차근차근 하나의 이미지로 구성해내야만 비로소 존재할 수 있다.

요즘 대학생들은 20년 내지 30년 전 학생들보다 감정이입 능력에 대한 점수가 40퍼센트 정도 더 낮게 나온다. 이는 소셜미디어가 대면 접촉을 대체한 탓일까? 인류 역사상 사람들 간의 연결성이 가장 높았던 사회는 오늘날의 사회가 아니라 인류가 작은 부족을 이뤄 살아가던 사회였다. 요즘도 우리의 세포와 본능은 그런 소속감을 갈구하고 추방을 두려워한다. 선조들에게 부족의 보호 없이 홀로 야생에서 살아간다는 것은 거의 확실히 죽음을 뜻했기 때문이다. 사회성이 뛰어난 사람은 살아남아서 유전자를 후대에 전달했고, 우리는 요즘도 그 본능에 따라서 소셜미디어에 모여든다. 소셜미디어는 우리를 하나의 방대한 다문화 부족과 이어준다. 그 연결이 늘 개인적인 것만은 아니지만 말이다.

우리의 발명들은 육체적으로나 정신적으로나 우리를 재발명했다. 아이가 문자메시지를 많이 보내면, 뇌 지도에서 엄지를 담당하는 자리가 넓어진다. 요리가 발명되기 전에 우리 이는 날카롭고 강했지만 지금은 좀더 뭉툭하고 약해졌다. 값싸고 간단한 발명도 강력한 촉매가 될 수 있다. 가죽 말등자라는 단순하기 그지없는 발명품은 전쟁을 부추겼고, 제국의 몰락을 거들었고, 11세기 영국에 낭만적인 '궁정식' 연애 관습을 선사했다. 등자가 없던 시절에는 기수가 말에서 활이나 창을 휘두르다가 땅으로 떨어지기 일쑤였다. 그러나 등자가 측면 안정성을 더해주었기 때문에 군인들은 창을 안정적으로 겨눈 채 돌진하는 기술을 익힐 수 있었으며, 말에 올라 창을 표적까지 들고 내달리는 모습은 적의 공포를 자아냈다. 이처럼 전문화된 방식으로 싸우게 되자 무기와 갑옷을 잘 갖춘 귀족 전사 계급이 등장했고, 그런 기사들을 재정적으로 후원하는 방편으로 봉건제가 생겨났으며, 기사들의 기사도와 궁정식 연애가 서구 사회를 점령했다. 정복왕 윌리엄 1세는 1066년 헤이스팅스싸움에서 수적으로는 열세였지만 기마전을 활용한 덕분에 영국을 손에 넣었고, 그럼으로써 등자와 궁정식 연애의 낭만에 푹 빠져 있던 봉건사회를 영국에도 도입했다.*

농부들은 단순히 땅을 가는 고된 노동을 약간 더는 수준을 넘어선 쟁기와 마구를 개발함으로써 콩류를 삼모작 작물로 심을 수 있었고, 단백질이 풍부한 콩류는 뇌를 강화해주었다.** 어떤 역사학자들은 중세

* Lynn White Jr., *Medieval Technology and Social Change* (London: Oxford University Press, 1962) 참조.

** Jared Diamond, *Guns, Germs, and Steel: The Fates of Human Societies* (New York: W. W. Norton, 1997) 참조.

암흑기 말에 이루어진 이러한 뇌 발달이 르네상스를 연 요인이었다고 믿는다. 사람들은 또 선체를 개량한 덕분에 이국의 물품과 발상을 여러 대륙으로 퍼뜨릴 수 있었고, 더불어 해충과 질병도 퍼뜨렸다. 전기 덕분에 우리는 여태 눈에 보이지 않는 나라로 여겨왔던 컴컴한 밤의 세계에서도 살 수 있게 되었다. 여러분도 익히 알겠지만 토머스 에디슨은 과거의 촛불이나 가스등 등불을 개량한 것뿐이다.

발명은 사람들의 마음을 바꾸는 데 그치지 않는다. 뇌의 회색질과 백색질도 변형한다. 뇌를 재배선하여 과거와는 다른 방식으로 살고 문제를 풀고 적응하도록 돕는 식이다. 그 과정에서 새로운 생각들이 펼쳐지고 세계관이 바뀐다. 원자폭탄이 전쟁, 외교, 도덕성에 관한 논쟁을 얼마나 크게 바꿔놓았는지 떠올려보자. 텔레비전은 전쟁과 재난을 거실로 배달해주었고, 자동차와 비행기는 휴식에서 유전자 풀까지 모든 영역을 더 넓혀주었고, 휴대용 물감은 회화를 진화시켰으며, 인쇄기는 생각을 더 널리 확산시키고 지식을 더 널리 공유할 수 있도록 해주었다. 이드위어드 머이브리지가 발명한 활동사진은—말이 달리는 모습이나 사람이 멀리뛰기 하는 모습을 연속적으로 찍은 사진들은—해부학적 구조와 일상적 동작에 관한 이해를 일깨워주었다.

혹은 타자기의 발명이 여성들의 삶을 얼마나 바꿔놓았는지 떠올려보자. 덕분에 수많은 여성이 가정을 벗어나서 품위 있는 비서 일을 할 수 있었다. 여자의 민첩하고 섬세한 손가락이 자판을 누르기에 더 적합하다는 통념 때문에 주어진 기회이긴 해도, 어쨌든 여자들은 이른바 노동시장에 나섬으로써 투표권 같은 대담한 주장도 과감히 할 수 있었다. 비교적 저차원 기술인 자전거조차 여성의 삶을 바꿔놓았다. 자전거 안장에 앉을 때는 블루머를 입으면 편했는데—다리의 존재 자체 외에는 아무것도 보이지 않을 만큼 한껏 부푼 바지였건만—그 복장은 사회적 물의를 일으켰다. 여성들은 자전거를 타려면 '끈으로 옥죈' 숨막히는 코르셋도 벗어야 했다. 이를 괘씸하게 여긴 사람들이 있었기 때문에, '느슨한 여자'라는 표현은 도덕관이 '의심스러운' 여성을 가리키는 표현이 되었다.

옛날 옛적에 우리 뇌에서 언어 영역이 자라났던 것은 언어라는 구깃구깃한 화폐가 목숨을 구하는 데 도움이 된다는 사실을 우리가 깨달았기 때문이다. 더구나 그것은 자극적이고 매력적이고 재미있었다. 언어는 인간의 깃털이자 발톱이 되었다. 남들보다 좀더 수다스러운 사람이 유전자를 후대에 더 많이 전달하여 후손 역시 수다스러웠다. 언어가 필수적이었던 데 비해 읽고 쓰기의 발명은 순수한 사치였다. 아이들이 글을 배울 때 얼마나 고생하는지 보노라면 읽고 쓰기가 인간이 가진 최고의 도구일지언정 본능은 아니라는 사실을 알 수 있다. 내가 능숙하게 읽는 법을 배운 것은 대학에 들어가고 나서였다. 뇌를 독서에 맞게 미세 조정하려면 오랜 연습이 필요하다. 꼭 독서가 아니라 다른 무엇이라도 그렇다.

근시나 원시는 줄곧 유전으로 여겨졌지만, 요즘은 아니다. 미국에서는 이제 전체 성인의 3분의 1이 근시이고 유럽에서도 근시 인구가 치솟고 있다. 아시아에서 그 수는 이미 어마어마하다. 최근 상하이의 학생들과 서울의 젊은이들을 대상으로 시력을 검사한 결과, 95퍼센트가 근시였다. 캔버라에서 오하이오까지 세계 어디에서나 이처럼 근시가 넘친다. 나무만 보고 숲을 보지 못하는 세대가 도래한 것이다. '도시안眼'이라고도 불리는 이 고질병은 너무 장시간 실내에서 쪼끄만 화면을 들여다보기 때문에 생긴다. 안구는 형태와 길이를 바꿈으로써 시각을 조절하는데, 멀리 있는 것을 보려면 눈을 찌푸려야 하는 사람에게는 이것이 어렵다. 아이들의 눈이 정상적으로 성장하려면 야외에서 놀아야 한다. 늙은 히커리 우듬지에 지어진 다람쥐 집이 바람에 어떻게 흔들리는지 바라보다가 문득 시선을 떨구어 풀잎의 잎맥을 들여다보다가 하면서 말이다. 저기 뜰 아래쪽에 웅크린 갈색 덩어리가 야생 칠면조야, 아니면 바람에 날려온 국화야?

과거에 인류가 무리를 지어 시냥하고 채집하면서 생존을 위해 고군분투했을 때, 그들의 눈은 가까운 곳에서 벌어지는 실랑이도 저멀리 피어오르는 먼지도 또렷하게 볼 수 있을 만큼 민첩했다. 자연광, 주변시, 멀리보기, 풍부한 비타민 D, 눈앞에 늘 존재하는 지평선, 이동중에 시시각각 주어지는 시각적 피드백 등이 그들의 눈을 형성했다. 그들은 부싯돌을 치고 화살촉을 깎고 가죽을 벗기고 꿰매는 등 물건을 코앞에 대고 여러 작업을 수행했지만, 그런 일을 온종일 하진 않았다. 사물을 코앞에 두고 작업하는 일이 일상을 점령하게 된 것은 아주 최근의 변화이며, 인류세의 특징 중 하나다. 우리는 좀더 근시안적인 종으로 진화하는 중인지도 모른다.

'구글'이 기억력에 오싹한 영향을 미친다는 연구 결과들도 있다.* 우리는 온라인에서 찾아볼 수 있는 정보라면 뭐든지 좀더 쉽게 잊고, 정보 자체가 아니라 온라인 출처를 기억하는 편이다.

옛 부족사회의 인간들은 직접 만나서 음식, 전문 지식, 기술, 생각, 감정을 나눴다. 좋은 눈으로 날씨, 지형, 동물을 관찰하고 그 내용을 교환하는 일은 일상적으로 목숨을 부지하는 데 도움이 되었다. 요즘

* 컬럼비아 대학 심리학자 벳시 스패로가 수행한 네 가지 연구에서 확인된 결과다.

은 인구가 너무 많아서 모두 모닥불가에 둘러앉기는 번거로우니, 차선책은 전자 모닥불이다. 우리는 공간에 대한 개념을 달리하여 인터넷을 사람들이 좋아하는 술집으로 바꿔놓았다. 그 만남의 장소에서 우리는 지식과 비법을 교환하고 장래의 짝을 만난다. 정보는 빠르게 여과 없이 공유되고 엉성하다. 우리 신경계는 그런 데이터의 흐름 속에서 살아가고 있으며, 과거 긴 시절과 달리 주변 환경의 영향뿐 아니라 추상적이고 가상적인 영향도 받고 있다. 이 상황은 우리의 현실감각을 어떻게 바꿔놓았을까? 우리는 뇌가 없이는 실재할 수 없는데, 뇌를 가상 세계에 연결하면 그 세계가 실재가 된다. 육체는 물리적 공간에 남아 있더라도 뇌는 가상의 공간을 여행한다. 아무 곳도 아니면서 동시에 모든 곳인 공간을.

어느 아침, 나는 조류를 관찰하는 친구 몇 명과 함께 샙서커 숲 조류 보호구역에서 청왜가리 두 마리가 소란스러운 새끼 다섯 마리를 먹이는 모습을 한 시간 동안 지켜보았다. 그곳은 왜가리가 둥지를 틀기에 완벽한 장소다. 플러시 천 같은 초록 연못 위로 참나무가 쓰러져 있고, 사냥할 수 있는 얕은 늪이 있고, 작은 물고기와 개구리가 가득한 살아 있는 식료품 저장고도 있다. 생후 몇 주밖에 안 된 새끼들은 보송보송하고 식욕이 넘친다.

어미와 아비는 번갈아 먹이를 물어 나르는데, 한 마리가 돌아올 때마다 새끼들은 나무 캐스터네츠처럼 시끄럽게 딱딱거리며 부리를 쫙쫙 벌리고 서로 밀친다. 그중 한 마리가 어미의 부리를 가위처럼 물어서 독차지한 뒤, 어미의 목에 든 물고기가 밖으로 쓸려나올 때까지 꽉 잡고 있는다. 다른 새끼들은 녀석을 덮쳐 속기사가 타이핑하듯이 쪼아

대면서 반쯤 삼켜진 물고기를 훔치려 든다. 그러나 이미 너무 늦었을 때는 어미의 부리를 물어서 다음 물고기를 내놓으라고 요구한다. 형제자매 간의 경쟁이 이토록 노골적으로 드러나는 경우는 좀처럼 보기 어렵다. 그 모습에 우리는 손주들을 아끼는 조부모처럼 웃으면서 속살거린다.

결국 어미가 다시 사냥하러 떠난다. 새끼들은 조용해져서 낮잠을 자거나, 시험 삼아 날개를 펼쳐보거나, 목에 늘어진 주머니를 펄럭거린다. 솜털 위로 진짜 깃털이 덮이기 시작한 참이다. 착륙하는 비행기가 하늘에서 굉음을 내자, 새끼들은 카고컬트* 신자들 내지 익룡이 던져주는 먹이를 기다리는 녀석들처럼 부리를 하늘로 치켜든다. 우리는 녀석들의 재롱을 온종일도 볼 수 있다.

나는 이 청왜가리 애호가 모임에서 신참인데, 일부 회원들은 4월부터 매일 둥지를 방문하며 변화를 기록하고 있다. 누군가 말한다. "다른 일을 많이 제쳐둬야 했어요. 하지만 당연히 내 의지로 그런 거죠. 이건 너무 귀하고 멋진 기회니까요." 다른 사람이 대꾸한다. "일? 일할 시간이 어딨어요?"

과연 그렇다. 조류보호구역은 살아 있는 나무와 쓰러진 나무, 청둥오리, 명금류, 붉은꼬리말똥가리, 큼직한 도가머리딱따구리, 그리고 샙서커(수액빨이딱따구리)라는 이름답게 노란배수액빨이딱따구리로 구성된 풍요로운 모자이크다. 캐나다기러기들은 (말 그대로) 차들을 멈춰세운다. 어른 기러기들은 건널목 안전지킴이로 행세한다. 이곳은 늘 매혹적인 초록 저택이다.

* 남태평양 일부에서 비행기나 배로 실어오는 화물을 메시아로 숭배하는 종교.—옮긴이

그러나 사실 우리가 진짜 그 숲에 가 있는 것은 아니다. 우리는 둥지 근처에 고정된 두 대의 생방송 웹캠 영상을 보면서, 그 옆의 트위터처럼 빠르게 스크롤이 내려가는 채팅 창에서 대화를 나누고 있다.(지금까지 150만 명이 넘는 사람이 이 페이지를 방문했다.)

우리는 가상으로 연못에 가 있다. 진흙, 땀, 모기는 없다. 옷을 갖춰 입지 않아도 되고, 간식이나 말을 나눌 필요도 없다. 어떤 사람은 커피를 마시면서 쉬는 중일 수도 있고, 수업중이나 업무중에 디지털 무단이탈을 감행한 것일 수도 있다. 우리가 볼 수 있는 건 클로즈업으로 찍은 왜가리 둥지뿐이지만, 만일 우리가 직접 방문했더라면 놓쳤을 선물이다. 카메라는 두어 주 뒤면 물고기 잡는 법을 배우는 새끼들을 따라다닐 것이다.

요즘은 이런 식으로 시간을 보내는 게 별난 일이 아니다. 갈수록 많은 사람이 이런 방식으로 자연을 감상하는 것을 선호한다. 나는 클릭 한 번으로 이 못지않게 매력적인 다른 수많은 웹사이트에서 타란툴라 캠, 미어캣 캠, 장님쥐 캠, 아니면 스물네 시간 방송되는 판다 캠을 선택할 수도 있다. 수천만 명씩 방문하는 사이트도 있다. 온라인으로 세계를 돌아다니면서 카메라의 존재를 의식하지 못하는 야생동물을 우표만한 크기로 구경하는 것은 궁극의 사실주의 영화라 해도 좋을 것이다. 그러나 이렇게 본 동물들은 약간 이상하게 쪼그라들어 있고 납작하며 다들 우리보다 더 작아 보인다. 그래도 나는 야생에 나가서도 실제로는 결코 볼 수 없을 동물을 관찰하기 위해서 가상 자연에 의존한다. 아브라카다브라! 주문 한번에 컴퓨터 마우스는 마술봉이 되고, 화면에는 오스트레일리아의 야생동물 구조자들이 부모 잃은 웜뱃을 먹이는 장면이 떠오른다. 아니면 구글어스에 올라온 308장의 소떼 사진을 구경하면서 소떼는 일기에 무관하게 늘 북쪽이나 남쪽으로만 향하는 경향이 있다는 사실을 알게 될 수도 있다. 어쩌면 소들은 지구자기장을 감지할 수 있기 때문에 아무리 짧은 거리를 다닐 때라도 그 방향에 의지하는지도 모른다. 가상 자연은 다른 방식으로는 우리 시야를 벗어날 법한 장면과 통찰을 제공하고, 자연에 대한 갈망을 충족시켜준다. 그 갈망은 우리의 행복에 너무나 중요하기 때문에, 우리는 늘 자연에 접속해야 한다고 느끼며 최면에 걸린 듯 몰입하게 된다.

이런 방식으로 세상과 접촉하는 것이 일상이 되면 어떨까? 지금은 우리가 자연으로 가는 것이 아니라 자연이 우리에게 온다. 작고 환한 화면으로 온다. 우리는 매혹적인 산길을 직접 걷지 않고, (자연에 방해가 되지 않으려고) 음을 소거한 카메라를 뒤따르지 않으며, 어떤 즐거움 내지 위험이 맞아줄지 모르는 채 우리보다 더 오래되고 더 큰 힘에 압도된 기분을 느끼면서 발 닿는 대로 다니지도 않는다. 자연과 함께 있되 자연 속에 있진 않는 것, 이는 극단적으로 새로운 존재 방식이며, 우리는 그 영향으로 달라질 수밖에 없다.

〈마이크로코스모스〉 〈위대한 비상〉 〈플래닛 어스〉* 〈펭귄—위대한 모험〉 〈식물의 사생활〉 같은 영화와 TV 다큐멘터리는 무수히 많은 시청자를 자극하고 매료하며, 환경에 대한 염려를 은근히 거실까지 끌어들인다. 우리는 자연 서식지에 있는 동물들의 모습을 주로 그런 프로그램을 통해서 본다. 그러나 그때 동물들은 실제보다 더 작고 납작해 보이며, 광고로 간간이 중단되고, 내레이션이 덧씌워지고, 심한 편집을 거치며, 간혹 일부러 꾸민 드라마가 추가되기도 한다. 풀과 똥과

* 국내에서는 '살아 있는 지구'라는 제목으로 방영되었다.—옮긴이

피가 섞인 자극적인 냄새, 파리와 매미가 앵앵거리는 소리, 키 큰 풀을 훑으며 바스락거리는 바람, 차오르는 땀, 사포처럼 까칠한 햇볕—이런 중요한 감각적 피드백은 전부 사라진다.

방금 나는 유튜브에서 남극의 빙산들이 떨어져나가는 광경을 보았다. 그러나 그 장대한 크기, 소리, 색깔, 파도, 파노라마는 느껴지지 않는다. 제일 의아한 것은 빙산들이 선명하지 않게 보인다는 점이다. 예전에 운좋게 남극을 방문했을 때, 놀랍게도 공기가 지극히 깨끗해서 광채가 또하나의 색깔처럼 느껴졌다. 그곳에서는 더 멀리까지 볼 수 있었다. 어떤 빙산은 속에 공기가 얼마나 많이 갇혀 있느냐에 따라 다양한 파스텔 색깔을 띤다. 그리고 빙산들은 서로 마찰하면서 고래의 노래처럼 으스스한 소리를 낸다. 얼음 사막에 지나지 않은 곳이 많은 건 사실이지만 생명이 넘치는 곳도 많다. 바삐 움직이는 바다표범, 고래, 펭귄, 또다른 여러 새들, 유빙과 분리되는 빙하 등을 훑노라면 전경에서도 후경에서도 너무나 많은 드라마가 펼쳐져서 꼭 팝업북 속에 들어온 것 같다. 빙산을 온라인이나 아이맥스 극장에서 화려한 자연 영화로 감상하는 것은 감동적이고 교육적이고 여러 생각을 일으킬 수 있다. 그러나 실제로 보는 것과는 달라도 한참 다른 경험이다.

지난여름, 백화점 쇼윈도 안 작은 화면으로 한 서퍼가 캘리포니아에서 파도를 타는 장면을 구경한 적이 있다. 하이힐을 신고 줄무늬 정장을 입고 머리를 공들여 손질한 행인들은 별것 아닌 그 화면만으로도 최면에 걸린 듯, 서퍼를 왜소하게 보이게 만드는 굽이치는 바다와 휘감는 파도에서 눈을 떼지 못했다. 한편 선조들이 동굴 벽에 동물을 그리고 나무와 뼈로 동물을 조각했던 것처럼 우리는 집을 동물 무늬 벽지와 디자인을 선택해 장식하고, 아이들에게 동물 봉제 인형을 쥐여

주고 동물 만화를 안겨주며 동물 이야기를 읽어준다. 『박쥐 시인』 『벨벳 토끼 인형』 『이솝 우화』 『버드나무에 부는 바람』 『아기 토끼 버니』 『샬럿의 거미줄』 같은 동물 이야기들이 우리 삶에서 늘 꽥꽥거리고 쿵쿵거리고 가르랑거린다. 이런 근사한 책들을 나는 어른이 되어서야 읽었는데, 그때 내 안의 어른도 아이도 완전히 사로잡혀버렸다. 사람들은 서로를 동물 이름*으로 부르고, 동물 무늬 옷을 입고 다니면서 이런 저런 화면에 클로즈업되는 동식물에 눈길을 던진다. 동물을 숭배하거나 사냥하진 않지만 물리적으로나 정신적으로나 여전히 꼭 필요한 동반자로 여긴다는 소리다. 우리는 스스로를 자연으로부터 더 멀리 추방할수록 그 기적의 물을 더 간절히 원하는 듯하다. 그러나 기술적 자연이 그 오래된 열망을 완벽하게 충족시켜주진 못한다.

디지털 자연이 그 참신함과 편리함 덕분에 생물학적 자연을 완전히 대체한다면 어떨까? 우리는 자연을 점점 더 얕게 경험하는 데 익숙해질지도 모른다. 그리고 그럴 경우 대가가 따르리라는 전망을 보여주는 연구들이 있다. 『자연에서 멀어진 아이들』의 저자 리처드 루브는 실내에서 주로 노는 아이들에게 이른바 '자연결핍장애'가 폭넓게 퍼져 있다고 진단했다. 이는 인류 역사에서 꽤 새롭고 희한한 현상이다. 루브는 주의력 장애, 비만, 우울증, 창의성 부족 수치가 차츰 증가하고 있다는 사실을 보여준다. 샌디에이고의 한 초등학교 4학년 학생은 루브에게 "안에서 노는 게 좋아요. 왜냐하면 콘센트가 다 안에 있으니까요"라고 말하기도 했다. 어른들도 대가를 치른다. 병원 입원 환자들 중 창문 밖으로 나무를 내다보는 환자가 건물이나 주차장을 내다보는 환자

* 애칭을 뜻하는 영어 단어는 pet name, 말 그대로는 반려동물 이름이다.—옮긴이

보다 더 빨리 낫는다는 조사 결과는 의미심장하다. 워싱턴 대학의 피터 H. 칸과 동료들은 창이 없는 칸막이 사무실에서 일하는 회사원들에게 자연이 등장하는 모니터를 제공했는데, 가상 창이 없는 공간에서 일하는 사람들보다 건강, 행복, 효율이 더 증대되는 긍정적 효과가 나타났다. 그러나 그보다는 진짜 자연이 내다보이는 창이 있는 곳에서 일하는 사람들이 더 행복하고 건강하고 창의적이었다.

우리 종은 크고 작은 빙하기, 유전적 병목현상, 전염병, 세계대전, 갖가지 자연재해를 어떻게든 극복하고 생존해왔다. 그러나 가끔 나는 우리가 스스로의 재간도 극복할 수 있을까 하는 걱정이 든다. 오늘날 우리는 언뜻 감각적 과부하에 시달리는 것처럼 보이기도 한다. 여러 가지 이점을 가져오긴 했지만 새 기술 때문에 우리는 속도에 목을 매고 여러 유혹에 산만해지고 위험한 방종에 취하고 사이버 따돌림을 당하고 생각의 단절을 겪고 차분함을 잃고 잡다하고 성가신 뉴스들에 시달린다. 재잘대는 정보의 늪에 익사하는 기분이 들 때도 있다.* 그러나 그와 동시에 우리는 감각적 빈곤을 겪는다. 세상을 바로 지금 이곳에서 그 모든 난잡하고 장엄하고 소란스러운 세부를 직접 대면하여 겪지 않은 채로 배운다. 빙산을 보기는 하지만 추위를 느끼진 않고, 남극의 강렬한 광채에 찡그리지 않고, 건조한 공기를 마시며 상쾌해하지도 않고, 철썩대는 파도와 우짖는 갈매기의 합창을 듣지 않는다. 찬 바다의 짠 냄새와 얼음의 타는 듯한 촉감을 느끼지 않는다. 만일 당신이 이 글을 읽으면서 그런 감각적 세부를 머릿속에서 맛볼 수 있다면 예

* 트위터의 하이쿠 계정이 좋은 예다. 이른바 '트와이쿠'는 그 내용을 곱씹기에는 너무 빨리 지나가버리기 때문에 하이쿠의 원래 목적을 거스르는 게 아닌가 싶기도 하다. 하지만 140자만으로 기분을 푸는 좋은 방법이기에 인기가 아주 많다.

전에 실제로 그런 경험을 해보았기 때문이 아닐까? 젊은 세대가 그런 경험을 한 번도 못 해본다면 그래도 이 말에 똑같이 반응할까?

우리가 감각을 전부 동원해서 탐사해야 하는 현재성의 마법으로부터 멀어지면 멀어질수록 자연의 위태로운 균형을 이해하고 보호하기는 점점 더 어려워진다. 하물며 인간성의 균형은 더 그렇다. 나는 우리가 쓴 가상의 눈가리개가 우려스럽다. 시각 외에 다른 감각을 다 묶어버리면, 무언가 묘하게 결핍된 관음증만이 남는다. 요즘 일부 의대에서 장래 의사들은 가상 해부 수업에 참석한다.* 컴퓨터로 인체를 해부하는 것이다. 냄새나고 살점이 느껴지고 속을 울렁거리게 만드는 인간적인 요소들은 싹 제거한 채로. 스탠퍼드 대학이 개발한 프로그램 '아나토미지'(이전에 알려졌던 이름은 '가상 해부대')에서는 시체를 여러 시점에서 신속하게, 초음파와 엑스레이와 MRI로도 세밀하게 해부할 수 있다.** 뉴욕 대학의 의학생들은 삼차원 안경을 쓰고 입체시를 발휘해 가상 시신을 파헤친다. 구글맵스 사용자가 공중에서 내려다보다가 네온 절벽이 빛나는 도쿄의 거리로 쑥 내려가볼 수 있는 것처럼 말이다. 그 매력을 이해하기는 어렵지 않다. 스물한 살 된 뉴욕 대학의 한 학생은 이렇게 설명한다. "진짜 시신을 해부할 때는 기관 하나를 제거한 다음 감쪽같이 도로 붙일 수는 없잖아요. 게다가 이게 교과서보다 훨씬 재미있어요." 가상 시신 해부에서는 끊임없는 변화, 드라마, 진전을 맛볼 수 있다. 가만히 누워 있기만 하는 진짜 시체보다 더 상호적이

* 의대에서 가상 시신을 사용하기는 하지만, 물리적 시신을 완전히 대체하려는 용도는 아니다. 병원, 제약 실험실, 인터넷 강좌에서 쓸 가상 해부 소프트웨어를 개발한 회사로는 맥그로힐 등 여러 회사가 있다.

** https://www.youtube.com/watch?v=6FFd6VWIPrE 참조.

고 생생하고 사실적인 비디오게임인 셈이다.

종합해보면 결국 우리는 세상과 맺는 관계 속에서만 존재할 수 있다. 그리고 우리의 감각은 우리와 세상의 간극을 이어주는 다리로, 풍부한 정보와 경고와 보상을 제공하는 정찰병으로 진화했다. 하지만 감각이 모든 정보를 낱낱이 보고하는 것은 아니다. 심지어 대부분 보고하는 것도 아니다. 그랬다가는 우리가 기진맥진하여 무너지고 말 것이다. 감각은 경험을 일부 걸러서 보고한다. 뇌가 너무 많은 자극에 파묻힌 나머지 자칫 목숨이 달린 정보에 집중하지 못하는 일이 없도록 하는 것이다. 우리가 지닌 여러 재주들은 유전적으로 타고난 것도 있지만 대부분은—감각을 통해서 현재에 집중하고 감정적 기억과 감각적 경험을 결합하는 섬세한 기술을 익히는 과정에서—배우고 갱신하고 다듬어야 하는 것이다.

예컨대 언젠가 우리가 공 하나를 손에 들어 매끄러운 굴곡을 느끼고 요리조리 돌려보았다면, 뇌는 다음번에 다른 공을 보았을 때 예전에 느꼈던 둥그럼의 감각을 기억으로 되살릴 수 있다. 레드딜리셔스 품종 사과를 보면 그 맛이 달콤하고 씹을 때 아삭 하는 소리가 나리란 사실을 알 수 있으며, 손에서는 그 묵직함이 느껴질 것이다. 그러니 우리가 감각의 대저택으로부터 오는 피드백을 뇌에게서 앗아간다면, 삶이 빈곤해지는 것은 물론이거니와 학습의 신뢰도까지 떨어질 것이다. 디지털 탐구, 즉 픽셀화한 자연은 압도적으로 시각적이다. 따라서 전체 정보의 5분의 1만을 제공하는 셈이다. 냄새, 맛, 감촉, 소리 같은 다른 미묘한 감각들이 제거되면, 우리는 문제 해결과 생존에 도움이 되는 많은 세부를 잃는다.

내가 아이였을 때, 우리는 제발 밖에 나가 놀게 해달라고 애원했다.

특히 겨울에 하늘에서 거대한 장난감 같은 눈이 내릴 때면 더했다. 눈은 장갑에 덕지덕지 묻고 코를 간지럽히고 발밑에서 미끄러지고 손에서 제 모양을 바꾸고 훌륭한 던질 것이 되어주었다. 잔가지와 굵은 가지, 지붕과 보도, 자동차 보닛과 흰 리본이 내걸린 눈집을 하나로 이어서 온 세상을 윤곽선으로 바꿔놓았다. 요즘도 어떤 아이들은 눈밭에서 나뒹굴고 다닌다. 그러나 대부분의 사람들은 이제 실내에서 더 많이 논다. 주로 혼자, 꼭 무대를 동경하는 사람처럼 환한 화면을 뚫어져라 응시하면서.

나는 기술의 넓은 영역, 범위, 새로움, 처방을 즐긴다. 그러나 기술에는 우리 뇌를 가두는 매력적인 벽장들도 가득하다. 그 속에 갇힌 뇌는 뭔가 하고 있으면서도 실제로는 육체와의 접촉을 놓치고, 감각의 친밀성을 느끼지 못하며, 섬세하게 균형 잡힌 지구에서 우리도 많은 생명체 중 하나라는 절실한 감각을 잃어버린다. 인류세에 사는 우리의 큰 과제는 바로 그 존재의 감각을 되찾는 것이다. 초고속 디지털 생활을 포기하자는 말이 아니다. 그것도 누리되 밖으로 나가서 자연에 둘러싸여 그다음에 벌어지는 일을 관찰하는 느린 시간도 가져보자는 말이다.

왜냐하면 자연에서는 늘 뭔가 멋진 일이 벌어지기 때문이다. 존재의 감각이 스멀스멀 뼛속에 스밀 때 정신은 특별한 상태를 경험한다. 성가신 걱정들이 가라앉고 직업 생활의 바쁜 걸음이 느려지며, 우리와 자연을 가르는 상상의 경계선이 사라진다. 그러고는 늙은 목련 가지에 두껍고 축축하게 쌓이는 눈 외에는 달리 아무것도 눈에 들어오지 않는 온전한 순간을 경험하게 된다. 실내에서라면, 억겁의 세월과 실크로드를 거쳐 현재에 당도한 유전자를 지닌 튤립들이 꽃병 가득 담겨서는 스푸모니 칵테일 색깔의 곡선으로 휘어지고 난로의 열기에 부드럽게 고개 숙이는 모습을 보게 될 것이다. 우리 마음의 주기율표에는 경이 원소와 도달 불가능 원소 사이에 존재함의 자리가 있다. 이 존재함의 감각이란 로맨스와 마찬가지로 일부러 취한다기보다 자신도 모르게 빠져드는 것이고, 없어도 괜찮게 살아갈 순 있지만 빠뜨린 채 풍성해질 순 없는 무엇이다. 우리는 세상과 이어진 다리와도 같은 그 감각들을 예리하게 유지할 필요가 있다. 육체적 생존만이 아니라, 세상과 온전한 관계를 맺고 자신이 생생하게 살아 있다는 기분을 느끼기 위해서라도.

디지털 풍경 속 디지털 정체성은 우리가 새롭게 꾸며낸 자아 감각에서 앞으로도 죽 중요한 요소일 것이다. 컴퓨터를 이용한 활동과 꿈은 우리의 생활, 교육, 경력 전반에서 연료로 기능한다. 인간의 친절, 아량, 괴롭힘, 탐욕, 악의 같은 것도 디지털 기기 속에서 여전히 깜박거리고 눈에 보이지 않는 망에서도 극한미생물처럼 끈덕지게 살아나간다. 우리는 여전히 인간이다. 그러면서도 정신은 이미 기술과 융합했기 때문에, 가끔은 자연이 정말 자연스러워 보였던 옛 환경과 우리가 더이상 어울리지 않는다는 생각마저 든다. 진부한 비유를 쓰자면 플러그와 콘센트가 아귀가 맞지 않는 것이다. 우리는 너무 크게 자랐다. 도로 줄어들 순 없다. 그러니 지구에서 떨어져나가는 기분을 느끼지 않기 위해서, 우리는 소외를 감수하는 대신 자연을 개조하고 재정의한다. 여기에는 인터넷을 우리가 좋아하는 다른 도구들처럼 사용하는 일, 즉 자아의 연장으로 사용하는 일도 포함된다. 갈퀴가 팔의 연장이라면, 인터넷은 개성과 지력의 연장, 무역로이자 여타 물리적 물체를 자유롭게 옮기는 도구, 우리 종이 품은 걱정들이 한데 모여 끓는 스튜, 우리 종이 공유한 기억들이 저장된 해마다. 인터넷이 장차 의식을 가질 수도 있을까? 인터넷은 이미 일상적 고뇌와 욕망의 총합이 되었다. 우리를 침착하게 사로잡을 뿐 아니라 선동하고 술책을 꾀하고 집착적으로 몰두하고 모든 주제에 관해 거들먹거리고 모든 언어로 말하고 낭만을 북돋고 자기 자신과 대화하고 결단력 있게 행동하고 수치를 중얼거리고 컴퓨터들끼리 주야장천 농담을 나누는 강력한 유령이 되었다.

어떤 사람들은 이제 우리에게 두 자아가 있다고 말한다. 물리적 자아, 그리고 육체가 없는 곳에서도 존재하는 두번째 자아다. 후자의 온라인 자아 역시 우리가 가다듬고 유지해야 하는 존재다. 남들은 우리가 그 자리에 없을 때조차도 우리의 온라인 자아를 향해 반응한다. 그 결과 우리는 정체성으로 향하는 험난하고 괴로운 비포장도로에서 사춘기를 두 번씩 겪게 되었다.

우리는 두 세계 모두에서 균형 있게 살아갈 수 있다. 진짜 세상과 가상 세상에 시간을 나눠 쏟을 수 있다. 이상적인 경우라면 어느 한쪽을 위해서 다른 한쪽을 희생하지 않을 것이다. 야외에서 놀고 공원과 자연을 직접 찾아가면서도 기술이 전하는 자연을 정신적 양념처럼 즐길 것이다. 기술이 전하는 자연이 가장 잘하는 일을 해주기를 바랄 것이다. 그것은 바로 우리가 직접 경험하거나 파악할 수 없는 자연의 신비로운 숨은 면모를 조명하는 일이다.

종과 종을 잇는 인터넷

토론토 동물원에서 맷이 부디에게 음악 연주 앱 하나를—피아노 건반 앱을—건네자, 부디는 손가락 네 개를 건반에 펼치더니 손가락 관절로 무조 화음을 두드린다. 그러고는 몇 번 더 두들겨본다.

"그렇지! 잘했어!" 맷이 격려한다. "좀더 해봐." 부디의 손가락 관절이 아이패드 위에서 춤추자, 다채로운 화음이 차례차례 울려퍼진다.

그 모습을 보고 있자니 유튜브에서 보았던 동영상이 떠올랐다. 애틀랜타 언어연구소에 있는 열아홉 살 보노보 '판바니샤'에게 가수 겸 작곡가 피터 게이브리얼이 실제 크기의 키보드를 보여주는 장면이다. 생전 처음 피아노를 접한 판바니샤는 의자에 앉아 잠깐 건반을 응시하다가 이내 다루기 시작한다. 자신이 좋아하는 음을 하나 찾아내고, 이어서 옥타브를 발견하고, 옥타브 내의 여러 음을 골라 게이브리얼이 즉흥적으로 연주하는 반주를 배경으로 멜로디를 연주한다. 무엇보다 근사한 것은 판바니샤가 보여주는 리듬감, 즉 음 간의 여백이다. 음들은 너무 서두르지도 않고 너무 질질 끌지도 않는다. 마치 원을 그리면서 뛰어내리는 다이빙 선수처럼 음 하나하나가 공중에 한동안 걸려 있다가 이윽고 여러 음들이 공명하는 침묵의 풀로 떨어진다. 흐뭇한 휴지부가 흐른 뒤, 그 풀에서 또다른 음이 떠오른다. 이제 판바니샤는 한결 느긋해져서 노래까지 불러가며 화음을 맞춘다.

게이브리얼은 "투명하고 예리한 음악적 이해력이 발휘되고 있다"라고 말한다. 판바니샤는 "다정하고 개방적이고 표현"이 풍부한 존재였다.

그다음으로 판바니샤의 오빠 칸지가 나타난다. 칸지 역시 피아노 앞에 난생처음 앉아보지만, 여동생이 사람들의 이목을 끄는 것을 보더니 마치 "망토를 벗어던지는 제임스 브라운처럼 담요를 내팽개치고 다가와 일종의 셋잇단음표 즉흥연주를 환상적으로" 해낸다.

게이브리얼은 오랑우탄들이야말로 유인원 세계의 블루스 연주자들이라고 말한다. 그들은 "늘 약간 슬퍼 보이지만 놀랍도록 솔이 넘친다."

일곱 살인 부디는 아직 꼬마일 뿐, 블루스 연주자까지는 아니다. 부디는 아이패드로 기억 게임이나 인지 게임을 즐기고 음악 연주 앱과 그림 앱도 사용하지만, 뭐니뭐니해도 제일 좋아하는 건 유튜브로 다른 오랑우탄들의 동영상을 구경하는 일이다.

맷은 애정 어린 목소리로 오랑우탄에게 인간을 포함한 다른 유인원들과 비언어적으로 소통할 방법을 제공하는 게 좋을 것이라고 말한다. 물론 지금도 사육사가 녀석들에게 필요한 물건을 언제든 건넬 수 있지만, 만일 오랑우탄들이 "어떤 상대에게든 자신이 원하는 것을 직접 말할 수 있다면 녀석들의 삶이 훨씬 더 만족스러워질" 것이다.

그런 바람을 가장 야심차게 구현한 작업이 이른바 '종과 종을 잇는 인터넷'이다. 맷도 그 프로젝트에 관해 들었는데 실행은 까다로울지 몰라도 멋진 일이라 생각한다. 프로젝트를 이끄는 인물은 동물의 지능을 연구하는 인지심리학자 다이애나 라이스다. 라이스는 1980년대부터 물속에서 자판을 써서(금세 터치스크린으로 교체되었다) 돌고래들에게 먹이나 장난감이나 좋아하는 활동을 요구하는 법을 가르쳐왔다. 그리고 이제 그는 월드와이드웹의 개척자인 (또한 구글의 수석 인터넷 전도사이기도 한) 빈트 서프, 가수 겸 작곡가 피터 게이브리얼, MIT의 '비트와 원자 센터' 소장 닐 거션펠드와 함께 자신들이 보유한 다양한 분야의 재능을 결집함으로써 유황앵무, 돌고래, 문어, 대형 유인원, 앵무, 코끼리, 그 밖의 지능 있는 동물들이 인간과 직접 소통하고 자신들끼리도 소통할 수 있는 터치스크린망을 구축하려고 한다.

네 사람은 TED 강연에서 이 발상을 소개했는데, 그 자리에서 게이브리얼은 이렇게 말했다. "인간이 지금까지 만든 가장 놀라운 도구는 인터넷일 겁니다. 그런데 우리가 새로운 시청각적 인터페이스를 활용해서 우리와 함께 지구에서 살아가는 다른 놀라운 존재들과 소통할 수 있다면 어떨까요?" 그는 유인원들의 지능에 경의를 표하며, 영국의 농장에서 살던 어린 시절에 소나 양의 눈동자를 들여다보면서 그들이 무슨 생각을 하는지 궁금해했던 적이 있다고 말했다.

"하지만 인터넷은 우리를 비인간화하고 있잖아요. 그런데 왜 우리가 동물들에게까지 그걸 쓰라고 해야 하나요?" 이런 반론에 대해서 게이브리얼은 다음과 같이 대답했다. "여러 기술의 역사를 살펴보면 첫 단계에선 실제로 비인간화가 일어납니다. 그러나 만일 훌륭한 피드백과 똑똑한 설계자들이 있다면 우리는 초인간화되는 두번째 단계에 접어들죠." 그는 우리와 같은 방식으로 인터넷을 쓰는 데 흥미가 있는 지적인 종이 또 있으면 좋을 것이라고 생각한다.

서프는 우리가 인터넷을 한 종의 전유물로 제한해선 안 되며 다른 의식 있는 종들도 그 망의 일원으로 받아들여야 한다고 덧붙였다. 그런 취지에서 이 프로젝트의 가장 중요한 과제는 "우리가 아니지만 우리와 감각 환경을 공유하는" 종들과 어떻게 소통할지 알아내는 것이다.

거션펠드는 판바니샤가 게이브리얼과 합주하는 동영상을 보면서 인터넷의 역사와 운명에 뭐라 할 수 없이 감명을 받았다고 했다. "인터넷은 주로 중년 백인 남성들의 전유물로 시작되었잖아요. 전 그 광경을 보면서 우리 인간들이 그동안 뭔가를 놓치고 있었다는 걸 깨달았습니다. 바로 지구의 나머지 전체를 말입니다."

종과 종을 잇는 인터넷이 논리적으로 합당한 미래의 단계라면, 그 전주곡은 무엇일까? 거션펠드가 예상하는 것은 "키패드나 마우스가 없는 컴퓨터," 즉 생각의 고삐만으로 통제되고 감정과 기억의 물결로 자극되는 컴퓨터다. 머릿속 발상을 물리적 환경으로 번역해내는 것만 해도 대단한 일인데, 더구나 그것을 생각만으로 해낸다는 것은 인류에게 엄청난 진전이 아닐 수 없다. 염력은 한때 과학소설의 영역에나 속하는 것이었지만, 이제 우리는 그 수준에 충분히 도달했다. 요즘 신체 마비 환자들은 생각을 통해서 근육을 움직여 의수를 휘두르고 외골격 다리를 내디디는 법을 배운다. 이런 가능성은 뇌에 대한 개념도 바꿔놓는다. 뇌는 더이상 머리뼈에 갇힌 포로가 아니다.

서프는 이렇게 말했다. "우리는 40년 전에 인터넷의 스크립트를 썼습니다. 그리고 30년 전에 그것을 켰습니다. 그때 우리는 우리가 만드는 것이 컴퓨터들을 잇는 시스템이라고 생각했지만, 금세 깨달았듯이 사실 그것은 사람들을 잇는 시스템이었습니다." 그리고 이제 우리는 "인간이 아닌 상대와 소통하는 법을 알아내고 있습니다. 이 작업이 이후 어떤 방향으로 나아갈지는 여러분도 짐작하시겠지요. 다른 동물들과 함께하는 활동을 통해서, 궁극적으로 우리는 다른 세상에서 온 외계 종들과 교류하는 방법도 배울 수 있을 겁니다. 무척 기대됩니다.” 서프는 나사가 추진하는 이른바 ‘행성 간 인터넷’ 구축 프로젝트를 이끌고 있다. 서로 다른 행성에 있는 우주선 대원들이 소통할 수 있게끔 해주는 인터넷이다. 앞으로는 또 어떤 인터넷이 파생되어 나올지 누가 알겠는가.

라이스는 돌고래가 실제로 외계인에 가깝다고 지적했다. “돌고래는 진정한 비非육상동물*이잖아요.”

‘유인원을 위한 앱’ 프로그램은 우리가 손으로 빚고 디지털로 꿰맨 후기산업주의 나노기술 세상에서 빛나는 그물망을 동원하여 친구, 낯선 사람, 인간이 아닌 다른 지적 생명체와 관계를 맺으려는 여러 노력 중 하나일 뿐이다. 그리고 그 다른 생명체에는 뇌가 없는 존재도 포함된다.

* 육상동물을 뜻하는 영어 단어 terrestrial에는 인간, 지구 생물이라는 뜻도 있다.

시계꽃이 당신에게 야한 문자를 보낼 때

생명에 여러 형태가 있듯이 지능도 그렇다. 식물은 뇌가 없이도 악마처럼 영리하고 조종에 능숙하고 사악할 수 있다. 그러니 단지 시간문제였다. 식물들은 벌써 도움을 구하는 문자를 보내기 시작했다. 기발하고 새로운 디지털 기기들 덕분에 바싹 마른 필로덴드론, 영양이 부족한 히비스커스, 슬프게 방치된 자주달개비가 인터넷을 통해 주인에게 문자나 트윗을 보낼 수 있다. 사람들은 감사인사를 받기 좋아하니까 베고니아는—정원사들의 표현을 빌리자면—행복할 때, 즉 건강하게 잘 관리받을 때 주인에게 간단히 "고마워요"라고 문자를 보낼 수도 있을 것이다. 집에 혼자 있는 보스턴줄고사리가 당신에게 문자를 보낸다고 상상해보자. 그렇다면 화분들만 인간을 안심시키라는 법은 없지 않겠는가? 또다른 회사는 작물이 단체로 농부에게 문자메시지를 보내 든든한 수확을 거둘 만큼 일을 잘하고 있는지 아닌지를 알려주는 방법을 개발했다. 흙속에 설치된 감지기들이 습도에 반응하여 주인이 미리 녹음해둔 맞춤 메시지를 보내는 것이다. 바나나 송이들이 박수를 치는 소리는 과연 어떨까?

식물이 사람에게 문자를 보내는 건 새로운 일이겠지만, 불만을 품은 식물들이 서로 수다를 떠는 건 예전부터 있어온 일이다. 느릅나무는 곤충의 공격을 받으면 "나 다쳤어! 다음 차례는 너일지 몰라!"라고 알리는 화학물질을 내보냄으로써 숲의 다른 나무들에게 적당한 독을 좀더 만들어내라고 경고한다. 세계적 수준의 화학자인 식물은 초록 드레스를 입은 루크레치아 보르자*와 겨룰 만하다. 사람이 누군가를 독살하면, 우리는 그것을 '정당방위'라는 변명이 통하지 않는 사악하고 계획된 범죄로 규정한다. 그러나 매일 고약한 독을 내뿜는 식물은 진심으로 용서한다. 식물은 아마 마음이 없을 테고 뇌도 없지만, 그래도 상처에 반응하고 살기 위해 분투하고 의도적으로 행동하고 (커피, 담배, 아편 등으로) 인간을 노예로 삼고 자기들끼리 끝없이 잡담한다.

딸기, 고사리, 클로버, 갈대, 대나무, 왜방풍, 그 밖에도 수많은 식물이 자신들끼리 사회적 연결망을 구축하여 살아간다. 섬세한 기는줄기(수평으로 뻗은 줄기)로 여러 개체를 하나로 잇는 것이다. 웬 애벌레가 흰클로버 잎 하나를 씹어먹으면, 군락 전체로 메시지가 신속히 전달되어 모두가 화학 무기를 증강한다. 스트레스를 받은 호두나무는 일종의 가성茄性 아스피린을 제조해내고, 친척들에게도 똑같이 하라고 주의를 준다. 칼럼니스트 몰리 이빈스가 어느 늙은 텍사스 의원을 두고 했던 날카로운 재담을 기억하는지? "만일 그 의원의 IQ가 지금보다 더 떨어진다면 우리는 그에게 하루 두 번 물을 줘야 할 겁니다." 그러나 이

* 형제인 체자레 보르자와 함께 당대 최고의 독살 전문가로 알려진 교황 알렉산드르 6세의 딸.—옮긴이

빈스는 식물의 총명함을 몰라봤다. 식물은 유순하지 않다. 어떤 식물은 살인적이고 유혹적이고 기만적이고 유독하고 파렴치하고 교묘하며 철저히 야만적이다.

식물은 짝을 쫓아 움직일 수 없기 때문에 동물을 꾀어 자기 대신 섹스를 하게 만드느라 엄청난 애를 쓴다. 보드빌 뮤지컬 의상이 가득한 옷 가방을 활용하기도 한다. 가령 어떤 난초는 암컷 벌의 생식기로 가장함으로써 수벌이 짝짓기를 시도하다가 꽃가루 바지만 입은 채 떠나도록 만든다. 식물은 또 위험을 피해 달아날 수 없기 때문에, 독극물이 가득한 약방과 단순한 무기가 가득한 무기고를 마련한다. 스트리크닌이나 아트로핀 같은 끔찍한 살인 물질을 만드는 종도 있고, 덩굴옻나무처럼 잔인하게 물집을 내는 종도 있고, 호랑가시나무나 엉겅퀴처럼 메스같이 날카로운 가시를 흔들어 긁어버리는 종도 있다. 블랙베리나 장미는 휘어진 가시들이 달린 벨트를 휘두른다. 쐐기풀은 포름산과 히스타민이 가뜩 든 작은 주사기를 휘둘러 가렵고 진물이 나게 만든다.

혹 시계꽃을 다정하게 껴안고 문자메시지 보내는 법을 가르쳐야겠다는 생각을 하고 있다면, 부디 그러지 마시라. 시계꽃은 곤충이 물거나 인간이 만지작거려서 세포벽이 망가지면 시안화물을 배출하기 때문이다. 자연은 종종 군비경쟁을 벌이기 때문에 그 잎을 먹는 애벌레들이야 진작 시안화물에 대한 면역력을 길러냈지만, 안타깝게도 우리는 아니다. 시계꽃, 수선화, 주목, 가을크로커스, 투구꽃, 진달래, 히아신스, 스파티필룸, 디기탈리스, 협죽도, 서양담쟁이 등을 우연히 삼켰다가 죽은 이들도 있다. 그리고 세일럼 마녀재판에 대한 논쟁적인 한 가설로, 그 수치스러운 드라마가 펼쳐졌던 것은 유난히 습했던 당시 겨울에 호밀이 맥각균에 감염되었던 탓이라는 주장이 있다. 여자들이 호밀을 빻아 가루로 만들 때 LSD처럼 환각, 구토, 경련 등을 일으키는 맥각균을 들이마시는 바람에 마녀로 오해를 받았다는 가설이다.

야생동물을 대할 때도 그렇지만 우리는 버릇없는 식물에 대해서도 이중적인 마음을 품고 있다. 식물이 주변 어디에나 존재하기를 바라지만, 그렇다고 해서 그들이 방자하게 활개치는 건 바라지 않는다. 실내외에 가까이 두고 식물을 기르지만, 그건 그들이 얌전하게 행동하고 반항하지 않을 때뿐이다. 잡초는 눈에 거슬린다. 그러나 파트리크 블랑이 지적했듯이 "식물계의 그런 자유로움이야말로 우리가 식물에 매료되는 이유"다. 식물은 가끔 사악하고 위험할지라도 우리의 구애에서 장례까지 삶의 모든 장면을 장식한다. 상쾌한 향으로 방을 채우고, 그림 같은 정경을 제공하고, 꽃잎을 펼치며 태양을 향해 솟아 중력을 거스르는 공중 발레와 뒤틀기 묘기를 펼쳐 보인다. 어쩌면 〈태양의 서커스〉는 식물이 창시했는지도 모른다. 그동안 얼마나 많은 아프리카 제비꽃들이 제비꽃처럼 내성적인 인간들에게 종을 뛰어넘은 귀중한 우정을 제공해왔는가.

식물은 보살핌을 받아야 하고 우리는 사회적 연결망을 사랑하니까, 머지않아 식물계에 문자메시지 보내기 바람이 불어 우리에게 정중한 감사와 무례한 불평을 쏟아낼 가능성도 높다. 그다음 단계는 뭘까? 벌새가 등나무를 콕콕 쑤실 때마다 등나무가 우리에게 야한 메시지를 보내는 것? 시들어가는 백일홍 화단이 온라인 친구들에게 호통을 치는 것?

누군가 말을 잘 다루는 사람이 나서서 식물들이 사용할 재기 넘치는 문자메시지들을 작성해줄 필요가 있다. 영혼 없이 아양 떠는 말이나 빈정거리며 조롱하는 말도 좀 섞어서. 약간의 아첨은 어떨까. "원예사 언니! 다정하고 사랑스러운 보살핌 고마워요." 혹은 당신이 저녁을 먹으면서 데이트를 하는 중에 당신의 포인세티아가 왠지 심사가 뒤틀려 이런 문자를 보낸다고 상상해보라. "자기 손길이 있다면 아네모네 따위는 없어도 돼!" 얼마나 당황스러울지.

로봇이 울면 누가 위로해주지?

이것은 모두 인류세의 마술이다—우리가 디지털 자아를 인터넷으로 연장할 수 있다는 것, 그래서 다른 사람, 동물, 식물, 다른 행성에 가 있는 우주선 승무원, 외계 방문자, 구글 맵스가 지도화한 지구의 모든 경관, 우리의 모든 서식지와 소유물에 가닿을 수 있다는 것은. 우리가 멸종한 생물을 되살리고 아날로그 세상을 창조하고 새로운 소통망을 엮어낼 수 있다면, 새로운 생명의 망도 엮어낼 수 있을까? 인식하고 느끼고 기억하고 다윈주의적 진화를 거치는 합성 생명체도 가능하지 않을까?

호드 립슨은 내가 아는 사람 중에서 히브리어로는 '탁월함'을 뜻하고 영어로는 한쪽 어깨에 얹어 벽돌을 나르는 데 쓰는 V자 모양 나무통을 뜻하는 단어를 이름으로 쓰는 유일한 사람이다. 이 얄궂은 이중적 표현은 육체적으로나 정신적으로나 그에게 어울린다. 그는 벽돌을 가뜩 담은 운반통을 거뜬히 나를 수 있을 만큼 강인해 보이지만, 오늘날의 벽돌은 우리가 지금까지 알던 벽돌과 똑같을 필요가 없다는 주장을 맨 먼저 꺼내는 장본인일 것이다. 미래의 벽돌은 스스로 돌아다니고 자신을 재발명하고 착착 쌓이기를 거부하고 자신에게 발릴 모르타르를 직접 고안하고 맞서 싸우고 탐구하고 자기와 같은 종류의 벽돌을 낳고 세상에 대한 영특한 호기심을 자랑할지도 모른다. 복잡성의 가호를 받는다면 벽돌도 탁월해질 수 있다.

립슨의 연구실이 있는 코넬 대학 건물에는 컴퓨터 과학이나 공학 분야의 신기한 프로젝트 작품들이 많이 널려 있다. DARPA의 유명한 설계 대회에 출품되었던 (재난 지역 독성 물질 청소에 사용될 민첩한 로봇, 군인을 위한 슈퍼히어로 같은 외골격 같은) 작품들도 있다. 근처에는 역시 DARPA에서 주최하는 무인 자동차경주에 참가했던 미래주의적 자동차 두 대가 버려진 낡은 장난감처럼 서 있고, 몇 발자국 옆에는 신기한 공학 골동품들이 보관된 진열장과 버터 젓는 기구처럼 구식에다 느려터진 엘리베이터가 있다.

립슨의 연구실은 2층에 있다. 출입문의 왼쪽 상단 모서리에는 거미원숭이처럼 생긴 까만 로봇이 대롱대롱 매달려 있다. 흥미롭지만 뜬금없는 그 물건은 식민 시대 상인들이 가게 밖에 물건을 내걸어 각자의 업종을 알렸던 것처럼 이곳 사람들이 자신의 전공을 대변하려고 내건 짓궂은 상징이다. 약제사가 절굿공이를, 양초 제조인이 양초를, 가구 제작자가 히커리나무로 만든 안락의자를 내걸었듯이 로봇 연구가는 제 견습생을 내걸어둔 것이다. 이 긴팔 로봇도 전성기에는 학생들의 관심깨나 받았지만 학생들은 왔다가 떠나는 법. 그들이 작업하는 스마트봇도 마찬가지다. 로봇들의 수명은 3년 반쯤 되는 듯하다. 학생들이 학위를 받고 졸업하는 데 걸리는 시간과 일치한다.

곱슬머리에 밤색 눈동자, 턱에 보조개가 파인 립슨은 쾌활한 분위기의 연구실로 나를 맞아들인다. 높다란 창들과 책상 하나, 모니터 세 개짜리 델 컴퓨터, 여름이면 토마토가 열리는 창가 화분들, 벽에는 책장들이 있고 그 꼭대기에 학생들이 설계한 작품들이 줄줄이 놓여 있다. 내 눈에 그 물건들은 이국의 시장에서 파는 물품들처럼 낯설지만 이상하게 아름답고 매력적이다. 깜짝 놀랄 만큼 높은 흰 탁자와 의자들은 그 위로 올라와서 생각을 펼쳐보라며 방문객들을 초대한다. 키가 180센티미터 미만인 사람은 립슨의 원형 탁자에 앉았을 때 발이 자연히 지구에서 떨어질 텐데, 좋은 일인 것 같다. 이 제한적인 공중 부양만으로도 우리의 상상력은 중력을 거슬러, 마술 양탄자나 비행기 날개를 걷는 묘기나 우주선 따위는 누워서 떡 먹기로 보일 만큼 한껏 자유로워지기 때문이다. 우리가 "하늘을 나는 것 같았다" "그 일로 고양되었다" "높아진 인식" "걸림돌을 넘다" "발이 땅에서 둥둥 떠 있는 것 같았다"처럼 상승을 암시하는 표현을 자주 쓰는 데는 다 이유가 있다. 창조성이라는 정신의 장난에는—이 능력은 심오한 놀이, 위험, 과잉 발상, 유용한 집착, 기꺼이 왔던 길을 되돌아가는 기개나 막다른 골목에 부딪히면서도 낙담하지 않는 태도 등을 통해서 융성하기에—인식의 미묘한 변화도 좋은 연료가 된다. 그러니 정신의 닻을 풀어버리고 매일 조금이라도 더 높이 올라보면 좋지 않겠는가?

디지털 꿈을 품은 수재들이 가득한 우리 말썽쟁이 인류는 다음으로 어떤 일에서 창조성을 발휘할까? 립슨은 로봇 계통수에서 새롭게 뻗어나갈 가지에 매료되어 있다. 우리는 이미 피로를 모르는 하인, 숙련된 손들의 집단, 까다로운 절개 작업을 해내는 전문가 로봇에 익숙하다. 립슨이 생각하는 것은 그와는 다른 로봇이다. (가끔 아이나 고양이를 태운 전차가 되는) 로봇 청소기 '룸바'는 벌써 1000만 대 넘게 팔렸다. 우리는 로봇 해양 정찰병이 심해를 (혹은 침몰선을) 탐사하는 모습을, 미국해양대기청NOAA의 로봇이 허리케인의 강도를 관측하기 위해 물밑을 활공하는 모습을 홀려서 지켜본다. 구글의 로봇 부서는 다양한 회사들을 소유하고 있는데 그중에는 실물 크기 인간형 로봇을 만드는 회사도 있다. 사람들은 공공 공간에서 터치스크린보다는 천사 같은 얼굴을 한 로봇에게 정보를 물어보는 편을 더 좋아하기 때문이다. '애플'도 '아마존'도 고급 로봇 기술 분야에 뛰어들었다. 군대는 로봇을 스파이, 생체공학적 전투복, 드론, 짐 나르는 동물, 폭탄 제거자로 이용하기 위해서 많은 투자를 해왔다. 로봇은 벌써 공장 조립라인과 수술실에서 묵묵히 정밀 작업을 맡아주고 있다. 어떤 비교문화 연구에 따르면, 노인들은 로봇 애완동물이나 로봇 아기를 기꺼이 입양할 마음이 있다고 한다. 로봇 간병인은 그다지 좋아하지 않지만 말이다.

그러나 립슨에게 이 모든 것은 어린애 장난에 불과하다. 그의 관심사는 자의식이 있는 종, 로봇사피엔스다. 인간이 유인원을 닮았던 선조 계통으로부터 여러 차례 갈라지며 진화했듯이, 로봇들의 계통도 갈수록 세분화하며 만개할 것이다. 독자적인 린네분류체계가 필요할 수도 있다. 로봇 계통의 첫 분화는 아마 인공지능AI과 인공생명AL이 갈라지는 지점일 텐데, 립슨은 바로 그 분기점에 서 있다. 그는 인류세의 위대한 디지털 모험인 이 새로운 길을 알아내고 탐사하는 데 힘을 보탠 것으로 유명하다. 이는 공학의 측면에서나 창조의 측면에서나 궁극의 도전이다.

"궁극적으로는" 그가 희미한 미소를 띠면서 말한다. "합성 환경에서 생명을 재창조하려고 노력하고 있습니다. 꼭 사람을 닮을 필요는 없습니다. 저는 저 문으로 뚜벅뚜벅 걸어들어와서 '안녕하세요!' 하고 인사하는 로봇, 인간의 속성을 모두 지닌 로봇을 만들려는 게 아닙니다. 그보다는 생명의 원칙에 의거해서 판단할 때 진짜 살아 있다고 말할 수 있는 어떤 속성들, 스스로 진화시킨 특질과 행동을 만들고 싶습니다. 제가 뭔가를 만들어서 탁 켜는 순간 그것이 살아 움직이기를 바라는 게 아닙니다. 그것을 프로그래밍하고 싶은 마음은 없습니다."

오늘날의 로봇학과 과학소설은 어떤 사람이 우중충한 지하 작업실에서 계획을 짜서 폐품을 디지털적으로 짜깁고 그렇게 만들어낸 허수아비에게 명령하는 법을 알아내는 내용일 때가 많다. 아니면 어떤 조종자가 완벽한 로봇을 만들었는데 그 로봇이 아주 조금씩 엇나가다가 결국 사람을 죽이기 시작하는 이야기거나. 배경은 지구일 때도 있지만 우주일 때도 많다. 이런 이야기들은 인간이 기계에 무한한 통제력을 발휘할 수 있다고 (그래서 그 통제력을 잃을 수도 있다고) 가정한다.

그에 비해 립슨의 발명은 공학이 낳은 고아나 다름없다. 그의 로봇들은 연약한 창조자가 그들에게 부여한 자유의지 덕분에 진정한 자립을 이룬 최초의 기계 세대일 것이다. 그 합성 영혼들은 인간이나 자연이 아니라 친구 컴퓨터들이 설계한 몸속에서 정신적, 사회적, 물리적으로 독립하고 배우고 성장할 것이다.

꼭 SF 속 이야기 같지만, 립슨은 단순히 모험을 즐기는 정도를 넘어서 그 차원, 구조, 관성, 특징까지 신나게 만지작거린다. 이를테면 그는 SF광이건 공학자건 일상의 격무에 시달리는 부모건 너나없이 번번이 던지는 질문, "지금쯤 우리를 위해 일해주고 있을 거라던 로봇들은 다 어디 있죠?"라는 질문에 시달리다가 로봇학을 아예 새로운 방식으로 펼쳐나가기로 해버렸다. 이 새로운 방식은 가장 오래된 방식이기도 하다. "모든 설계자의 어머니인 진화"를 소환하여, 로봇의 구성 요소들이 든 원시 수프가 수많은 세대를 거치면서 우연한 돌연변이를 겪고 자연선택에 시달리도록 할 작정이기 때문이다. 알다시피 자연의 진화는 땜질하듯 되는 대로 작업하는데다가 느려터졌고 하나의 성공을 일구는 과정에서 수많은 병목을 일으키는 어머니지만, 우리는 컴퓨터가 디지털 재주를 부려 고속으로 '진화'하면서도 엄혹한 환경에 잘 적응하도록 프로그래밍할 수 있다.

'그런 로봇들도 맛과 냄새를 느낄 수 있을까?' 나는 문득 궁금해졌지만, 금세 이 질문이 얼마나 구식인지를 깨우친다. 맛봉오리는 혀의 여러 영역에서 거스러미처럼 돋아난 화산과 같다. 우리가 쓴 독을 무심코 삼키지 않도록 쓴맛을 감지하는 맛봉오리는 뒤쪽에 몰려 있는 식이다. 이런 살덩어리와는 전혀 닮지 않은 전문적 '맛봉오리'를 진화시키는 일이 뭐 그렇게 어려울까? 스위스 회사 네슬레의 조향사들은 벌써 전자 에스프레소 '시음 기구'를 개발했다. 리스트레토를 뽑았을 때 그 뜨거운 액체에서 피어오르는 기체를 분석함으로써 이온들의 향을 인간 친화적인 말로, 가령 '그을린 냄새' '꽃향기' '나무 냄새' '토피 냄새' '신 냄새' 같은 직관적인 묘사로 번역해주는 것이다.

립슨이 만든 존재들은 비록 혁신적이지만 가령 대학 2학년생이나 폭탄먼지벌레에 비교하면 아직 원시적인 수준이다. 그러나 그것들은 앞으로 펼쳐질 문화의 초석이다. 앞으로 100년쯤 지나면, 그 문화에서 태어난 로봇들 중 일부는 여전히 인간의 명령을 따르겠지만 또다른 일부는 종으로서 인간과 세상을 공유할 것이다. 그런 로봇들은 창조력과 호기심이 있고, 기분과 유머가 있고, 재치가 있고 재주가 많으며, 100퍼센트 합성물일 것이다. 그들이—지구의 모든 동식물과는 달리—탄소 유기물로 만들어지지 않았더라도 우리는 그들을 생명으로, 자연의 일부로 여길까? 그들은 피가 없어도 혈기 왕성할 수 있을까? 걱정하고 심통을 부리고 간교를 부리고 부러워하고 고집을 부릴까? 미래에는 자주적인 실리콘 존재들이 등장할 것이다. 나아가 스스로를 건사하고 자립할 능력이 있는 로봇 천사나 말썽쟁이, 로봇 현자나 꼭두각시가 나타날 것이다. 우리가 그런 가능성을 상상할 수 있다는 것 자체가 물질에는 무한한 영특함과 크나큰 잠재력이 숨어 있다는 사실을 증명한다.

립슨이 진정으로 살아 있는 로봇을 이야기하면서 '살아 있다'는 단어를 가볍게 강조할 때마다 내가 받는 느낌은, 프랑켄슈타인 박사가 어느 날 새벽 창을 때리는 음울한 빗줄기를 바라보며 다음과 같이 중얼거렸을 때 받았던 느낌과는 다르다.

> 나는 반쯤 꺼진 촛불 빛을 빌려, 생물체가 흐릿한 노란 눈을 뜨고 있는 광경을 보았다. 그것이 힘겹게 숨을 쉬자 경련 같은 움직임이 사지를 뒤흔들었다. / 이 대재앙 앞에서 느낀 감정을 어떻게 형용할 수 있을까. 혹은 무한한 수고와 정성을 들여 빚어낸 그 한심하기 짝이 없는 괴물을 어떻게 묘사해야 할까.*

『프랑켄슈타인』의 제사로 쓰인 밀턴의 『실낙원』 중 한 구절은 이렇게 노래한다. "제가 청했습니까, 창조주여, 흙으로 나를 빚어달라고?" 메리 셸리는 결국 괴물의 부모에게 책임이 있다고 말하고 싶은 것이

---

* 메리 셸리, 『프랑켄슈타인』, 김선형 옮김(문학동네, 2012), 71쪽.

다. 그가 세상에 풀어놓은 모든 고통과 악에 대한 책임이. 사실은 셸리 자신이 열일곱 때부터 스물한 살 때까지 젊은 시절 내내 육체적 창조와 말 그대로 생명의 불꽃을 피워올리는 일에 소진되다시피 했다. 그는 거듭 임신하고 출산했으나 네 아이 중 셋은 출생 직후 죽었다. 그는 끊임없이 잉태하고 간호하고 애도했다. 거듭 창조했고 자신의 창조물 때문에 고갈되었다. 착잡하고 감정에 사로잡힌 그 상태는 섬세하고 무서운 그의 이야기에 스며들었다.

셸리의 시대에 과학자들은 시체에 전기를 가하여 잠깐이나마 도로 살려내는, 혹은 그렇게 보이는 실험을 수행했다. 프랑켄슈타인의 괴물이 셸리 자신에게 어떤 이미지였든 이후 그 피조물은 사람들의 상상력을 사로잡았고 우리가 신처럼 행세하다가 혹은 사악한 동기나 (프랑켄슈타인 박사의 죄는 괴물을 창조한 게 아니라 그것을 버린 것이었으므로 이렇게 말할 수 있는데) 단순한 부주의 때문에 만들어낸 부자연스러운 것, 프로메테우스적인 것, 괴물 같은 것을 상징하게 되었다. 요컨대 우리가 창조한 것이 결국에는 우리를 죽인다는 것이다. 이는 로봇, 안드로이드, 골렘, 좀비, 살인마 인형이 등장하는 과학소설이나 영화에서 핵심 주제가 되어왔다. 그러나 이런 윤리적 결과는 립슨의 관심사가 아니다. 이런 문제는 립슨이 참가할 수 없을 미래의 세미나와 정상회담의 주제일 뿐이다. 그러나 벌써 몇몇 대학에서 그런 토론이 시작되었다. 우리는 대학에 '로봇윤리학' 혹은 립슨의 전공인 '진화로봇학' 같은 과목들이 개설되는 시대로 접어들었다.

나는 궁금해졌다. 우리는 그저 새로운 생명체를 창조할 능력이 있다는 사실을 증명하기 위해서 창조하는 게 아닐까? 그냥 어떻게 되는지 한번 보기 위해서? 한시도 가만있지 못하고 들썩이는 인간의 정신에 알맞은 기기와 충분한 시간이 주어진다면 필연적으로 역시 한시도 가만있지 못하는 기기를 만들어낼 테니까 말이다. 창조적 존재를 창조한다는 것은 창조자의 눈앞에 놓인 새로운 문턱이다.

"생명을 창조한다는 건 분명 넘기 어려운 높은 봉우리겠지요. 혹시 그건 아이를 낳는 일과도 좀 비슷한가요?" 립슨에게 물어본다.

"방식은 다릅니다만…… 아이를 낳는 건 그다지 지적인 과제라고 할 수 없죠. 다른 종류의 과제이지요." 한참 함축한 표현임을 강조하려는 듯 그의 눈썹이 살짝 올라가더니 과거의 기억이 스쳐 지나는 듯한 시선을 던진다.

"맞아요. 하지만 우리가 아이를 움직이게 만들지 않나요. 아이는 완전히 스스로 고쳐나가지 못하고요……"

"우리가 통제할 수 있는 부분은 아주 적습니다. 아이를 프로그래밍할 순 없어요……"

"하지만 아이의 뇌를 형성하고 신경 배선을 바꿀 수 있잖아요."

"아이의 경험 중 일부를 형성할 순 있겠지만, 우리가 통제할 수 없는 경험도 많습니다. 그리고 개성의 많은 부분은 유전자에 달려 있습니다. 양육이 아니라 본능이죠. 앞으로 몇십 년 뒤면 분명 우리는 기계를 프로그래밍하지 않게 될 거예요. 그저…… 아이한테 하는 것과 똑같이…… 우리는 기계의 경험을 약간만 형성할 테고, 그다음에는 기계가 스스로 자라면서 제 할 일을 알아서 할 겁니다."

"어떤 종류의 작업이 요구되든지 간에 알아서 그 작업에 적응하면서요?"

"맞습니다. 적응과 조정. 거기에서 다른 문제들도 생겨나겠지요. 많은 문제들이요." 그는 장차 놀이터에서 펼쳐질 주먹다짐을 이미 목격한 사람처럼 씩 웃는다. "거기서는 감정이 중요한 요소일 겁니다."

"기계가 심오한 감정을 갖는 지점까지 나아갈 수 있다고 보나요?"

"갖게 될 겁니다." 립슨은 그건 밀물과 썰물처럼 확실하다는 듯이 말한다. "하지만 그게 꼭 인간의 감정들은 아닐 겁니다. 그리고 기계들은 우리가 그들에게 바라는 일만 하진 않을 거예요. 벌써 그런 일이 벌어지고 있어요. 무언가를 프로그래밍한다는 건 궁극의 통제입니다. 내가 원하는 걸 내가 원하는 시점에 하도록 시키는 일이지요. 요즘 공장의 로봇들은 그런 식으로 프로그램되죠. 하지만 우리가 기계 학습에 대한 통제력을 차츰 로봇에게 넘겨주면……"

10월의 서늘한 공기가 열린 창을 통해 훅 불어든다. 바스라지는 목련 잎 향기와 축축한 흙냄새가 바람에 희미하게 실려온다. 바람 때문에 내 손목에 오스스 소름이 돋는다.

"창문 좀 닫고 오겠습니다." 립슨이 소다수 가게의 스툴에서 내려가는 모양새로 높은 의자에서 조심조심 미끄러져내리고는 입을 활짝 벌리고 있는 창을 닫는다.

우리는 눈을 마주치고 있었다. 그런데 어떻게 그는 내 소름을 눈치챘을까? 보통 무언가를 응시할 때는 시야 중심에만 초점이 맞고 주변은 흐릿해진다. 그는 시야가 남들보다 넓은 걸까? 아니면 그냥 사려 깊은 사람이라, 자신이 바람을 느꼈으니 창에 더 가까이 앉은 나는 더 추울 거라고 추론했을까? 우리가 대화를 나눌 때, 놀랍도록 잘 설계된 그의 생물학적 뇌는—유연하고 스스로 수선도 조립도 하고, 분해되더라도 독성 중금속 따위는 남기지 않는 부품들을 스스로 재생하는 뇌는—여러 전선에서 바삐 일한다. 자신이 말하고 싶은 복잡한 내용을 떠올리고, 사유라는 파도에 씻겨나간 발상과 긴장의 바다를 뒤지고,

상대인 나의—그의 전문 분야에서는 아주 낮은 수준일—지식 수준을 가늠하고, 처음 만난 낯선 상대에게 자기 생각을 어떤 말로 옮겨서 들려주면 좋을지 가늠하고, 내가 무심결에 드러내는 단서를 읽고, 단어가 이미 혀끝에 걸린 상태에서 마음을 바꾸고, 단어의 첫소리가 도중에 살짝 바뀌는 것으로 보아 원래 떠올렸던 단어와는 다른 단어로 수정해 입 밖에 내고, 내가 여전히 그 뜻을 제대로 이해하지 못함을 암시하는 미묘한 신호를—기존의 내 생각과 경험이 저장된 어둑한 창고, 그러니까 단어마다 특별한 감정적 의미가 스며든 나만의 어휘집으로부터 솟아나기 때문에 정작 나 자신은 의식하지 못하는 신호를—감지해 여러 (언어적, 전문적, 감정적, 지적) 차원에서 가장 적확한 단어를 고르고, 그러면서도 한편으로는 나에 대한 인상을 형성하고, 내가 그 자신에 대해서 형성하고 있는 인상을 짐작해보고…… 하는 식으로.

이렇게 생각, 의견, 감정을 말로 교환하는 행위를 우리는 '대화'라고 부른다. 그런데 로봇도 우리처럼 여러 차원에 걸친 의미, 겹겹이 쌓인 감정, 불쑥 튀어나오는 기억을 바탕으로 대화할까? 그건 좀처럼 상상하기 어렵다.

자홍색 아코디언 모양 블라인드가 달린 창 너머, 둥근 자갈이 깔리고 일본풍으로 꾸민 작은 옥상정원을 넘고 마당과 길을 지나 20미터쯤 가면, 엉성한 오렌지색 플라스틱 울타리 뒤에서 작업모를 쓴 남자들이 사나운 이빨을 휘두르는 거대한 굴착기들의 도움을 받아 돌과 흙을 깨부수고 있다. 언젠가 저 야수 같은 공룡들도 굳이 상사가 지시하지 않아도 뭐든 주어진 작업에 적합하게—가령 수도관이 갑자기 터져 수리해야 하면 그 일에 맞게—스스로를 변형할 줄 아는 이성적인 기계에게 자리를 내줄 것이다. 그때쯤엔 드릴의 굉음도 옛말이 될 것이다. 금속 발톱이 돌을 긁는 소리에 우리 목덜미 털이 쭈뼛 서는 건 여전하겠지만 말이다.

"기계가 경험에서 배우기 시작하면, 우리가 원하는 것만 배우리라는 보장이 없습니다." 립슨이 도로 의자에 올라앉으면서 말한다. "우리 입장에서는 기계가 배우지 말았으면 하는 것을 배울 수도 있습니다. 그러나 한번 배운 걸 도로 잊진 못하죠. 이건 시작일 뿐입니다."

나는 트라우마를 입은 로봇을 떠올리고 몸서리친다.

립슨이 말을 잇는다. "그런 종류의 자의식을 창조하는 것, 의식을 창조하는 것. 이것은 대다수 로봇학자가 입 밖에 내지 않고 추구하는 성배입니다."

립슨 같은 로봇학자들이 말하는 '의식 있는' 로봇의 의식이란 무슨 뜻일까? 신경과학자들과 철학자들은 인간과 동물의 의식을 어떻게 정의하느냐를 두고 여태 옥신각신한다. 2012년 7월 7일 케임브리지 대학에 모인 신경과학자들은 인간이 아닌 "모든 포유류와 조류, 그 밖에 문어를 비롯한 다른 많은 생물에게도" 의식이 있다고 선언했다. 입장을 공식화하기 위해서 「인간이 아닌 동물들의 의식에 관한 케임브리지 선언」이라는 문서에 서명도 했다.

그러나 인간은 단순한 의식을 넘어서 철저한 자의식까지 갖고 있다. 몇몇 다른 동물도—오랑우탄을 비롯한 영장류 사촌, 돌고래와 문어, 몇몇 새도—자의식이 있다. 약삭빠른 어치는 다른 어치들이 근처에 있을 때는 자기 보물을 빼앗기지 않으려고 평소보다 좀더 은밀하게 씨앗을 숨긴다. 문어는 밤에 산책을 나설 때 보금자리의 뚜껑을 열었다가 돌아오면 사육사가 알아차리기 전에 얼른 도로 닫는다. 이런 동물들은 이른바 마음 이론을 갖고 있어서, 특정 상황에서 상대의 행동을 직관적으로 예측하여 그에 맞게 행동한다. 기만, 공감, 다른 개체의 시선을 통해서 자기 자신을 바라보는 능력 역시 발휘한다. 침팬지는 깊은 감정을 느끼고 전략을 짜고 계획하고 놀라운 수준까지 추상적으로 사고하며, 애도하고 어느 정도 공감하고 기만하고 유혹한다. 삶의 형벌 같은 미망을 의식하는지는 몰라도 삶이 가하는 압박을 의식하는 것만은 분명하다. 우리와 마찬가지로 침팬지는 가족 간의 강한 유대 및 지랄쟁이에서 범생이까지 다양하고 독특한 개성이라는 축복이자 멍에를 진다. 행복하면 기뻐하고 슬퍼지면 침울해한다.

그러나 침팬지가 우리처럼 한시도 안절부절못하며 자신의 정신 상태를 따져볼 것 같지는 않다. 침팬지가 꾸는 꿈은 우리와는 다를 것이다. 녀석들의 꿈은 우리가 세상만사에 대해서 생각하는 능력을 뇌 회로에 엮어넣기 전에 꿨던 꿈과 흡사할 것이다. 다른 동물들은 상대가 뭔가를 안다는 건 알아도, 자신이 그 사실을 안다는 걸 상대도 안다는 건 모를 것이다. 어떤 포유류들은 아마도 생각할 줄 알겠지만, 우리는 생각에 대해서도 생각할 줄 안다. 린네는 우리를 호모사피엔스사피엔스라는 아종으로 분류했는데, 사피엔스를 두 번이나 붙인 것은 우리가 그냥 아는 게 아니라 안다는 사실도 알기 때문이다. 인간 아기는 생후 1년 동안 환경과 타인에게 반응하며 자아를 발달시킨다. 오랑우탄, 코끼리, 유럽 까치와 마찬가지로 아기들은 거울에 비친 자신을 알아보고, 타인에게는 나와 다른 주관적 관점이 있다는 사실을 이해한다.

따라서 사람들이 로봇에게 의식과 자의식이 있다고 말할 때, 그 의식은 아주 폭넓은 범위의 앎을 뜻한다고 할 수 있다. 어떤 로봇은 사람보다 더 똑똑하고 합리적이고 솜씨 좋고, 기억력과 연산력을 요구하는 작업에서는 뭐든지 더 잘할 것이다. 그들은 아마 호기심이 있을 테고

(정확히 인간과 같은 방식은 아니겠지만), 갈수록 더 왕성해질 것이다. 이미 로봇들은 우리가 반추와 집착이라고 묘사하는 활동을 할 줄 안다. 좀더 단순한 차원이지만 말이다. 현재 공학자들이 설계하고 있는 로봇은 우리처럼 세상과 상호작용하면서 기억을 채우고, 나중에 그 정보를 활용하여 마주한 상황의 안전성을 가늠하거나 다른 존재의 행동을 예측함으로써 감각 경험에 기본적인 감정을 결부할 줄 아는 존재다.

립슨은 자신의 로봇들이 과거의 경험에 기초해 가정과 추론을 해낼 줄 알기를 바란다. 그런 기술은 인간 사고의 핵심인 자전적 기억의 토대이자 학습의 필수 조건이다. 로봇들은 경험을 통해서 난로에 손을 태우면 안 된다는 것, 길을 건널 때 좌우를 살펴야 한다는 것을 배울 것이다. 대인 관계에서 오가는 미묘한 단서를 해독하는 법도. 예를 들어, 립슨은 '배웠다'고 말할 때 미국식으로 '런드learned'라고 하지 않고 영국식으로 '런트learnt'라고 말한다. '……하는 동안'은 영국식으로 '와일스트whilst'라고 하지 않고 미국식으로 '와일while'이라고 말한다. 거기에서 나 또한 과거의 경험을 바탕으로, 그가 어릴 때 영국식 영어를 하는 사람에게 말을 배웠지만 미국에서 산 지 오래되었기 때문에 영국식 영어의 흔적이 대부분 사라진 게 아닐까 하고 추론한다.

하지만 로봇들이 아무리 많은 감각을 갖게 되어도—이를테면 더 예리한 시력과 밤눈처럼 로봇들이 우리보다 더 많은 감각을 갖지 말란 법이 없으니—그들이 정확히 우리처럼 되진 않을 것이다. 우리처럼 두텁고 불완전한 기억의 침전물과 비현실적인 한 줌의 꿈을 갖진 않을 것이다. 어떤 무의식적인 반주를 들었기에 작곡가가 굳이 지금 이 리듬을 선택한 건지 정확히 짚어 말하는 게 가능할까? 심장의 불규칙한 박동 때문이었는지, 귀에서 울리는 이명 때문이었는지, 연인의 외국어 억양 때문이었는지, 겨울에 얼음이 갈라지는 소리에 떠오른 훈훈한 기억 때문이었는지, 그것도 아니면 그저 너무나 인간적인 운명의 장난 때문이었는지? 망명자가 느끼는 특유의 감상적인 갈망이 없었다면, 나보코프의 『말하라, 기억이여』도 솔제니친의 『수용소 군도』도 탄생하지 못했을 것이다. 아인슈타인을 발견으로 이끌고 도스토옙스키를 소설로 이끌었던 정교한 사고실험 같은 것을 로봇도 할 수 있을까? 잘 모르겠다.

그러나 로봇들도 예술을 창조할 줄은 알 것이다. 우리는 짐작도 못 할 어떤 동기에 따라서 창작하고, 그들만의 미학이나 풍자(그들이 풍자를 즐긴다면 말이지만), 유머에 기초하여 창작물을 즐길 것이다. 우리도 즐길 수 있을지 모른다. 특히 인간 예술가의 작품을 환기하는 작품, 우리 감각에 와닿는 작품이라면. 우리는 로봇의 작품을 인간의 작품과는 다르게 평가할까? 한번은 예일 대학 미술관이 로버트 머더웰에게 영향을 받아 그린 듯한 회화 한 점을 전시하기로 했는데, 나중에 그것이 립슨의 '창조기계실험실'에서 로봇이 그린 그림이란 걸 알고는 마음을 바꿨다. 로봇들에게 어떤 재능과 감수성이 있는지 알아보는 일은 재미있을 것이다. 레이 커즈와일 같은 미래학자들도 립슨처럼 가까운 미래에 지구에는 우리보다 훨씬 똑똑하고 의식 있는 로봇 종이 살 것이라고 믿는다. 그런 로봇들이 산업, 교육, 운송에서 공학, 의학, 판매까지 모든 분야를 도맡을 것이라고 본다. 로봇들은 이미 그 단계에 발을 들여놓았다.

2013년 런던에서 열린 '살아 있는 기계 학회'에서, 유럽의 로봇컵 협력단이 아이컵이라는 로봇을 선보였다. 아이컵은 마음 이론을 자연스럽게 진화시킨 로봇인데, 이 능력은 인간 아이가 서너 살쯤에 발달시키는 중요한 성장 단계 요소다. 키가 약 1미터인 아이컵은 둥글납작한 머리와 진줏빛 얼굴을 이고 다니며 아이처럼 걷고 기도록 프로그래밍되었다. 사람 같은 팔다리와 관절, 민감한 손끝, 양안시, 예리한 청력으로 세상과 관계를 맺는다. 또한 인간처럼 일화적 기억(가령 어릴 때 언 연못에서 스케이트를 탔던 일)과 의미론적 기억(가령 스케이트 날을 기울여 옆으로 미끄러져서 멈추는 요령)으로 나뉘는 자전적 기억도 갖고 있다. 아이컵은 자기 몸과 세상의 무수한 상호작용을 통해서 양쪽 지식을 저장한다. 이런 능력은 사실 전혀 새롭지 않다. 자신과 남을 구별하는 능력도, 남의 마음을 추측하는 능력도 새로운 건 아니다. 립슨 같은 공학자들은 진작 그런 분별력을 로봇에게 프로그래밍하는 데 성공했다. 하지만 로봇이 그런 능력을 스스로 진화시킨 것은 아이컵이 처음이다. 아이컵은 물론 겨우 의식의 첫발을 뗀 단계이지만, 그래도 우리가 의식이라고 여기는 감정이입, 기만, 기타 여러 특질의 토대가 로봇 스스로 추진한 다윈주의적 진화 과정에서 우연히 발생했다는 건 흥미로운 일이다.

과정은 이랬다. 과학자들은 아이컵에게 이중의 자아를 만들어주었다. 아이컵이 가령 컵을 들고 싶으면, 첫번째 자아가 자기 팔에게 명령을 내린다. 그 행동의 결과를 예측하고, 과거의 사건들에 기초하여 형성해왔던 자신의 지식을 재조정면서. 아이컵의 두번째—'내면' 자아라고 부를 수 있는—자아도 똑같은 피드백을 받지만, 이 자아는 실제 지침에 따라 행동을 수행하는 대신 그저 앞으로 벌어질 일을 예측해보기만 한다. 그랬다가 만일 결과가 예측과 다르게 나오면, 내면 자아는 기존에 저장해둔 기억을 업데이트한다. 따라서 아이컵에게는 능동적인 자아와 '정신적인' 내면의 자아, 두 가지가 있는 셈이다. 연구가들은 아이컵의 정신적 자아에게 다른 로봇의 행동을 보여주었다. 그랬더니 아이컵은 상대 로봇이 어떻게 할지를 자신의 경험에 비추어 추측하기 시작했다. 세상을 다른 존재의 눈으로 본 것이다.

인간 재주의 핵심인 과학적 추론과 통찰에 주목하여, 립슨의 연구실은 '유레카 기계'라는 컴퓨터 과학자를 만들었다. 이 기계는 가설을 세우고 실험을 설계하고 결과를 분석하고 그로부터 자연법칙을 끌어낸다. 바닥을 모를 만큼 깊은 혼돈의 심연에서 의미를 건져낼 줄 안다는 것이다. 연구가들이 유레카 기계에게 뉴턴 역학에 관한 문제를 하나 냈더니(이중 진자가 어떻게 움직이는가 하는 문제였다), "기계는 두 시간 만에 기본적인 운동 법칙을" 알아냈다. "뉴턴은 나무에서 떨어지는 사과를 본 뒤 몇 년이나 매달려서 알아냈던 결과잖습니까." 립슨의 말이다.

유레카라는 기계의 이름은 과학사의 한 전설적인 순간에서 땄다. 지금으로부터 2000년 전, 명망 있는 수학자이자 발명가로서 자기 분야를 꽉 잡고 있던 아르키메데스가 욕조에 몸을 담그고 있을 때였다. 그의 감각들은 따뜻한 물과 무중량 상태 속에서 일시적으로 마비되어 있었다. 그때 문득 번득이는 통찰이 찾아와서 어떤 문제에 대한 해답이 떠올랐다. 욕조에서 벌떡 일어난 그는, 전하는 말에 따르면 홀딱 벗은 채, 아테네 거리를 달리면서 외쳤다. "유레카!(알아냈다!)"

이후 2000년 동안 전통적인 과학은 꼭 그렇게 굴러갔다. 탄탄한 지식과 숙달을 토대에 깔고, 관찰을 불쏘시개로 사용하여, 결국 통찰이 불꽃을 일으키는 것이다. 유레카 기계는 그런 과학의 수행 방식에서 한 전환점이 될 것이다. 갈릴레이는 천체의 움직임을 관찰했고 뉴턴은 마당에 떨어지는 사과를 관찰했지만, 오늘날의 과학은 더이상 그렇게 단순하지 않다. 우리는 바다처럼 많은 정보를 헤치고, 그보다 더 많은 데이터를 왕성하게 생성하며, 유례없이 큰 규모로 그것을 분석한다. 수치 분석의 거장인 컴퓨터는 인간과 달리 편견, 지루함, 허영, 이기심, 탐욕을 모르는 상태에서 데이터를 추출하고, 과거에는 한 인간이 평생을 바쳐야 했던 작업을 눈 깜박할 사이에 해낸다.

나는 1972년에 행성들을 과학적으로 정확히 그려낸 시들을 묶은 첫 책 『행성들—우주의 전원시』를 냈다. 책을 쓰면서 코넬 대학의 우주과학부 건물을 자주 찾았는데 내 박사 논문 심사위원이었던 천문학자 칼 세이건은 친절하게도 나사의 사진과 보고서를 내게 보여주었다. 당시에는 인류가 다른 행성들에 대해서 아는 모든 지식을 몇 달이면 거의 다 습득할 수 있었다. 나사가 찍은 제일 훌륭한 외행성 사진들이라고 해봤자 작고 동그란 빛을 가리키는 화살표에 지나지 않았다. 나는 이후 수십 년 동안 캘리포니아 패서디나의 제트추진연구소에서 우주선이 행성을 근접 통과하는 모습을 구경했고, 바이킹호와 보이저호가 화성, 목성, 토성, 해왕성 및 그 위성들로 다가가서 최초로 그 머나먼 세계의 흥미로운 사진을 보내오는 모습을 지켜보았다. 1980년대만 해도 인류가 행성에 대해서 아는 모든 지식을 아마추어가 전부 배우는 게 가능했다. 요즘은 아니다. 미가공 데이터의 산은 한 사람이 평생을 바쳐도 오르지 못할 만큼 높다. 등정 과정에서 박사 논문을 수도 없이 써야 할 정도일 것이다.

유레카 같은 기계 종족의 등장은 이런 상황을 바꿔놓는다. 로스 킹 교수가 이끄는 웨일스 애버리스트위스 대학의 연구진은 자연에 대한 새로운 과학 지식을 스스로 끌어낼 줄 아는 최초의 기계를 선보였다. 아담이라는 이름의 두 팔 달린 그 로봇은 빵효모의 유전적 성질을 조사하는 실험을 설계하고 수행했다. 과학 연구의 매 단계를 인간의 개입 없이 실시할 줄 아는 아담은 하루에 천 가지 실험을 수행하면서 새로운 발견을 해낼 수 있다.

킹은 우리가 좀더 효율적인 과학을 사용한다면 현대 사회의 문제들을 좀더 빨리 풀 수 있다고 믿는다. 그리고 자동화가 그 열쇠라고 믿는다. "19세기와 20세기에 이뤄졌던 발전을 추진한 원동력도 대체로 자동화였다"라는 것이다. 그런 취지에서 킹의 차세대 연구 로봇 이브는 아담보다 더 빠르고 더 영리하다. 웹캠을 통해서 이브가 약물을 시험하는 모습을 구경하노라면, 나도 모르게 넋이 나간다. 이브는 자동화된 팔과 땅딸막한 사각형 몸체로 지칠 줄 모르고 정밀하게 쟁반, 시약, 관을 이리저리 옮기고, 영원히 늙지도 않고 깜박이지도 않는 눈으로 관찰한다. 덕분에 수많은 대학원생이 반복 실험을 하느라 실험실에서 밤을 지새우지 않아도 되며, 그럼으로써 그들의 정신 건강을 지킨다.

우리가 뇌의 주변장치 같은 로봇들을 만들어서 그들에게 자연에 대한 진리를 우리 대신 발견하게 시키다니, 얼마나 놀라운 일인가. 우리는 그들에게 집단적으로 차분하게 협동하는 법, 데이터를 광속으로 공유하는 법, 우리보다 훨씬 더 잘 서로 돕는 법, '클라우드'라는 가상 응접실에서 두뇌를 모으는 법을 가르친다. 우리는 스스로의 육체적, 정신적 한계에 낙담하지 않고, 로봇들에게 오래전에 우리가 시작했던 일을 이어가도록 한다. 자연을 이해하는 일 말이다. 이 작업을 과학이라고 부르는 사람도 있지만, 이것은 사실 어느 한 분야나 기법이나 관점으로 부르기에는 훨씬 더 큰 무엇이다.

기술이 발전할수록 우리가 좀더 인간적일 수 있다는 생각은 감동적일 만큼 시적으로 느껴진다. 능란한 기계들이 노동, 과학, 제조, 판매, 운송, 강력한 신기술을 주로 다루게 되면, 인간은 경제의 그런 부문들에서는 기계의 상대가 못 될 것이다. 우리는 그 대신 인간의 기술이 가장 빛나는 영역, 즉 대인 관계나 상상력이 관여하는 서비스 경제를 차지할 것이다.

전 세계 여러 실험실들이 스마트 로봇을 기르며 세심하게 가르치고 있다. 립슨의 실험실은 지금까지 주로 남의 도움 없이 학습할 줄 아는 기계를 프로그래밍해왔다. 이 기계들은 걷고 먹고 대사 활동을 하고 상처를 수리하고 자라고, 다른 로봇을 설계하는 것 같은 기본적인 기술을 스스로 학습한다. 현재로서는 어느 한 로봇이 모두 다 해내진 못하고 각자 전문화된 운명을 추구하지만, 언젠가 실험실의 모든 기계가 융합하여 하나의 다부진 어떤…… 존재가 될 것이다. 그것을 달리 뭐라고 부르면 좋을까?

립슨의 한 로봇은 자신과 타자의 차이를 알고, 자기 몸의 형태를 알고, 희한하게 생긴 공간에 자기 몸이 들어갈 수 있는지 없는지를 안다. 만일 팔다리 하나를 잃는다면, 그 로봇은 그에 맞게 자아 이미지를 조정한다. 우리처럼 감각하고 기억하고 데이터를 계속 업데이트하여 미래의 시나리오를 예측한다. 이것은 단순한 형태의 자의식이다. 립슨은 또 자신이 놓일 다양한 상황을 상상해보고—단순한 사고실험인 셈이다—그다음에 어떻게 할지 계획할 줄 아는 기계도 만들었다. 기계가 생각에 대해 생각하기 시작한 것이다.

"그 로봇을 만나볼 수 있나요?" 내가 묻는다.

립슨의 눈이 대답한다. '그럴 수 있다면 얼마나 좋겠습니까.'

그는 복도를 건너 실험실로 나를 안내한 뒤, 책상에 놓인 평범한 컴퓨터 앞에 선다. 실험실 여기저기 놓인 많은 컴퓨터 중 하나다.

"제가 보여드릴 수 있는 건 평범하게 생긴 이 컴퓨터뿐입니다." 립슨이 말한다. "흥미로워 보이지 않는다는 건 압니다. 드라마는 컴퓨터 속 소프트웨어에서 펼쳐지고 있죠. 또다른 로봇도 있는데," 그러면서 어느 노트북을 가리킨다. "저 로봇은 다른 로봇을 보고는 상대가 무슨 생각을 하는지, 무슨 행동을 하려는지, 과거의 상황에서 보여주었던 태도에 비추어 새로운 상황에 처하면 어떻게 할지를 유추할 줄 압니다. 상대의 개성을 배우는 거죠. 물론 이런 건 아주 단순한 단계이지만, 우리가 기술을 개발하는 과정에서 꼭 필요한 도구입니다. 그리고 결국 여기에서 감정이 나올 겁니다. 감정이란 자신을 여러 상황에—두려움이나 이런저런 욕구에—투사해본 뒤 어떤 미래가 어떤 보상과 고통을 안길지 그 시나리오를 예상하는 능력과 관계되니까요. 저는 기계들이 학습 과정에서 결국 사람과 같은 수준의 감정을 만들어내기를 바랍니다. 우리와 같은 종류의 감정은 아닐지도 모르지만, 우리만큼이나 복잡하고 풍성할 겁니다. 그래도 다르긴 할 거예요. 우리에게는 생소하겠지요."

'다른 종류의 감정들'이라는 개념은 매혹적이다. 성적인 열정, 구애, 질투, 갈망, 애착 관계, 경험 나누기 같은 사치스러운 소란을 겪지 않는 합성 종이란 어떤 존재일까? 나는 외계 생명체의 내면이 (또한 외면이) 궁금한 것처럼 미래의 로봇 종이 어떤 종류의 집착, 성찰, 감정의 근육들과 씨름할지가 너무 궁금하다. 내가 그것을 알 때까지 살 순 없다는 사실을 인정하려니, 깊은 존재론적 슬픔이 밀려든다.

"감정 있는 로봇이라…… 제 생애에 벌어질 일은 아닐 거란 직감이 드네요." 나는 약간 풀죽어 말한다.

"100년은 걸리겠지요. 하지만 그건 인류 역사에서 순간에 불과합니다. 안 그런가요?" 립슨은 달래듯이 말한다. "100년? 아무것도 아니죠. 지구의 인류 역사를 그래프로 놓고 보면," 그는 한 손으로 책상 위에서 10여 센티미터쯤까지 곡선을 그리면서 말했다. "우리는 이쯤 와 있습니다. 이게 100년이지요."

"지난 200년 동안 너무 많은 일이 벌어졌잖아요." 나는 고개를 절레절레 흔들면서 말한다. "정말 정신없이 지나갔죠."

"맞습니다. 그리고 이 분야는 갈수록 속도가 빨라지고 있습니다. 하지만 여기엔 장단점이 다 있어요. 그렇잖아요? '감정'이라는 것에는 우울도 따라오고 기만도 따라오죠. 창조성과 호기심도 따라오지요. 창조성과 호기심은 벌써 여러 기계에서 나타나고 있습니다.

제가 실험실 이름을 '창조기계실험실'로 지은 건 정말 창조적인 기계를 만들고 싶기 때문이에요. 이건 공학계에서 아주 논쟁적인 주제입니다. 왜냐하면 대부분의 공학자들은—이건 문을 닫고 속삭여야 하는 이야기인데요—말하자면 '지적 설계'*식의 사고에 갇혀 있거든요. 공학자는 지적인 인간이고, 기계는 그에게 창조되는 존재로서 하찮은 일이나 맡는다는 거죠. 이 대목에서 우리 의견이 선명하게 나뉩니다. 어떤 사람들은 기계가 뭔가를 창조할 수 있다는 개념에—그 기계를 설계한 공학자보다 더 창조적일 수 있다는 개념에—심란해하죠. 여러 근본적인 문제에 의문을 제기하는 개념이니까요."

로봇들은 남에게 애착을 느끼고, 놀이를 하고, 감정이입을 하고, 정

* 생물이 스스로 진화했다는 생각과 달리 어떤 창조주가 모든 생물을 만들어냈다는 생각.—옮긴이

신적 휴식을 갈구하고, 미적 감각을 진화시키고, 공정함을 높이 사고, 기분 전환을 추구하고, 까다로운 입맛과 분주한 마음을 갖게 될까? 인간은 지나친 야망을 경고했던 그리스 신화의 이카로스 이야기로부터 이미 너무 멀리 나아왔다.(발명가 부자父子가 만든 밀랍 날개가 태양에 녹아버렸다는 이야기 말이다.) 우리는 이제 스스로 만들어낸 낯설고 이상한 세상에서 이방인이 되었다. 이 세상에서 궁극의 지적 과제는 다른 종을 창조하는 신이 되는 것이다. 그렇다면 미래의 로봇들도 새로운 종을 설계할까? 우리가 아직 상상조차 할 수 없는 형태와 세계관을 가진 생물학적인 존재를 발명해낼까?

"이건 뭔가요?" 나는 문득 선반에 놓인 플라스틱 뭉치 같은 것에 정신이 팔려 묻는다.

립슨은 다리와 관절이 기묘하게 얽힌 것 같은 그 물건을 내게 건넨다. 끄트머리에 흰 공 같은 발에 검고 빳빳한 다리 여덟 개가 달린 작은 로봇이다. 몸체는 아이들이 실뜨기 놀이를 하다가 망친 타래처럼 가닥들이 엉켜 있다. 머리나 촉수는 없고, 튀어나온 눈도, 씨앗 같은 뇌도 없다. 곤충으로 설계한 물건은 아니었다. 그리고 사람이 설계한 물건도 아니었다.

인류의 진화 과정을 한참 거슬러올라가면, 우리는 바다를 벗어나 뭍의 웅덩이에서 웅덩이로 팔딱팔딱 건너다니던 물고기였다. 시간이 흐르자 그 물고기는 다리를 진화시켰는데, 다리는 땅에서 돌아다니기에 훨씬 더 나은 수단이었다. 립슨의 연구진이 컴퓨터에게 A 지점에서 B 지점으로 갈 수 있는 무언가를 발명해보라고 시켰을 때—걷는 방법을 프로그래밍하여 알려주지 않고—컴퓨터가 맨 처음 만들어낸 것은 바로 물고기를 연상시키는 무언가였다. 관절이 있는 다리들을 써서 꼴사납게 펄떡거리며 앞으로 나아가는. 그 물체가 처음 발을 떼는 장면을 녹화한 동영상이 유튜브에 올라와 있는데, 영상 속에서 립슨은 로봇이 어디에서도 배우지 않은 방법을 시도해내는 모습을 마치 자식을 대견해하는 부모처럼 기특한 눈으로 바라보고 있다. 그가 플라스틱 조각들에게 하나로 결합하여 하나로 생각하고 스스로 움직일 방법을 찾아보라고 했더니, 정말 그렇게 한 것이다.

또다른 동영상에서 동물처럼 생긴 한 로봇은 덜덜 떨다가 슥 나아가고, 흔들흔들하다가 미끄러지기를 반복한다. 그러나 차츰 제 다리들을 조정하고 몸통을 가만히 유지하는 법을 익혀, 벌레처럼 조금씩 앞으로 나아간다. 그러다 이윽고 곤충처럼 걷기 시작한다. 곤충을 모델로 삼으라는 지시를 받은 적도 없는데 말이다. 좀더 매끄럽게 전진하는 방법을 찾아 그 설계를 스스로 생각해낸 것이다. 그 방법은 서투르지만 효과적이다. 그리고 미숙한 것은 괜찮다. 립슨은 애초에 우아함은 기대하지 않으니까. 그는 이보다 더 빠르고 보기 좋고 안정적인 거미 로봇을 만들 수도 있었지만, 중요한 건 그게 아니다. 다른 로봇들은 모조 힘줄과 근육을 수축시키고 이완시키면서 달린다. DARPA가 개발한 로봇 '치타'는 최근 시속 48킬로미터의 역주를 기록했다. 지치지도 않았다. 그러나 그 로봇은 프로그래밍된 것이었다. 지시하는 사람이 없다면 그 치타는 네발 달린 폐품에 지나지 않을 것이다. 립슨은 로봇이 스스로 모든 것을 해내기를 바란다. 로봇이 인간의 설계를 능가하기를, 인간 프로그래머의 빈약한 아이디어로부터 해방되기를 바란다.

이는 감동적인 목표다. 인간의 한계를 뛰어넘으려 애쓴다는 것은 너무나 인간적인 목표인 것이다. 어쩌면 가장 오래된 목표인지도 모른다. 우리는 밤중에 꾸는 꿈을 달빛에 젖은 징조로 여겼던, 머릿속에서 신의 목소리를 듣던 그 옛날부터 그 목표를 추구했다. 그 시절에는 풍경마다 마법이 깃들어 있었다. 산은 비구름을 끌어들였고 신성한 약초를 품에 숨겼다. 사악한 정령은 지진과 가뭄을 일으켰다. 나무나 개울에는 그것을 다스리는 폭군이 깃들어 있었다. 샘물은 기분이 상하면 밤중에 다른 곳으로 떠나버렸다. 대부분의 동물은 적어도 하나의 신 혹은 악마와 교섭했다. 그에 비해서 인간의 힘이란 건 얼마나 초라했는가?

데이트하는 로봇들

립슨의 조용한 실험실을 둘러보다가, 나는 무언가가 빠졌음을 깨닫는다. "컴퓨터 앞에 진짜 학생들만 앉아 있네요. 챗봇은 하나도 안 보여요."

립슨이 너그럽게 받아주며 미소를 짓는다. 그의 챗봇들은 유튜브에서 엄청난 인기를 끌었다. "그건 그냥 한나절의 해킹이었습니다. 그런데 스물네 시간도 안 돼서 사람들이 그걸 마구 돌려보기 시작해서 깜짝 놀랐지요."

그가 말하는 '해킹'이란 악의적인 의도로 컴퓨터에 침입하는 활동이 아니라 대담한 디지털 기예를 뜻한다. '어번 딕셔너리'*는 '해크(해킹)'를 이렇게 정의한다. "동사. 컴퓨터를 영리하게, 달인의 솜씨로 마술사처럼 다루는 행위. 평범한 컴퓨터자키는 그냥 프로그램을 짤 뿐이지만, 해킹은 디지털 시인의 영역이다. 해킹은 섬세하고 나아가 신

* 유행하는 비속어의 뜻을 사용자들이 자유롭게 올리는 온라인 사전.—옮긴이

비로운 기예로서, 재치와 기술 둘 다 필요하다. 해커가 아닌 사람은 이 기예를 여간해서는 음미할 줄 모른다."

하루는 립슨이 두 박사과정 학생에게 인공지능 수업 시간에 보여줄 시험용 챗봇을 가져와달라고 부탁했다. 챗봇은 상대가 건넨 말을 살짝 다른 표현으로 바꾼 뒤 답이 정해져 있지 않은 질문을 던지는 온라인 프로그램으로, 어떨 때는 꼭 휴대용 초보 심리상담사처럼 느껴진다. 챗봇은 놀랍도록 진짜 사람 같은 인상을 줄 수 있다.(우리가 일상적 수다로 주고받는 뻔한 말들의 수준을 잘 보여주는 대목이다.) 1997년 영국의 인공지능 전문가 롤로 카펜터는 과거의 대화에서 수집한 풍부한 어구를 저장한 '클레버봇'을 온라인에 선보였다. 클레버봇은 새로 대화를 나눌 때마다 사람과 상호작용하는 방법을 많이 배웠다. 선의의 논쟁중에 나오곤 하는 미묘한 빈정거림이나 말 속의 뼈 같은 뉘앙스도 익혔다. 그러고는 그렇게 익힌 뉘앙스를 그다음 대화에서 써먹었다. 클레버봇은 이후 2000만 건의 대화를 나누었고, 그 어휘 창고는 사람들과의 오랜 희롱에서 수집한 유용한 대화 소재, 원숙한 어구, 재치 있는 반응, 떠보는 질문, 방어적 표현, 교묘한 교전규칙이 가득한 보물 창고 또는 능구렁이 구덩이가 되었다.

립슨의 대학원생들은 노트북 두 대를 마주보도록 탁자에 올려, 두 챗봇이 가상의 거실에서 대담을 나누게 했다. 한쪽 화면에는 컴퓨터 그래픽으로 만들어진 남자가, 다른 화면에는 여자가 나타났다. 남자는 살짝 영국식 억양을 썼고, 여자는 단어의 중간음을 생략하는 인도식 영어를 썼다. 요행히 대학원생들이 그 대화를 녹화하여 온라인에 올리는 바람에, 수다스러운 클레버봇들이 인간다운 대화를 나누는 기이한 모습은 지금까지 400만 명이 넘는 시청자를 사로잡았다.

챗봇들은 "안녕" 하는 간단한 인사로 시작해서 사교적인 잡담을 나눈다. 그러나 말을 주고받는 과정에서 곧 의견이 갈린다. 그때부터 대화는 우습고 신랄하고 따끔하고, 어쩐지 넋을 놓고 보게 되는 방향으로 흘러간다.

"틀렸어요." 남자 클레버봇이 여자 클레버봇에게 비아냥거리며 덧붙인다. "당신한테 기억력이 문제일 리는 없을 텐데 이상한 일이군요."

어느 대목에서는 여자가 남자에게 이렇게 묻는다. "당신에게 신은 무엇인가요?"

"모든 것은 아니에요." 남자의 대답은 놀랍도록 그럴싸하다.

"모든 것은 아니라도 여전히 무언가는 될 수 있어요." 여자는 교묘하고 침착하게 주장한다.

"지당한 말씀." 남자가 동의한다.

"나는 그렇다고 믿고 싶어요."

"당신은 신을 믿나요?" 남자가 묻는다.

"물론이에요." 여자가 단호하게 대답한다.

"그렇다면 기독교인이라는……"

"아뇨, 그건 아니에요!" 여자가 딱 자른다.

두 사람은 한참 다투다가 결국 좋게 좋게 마무리한다. 남자는 여자를 협조적이지 않다며 '깍쟁이'라고 부른다. 그러다 갑자기 여자가 남자에게 고통스러운 질문을 던진다. 그들을 지켜보는 사람은 누구나 궁금해할 법한 질문이지만, 그래도 실제로 들으면 꽤 심란하게 다가온다.

"몸을 갖고 싶지 않아요?"

놀랍게도, 마치 운명을 받아들이면서도 어쩔 수 없이 한탄하는 사람처럼 남자가 대답한다. "당연하죠."

더 할말이 있을까? 둘은 갑자기 가짜 인간으로 돌아가서 딱딱하게 굳어버리고, 동영상은 거기서 끝난다. 어떤 사람들은 이 대화에서 남녀 간의 적대심 혹은 성적 긴장감을 느꼈고, 어떤 사람들은 이 대화가 부부간의 승강이 같다고 느꼈다. 우리는 이미 영화나 이야기에 나오는 가상의 로봇을 받아들였다. 그러나 아쉬워하고 성찰하고 관계를 맺을 줄 아는 합성 생명체를 받아들일 준비도 되었을까? 우리로서는 투명하게 이해할 수 없는 존재이자 온전히 반영할 수 없는 마음의 소유자인 그 피조물들을? 우리가 챗봇에게 마음이 끌리는 것은 그것이 우리와 너무 닮았기 때문일까, 아니면 우리가 그것을 너무 닮았기 때문일까?*

로봇의 움직임을 미세 조정할 수 있는 로봇학 전문가들은 많다. 어떤 이들은 진짜 사람처럼 정교하게 움직이는 얼굴을 가진 로봇을 설계한다. 이탈리아 로봇학자들이 만든 사실적인 로봇 머리는 중합체 피부 밑에 숨은 모터 서른두 대가 동시 작동하여 근육을 움직임으로써 인간의 온갖 표정을 흉내낸다. 눈살을 찌푸리는 것과 얼굴을 찡그리는 것이 감정적으로 어떻게 다른지도 파악할 줄 안다. 그런 로봇이 그저 학계 안에서만 흥분을 일으키던 단계는 진작 지났다. 이미 세계 곳곳에서 완연한 사람의 얼굴을 한 로봇들이 미소를 짓고 찡그리고 다 안다는 듯한 표정을 짓는다. 여러 '마담 튀소 밀랍 인형 박물관'의 스타들과는 달리, 요즘 로봇들은 으스스할 정도로 진짜 같다. 우리는 그 로

* 챗봇에 얽힌 재미있는 일화도 있다. 2013년 9월 14일, 매년 가장 사람처럼 대화를 한 챗봇을 뽑아 시상하는 뢰브너 상이 미쓰쿠라는 챗봇에게 돌아갔다. 하지만 미쓰쿠는 그 해 12월에 대화중 이런 대답을 함으로써 정체를 드러내고 말았다. 질문: 나는 왜 푹 자도 피곤할까요? 대답: 내가 당신을 의뢰인으로 여기고 있기 때문이지요.

봇들의 표정에 감정이입을 한다. 실제로 우리 뇌의 거울뉴런*도 반응한다. 그리고 그 못지않게 사실적이고 말랑한 몸들이 등장할 날도 머지않았다. 유명한 영화 〈블레이드 러너〉나 〈에일리언〉이 예견했듯이, 얼굴을 가진 컴퓨터들이 실리콘 냄새 나는 편집증, 사랑, 우수, 분노 등 인간의 탄소 심장을 휘젓는 여러 감정을 느낄 날이 오리라는 상상은 쉽게 할 수 있다. 기계에게 의식이 있는가 하는 논쟁은 지금도 활발하지만, 그때가 되면 지금보다 더 뜨거워질 것이다. 그런 논쟁은, 자의식이 있고 명석하고 추론하고 느끼고 기분이 있고 우리나 우리의 형제자매를 닮을지도 모르는 (그러나 매너는 아마도 더 좋을) 타자를 설계하는 과정에서 피할 수 없이 거쳐야 하는 단계다.

'로봇사회학'과 '로봇심리학' 같은 분야가 중요하게 부상할 것이다. 로봇이 자의식을 갖게 되면 흥미로운 일들이 벌어질 터이기 때문이다. 로봇도 사람처럼 가끔 자신에 대해 그릇된 생각을 품을 테고, 그러다 지나치게 삐뚤어져서 '비행 로봇'이 될 수도 있다. 그런 로봇에게서는 사람의 심리적 문제와 비슷한 특징이 관찰될 것이다.

예전에 위기상담전화에서 자원봉사를 한 적이 있는데, 깊은 절망에 빠졌거나 심각한 인격장애에 시달리다 전화를 걸어온 사람들에게 도움을 주기가 늘 쉽지만은 않았다. 자의식 있는 로봇들이 사회적 위기, 신경증, 나아가 정신이상을 겪는다면 어떨까? 만만치 않은 과제일 것이다. 그런 로봇은 자신이 일체감을 느끼는 로봇과 상담하는 편을 선호할까? 로봇이 인간과의 관계를 고민하게 된다면 어째야 할까? 요즘 대학에서는 '국제 노사관계' '인간 생태학' '사회복지' 같은 학과가 인기

* 관찰이나 간접경험만으로 자신이 직접 겪는 일처럼 반응하는 신경세포.—옮긴이

다. '종 간 노사관계' '로봇 생태학' '실리콘 사회복지' 같은 학과는 아직 먼 이야기일까? 늙고 허약해진 로봇이나 수감된 로봇을 위한 구호단체는 어떨까—'안드로이드 자선 자매회'나 '영구운동수녀회' 같은.

자의식 있는 로봇의 움벨트(생각, 감정, 감각을 아우르는 세계관)는 어떤 것일까? 우리는 이제 이런 생각을 상상력의 발로로만 즐기지 않는다. 우리는 빠르게 다가오는 미래에 우리가 만들어낼 놀라운 기술들과 어떻게 잘 지낼 수 있을지를 고민하기 시작했다. 립슨이 말했듯이 의식 있고 지적인 로봇 종이 호기심과 경험을 통해 인간 아이처럼 학습한다면, 로봇 아기에게도 양질의 양육이 제공되어야 할 것이다. 그런 행동 규약은 누가 정할 것인가? 개인이? 사회 전체가?

우리가 로봇 집사, 로봇 보호자, 챗봇 친구가 하나로 합쳐진 집, 자기만의 개성을 갖고 대사 활동을 하는 집에서 사는 날이 올까?* 그런 집의 뇌는 로봇 지브스**가 되어, 목장의 담과 인간 가족들을 가리지 않고 똑같은 긍지로 보살피고 풍성한 표정을 지으며 이야기도 잘 들어줄 것이다. 플라스틱 벽에서 얼굴이 솟아나는 완벽한 집사형 집은 에너지망을 감시하고, 차에 (수소) 연료를 넣어주는 동시에 소식을 주고받고, 식료품을 주문하고, 개인용 드론을 띄워 우체국에 보내고, 채식

---

* 집은 기술 적용의 바로미터이기도 하다. 냉장고와 냉장열차 같은 기술적 발명 덕분에 냉동식품이 가능해졌고, 냉동 과일이나 채소처럼 제철이 아닌 식품에서 영양을 섭취하는 일도 가능해졌다. 통조림 기술이 변경과 여성의 가정생활에 여러 가능성을 열어주면서, 식품 생산은 갈수록 산업화되었다. 이 밖에도 여러 혁신 덕분에, 특히 제1차세계대전과 제2차세계대전 사이에 가정생활에는 큰 변화가 일어났다. 제2차세계대전 이후에는 가정의 부엌 환경에도 여러 변화가 일어났다.(덜로리스 헤이든의 책들을 참고하라.)

** 우드하우스의 소설 『고마워요, 지브스』(1934)에 등장하는 집사 캐릭터.—옮긴이

주의자를 위한 요리책 『무스우드 레스토랑』을 봐가며 부엌 화분에서 키운 허브와 옥상 정원에서 키운 루꼴라와 토마토로 점심을 준비할 것이다. 벌써 몇몇 최첨단 주택단지에서는 사람들이 아이폰의 가상 열쇠로 집의 스마트 자물쇠를 연다. 가족들은 각자의 취향이 저장된 컴퓨터 추적 칩을 차고 다니는데, 그러면 사람이 방을 드나들 때 한발 앞서 불이 켜지고 나간 뒤에는 알아서 꺼진다. 온도조절장치가 알아서 온도를 맞춰주고, 좋아하는 노래나 TV 쇼나 영화가 알아서 반겨주고, 좋아하는 음식과 음료가 제공된다. 이런 집의 신경계를 요즘 우리는 '사물인터넷'이라고 부른다.

1999년 영국 기술 선구자 케빈 애슈턴은 인체 세포들이 서로 소통하며 행동을 조절하는 것처럼 다양한 물리적, 가상적 디지털 기기들—보일러, 전등, 수도, 컴퓨터, 차고 문, 오븐 등—이 공통의 인지망을 통해 물리적 세계와 통합되는 것을 표현할 용어를 만들었다. 그게 바로 사물인터넷이다. 기기들은 망을 통해서 서로 작당하고 자신들의 에너지 소비와 활동을 동기화한다. 나아가 그 데이터를 인터넷으로 연결된 동네, 도시, 세계와 공유할 수도 있다.

동물, 채소, 광물, 기계를 하나로 통합하는 애슈턴의 발상은 한국의 선구적인 신도시 송도에서 현실로 구현되고 있다. 송도에는 거의 모든 곳에 사물인터넷이 있다. 모든 스마트 집, 가게, 사무용 건물은 한 무리의 간부 컴퓨터들에게 끊임없이 데이터를 전송한다. 그러면 그 컴퓨터들이 하나로 동기화된 도시 전체를 감지하고 검사하고 결정하고 감독하고 조종한다. 대체로 인간의 도움 없이. 컴퓨터들은 시시한 세부 사항까지 모조리 분석하여 모든 기반시설이 매끄럽게 굴러가도록 관리한다. 혼잡시간에는 필요에 따라 교통 흐름을 바꾸고 공원과 농원에

물을 주고 쓰레기를 신속하게 수거한다.(쓰레기는 지하 통로로 빨려 내려간 뒤 처리 센터로 옮겨져서 분류, 탈취, 재활용 과정을 거친다.) 보이지 않게 뒤에서 애쓰는 컴퓨터 위원회는 지하철 수리 같은 큰 공사를 조직할 수도 있고, 당신이 탈 버스가 늦어진다는 사실을 휴대전화로 알려줄 수도 있다.

컴퓨터들이 그때그때 필요에 따라 머리를 맞대고 우리에게는 낯선 은어로 수다를 떤다니, 희한하게 느껴진다. 그러나 우리는 그것을 사물인터넷이라고 명명함으로써 자칫 겁날 수도 있는 개념을 그렇지 않은 것으로 길들였다. 인터넷은 누구나 알고 즐긴다. 인터넷은 이제 그 사용자 중 상당수보다 나이가 더 많고, 반려동물처럼 친근한 존재가 되었다. 오랑우탄마저 아이패드로 스카이프를 하는 시대에, 어디에나 붙일 수 있고 상당히 막연한 단어인 '사물'만큼 평이한 말이 또 있을까? 사물인터넷이라는 용어는 이것이 혁명적인 개념이 아니라는 느낌을 줌으로써—실제로는 혁명적이지만—우리를 안심시킨다. 일상적인 기술이 무언가 막연하고 무해하게 느껴지는 것과 결합되었을 뿐이라는 인상을 주는 것이다. 새로운 현실로 건너뛰는 사건이라는 느낌은 주지 않는다. 그저 지난 세기의 포근한 신기술을 좀더 확장한 것, 집의 개념에 생명력을 좀 불어넣은 것뿐이라는 느낌을 준다.

J. G. 밸러드의 SF 단편소설 「스텔라비스타의 천 개의 꿈」에는 그 속에 거주하는 사람들의 신경증 때문에 히스테리를 겪을 만큼 과민해지는 집들이 나온다. 상상해보라. 불안으로 식은땀을 흘리는 지각 있는 벽, 거주자가 죽자 통곡하는 계단, 살짝 방치되었다는 기분에 이음매가 닳는 지붕. 가끔은 정말로 지금 내가 사는 집도 벌써 그런 게 분명하다는 생각이 든다.

화성에서 흔들목마 프린트하기

세상의 제조업은 지난 수백 년 동안 절삭가공 기술의 산업이었다. 깎고 뚫고 파고 자르고 긁어내고 새김으로써 인공물을 만드는. 이 기술은 대단히 놀랍고도 획기적이었다. 산업혁명을 촉발하고, 대도시의 증가를 불러오고, 농장에서 기른 상품을 위한 시장을 넓히고, 볼펜에서 월면차까지 온갖 물건을 만들어내어 우리를 감탄시켰다. 이것은 지금도 굉장히 유용한 기법이다. 다만 좀 너저분한 게 문제다. 절삭가공에는 산더미 같은 낭비와 찌꺼기가 따르고, 이는 곧 땅에서 더 많은 원재료를 캐내야 한다는 뜻이다. 또한 대량생산품은 옷이든 전자 제품이든 무조건 최종 손질 단계에서는 값싼 노동력이라는 곤란한 조건을 요구한다.

이와 대비되는 기법이 '적층가공'이다. 3D 프린팅이라고도 불리는 이 새로운 제조 기법은 어떤 물체에 대한 디지털 청사진을 바탕으로 그 물체를 삼차원으로 찍어내는 특수 프린터를 쓴다. 견고하게, 세부까지 정확하게, 여러 번 반복하여, 더구나 간접비를 최소화하면서 찍어낼 수 있다. 꼭 SF 드라마 〈스타 트렉〉에 나오는 만능 복제기나 무슨 소원이든 들어주는 램프의 요정이 떠오르는 이야기다.

3D 프린팅은 아무것도 깎거나 없애지 않는다. 3D 프린터는 악보를 읽듯이 전자 청사진을 읽은 뒤, 노즐을 받침대 위에서 앞뒤로 움직이며 미세한 덩어리를 차곡차곡 내려놓아 하나의 푸가를 완성해낸다. 그렇게 한 층 한 층 쌓다보면, 마치 믿기 어려운 방식으로 모래알들로부터 스핑크스가 솟아나듯이, 우리가 바라는 물체가 솟아난다. 알루미늄, 나일론, 플라스틱, 초콜릿, 탄소 나노튜브, 숯, 폴리에스테르…… 원재료는 뭐든 상관없다. 액체나 가루나 반죽 상태이기만 하다면.

벌써 얼리 어답터들은 자신들이 좋아하는 디지털 청사진을 인터넷으로 공유하고 있고, 민간 기업이 특허를 낸 설계도 있다. 다른 많은 기술처럼 3D 프린팅에도 어두운 측면이 숨어 있다. 사람들은 벌써 권총, 격투용 너클, 웬만한 경찰 수갑은 다 열 수 있는 곁쇠를 찍어냈다. 앞으로는 분명 법률이 불법적이거나 특허로 등록된 청사진에 대한 접근을 제약할 것이다. 위험한 금속이나 기체, 폭발물, 무기, 마약을 만드는 데 필요한 재료도 제약할 것이다.

우리가 무언가를 원할 때 언제든 프린터 단추를 눌러서 찍어낼 수 있다고 상상해보자. 촛대, 칫솔, 그릇에 어울리는 숟가락, 목걸이, 개 장난감, 키보드, 오토바이 헬멧, 약혼 반지, 차량용 거치대, 손님들에게 나눠줄 선물, 스텔스 항공기*에 박아넣을 리벳 등 필요하거나 그냥 갖고 싶어진 물건이라면 뭐든지. 오바마 행정부는 3D 프린팅에 전망이 있다고 보고, "미국 제조업에 새로운 활력을 불어넣기 위해서" 관련 분

* 적의 레이더에 포착되지 않도록 만들어진 최첨단 전투기.—옮긴이

야에 10억 달러를 투자하겠다고 발표했다. 과학자들과 재무분석가들도 공히 예측하기를 앞으로 10년 안에 가정용 3D 프린터가 TV, 전자레인지, 노트북만큼 흔한 물건이 되리라고 본다. 그러나 그때도 집에서 프린트하려면 필요한 재료와 저작권이 등록된 청사진을 구입해야 할 것이다. 아예 가내 3D 프린팅 공업으로 만들어진 기성품을 주문하는 사람도 많을 것이다.

앞서 등장했던 올리빈이 집으로 여기는 화성 식민지에서도 마찬가지일 것이다. 그는 딸의 생일 아침에 높이가 딱 맞는 얼룩무늬 흔들목마를 즉석에서 만들어낼 것이다. 혹은 갑자기 필요해진 펌프를 찍어낼 수도 있고, 손잡이에 아르데코 무늬가 새겨진 에스프레스 전용잔과 스푼 세트를 찍어낼 수도 있다. 아직 물감으로 나와 있지 않은 색깔을 만들어 칠할 수도 있다. 다른 방식으로는 만들 수 없는 인공물, 가령 공 속에 든 공 속에 든 공 속에 든 공 같은 것을 찍어낼 수도 있다. 혹은 가동 부품이 100개나 되는 물건을 한 덩어리로 찍어낼 것이다. 희한하고 새로운 이 대장간에서 어떤 예술작품과 획기적 발명이 나올지 아무도 모른다. 창조의 기회는 무궁무진하다.

우리는 통상의 제조 기법이 규정해온 전통적 한계를 모조리 무시할 수 있을지도 모른다. 마이크로미터 규모의 정밀도로 물질 내에 물질을 밀봉할 수도 있고, 그것을 희한하고 새로운 구조적 행동 양식을 장착한 물건으로 엮어낼 수도 있다. 이를테면 세로로 잡아당기면 가로로 늘어나는 물질 같은 것을. 바야흐로 물건들의 멋진 신세계다.

사람들이 자기 집 거실에서 재료를 한 방울 한 방울 한 가닥 한 가닥 쌓아 물건을 만들 수 있다면, 물건이라는 것은 어떤 의미를 띠게 될까? 우리는 물건에 어떤 가치를 매기게 될까? 아직은 3D 프린팅이 대부분의 사람들에게 신기한 일이기 때문에, 우리는 3D 프린팅으로 생산된 제품에 경탄하며 높은 가치를 매긴다. 그러나 값싼 3D 프린터가 흔해지고(현재 가격은 400달러에서 1만 달러 사이다), 공장에서 3D 프린팅이 조립라인과 창고를 대체하고, 심지어 인체 부위와 기관까지 주문할 수 있게 된다면, 우리는 지금보다 더 별난 세상에서 살게 될 것이다. 그때도 일부 물체들은 실체가 있는 사물, 즉 상품으로 존재하겠지만, 그 밖의 대다수 물체들은 구상적이되 비물질적인 형태로 존재할 것이다. 마치 전자책처럼 클라우드 속에서, 혹은 액체나 가루가 든 프린터 카트리지 속에서, 언제든 접근 가능한 잠재성으로만.

자동차, 로켓, 가구, 음식, 의약품, 악기 등 많은 것을 쉽게 프린트하게 되면(일부는 벌써 그렇다), 세계 경제는 일시적으로 교란될 수밖에 없다. 우리는 사물의 가치를 그 희소성에 따라 매긴다. 금이 지금보다 더 많아진다면 값은 더 싸질 것이다. 그러나 만일 물체가 소프트웨어 부호로 컴퓨터에 저장되어 있다면, 그리고 우리가 내킬 때 단추 한번 누르기만 해도 그것을 끌어낼 수 있다면, 그런 물체는 이제 새로운 부류의 존재라고 봐야 할 것이다. 그때가 되면 우리를 둘러싼 물리적 현실과 물질에 대한 생각은 어떻게 바뀔까? 낭비가 좀더 심해질까? 수공예품을 좀더 귀하게 여길까? 세속적인 것에 집착하지 말라는 불교의 가르침이 좀더 퍼질까? 우리는 좀더 무모해질까?

이런 이야기가 터무니없는 소리로 들릴지도 모르겠다. 하지만 그다지 멀지 않은 과거에만 해도 복사기는 카본지에서 튀어나온 기적이나 다름없는 기술이었다. 내가 처음 대학에서 일했을 때는 카본지 복사본을 만드는 것이 일상 업무의 하나였다. 이메일에서 참조를 뜻하는 'cc'가 바로 이 '카본지 복사본carbon copy'을 줄인 말이다. 나는 이제 집에 있는 기계를 무선으로 컴퓨터에 연결해서 컬러 이미지를 인쇄할 수 있다는 사실이 지금도 여전히 놀랍다.

많은 회사가 지금과는 달라질 것이다. 앞으로는 노동자를 잔뜩 고용하고 원재료를 구입하고 뭔가를 배송하거나 재고를 쌓거나 생산할 필요가 없을 것이기 때문이다. 우리가 아는 형태의 산업은 막을 내릴지도 모른다. 경제 고문, 비즈니스 잡지, 모틀리풀 같은 온라인 투자 사이트는 3D 프린팅 회사들이 떼돈을 벌 것이라고 내다본다. 간접비가 워낙 낮을 테고, 영리한 설계나 원재료만 골라서 팔 터이기 때문이다.

당장은 아니다. 아직 대부분의 사람들은 기성품을 사는 게 더 편할 것이다. 그러나 머지않아 한 15년 뒤에는 3D 프린팅이 제조에서 예술까지 삶을 혁신할 것이다. 립슨 같은 실용적인 선구자들은 3D 프린팅이 다음번 거대한 문화적, 심리적 혁명을 불러오리라고 확신한다. 어떤 사람들에게 이 미래는 디지털 혁명의 자명한 속편이다. 어떤 사람들에게는 이것이 물 위에 그린 그림처럼 마술적으로 느껴지겠지만.

『포브스』는 이렇게 예상했다. "3D 프린팅은 산업혁명, 조립라인, 인터넷의 등장, 소셜미디어 현상과 마찬가지로 게임의 판도를 뒤집을 것이다."

그날은 언제 올까? 벌써 서광이 보인다. 3D 프린터는 드론, 고급 초콜릿, 달 토양을 이용한 월면 기지 건축 부품처럼 다양하고 경이로운 물건들을 토해내고 있다. 미국 TV 쇼 진행자 제이 리노는 개인용 3D 프린터로 자신이 수집하는 클래식 자동차에 꼭 맞는 부품을 찍어낸다. 구하기 까다로운 부품들이기 때문이다. 워싱턴 D. C.의 스미스소니언 공룡박물관은 3D 프린터를 써서 공룡 뼈를, 코넬 대학 고고학자들은 메소포타미아의 고대 설형문자 점토판을 재현한다. 하버드 셈족박물관의 복원사들은 3D 프린터를 써서 3000년 전에 깨진 사자상의 빈틈을 메운다. 중국 자금성에서는 연구가들이 3D 프린터를 써서 훼손된 건물과 예술품을 저렴하게 복원한다. 나사는 3D 프린팅으로 2인용 우주탐사차(우주인이 화성을 탐사하는 동안 거주할 수 있는 일종의 특대형 SUV)의 시제품을 만들었다. 서던캘리포니아 대학의 베로크 코슈네비스 교수는 재료를 층층이 쌓는 방식으로 스무 시간 만에 집 전체를—배관, 배선, 여타 다른 기반시설까지 포함하여—찍어낼 수 있는 '콘투어크래프팅 기법'을 개발했다. 3D 프린터를 지형도와 연결함으로써 그 지형에 완벽하게 들어맞는 집을 지을 수도 있다. 코슈네비스는 단독주택과 도시계획용 집단 주거지도 설계하고 있다. 또한 허리케인이나 토네이도 같은 자연재해로 집이 무너졌을 때 대체할 수 있는 집도 개발하고 있는데, 완전한 기능을 갖춘 비상용 주택을 3D 프린팅으로 현장에서 찍어내는 것이다.

보잉은 747 여객기의 부속 700가지를 3D 프린팅으로 만들고 있다. 군용 항공기에서는 진작 2만 가지 부속을 그런 식으로 만들어 써왔다. 미군에서 혁신 설계를 도맡고 있는 DARPA는 20년 전부터 3D 프린터에 투자했는데, 이제 전장에서 전투기를 수리하거나 전방에서 지상군을 지원하는 데 3D 프린터가 긴요함을 실감하는 데 이르렀다. 3D 프린터로는 부품을 즉각 원격으로 정확한 요구 사항에 맞춰 만들 수 있다. 시급히 필요한 물자가 공급되기를 오래 기다릴 필요가 없고, 적군 지역을 통과하여 보급품을 나르느라 목숨을 걸 필요도 없다. 메르세데스, 혼다, 아우디, 록히드마틴 같은 회사들은 몇 년 전부터 3D 프린터로 시제품과 수많은 부속을 만들고 있다. 아우디는 3D 프린팅으로 만든 (즉 모듈들을 프린트한 뒤 로봇으로 조립한) 최초의 자동차를 2015년에 시판할 계획이다.*

스위스 건축가 미하엘 한스마이어는 세상에서 가장 복잡한 구조물을 3D 프린팅으로 만들어냈다. 높이 2.7미터의 도리아 양식 기둥들에 숨막히게 정교한 소용돌이 모양의 유기적 레이스, 결정, 창살, 피라미드, 그물, 벌집 무늬를 새겨넣은 구조물이다. 장식들은 힘차게 물결치고, 다른 장식 속으로 사라졌다가 다른 장식 너머로 솟아오르고, 근사하게 조직된 혼돈처럼 층층이 겹쳐진다. 흡사 마음에서 피어오른 신기루가 단단히 굳은 모습이다. 1600만 개의 면으로 구성되어 있고 무게가 1톤인 이 구조물은 마치 주사전자현미경을 롤러코스터 삼아 미끄러져내리면서 뾰족뾰족한 아미노산 결정을 확대해본 것처럼 생겼다. 안토니오 가우디가 설계한 바르셀로나 대성당에 있는 기둥이라고 해도 상상해도 전혀 어색하지 않을 것 같다. 아니면 아르헨티나 작가 호르헤 루이스 보르헤스가 이 기둥들 속에 미로 같은 단편들을 풀어놓았다고 상상해봐도 썩 그럴싸하다.

"요즘 스물다섯 살 청년들은 전통적인 기법과 규칙에 구속되지 않는다." 3D 프린팅으로 깔끔한 맞춤형 보철 기구를 제작하는 샌프란시스코 '비스포크 이노베이션스' 사의 사장 스콧 서밋은 이렇게 말한다. "열한 살 때부터 3D 모델을 만들어온 청년들, 에너지가 넘치고 언제든 나설 준비가 된 청년들이 많다. 그들은 제품 제조사를 일주일 만에도 세울 수 있고, 제조업의 가능성에 대해서도 대체로 아주 참신한 의견들을 갖고 있다."

---

* 실제로 시판되지는 못했지만 아우디는 2015년 말에 3D 프린트한 모듈로 조립한 미니어처 경주차를 선보였다.—옮긴이

컴퓨터로 설계할 수 있고 노즐로 뿜어낼 수 있는 것이라면 뭐든지 3D 프린팅으로 만들 수 있으므로, 남극이나 여타 외진 기지에서 월동하는 사람들도 곧 청소 도구, 의약품, 수경 온실 따위를 프린트하여 만들 것이다.

만개하는 이 기술은 연구가들에게 꿈의 지평을 넓혀주고, 새로운 의약품과 새로운 형태의 물질을 만들 터 또한 닦아준다. 글래스고 대학의 리 크로닌과 연구진은 이른바 '켐퓨터'라는 제약 기구와 휴대용 약장을 한창 완성해가는 중인데, 북대서양조약기구NATO는 그것을 이용해 외딴 마을들에 약품을 배포하고자 한다. 특히 이부프로펜처럼 비교적 단순한 구조를 가진 약을. 약은 몸속으로 들어가면 한바탕 서커스를 벌이는 물질이지만, 그 정체는 사실 산소, 수소, 탄소의 조합에 지나지 않는다. 그런 단순한 잉크들과 레서피만 공급된다면, 3D 프린터는 갖가지 처방약을 조제할 수 있을 것이다. 플라스크, 관, 그 밖의 특이한 장비들도 즉석에서 프린트할 수 있을 것이다. 3D 프린터로 새로운 물질을 만들어낼 경우, 연구가들은 바구니 하나에 담아둔 리본들을 뒤지듯 분자들을 뒤섞은 뒤 그것들이 어떻게 상호작용하는지 살펴볼 수 있을 것이다. 요즘 제약 회사가 약품 제조법 자체로 특허를 받는 것처럼, 앞으로는 실제 약이 아니라 그 3D 프린팅 레서피가 가치를 띨 것이다. 컴퓨터 애플리케이션처럼 말이다.

3D 프린터가 있으면, 복잡성은 거저 생겨난다.* 역사상 처음으로, 곱슬곱슬한 세부 요소와 장식적 속성을 가진 복잡한 무언가를 만드는

* 다음의 책에 특히 잘 설명되어 있다. Hod Lipson and Melba Kurman, *Fabricated: The New World of 3D Printing* (Indianapolis, IN: Wiley, 2013).

일이 숟가락이나 문진을 만드는 일보다 어렵지 않게 되었다. 설계 요소만 확보된다면 다음에는 늘 똑같은 양의 자원과 기술이 필요할 뿐이다. 이는 제조업 역사상, 나아가 인류 역사상 처음 있는 일이다. 어떤 기술이나 힘을 가졌는지와 무관하게 단 한 사람이 공장 전체를 대신할 수 있다면, 정체성과 자유의지의 개념은 지금과 달라질 수밖에 없다. 우리는 다들 자신이 산업의 중추라고 느끼게 될까? 짐작하건대 그렇게 느끼는 사람의 수가 요즘보다 더 많아질 것 같지는 않다. 그러나 우리는 그렇게 느껴야만 한다.

전 세계 연구소와 의학 센터에서 생물공학자들은 생체 조직과 신체 부위를 프린트해내고 있다. 이 또한 인류 역사상 처음 있는 일이다. 우리와 몸의 관계를 극적으로 바꿔놓는 시발점이기도 하다. 몸은 이제 여러 화학물질과 교체 불가능한 기관을 담은 연약한 자루가 아니라, 해지거나 망가진 부속을 얼마든지 재건할 수 있는 탈것이 된 셈이다.

2002년 생물공학자 나카무라 마코토는 잉크젯프린터가 분사하는 잉크 방울 크기가 인간 세포 크기와 비슷하다는 사실을 눈치챘다. 그때부터 2008년까지 그는 3D 프린팅 기술을 응용하여 살아 있는 세포를 잉크로 사용할 수 있도록 만들었다. 보통의 3D 프린터는 녹인 플라스틱, 유리, 가루, 금속 방울을 분사하여 특정 패턴에 따라 얇은 층을 층층이 쌓아나간다. 생체 프린팅도 이 과정은 같지만, 환자 본인의 세포를 사용하여 거부반응 가능성을 줄인다는 점이 다르다. 이때 하나의 잉크 방울은 수만 개의 세포가 뭉친 것이고, 그 방울들은 공통의 목적에 따라 하나로 융합된다. 그 과정을 우리가 세세히 통제할 순 없지만, 그럴 필요도 없다. 살아 있는 세포들은 속성상 저절로 뭉쳐서 좀더 복잡한 조직 구조를 이루기 때문이다. 연구가들은 이 기술로 망가진 인체 기관을 무엇이든 수리할 수 있기를 바란다. 그러면 기관의 크기나 거부반응을 걱정할 필요가 없을 테고, 알맞은 콩팥이나 간 이식자가 나타나기를 기다릴 필요도 없을 것이다.

전 세계 대학 및 기업 연구소에서 생물공학자들은 대용품 혈관, 신경, 근육, 방광, 판막을 비롯한 심장 조직, 각막, 턱, 고관절, 코 이식물, 척추뼈, 화상이나 상처 위에 직접 바를 수 있는 피부, 호흡기관, (고에너지 레이저로 펄스를 가하여 탄성을 부여한) 모세혈관, 그리고 (동물시험을 대체하는) 의약품 시험용 소형 기관을 프린트해내느라 바쁘다. 이탈리아의 한 외과의사는 최근 맞춤 제작한 호흡기관을 환자에게 이식했다. 워싱턴 주립대학 연구진은 교정에 사용할 뼈를 맞춤으로 프린트해냈다. 환자는 아래턱뼈 전체가 만성감염에 시달리던 여든셋의 여성이었는데, 맞춤 제작한 삼차원 티타늄 뼈로 통째 바꿔넣었다. 이 티타늄 뼈에는 신경과 근육이 좀더 빨리 붙도록 적당한 홈과 구멍도 나 있었다. 환자는 수술 직후부터 말할 수 있었고, 나흘 뒤에 퇴원했다.

유럽의 어느 연구진은 심지어 의약품 시험용 소형 뇌를 길러냈다.(다행히 그 뇌는 생각은 할 줄 모른다.) 샌디에이고의 선구적 생명공학 회사 '오가노보'도 제대로 작동하는 혈관과 뇌 조직을 3D 프린팅으로 만들어냈고, 그것을 쥐에게 이식하는 데도 성공했다. 인간을 대상으로 한 시험도 곧 시작할 예정이다. 그다음 단계에서는 심장혈관우회수술용 조직을 3D 프린팅으로 공급할 계획이다. 기관 전체를 만드는 시도의 첫 대상은 콩팥인데, 구조가 상대적으로 단순하다는 이유에서다.

인체에서도 그런 성긴 부위는 설계하기가 쉽다. 반면에 심장이나 간처럼 좀더 빽빽한 조직의 기관을 프린트하려면 좀더 강한 뼈대가 필요하다. 그 용도로는 설탕으로 만든 격자가—셰프들이 고급 디저트를 만들 때 사용하는 설탕 뼈대 같은 것이—쓰인다. 그것을 튼튼한 비계로 삼아서 그 위에 세포들을 입히는 것이다. 설탕은 독성이 없고 물에 녹으므로, 기관을 다 만든 뒤에 설탕 비계를 물로 씻어내면 피가 흐를 속 빈 혈관들이 적당히 자리잡게 된다. 이 작업의 목표는 사람의 심장이나 폐나 콩팥의 생김새를 똑같이 베끼는 게 아니다. 그런 기관은 기나긴 세월을 거쳐 진화한 것이거니와 어차피 똑같이 베낄 필요도 없다. 콩팥은 혈중 독소를 정화하는 역할을 하는데, 그 역할을 수행하기 위해서 꼭 강낭콩이나 강낭콩 모양 수영장처럼 생길 필요는 없다. 따라서 이 작업은 일종의 신체 예술 혹은 몸속 문신이 될 수 있다. 낭만주의자는 하트 모양 콩팥을, 스포츠 팬은 축구공 모양 콩팥을 품는 것이다. 혹시 그러면 뇌에 저장되어 있는 신체 지도도 바뀔까? 우리가 캄캄한 곳에서도 문제없이 외우는 그 지도의 풍경이 달라질까? 여행 가방이 하나 있다고 하자. 우선 그 손잡이를 교체하고, 다음에는 자물쇠를 교체하고, 그다음에는 판들을 교체한다. 그래도 그것은 같은 가방일까? 우리가 몸의 여러 부위를 수도 없이, 더구나 원래 있던 것과 똑같지 않은 것으로 교체한다면, 그래도 뇌는 자신을 똑같은 자신으로 인식할까?

5. 우리 몸, 우리 본성

THE
HUMAN
AGE

그가 빌려준 (3D 프린팅) 귀

코넬 대학 와일홀에 있는 로런스 보나사의 연구실은 작은 꽃들이 보석처럼 피는 정원 건너편에 있다. 지금 정원은 눈으로 덮여 있다. 와일홀의 외벽은 이 계절처럼 새하얗기만 하지만 알고 보면 그 건물은 미국에서 손꼽히는 '친환경적인' 건축물로, 친환경건축물인증제도에서 좀처럼 받기 어려운 골드 등급을 받았다. 건물 잔해와 재료를 재활용하고(가령 외벽의 흰 알루미늄 패널처럼), 옥상에는 다육식물과 꽃을 심어 온도를 낮추고, 열을 반사하는 재료로 보도를 깔고, 자연형 태양열 시스템을 갖춘 거대한 중앙홀을 두고, 동작 감지기를 설치하여 꼭 필요할 때만, 즉 사람이 나타날 때만 조명, 온도, 공기 조절 장치가 작동하게끔 하는 등 여러 조치를 취한 덕분이다.

생명과학부의 최신식 보금자리로 5년 전 개관한 와일홀은 여러 실험실이 큰 공간을 함께 씀으로써 지적 도가니로 기능하도록 설계되었다. 길고 개방적이고 해가 잘 드는 실험실들은 각 층마다 끝에서 끝까지 하나로 뚫려 있고 휴게실, 복도, 현미경실 등을 공유한다. 따라서 연관 분야의 연구가들과 마주치지 않는 게 오히려 불가능하다. 실험실의 타화수분은 겨울에도 장려된다. 이곳에서는 설계자들이 바랐던 대로 많은 협동 작업이 이뤄지면서 재생의학이라는 새로운 분야가 날개를 펴는 중이며, 생물학적 판화가들이 맞춤형 인체 부위를 조각해내고 있다.

'재생의학'의 원리는 마법처럼 단순하다. 심장이나 턱이 망가지면, 몸에게 새로 하나 더 길러내라고 가르치거나 몸이 받아들일 수 있는 건강한 새 기관을 프린트해서 넣어주는 것이다. 보나사의 실험실에서 재생하는 물질은 몸의 핵심 하부구조인 연골이다. 척추뼈 사이의 (흔히 디스크라고 불리는) 쿠션, 쉽게 찢어지는 무릎 속 반달연골, 호흡할 때는 기관이 접히지 않도록 받쳐주지만 음식을 삼킬 때는 앞으로 굽도록 해주는 아코디언 같은 반원형 고리, 시인들이나 뭐든지 이로 물고 빨기를 즐기는 연인들이 종종 '조개껍질 같다'고 귀애하는 바깥귀 같은 것이 모두 연골이다. 보나사의 목표는 해진 몸에 잃었던 기능을 되찾아주고 얼굴의 결함을 바로잡는 것이다. 이를 위해 그는 생체역학, 생체재료학, 세포생물학, 의학, 생화학, 로봇학, 3D 프린팅 등 여러 분야에서 가져온 도구를 섞어 쓴다. 만일 우리에게 도구가 자밖에 없다면 우리는 주로 네모반듯한 상자를 그릴 것이다. 새로운 도구는 새로운 정신적 놀이터를 만들어주는 법, 보나사의 이 놀이터에는 여분의 귀가 넘친다.

여분의 귀로 무엇을 할 수 있을까? 피부암 환자가 귀를 잘라내야 할 경우, 전통적인 치료법은 인공귀로 대체하는 것이다. 그러나 인공귀는 매일 붙이고 떼야 한다. 바로 그런 상황에 있었던 한 젊은 엄마는 CBS 뉴스에서 이렇게 하소연했다. "우리 애들이 그걸 들고 뛰어다니면서 '엄마 귀 내가 갖고 있지롱!' 하고 외칠 게 뻔해요." 존스홉킨스 대학의 의사들은 다른 방법을 찾아냈다. 그들은 그의 갈비뼈에서 연골을 약간 떼내어 귀 모양으로 만든 뒤, 그의 혈관을 통해 영양을 공급받을 수 있도록 아래팔의 살갗 밑에 이식했다. 4개월 뒤 새로 자라난 피부가 귀를 덮자 의사들은 그 귀를 다시 팔에서 떼어 머리에 붙였다. 그가 그렇게 자기 몸에서 새로 길러낸 귀는 물론 근사했다. 그러나 그 과정에서 가슴을 열어 갈비뼈에서 연골을 잘라내는 등 몇 차례 수술을 해야 했고, 귀가 잘 맞도록 깎고 빚는 작업도 필요했다. 이것은 절삭가공의 기술이다.

혹은 여분의 귀가 9000명 중 한 명 꼴로 타고나는 작은귀증을 지닌 아이를 구해줄지도 모른다. 작은귀증은 바깥귀가 온전히 발달하지 않는 상태로, 어떤 경우에는 작은 땅콩 모양 흔적만 남아 있다. 학교 친구들이 그 모습을 힐끔힐끔 보고 놀릴 수도 있다. 어린 세 아이—여섯 살 쌍둥이 딸과 다섯 살 아들—의 아버지인 보나사는 이 병에 깊은 연민을 느끼며, 조기 처치의 필요성 역시 절감하고 있다. 그러나 안타깝게도 아이들은 여섯에서 열 살은 되어야 앞서 젊은 엄마가 받았던 수술을 감당할 수 있다. 갈비뼈 연골이 많지 않기 때문이다. 또한 수술은 아주 고통스럽고 정신적 외상을 남길 수 있으므로, 아이에게 시키기가 영 내키지 않는다. 그 대신 MRI, CT 스캔, 혹은 3D 사진을 찍은 뒤 아이의 귀에 꼭 맞는 형태로 연골을 프린트할 수 있다면 얼마나 더 간단하고 덜 침습적이고 더 저렴하게 처치할 수 있겠는가. 아이가 훨씬 더 어릴 때 할 수 있다. 왼쪽 귀를 사진으로 찍은 뒤 반전시켜 오른쪽 귀를 만듦으로써 기하학적으로 완벽한 짝을 이루는 것이다.

작은귀증은 청력 손상이 없다. 그러나 아이가 자아를 형성해나가는 시기에 종종 친구들의 따돌림이라는 사회적 악몽을 겪을 수 있다. 그러니 새 귀는 미용상 변화일 뿐일지라도 아이가 친구를 사귈 가망에 큰 영향을 미치고, 나아가 이는 자라는 아이의 뇌에도 영향을 미친다. 이 세계에서 아이들의 미소가 법정통화라면, 귀여운 귀와 얼굴은 여권이다. 나는 비영리단체 '인터플래스트'의 소개로 중앙아메리카에서 짧게 자원봉사를 할 때, 구순열이나 모반 같은 선천적 이형 기관을 일찍 처치할수록 아이가 낯선 사람들은 물론이거니와 제 부모와도 더 강한 유대를 맺을 가능성이 높다는 것을 배웠다.

나에게는 새 귀가 굳이 필요하지 않다. 이따금 작은북 소리 같은 이명이 일고 무대 위 배우의 방백을 놓치는 일이 있긴 해도 그럭저럭 잘 작동한다. 바깥귀의 크기도 내 머리에 잘 맞는다. 언젠가 왼무릎연골과 새 디스크를 이식해 넣을 수는 있겠지만, 차가운 금속 이식물을 넣거나 네발 동물이 준 선물을 쓰는 현재의 치료법은 그다지 내키지 않는다.

내 소감이야 어쨌든, 보나사는 직접 기른 귀를 내민다. 손바닥에 얹어서. 흡사 그의 손바닥에서 귀가 돋아난 것 같고, 악수는 또다른 형태의 듣는 행위처럼 느껴진다. 반투명한 흰색 귀는 호박처럼 매끄럽고 따스하다. 나는 나도 모르게 엄지로 귀의 여러 굴곡과 주름을 쓸어보고, 미세한 수준까지 자세한 모습에 놀란다. 몸에서 떨어져나온 귀를 쓰다듬다니 퍽 이상한 일이다. 말이 나왔으니 말인데, 이 귀는 상을 받은 귀이기도 하다. 보나사의 생체프린팅 기술은 "21세기에 장기적 영향을 미칠 가능성이 높다고 판단되는" 발명을 기리는 기술계의 오스카 상, 즉 세계기술상 보건 및 의학 부문에서 1등을 차지했다.

보나사가 빌려준 귀는 단단하다. 하지만 말린 살구처럼 휘어 있고 피부 속에서 쉽게 구부러질 것이다. 그러나 이 귀는 누군가의 머리에 달아주려고 만든 게 아니다. 보나사는 그것을 보존액이 든 유리병에 도로 넣어 선반에 올려놓는다. 그의 실험실은 꼭 정신의 교차로 같다. 실제로 그렇다. 현미경, 작업대, 개수대, 유리, 스테인리스스틸이 가득한 화학 실험실인 동시에 큰 인큐베이터, 무균실, 부품과 틀이 든 수많은 서랍이 있는 의학시설이며, 컴퓨터, 로봇, 물론 3D 프린터를 갖춘 기술 센터이기도 하니까. 그리고 창문들이 끝도 없이 이어져 있다.

창밖으로 포슬포슬한 눈이 황홀하게 내리고 있다. 스쿨버스가 금방이라도 화려한 나비로 변태할 오렌지색 번데기처럼 기어간다.

긴 햇살 한줄기가 무언가를 가리키는 손가락처럼 책상에 놓인 흰 상자를 건드린다. 상자는 초기의 수동 타자기만한 크기이지만 그보다 덜 복잡하게 생겼다. 노즐이 달린 강철 주사기 두 개가 금속 가열판 위에 떠 있다. 주사기들은 그 가열판에 희망의 캘리그래피를 그린다. 잉크는 살아 있는 세포, 생명이 흐르는 고분자라면 무엇이든 상관없다. 19세기 화가 조르주 쇠라는 이와 비슷하게 순수한 색깔들로 점묘법을 썼는데, 그가 찍은 점들은 우리 눈에 꼭 혼합된 것처럼 보이지만 사실은 눈의 장난일 뿐이다. 그러나 생체프린터가 찍은 점들은 실제로 합쳐진다. 세포들은 자연스레 융합하기 때문이다. 인간이 거들 필요도 없다.

움직이는 펜이 글을 쓰기 시작한다. 펜은 한 줄 한 줄 앞뒤로 왔다갔다하면서 점점이 새로운 층을 쌓아간다. 이윽고 바깥귀가 탄생한다. 이 귀는 무사마귀나 속눈썹처럼 완벽한 유기물이라고는 할 수 없다. 그래도 인체에 이식되면 생명으로 꿈틀거릴 테고, 몸과 하나가 될 터다. 우리는 '자연스러움'의 의미를 재정의할 수밖에 없을 것이다. 피와 살의 덩어리라면 무엇이든 이 귀의 집이 되어줄 테고, 거부반응은 옛말이 될 것이다. 이는 기나긴 진화 역사에서 처음 있는 일이다. 인체 부위가 진화의 청사진에 따라 빚어진 게 아니라 우리가 손수 고른 설계에 따라 만들어진 사건이다. 더구나 제작 시간도 몇 년까지 걸리지 않는다. MRI, CT, 3D 이미지만 있다면 보나사는 단 15분 만에 귀를 길러낼 수 있다. 내가 동네 커피숍까지 걸어가는 데 걸리는 시간이다.

보나사는 세포들을 담은 매질이 세포들을 정확한 위치에 가져다놓도록 훈련시키는 기술을 습득했다. 그러면서도 세포들을 활달한 강아지들처럼 살려놓는 것이다. 실제로 건강한 강아지들처럼 세포들은 서로 몸싸움을 벌이면서도 뭉개지지 않고, 기운차게 서로 밀고 당기며, 작은 입을 안쪽으로 돌려서 필요한 영양분을 섭취하려고 애쓴다.

보나사가 선호하는 두 고분자는 인체가 끈끈한 노끈이나 모르타르처럼 사용하는 단백질섬유인 콜라겐, 그리고 알긴산이다. 알긴산은 언젠가 내가 심블 제도에서 손에 쥐어봤던 갈색 해초에 함유된 겔 성분으로, 밀크셰이크 기계에서 셰이크가 걸쭉한 크림처럼 고불고불 밀려나오도록 첨가하는 물질이다. 부모님은 초기의 맥도날드 점포 하나를 운영했었다. 나는 그 가게에서 가끔 셰이크를 따라보았기 때문에, 농도가 얼마나 되어야 하는지 잘 안다. 시럽과 치약의 중간 정도여야 한다. 생체프린터가 잉크를 분사할 때도 마찬가지인데, 다만 이때는 운반을 담당하는 매질 속에 살아 있는 세포 덩어리가 담겨 있다는 점이 다르다.

내가 보나사에게 비계도 여기에서 만드느냐고 묻자, 그는 만면에 자랑스러운 미소를 띠면서 액체가 곧 비계라고 설명해주었다. 이 셰이크에는 아예 틀까지 담겨 있기 때문에 프린터에서 갓 짜낸 귀를 바로 쓸 수가 있다는 것이다. 그러면 잉크는? 액체 방울들은 서로 들러붙지 않는다. 한편 단단한 구슬들은 데굴데굴 굴러가버릴 것이다. 그래서 그는 이웃들끼리 잘 들러붙는 질척한 콜라겐 구슬을 쓴다. 달걀이나 혈액처럼, 콜라겐은 열을 받으면 그 속의 섬유들이 엉켜서 겔로 굳는다. 그래서 보나사는 콜라겐을 차게 보관했다가 가열판에 떨어뜨려 굳힌다.

보나사는 이 기술을 호드 립슨에게서 슬쩍 가져왔다. 그가 립슨의 실험실에서 처음 3D 프린팅을 했을 때는 프린터가 벽돌 난로만큼 컸고 무쇠솥만큼 무거웠다. 그러나 지금은 에스프레소 기계만해졌고 구조도 굉장히 단순해졌다. 원하는 것을 뭐든 주사기에 채우고 주사기를 적당한 자리에 배치하여 모터가 플런저를 꽉 붙들도록 한 뒤, 잉크를 짜내는 속도를 조정하고 프린트 헤드가 나아갈 방향을 잡아주면 된다. 그다음에는 두 단계만 더 거치면 끝이다.

보나사는 열린 문을 지나 큰 기계들이 들어찬 작은 방으로 나를 안내한다. 넓은 창이 난 무균배양기가 하나 있다. 생체프린터가 통째 들어갈 만큼 큰 배양기는 먼지, 곰팡이, 세균으로부터 안전하다. 꼭 조산아용 인큐베이터처럼 보인다.

"아니, 정말 인큐베이터입니다." 그가 유리문 너머로 어둑한 선반들을 들여다보면서 말한다. "저기 보세요. 저것들 보입니까?"

까치발을 하고 바라보니, 두 페트리접시에 작고 희한한 단추 내지 타이어 같은 것이 담겨 있다. 그 기묘한 물건은 통통 튀고 캉캉 짖어대는 복슬강아지에게 이식될 척추 관절이다. 까불거리는 닥스훈트, 하운드, 특히 비글 같은 개에게는 관절염이 큰 문제다. 목이 짧고 몸통이 긴 개는 목뼈 디스크가 닳기 쉬워, 사람처럼 관절에 통증을 느낀다. 보나사의 실험실이 코넬 대학 수의학과와 협력하여 만든 이식물은 겔 형태의 심이 그보다 더 단단한 바깥 고리를 밀어내는 구조로 되어 있다. 타이어에 압력을 가해서 부풀리는 원리와 비슷하다. 두 종류의 조직이 매끄럽게 협동한다는 점에서 이 이식물은 진정한 기관이라고 할 수 있다.

골관절염에 걸리면, 쿠션 같던 연골이 오래된 베개처럼 납작해지고 그 때문에 뼈와 뼈가 마찰하여 염증과 통증이 발생한다. 집안마다 삐걱거리는 관절로 괴로워하는 식구 한 명쯤은 다 있을 것이다. 요즘 등 수술은 보통 손상된 디스크를 제거한 뒤 금속판으로 척추뼈를 접합하는 방식인데, 그러면 척추가 부지깽이처럼 뻣뻣해진다. 게다가 그 척추가 늘 제대로 기능하는 것도 아니고, 이웃한 척추뼈가 헐거운 치아처럼 약해질 수도 있다. 만일 접합수술의 대안이 있다면, 미국에서만 6000만에서 7000만 명쯤 되는 환자들에게는 하늘이 내린 선물과 같을 것이다. 보나사는 우선 소박하게 시작하여, 쥐의 척추 연골을 빼내고 자기 실험실에서 길러낸 대체물을 삽입했다. 쥐들은 제 수명대로 살았으며 겉으로 보기에는 통증도 없는 듯했다. 그다음 차례는 개, 양, 염소처럼 더 큰 동물들이고, 만일 성공한다면 인간 자원자들이 뒤이을 것이다.

허리를 숙여서 인큐베이터 옆의 좀더 작은 상자를 들여다보니, 맞춤형 디스크가 생의 다음 단계를 나고 있었다. 몸의 모든 조직은 무게를 지탱하고 압력을 받으면서 살아가기 때문에, 보나사의 실험실에서는 우리가 근육을 단련하는 것처럼 이식물을 연거푸 쥐어짬으로써 조직을 더 강인하게 만든다. 그러면 양분이 빨려들어가고 노폐물이 밀려나오면서 대사 활동도 빨라져 더 효율적인 조직이 된다. 이렇게 생체프린터로 만든 이식물은 천연 조직보다 수명이 더 길 수도 있다.

"향후 5년 안에 인간 임상 시험이 첫발을 디딜 것이라고 봅니다. 이건 꽤 현실적인 예상입니다." 보나사는 적갈색 눈동자를 반짝이며 말한다.

심장, 폐, 간을 프린트하는 건 어떠냐고 묻자, 그는 나를 큰 컴퓨터 화면으로 안내한 뒤 어떤 사진을 띄워서 보여준다. 장갑 낀 두 손이 초밥처럼 보이는 무언가를 들고 있는 사진이다. 두껍고 흰 덩어리가 얇은 분홍색 후광 같은 것으로 감싸여 있다. 좀더 가까이 살펴보니 초밥보다 귀한 그것의 정체가 드러난다. 그것은 보나사가 딸의 귀를 3D 사진으로 찍어서 만든 이식용 귀다. 그는 별빛처럼 순수한 사랑의 미소로 귀를 바라보면서, 귀를 감싼 껍질에 나 있는 혈관들과 그보다 더 두꺼운 쉼표 모양의 흰 조직을 가리킨다. 흰 조직은 꼭 헐벗은 것처럼 보이지만, 그 헐벗은 세포들도 문제없이 잘 살아간다.

기관을 만들 때의 숙제는 크기가 아니라 배관이다. 큰 기관은 마치 베네치아풍 도시처럼 곤돌라가 떠다니는 정교한 물길들을 통해서 영양을 공급받는다. 전 세계 많은 실험실은 어떻게 하면 그 공급선을 제일 잘 흉내낼 수 있는지 알아내려고 노력하는 중이다. 잡힐 듯 말 듯 애타는 '아하'의 순간은 불과 일주일 뒤에 올 수도 있고 앞으로 10년이 더 걸릴 수도 있다. 어쨌든 분위기는 무르익었다. 이 기술이 곧 의학을 혁신하여 깨끗하고 건강한 기관을 필요에 따라 공급해주리라는 사실만큼은 아무도 의심하지 않는다. 정신에 채찍질을 가하는 크나큰 충격이 곧 닥칠 것이다.

과학과 기술이 이토록 빠르게 질주하는 현상은 인류세의 특징이다. 보나사가 고등학교와 대학에 다닐 때만 해도 이 분야는 존재하지도 않았다. 그러나 이제 그는 큰 변화를 가져올 선구자 중 하나가 되었다. 그 변화에는 인체에 대한 새로운 시각, 그리고 생체 조직 속 세포들의 움직임에 관한 새로운 시각도 포함될 것이다. 더 나아가 세포란 무엇이고 어떻게 활동하는가에 대한 개념도 바뀔 것이다. 우리는 이제 줄기세포에 대해서 알 뿐만 아니라 그것을 영리하게 이용해서 인체를 수선하는 방법까지 알아내고 있다. 게다가 그다지 수고스러운 일도 아니다. 세포를 적절한 화학물질이나 자극에 노출시키기만 하면 될 정도로 간단할 수도 있다. 패러다임은—한 종류의 세포는 한 가지 작업만 할 수 있을 뿐 다른 작업은 할 수 없다는 생각인—표현형 법칙으로부터—세포들은 훨씬 더 다재다능하며, 가령 망치를 연을 묶어두는 데 쓰듯이 원래와는 다른 용도로 쓰일 수도 있다는 생각인—표현형 탄력성으로 이미 전환되었다.

이제 우리는 얇은 피부 조직을 재훈련시켜서 어떤 용도로든 거의 다 쓸 수 있음을 안다. 그것은 나무나 돌처럼 갖가지 잠재력을 품은 새로운 범주의 원재료다. 아프리카의 흑단나무는 인간에게 그늘을 제공하고 표범에게 사체를 뜯어먹을 높다란 은신처를 제공하지만, 그 새까만 나뭇결로 클라리넷, 피아노 건반, 바이올린 지판, 음악까지 만들 수 있다. 이제까지 우리는 피부를 크게 두 가지 주요 업무를 담당하는—몸속의 취약한 기관들을 가려주는 기능과 개개인에게 개체성을 부여하는 기능이 있는—성스러운 망토로 여겼지만, 이제는 그것이 서로 섞일 수 있고 유연하며 구멍이 숭숭 뚫려 있다는 사실을 안다. 우리가 생활 방식 차원에서 변덕이 죽 끓듯 하다는 건 누구나 아는 사실이지만, 우리는 심지어 세포 차원에서도 그런 것이다. 집사로 일하던 사람이 신경세포를 자극받아 마음을 바꿔서 뜨내기 육체노동자가 될 수 있듯이, 피부 세포 중 일부가 신경세포로 바뀌어서 파킨슨병으로 고통받는 수도사에게 도움이 될 수도 있다. 우리가 세포로 무엇을 할 수 있느냐는 재료의 문제가 아니라 상상력의 문제가 되어가고 있다.

보나사나 립슨처럼 선봉에 선 개척자들 덕분에, 인류세의 공학은 의학과 생물학의 세계에까지 침투하여 인체에 대한 시각을 혁신하고 있다. 이 새로운 전망에서는 전기, 건축, 화학이 합심하여 우리가 지금껏 듣도 보도 못한 새로운 이야기를 들려준다.

우리 베이비붐 세대는 생물학자들이 대대로 절대적 진리처럼 전수해온 내용들을 배우며 자랐는데, 그중에서도 가장 굳건한 진리로 여겨졌던 개념이라면 우리가 평생 쓸 뇌세포를 처음부터 갖고 태어난다는 믿음일 것이다. 요컨대 뇌는 새 세포를 만들어내지 않는다는 것이다. 그러나 이제 우리는 뇌가 새 세포를 노년까지 만들어낸다는 사실을 안다. 지난 10년 동안 우리는 이처럼 많은 가설이 뒤집히는 것을 경험했다. 다음에는 또 어떤 견고한 개념이 거꾸러질까? 보나사는 꽤 신비로운 후보를 하나 알려준다.

"우리는 이런 말을 줄곧 듣지 않았습니까." 그는 즐겁다는 듯 말한다. "심장은 절대 재생될 수 없는 기관이라는 말이요. 그런데 한 놀라운 연구가 그 생각을 뒤집어버렸지 뭡니까."

그 연구의 대상은 성별이 다른 기증자로부터 심장을 이식받은 환자들이었다. 대개 여성의 심장을 받은 남성이었다. 이론적으로 남성 수혜자가 여성에게 받은 심장의 세포에서는 기증자인 여성의 세포가 발견되어야 한다. 그러나 부검 결과, 수혜자가 이식된 심장을 10년 넘게 품고 산 경우에는 신비롭게도 심장 세포의 절반 가까이가 이식받은 남성의 세포로 바뀌어 있었다. 어떻게 그런 일이 일어나는지 그 메커니즘은 아직 확실히 모르지만 새로운 패러다임인 것만은 분명하다. 우리가 결코 재생되지 않는다고 믿었던 심장의 심박 조절 조직이 사실은 재생될 수 있다는 것이다. 이 세포 교환이 융합인지, 아니면 여성 세포가 억지로 쫓겨나는 것인지는 아직 모른다. 어느 쪽이든 이 결과는 가능성의 손수레를 뒤엎었고, 많은 이들의 눈살을 찌푸리게 만들었다. 우리가 뇌나 심장처럼 기본적인 기관들을 살살 부추겨 재생시킬 수 있고 귀나 각막 같은 기관들을 생체 잉크로 빚어낼 수 있다면, 하나의 종으로서 우리는 어떻게 바뀔까? 기관을 프린트할 수 있다는 사실이 우리의 진화에도 영향을 미칠까? 우리 유전자도 바꿔놓을까? 보나사의 생각이 궁금하다.

보나사도 그런 가능성을 흥미롭게 여긴다. "진짜 문제는 이런 치료법이 우리에게 어떤 진화적 압력을 가할까 하는 점입니다. 우리가 이제 결함 있는 유전자를 스스로 고칠 수 있게 되었으니, 그런 유전자들이 예전보다 더 널리 퍼질까요? 저는 콘택트렌즈를 끼는데요, 만일 제가 동굴에 살던 시절에 태어났고 교정 전인 다섯 살 때 시력 그대로였다면 몹시 곤란했을 겁니다. 요즘은 그게 아무 문제가 되지 않지요. 결함 있는 부위를 교체해서 좀더 오래 좀더 건강하게 살 수 있으니까요." 그는 도발적인 의견을 덧붙인다. "하지만 육체적으로는 우리가 좀더 약해지고 유전적 결함도 좀더 많이 갖게 될 수도 있습니다."

우리가 몸을 수리하고 강화하기만 하는 게 아니라 그 결과 더 오래 산다면? 보나사의 실험실이 몰두하는 연구는—관절염 치료용 연골, 외상 치료용 연골, 등 통증을 위한 디스크를 개발하는 일은—사람들이 대개 자식을 낳고서 한참 지났을 때, 진화가 더이상 번식하라고 들볶지 않을 때 발생하는 질병에 대한 의료 해법이다. 건강하게 10년 더 살 수 있는 능력은 진화적 이득일까? 그러면 사람들은 예전보다 위험을 더 많이 감수할까? 몸의 부속을 값싸게 교체할 수 있다면, 우리는 몸을 어떻게 바라보고 보호하게 될까? 요즘 우리는 심장 판막이나 조직 따위를 교체해서 수명을 늘리는데, 그뿐 아니라 관절염도 치료할 수 있게 되어 모두가 70대, 80대까지 왕성하게 활동하면서 성생활을 계속한다면 어떨까?

노인 사이보그와 키메라를 상상해보자. 할아버지는 "내 이 어딨어!" 말고도 흥미로운 말을 많이 할 것이다. 사람들의 수명에서 활동적인 시기가 10년 연장된다면 심장, 간, 뇌, 콩팥의 특정 결함을 고칠 수 있는 수준일 때보다 사회 전반에 훨씬 더 큰 변화가 있을 것이다.

내가 아는 90대 노인들은 설령 번쩍거리는 새 엉덩관절이나 무릎관절을 가졌어도 마라톤을 뛰진 못한다. 그래도 그들은 매일 산책하면서 바깥 공기를 흠뻑 마신다. 생체프린터로 만든 연골에도 운동은 필요한 법이니. 나는 눈이 흩날리는 거리를 산책할 요량으로, 보나사에게 작별 인사를 하고 파카를 입는다. 복도를 지나 중앙홀로 들어서니, 건물의 스마트 감지기가 작동하여 눈에 보이지 않는 뱀 같은 산들바람이 불어온다. 싸락눈이 창을 가볍게 흔들기 시작한다. 제비꽃 향기처럼 잡힐 듯 잡히지 않는 모호한 생각 하나가 머릿속을 떠나지 않는다. 먹구름이 지나간다. 노화도 겨울 날씨처럼 뼛속을 시리게 만드는구나 하는 생각이 절실히 든다. 그 생각은 뾰족하고 차가운 고드름처럼 잠시 머릿속에 걸려 있지만, 마음은 곧 희망적인 이미지들을 낚아 올리기 시작한다. 척추 디스크가 잔뜩 든 인큐베이터, 닥스훈트의 유연한 목, 길고 개방적인 실험실에서 열심히 탐구하는 학생들, 새 귀를 가진 아이들, 가열판에 떨어지면서 미래의 생물학을 새롭게 형성해나가는 콜라겐 구슬들. 그 순간 붉은어깨찌르레기처럼 재잘거리는 봄의 소리가 또렷하게 들려왔다.

사이보그와 키메라

보나사와 대화를 나누는 동안 우리는 사람들이 인공 인체 기관 개념을 꺼리지 않겠느냐는 논의는 한 번도 꺼내지 않았다. 그럴 필요가 없다. 그것은 벌써 이른바 '새로운 표준'의 흔한 속성이 되었으니까. 얼마 전까지만 해도 사이보그란 과학소설에서나 나오는 개념이었고, 사람들은 〈600만 불의 사나이〉(수많은 로봇학자에게 영감이 되었다), 〈스타 트렉〉의 피카르 선장(인공 심장을 갖고 있다), 〈블레이드 러너〉의 침울한 레플리컨트(복제 인간) 족 따위를 그렇게 재미있어했다. 요즘 우리는 스테인리스스틸 무릎과 엉덩이뼈로 걸어다니는 것, 전지로 작동되는 심장박동조율기와 인슐린 펌프, 플라스틱 스텐트*, 신경에 전달되는 신호를 가로막아 통증을 차단하는 TENS 장치, 청력을 회복시켜주는 인공 달팽이관, 뇌성마비나 파킨슨병이나 각막 손상 환자에게 삽입하는 신경 이식물, 고분자와 합금 치

* 혈관을 뚫고 지나가 폐색을 막도록 설계된 그물관 장치.—옮긴이

아, 달걀 속에서 배양한 백신, 성격을 변화시키는 화학물질 등을 예사로 여긴다. 인공 팔다리는 물론이다. 우리 중 많은 수는 이미 생체공학적bionic 인간이다.(내 발에는 길이 5센티미터의 티타늄 나사가 박혀 있다.) 생체공학적 손, 팔, 다리, 피부, 심장, 간, 콩팥, 폐, 귀, 눈 등 가능한 종류는 많고 많다. 사이보그라는 사실이 뻔히 눈에 띄는 사람에게는 아직 관심과 흥미를 보이지만, 겁을 먹는 일은 더이상 없다. 그리고 그들은 갈수록 흔한 존재가 되고 있다.

2012년 11월의 바람 센 어느 날, 소프트웨어 설계자 잭 보터는 서반구 최고층 건물인 시카고 윌리스타워 103층을 걸어서 올랐다. 412미터 상공의 하늘 전망대에서 네 개의 주와 단련된 푸른 금속 같은 미시건 호가 발밑에 펼쳐진 모습을 감상할 수 있는 건물이다. 끝으로 갈수록 호흡이 거칠어졌지만 보터는 마침내 2100번째 계단을 올라 하늘 전망대에 도달함으로써 역사로 걸어들어갔다.

그 등반은 시카고 재활연구소의 기금 마련차 그와 함께 나선 참가자 2700명 모두에게 지구력과 무릎을 시험하는 도전이었다. 그러나 우리가 그중에서도 보터에게 주목하는 것은 그가 번쩍거리는 새 생체공학적 다리로 그 일을 해냈기 때문이다. 게다가 그보다 더 주목할 점은 그가 그 일을 해낸 방식이었다. 그는 생각으로 그 기기를 통제했다.

두 아이의 아버지인 서른한 살의 보터는 2009년 오토바이 사고로 오른 다리를 잃었다. 그는 무릎 아래를 다스리던 신경들 중 남은 것이 넙다리두갈래근을 통제하도록 '재배치'하는 실험적인 처치를 받았다. 그는 몇 달 동안 시카고로 수시로 날아와서 공학자, 치료사, 의사와 함께 생체공학적 다리를 조정했고, 자신의 육체적 기술과 정신적 기술을 연마했다.

보터가 자신이 계단을 오르는 모습을—다리를 들어올리고 무릎을 굽히고 발목을 꺾는 모습을—상상하면, 그의 뇌가 넙다리두갈래근으로 전기 자극을 보낸다. 넙다리두갈래근은 정교하게 설계된 모터, 벨트, 체인 조립품에 신호를 보내 발목과 무릎을 동시에 들어올리라고 지시한다. 그러면 그는 통상적인 방식으로 계단을 한 걸음 한 걸음 디디기 시작한다. 그냥 집중만 해서는 되지 않는다. 그에게 실제로 걸을 의향이 있어야 한다. 생체공학적 다리는 소유자의 의향을 읽도록 설계되어 있다. 그가 걷고 싶어하는 것인지 서 있고 싶어하는 것인지 앉고 싶어하는 것인지. 그러니 앉아 있다가 일어서고 싶다면, 그는 다리를 아래로 밀기만 하면 된다. 그러면 다리가 그의 몸을 위로 밀어 일으켜 준다.

여느 선수처럼 보터도 몇 달을 준비해야 했다. 그동안 과학자들은 시제품 다리를 그에게 맞게 조정했고, 그는 마음으로 계단을 오르는 연습을 했다. 시간이 흐르자 그의 뇌는 로봇공학을 자신의 신체 이미지의 연장으로 받아들였고, 가령 어떤 열린 문을 자신이 통과할 수 있을지 없을지 판단할 때 그 요소까지 함께 고려하게 되었다. 그러나 등반이 끝나고 워싱턴의 집으로 돌아갈 때, 그는 다리를 시카고에 남겨둬야 했다. 연구가들이 좀더 다듬어 다리의 신뢰도를 높일 필요가 있었기 때문이다. 생체공학적 팔은 이미 널리 알려져 있다. 만일 그 팔이 오작동한다면 소유자는 우유 컵을 떨어뜨릴지도 모른다. 아기나 불붙은 성냥을 떨어뜨릴지도 모른다는 그보다 더 걱정스러운 경우도 있다. 그리고 만일 생체공학적 다리가 오작동한다면 사람이 계단에서 우당탕 굴러떨어질 수도 있다. 그러니 기술은 안전해야 한다. 시카고 재활연구소는 식품의약국이 향후 5년 내에 생체공학적 다리를 승인해주리라고 기대한다.

인간은 지구 위를 걷기 시작한 이래 늘 좀더 넓은 환경으로 뻗어나가야 한다고 느꼈다. 도구와 기술은 언제나 그 탐구에 포함되는 요소였다. 오늘날 우리는 뇌와 몸 밖 세상을 연결할 수 있으리라는 전망을 태연하게 받아들인다. 심지어 신나하기까지 한다. 아이패드와 휴대전화가 전화번호, 달력, 할 일 목록, 사진, 문서, 기억을 대신 저장해주는 것은—수첩만한 외부 뇌가 되어주는 것은—시작일 뿐이다. "내가 기억장치를 어디다 뒀더라?" 대다수가 보철 기억장치를 주머니, 지갑, 가방에 넣어 다닌다. 대학생들은 배낭에 여분의 해마를 넣어 다닌다. 우리는 나이가 들수록 기억을 잃을까봐 더 많이 걱정하지만, 보철 기억장치를 잃을까봐 노심초사하는 것은 어느 나이든 다 마찬가지다. 사람들은 강박적으로 '체크'하지 않고서는 안절부절못한다. 한때 이 동사는 강박장애에 해당하는 행동을 묘사하는 데 쓰였는데 말이다.(내가 가스레인지 불을 껐던가? 차고를 잠갔던가? 문을 꽉 닫았던가?) 쉴새없는 디지털 '체크 행동'은 신경증적 강박의 벽장에 합류했고, 우리는 여러 공포증을 화살통에 추가했다—노모포비아/모보포비아(휴대전화를 집에 놔두고 나오는 데 대한 공포), 유령진동(전화가 오지 않는데도 휴대전화가 진동한다고 느끼는 현상), FOMO(Fear of Missing Out, 무언가 놓쳤을지도 모른다는 걱정에 쉴새없이 페이스북을 체크하는 것) 등을. 우리가 전화벨 소리, 문자메시지 알림음, 메일 수신 알림음, 달력의 일정 알림, 업데이트 알림, 새 글 알림음, 팝업, 그리고 뭔가 더 마음을 쓸 만한 일이 벌어질지도 모른다는 가능성에 끊임없이 시달림에 따라, 지속적 부분 주의(건성으로만 집중하는 것)가 만연한 실정이다.

우리 선조들은 감각의 한계를 절감하며 자연에 적응했다. 그러나 이후 오랫동안 우리는 관념적이고 유행을 타는 발명들—언어, 글, 책, 도구, 망원경, 전화, 안경, 차, 비행기, 로켓선 등—을 통해서 감각을 확장했고, 그 과정에서 세상과 관계 맺는 방식뿐 아니라 스스로를 바라보는 방식도 재정의했다. 그 영향은 우리가 구사하는 은유에까지 미친다. 한때 우리는 몸을 공장으로 묘사했다. 그러나 요즘은 상황이 뒤집혀 과학자들은 공장을 원시적인 형태의 세포로 묘사한다. 한때 우리는 뇌를 컴퓨터에 비교했다. 현재 DARPA는 '시냅스'*라는 프로그램을 진행하고 있는데, 목표는 '형태와 기능이 포유류의 뇌와 비슷한 새로운 컴퓨터'를 만드는 것이다.

우리 몸의 세포들은 고유의 전기를 내보내며 춤추는데, 그것들이 이제 어디에나 있는 망과 신호에—에브리웨어라고도 불리는 유비쿼터스 컴퓨팅에—둘러싸이면서 우리 자체가 눈에 보이지 않는 어떤 직물의 한 가닥 실로 엮여들고 있다. 이 직물은 우리가 과거에 생각했던 자연의 매끄러운 직물과는 다르다. 이 조직은 새로운 자연의 일부가 되어, 이상하고 실험적이고 비인간적인 것을 감지해내는 우리의 레이더에 잡히지 않는다. 인류세의 인간은 기술과 융합되며 그러고도 낯선 존재로 간주되지 않는다.

사람만 그런 것도 아니다. 네브래스카의 어느 추운 밤, 나키오라는 강아지는 물웅덩이에서 잠들었다가 네 발 모두 동상을 입었다. 상태가 악화되자, 동물 보철구를 전문으로 제작하는 덴버의 '오소페츠' 사는 나키오를 세계 최초의 생체공학적 개로 탈바꿈했다. 이제 네 인공

---

* '시냅스SyNAPSE'는 역두문자어(이미 존재하는 단어에 끼워맞춰서 만들어낸 두문자어)로, '적응성, 가소성, 확장 가능성을 갖춘 전자적 뇌 신경 체계Systems of Neuromorphic Adaptive Plastic Scalable Electronics'의 약자다.

다리를 갖게 된 나키오는 주인과 함께 정상적으로 뛰고 까불며—땅을 느끼진 못하지만—오소페츠의 대변'견' 역할까지 한다. 오소페츠는 앞다리가 없는 치와와에게 바퀴 두 개를 달아준 적도 있다.(개는 요양원에서 인기 만점이 되었다고 한다.) 생체공학적 동물의 사례는 그 밖에도 더러 있다. 알래스카 매립지에서 발견된 흰머리독수리는 부리를 다쳐서 굶어죽어가고 있었는데, 사람들이 인공 윗부리를 달아주었다. 게잡이 덫에 걸려 꼬리가 잘렸던 돌고래는 인공 꼬리를 단 뒤 다시 몸을 가눌 수 있게 되었다. 서핑 보드 사고로 다쳤던 초록바다거북은 인공 지느러미발을 갖게 되었다. 안쪽으로 휜 발을 갖고 태어난 아기 오랑우탄이 교정용 보조기를 성공적으로 착용한 예도 있다.

이렇게 몸에 부착한 기구들은 누가 봐도 보철구라고 할 법하다. 그러나 최초의 창은 어떨까? 도구라고 봐야 할까, 가상의 보철구라고 봐야 할까? 곰, 호랑이, 기타 야수들의 면도날 같은 이빨과 발톱에 공격당했던 우리 선조들은 몸에서 떼어 멀리 내던질 수 있는 자신만의 이와 발톱을 만들어 맞서 싸웠다. 얼마나 획기적인 발상이었는지! 늑대가 제 이빨을 먹잇감에게 하나씩 내던진다고 상상해보라. 돌도끼는 물론 도구였지만, 원시인의 손보다 더 강하고 크고 날카로운 인공 손이기도 했다. 최초의 옷도 일종의 보철구, 인공 인체였다. 인공 피부로 기능했으니까. 동굴인들이 보온을 위해 동물 가죽을 몸에 두르고 힘줄로 꽁꽁 싸맸을 때, 무두질을 아무리 철저히 해놨더라도 동물 냄새가 안 나진 않았다. 사람들은 달큼한 고기 냄새와 개개인의 체취가 뒤섞인 동굴 속에서 다른 존재로부터 빌린 향을 덮은 채 잠들었다. 그러나 요즘 우리는 옷의 기원으로부터 워낙 멀어져, 옷은 더없이 일반적인 것이 되어버렸다. 다른 동물의 피부나 식물의 섬유로 자신을 감싼다는 것이 얼마나 강력한 마법에 해당하는지를 실감하지 못한다.

초기 인류는 틀림없이 다리를 저는 사람을 위해서 목발을 고안했을 것이다. 그러나 이야기로 남은 최초의 보철구는 인도의 신성한 고대 시가 『리그베다』(기원전 1500~1000년)에 나온다. 그 소유자는 전사였던 비슈팔라 여왕이었는데, 그가 전투에서 한 다리를 잃은 뒤에도 계속 싸우겠다고 고집하자 사람들이 일종의 강철 다리 같은 것을 만들어주었다고 한다. 그리스 역사가 헤로도토스는 어느 페르시아 병사가 족쇄가 채워진 발을 스스로 잘라서 탈출한 뒤 구리와 나무로 만든 발로 대체했다는 이야기를 들려준다. 카이로박물관에 소장되어 있는 아멘호테프 2세 시기(기원전 15세기)의 어느 미라는 오른발의 엄지발가락이 절단되었고, 그 대신 나무를 깎아 만든 훌륭한 가짜 발가락이 가죽 끈으로 동여매어져 있다. 왕족이었던 그 여성은 아마 당뇨병을 앓았던 모양이다. 솜씨 좋게 만들어진 발가락은 그를 지상에서는 물론이거니와 내세에서도 돕도록 설계되었을 것이다.

나무 의족과 갈고리 의수의 사례는 인류 역사 내내 풍부했다. 그러나 그런 옛날 보철구들은 조잡한데다가 무거웠고 보통 나무, 금속, 가죽으로 만들어졌다. 그런 것을 매단 사람은 절반쯤 나무가 되는 셈이었다. 혹은 동물이. 일족은 그런 사람을 혼성체로 여겼을까? 아니면 사람의 근육과 뼈 대신 다른 생물종의 특징까지 지닌 특별한 존재로 간주했을까? 우리는 영영 알 수 없을 것이다.

지금 우리는 얼마나 달라졌는지! 오늘날의 문화는 그야말로 보철 문화다. 콘택트렌즈, 틀니, 보청기, 인공 무릎뼈와 엉덩이뼈, 나침반, 카메라, 수많은 무선 디지털 뇌 부가물이 넘친다. 보철구가 가죽과 나무 발가락으로부터 워낙 멀리 와버렸기 때문에, 스포츠에서 무엇이 공정한 조건인지 합의하기가 어려울 지경이다. 올림픽에 출전하는 선수들이 사이보그와 겨뤄야 할지도 모르는 시대니까 말이다. 그런데 그게 공정할까?

패럴림픽(국제신체장애인올림픽)의 금메달리스트 오스카 피스토리어스는, 비장애인 올림픽에서 선수들과 경주할 기회를 달라며 4년에 걸쳐 국제스포츠중재재판소와 씨름을 벌였다. 재판소는 그의 의족을 면밀히 검사한 끝에 그것이 그에게 불공평한 이점을 안기지 않는다고 선언하여 그의 손을 들어주었다. 스프링처럼 튕기는 강철 의족(일명 '날')은 더 가볍기야 하지만 한계도 있다. 그가 땅을 박차는 힘보다 더 센 힘을 돌려받진 못하기 때문이다. 반면에 탄성 있는 발전기와도 같은 사람의 발과 발목은 힘을 더 줘서 박참으로써 더 빨리 반동할 수 있다. 그러니 기술이 바뀌기 전까지는 강철 의족을 신은 선수보다 장애가 없는 선수가 더 유리하다.

하지만 따지고 보면 모든 재능 있는 운동선수는 저마다 독특한 육체적 이점을 갖고 있지 않은가? 올림픽에서 역사상 가장 많은 메달을 딴 수영 선수 마이클 펠프스에게는 키에 비해 보기 드물게 긴 상체와 팔이 유리하게 작용한다. 만일 지금보다 더 첨단의 기술이 적용된 날이 발명된다면 이 논쟁은 한층 뜨거워질 것이다. 얄궂은 반전이라 할 수 있는데, 피스토리어스는 2012년에 열린 패럴림픽에서 다른 주자에게 추월당하자 승자가 더 낫게 만들어진 날을 착용함으로써 부당한 이득을 누렸다고 주장하며 공식적으로 이의를 제기했다.

피스토리어스는 양다리가 절단된 사람으로서는 역사상 최초로 올림픽에서 장애가 없는 주자들과 겨룬 선수였다. 그의 사연에는 우리의 과거와 미래 둘 다가 유령처럼 어른거린다. 그는 확실히 사이보그지만 자기 몸을 완벽하게 편하게 느낀다. 어릴 때부터 의족과 정신을 융합해왔기 때문이다. 그의 뇌는 의족을 허벅다리의 자연스러운 연장으로 상상했고, 자신의 몸이 누구 못지않게 민첩하고 발 빠르다고 상상했다.

유명한 사이보그는 피스토리어스 말고도 더 있다. 전쟁은 종종 기술 발전으로 이어지는 법. 이라크 전쟁과 아프가니스탄 전쟁에서 돌아온 젊은 절단 환자들이 많아지자, 보철의학 분야는 첨단 소재와 좀더 자연스러워 보일 수 있도록 해주는 로봇공학을 동원하여 크게 성장했다. DARPA는 보철구 혁신 프로그램을 운영하고 있는데, 생각만으로 제어되면서 원래 팔다리처럼 수월하고 정밀하게 움직이는 인공 팔다리를 만드는 것이 목표다. DARPA는 향후 몇 년 내에 식품의약국의 승인을 받을 계획이다.

선거 집계가 다 끝난 2012년 11월 6일 저녁, 2004년 이라크전에 참전했다 양다리를 잃은 태미 더크워스는 일리노이 주 민주당 하원의원으로 선출되어 수락 연설을 하려고 단상으로 올라갔다. 그는 컴퓨터로 제어되는 자동 발목 관절과 컴퓨터로 가동되는 무릎을 갖춘 최첨단 인공 다리를 착용하고 있었다.

더크워스는 지팡이를 사용해서 부드럽게 움직였다. 당연히 의기양양한 모습이었고, 동작은 편안해 보였다. 이는 놀라운 일이다. 그는 어려서부터 인공 다리를 장착하고 골반과 척추의 균형을 잡으며 걷는 법을 배운 사람이 아니기 때문이다. 아기가 본능적으로 그러듯이 그도 아기 때 용감무쌍하게 걷는 법을 배웠다. 아기들은 생후 약 13개월에 걷기 시작하는데, 그쯤이면 균형감각과 힘이 충분히 발달하고 아기의 지방 일부가 근육으로 바뀐다.

걷기는 결국 무의식적인 움직임으로 자리잡지만 사실은 시시각각

균형을 잃었다가 되찾아야 하는 어려운 기술이다. 걷기를 능숙하게 해내기 위해서는 수많은 시간을 들여 연습하고 격려를 받고 수없이 고꾸라져야 한다. 아기는 작고 성마른 죽마 곡예사와 같다. 걸으려면 일단 한 발을 앞으로 디뎌야 한다. 그러면 몸이 기울어서 균형이 깨지는데, 너무 많이 기울어지기 전에 몸을 가눠서 얼른 균형을 되찾는다. 그러고 이번에는 반대 방향으로 넘어지려다 다시 몸을 가누고, 또다시 반대로 넘어지기 시작한다. 그러면서 방이나 거리에서 스스로는 일직선이라고 생각하는 경로를 따라 나아가는 것이다. 걷기는 추락하다 추스르는 과정의 연속이다. 시간이 흐르면, 우리는 그것이 진화적 서커스 묘기와 같다는 사실을 인식조차 못할 만큼 능숙해진다. 이윽고 우리가 구태여 신경을 쓰지 않아도 엉덩이가 균형을 벗어났다가 되찾기를 반복하면서 진자가 아름답게 흔들리는 듯한 동작이 생겨난다. 그 리듬은 자연히 약강격(강세가 없는 짧은 음절 뒤에 강세가 있는 긴 음절이 오는 율격)을 따르는데, 셰익스피어에서 워즈워스까지 그토록 많은 시인이 약강격의 시를 썼던 것은 이 때문일지도 모른다. 어쩌면 그들은 슬렁슬렁 거닐면서 시를 지었을지도 모른다. 다행히 우리 골반과 등뼈는 이 기술을 (물론 시 짓기가 아니라 걷기를) 비교적 쉽게 해내도록 설계되었다.

그러나 성인이 되어서 걷기를 다시 배운다는 것은 예전에 익혔던 균형 잡기 요령을 잊고 현재의 몸 상태에 맞게 새로 요령을 터득해야 한다는 뜻이다. 자신이 넘어져서 심하게 다칠 수도 있다는 사실을 분명히 인식한 채로 말이다. 더구나 부상이 늘 대칭적인 것은 아니다. 더크워스의 경우에는 복잡했다.(오른쪽은 엉덩이 아래를 절단했고 왼쪽은 무릎 아래를 절단했다.) 피스토리어스의 날 같은 의족은 더크워스의 생활 방식에는 맞지 않을 것이다. 그는 비행기에서도, 책상에 앉아서도, 연단에 서서도, 계단을 오르면서도 늘 똑같이 편안하게 느껴야 했다. 그의 혁신적인 발목 관절과 다리는 로봇공학 소프트웨어를 바탕으로—마이크로프로세서, 가속도계, 자이로스코프, 회전 각도 감지기 등을 동원하여—사람이 걸을 때 발목의 근육과 힘줄이 펼치는 섬세한 팀워크를 모방한다.

사이보그의 시대는 벌써 당도한 게 분명하다. 요즘은 스키나 스노보드를 타는 사람이 쓴 고글에 대시보드를 장착하여 데이터, GPS, 카메라, 속도계, 고도계, 블루투스 전화를 띄워주는 세상이다. 자전거 주자를 위해서 음성 제어와 시선 제어 기능을 추가한 고글도 있다. 눈앞에 데이터가 춤추는 와중에, 혹은 고글로 페이스북에 사진을 올리면서 스키나 오토바이를 타는 게 안전할까? 아닐 것이다. 그러나 스마트폰을 보려고 고개를 숙였다 들었다 하면서 슬로프를 타는 것보다는, 즉 감각의 세계와 기술의 세계를 어지럽게 오가는 것보다는 안전할 것이다. 〈스타 트렉〉이 약속했던 가상현실은 흔한 것이 되어가고 있다. 우리는 오감을 동시에 자극하는 헤드셋을 씀으로써 당장 고대 로마나 이집트의 거리를 걸을 수 있다. 그 장소의 풍경, 냄새, 느낌을 실제로 접한 듯 푹 젖어서.

나는 아직 '구글글라스'를 뽐내는 사람을 만나보진 못했다. 구글글라스는 음성으로 통제하는 소형 화면인데, 한쪽 눈 위에 해적의 안대처럼 늘 떠 있는 유연한 틀에 투시된 화면이 이메일이나 지도 따위를 보여준다. 구글글라스가 테크노 패션으로 유행할지 않을지는 모르겠으나, 세계 곳곳의 수술실에서는 이미 성공을 거두었다. 맨 처음 구글글라스를 썼던 의사는 수술 장면을 나중에 동료들과 공유하기 위해서 녹화하는 데만 사용했다. 그러나 이후 의사들은 좀더 적극적으로 구글글라스를 활용하여, 수술중에 고개를 멀리 돌리지 않고도 엑스레이 사진이나 의료 데이터를 보는 데 사용했다. 사이보그 의사는 머리 뒤에도 눈이 있을 수 있고 손도 네 개 이상일 수 있다. 앨라배마 대학 버밍엄 캠퍼스의 의사 브렌트 폰스는 구글글라스를 낀 채 어깨관절치환수술에 나섰다. 그가 보는 수술 장면은 내장 카메라를 통해 애틀랜타에 있는 베테랑 외과의사 파니 단툴루리의 컴퓨터 모니터로 진송되었다. 두 의사가 함께 이 수술에 대해 토론할 때, 단툴루리는 폰스가 전방 디스플레이로 보고 있는 수술 장면으로 손을 뻗을 수 있었다. 그러면 유령 같은 손이 환자의 몸 위로 떠올라, 해부학상 부위를 정확히 짚어주거나 수술 기구의 위치를 어떻게 바꾸면 좋겠다 하며 시범을 보여주었다. 실시간 자문이다. 기존 화상회의의 한계에 실망한 앨라배마 대학의 신경외과 의사 바턴 거스리가 개발한 이 VIPAAR(증강현실을 통한 가상 쌍방향 참석) 기술은 다양한 상황에서 안전망이 되어준다. 이를테면 의사들을 가르칠 때, 레지던트의 손을 이끌 때, 전 세계 어디에서든 지역 병원에서 까다로운 시술을 시범적으로 실시할 때, 남극 기지나 우주에서 실시되는 응급수술을 거들 때.

생생한 안경은, 설령 디지털 장식이 잔뜩 곁들여졌더라도 결국에는 액세서리일 뿐이다. 우리는 결국 그것을 벗고 평범한 인간으로 돌아간다. 우리는 그보다 더 나아가, 아무런 매개체 없이 우리 힘을 강화하고 감독하기를 갈망한다. 은밀하게 자연스럽게 수선 피우지 않고 마치 그런 경이로움이 태생의 권리인 것처럼. 그런 세상에 한 발 더 다가간 다음번 발전은, 아마 첨단 기술의 대륙처럼 눈에 둥둥 떠서 생각으로 제어되는 콘택트렌즈일 것이다. 그 렌즈는 겉으로는 안 보이도록 붙어 있을까, 아니면 인형의 유리 눈알처럼 반짝거릴까? 또 그다음 단계는, 언제가 될지는 아무도 모르지만, 비단실 같은 실리콘이 신경세포를 따라 미끄러지는 형태의 물체일 것이다. 그럼으로써 컴퓨터 세상은 한시도 사라지는 일 없이, 가상으로만 일람할 수 있는 형태로, 우리와 완전히 통합될 것이다. 그러면 우리는 가끔 헛것에 쫓기는 느낌이 들까? 아니면 그냥 최신 업데이트 비용을 감당할 수 있을지 모르겠다는 걱정만 할까?

좀 이상한 역설로 들리겠지만 실현 가능성이 아주 높고 심지어 불가피하다고도 할 수 있는 결과는, 우리가 육체적 작업과 정신적 작업을 로봇과 컴퓨터에 더 많이 위임함으로써 물론 여러 기술과 소질—수학 실력, 근육계, 기억력 등—은 약화되겠지만 새로운 기술과 소질도 연마하리라는 것이다. 우리는 곧 공간적 멀티태스킹에 통달해야 할지도 모른다. 시내에서 길을 건너면서도 눈을 깜박여 인공지능 안경에 화면을 불러내고는 공중에 뜬 화면에서 이메일을 훑어보고 답장해야 할 테니까 말이다. 시간이 흐르면 우리 뇌와 몸 다 이런 멀티태스킹에 적응할 것이다.

인류는 늘 더 나은 삶을 더 오래 영위하도록 돕는 신기술을 만들어냈지만, 그 속도는 지난 몇십 년 동안 극적으로 빨라졌다. 우리는 기계와의 로맨스에 속도를 높였다. 유례없는 수준으로 몸에 기계를 결합시켰다. 유전자 검사에서 장기이식까지, 위성통신에서 유전자조작까지, 뇌스캔에서 기분 개선 물질까지 경이로운 기술들로 삶을 가득 채웠다. 그 기술들은 삶을 엄청나게 즐겁게도 해주고 짜증나게도 하기 때문에, 인류학에 그 현상을 연구하는 하위 분과가 생겼을 정도다.

앰버 케이스는 이른바 '사이보그 인류학' 연구가다. 이 분야의 연구가들은 인간과 로봇이 어떻게 상대와 상호작용하고 그 상호작용이 우리 문화를 어떻게 바꾸는지를 연구한다. 이를테면 휴대전화가 인간관계에 어떤 영향을 미치는지, 우리가 어떤 방식으로 사회적 상호작용이 아닌 기술사회적 상호작용을 하는지. 요즘 친구를 몸소 만나는 구식의 사회적 관계는 '아날로그' 방식으로 간주된다.

케이스는 이렇게 설명한다. "예를 들면 우리는 노상 빽빽 울어대는 물건을 주머니에 넣어다니다가 수시로 꺼내서 달랜 뒤 도로 잠재운다. 그리고 매일 밤 그걸 벽에 꽂아서 먹이를 준다. 안 그런가? 역사상 어느 시점에도 우리가 인간이 아닌 이런 희한한 기기를 실제 인간처럼 보살핀 때는 없었다."

이처럼 사이보그의 수가 늘고 있지만, 우리 중에 존재하는 키메라의 수는 그보다 더 많다. 둘 이상의 생물로부터 온 DNA를 (때로는 신체 부위를) 한 몸에 담은 존재 말이다. 신화에서는 인간과 동물이 아무렇지 않게 서로 번식하고 몸을 바꾸곤 하는데, 이는 과거에 우리가 자연과 그만큼 친밀했으며 동물을 대가족의 일원으로 받아들였음을 보여주는 대목이다. '키메라'라는 용어는 호메로스가 『일리아스』에서 노래했던 그리스의 괴물 이름에서 따온 것이다. 키메라는 사자, 염소, 뱀이 결합된 생김새에 하늘을 나는 사나운 짐승으로 입에서 불을 뿜어 지상을 위협했다는데, 결국 벨레로폰이라는 영웅이 날개 달린 말 페가수스를 타고 키메라보다 더 높이 날아올라 키메라를 죽인다. 이런 종류의 악마는 다른 문화에도 많이 등장한다. 모두 서로 다른 종들이—가령 사자, 뱀, 독수리가—신성하지 못한 결합을 통해 용, 스핑크스, 그리핀, 메두사 따위를 낳았다고 전한다. 그리스신화에는 숲속의 음탕한 염소 인간 사티로스가 나오고, 향기로운 노랫가락으로 남자들을 꾀어 죽이는 새[鳥] 여자 세이렌도 나온다. 중국 전설에는 모습을 자유자재로 바꾸는 용과 인간의 혼인에서 유래한 가문이 나온다. 시베리아의 샤먼들은 자신의 마술적 힘이 인간과 백조의 결합에서 나온다고 믿고, 아메리카 토착민 설화에 따르면 지구 최초의 인간들은 반인반수였다. 동화에서는 사람이 동물과 곧잘 결혼한다. 키메라는 (가령 인어는) 인간이 아는 세상의 한계에 해당하는 곳에서 살 때가 많고, 영웅과 탐험가는 자신의 용기를 증명하기 위해서 그런 곳을 찾아나선다. 어린이책에는 생각하고 말하고 개성을 지닌 유쾌한 동물들이 무수히 등장한다. 그럼에도 현실에서 인간이 다른 동물의 몸에 절반쯤 갇혀 있다는 생각은 대부분의 사람들에게 악마적인 것으로 여겨진다. 그것이 어찌나 끔찍한 상상이던지, 그리스신화의 신들은 인간을 벌할 때 그 방법을 제일 선호했다.

키메라라고 하면 좀 색다르게 들리겠지만, 우리 중에는 이미 자연적으로 타고난 키메라가 많다. 옛 네안데르탈인이나 데니소바인의 유전자를 은밀히 간직한 사람들도 여기 포함된다. 그 밖에도 우리는 수시로 남들을 흡수한다. 발진이나 독감을 옮길 때, 바이러스는 우리의 단백질 일부를 가져다가 타인의 몸속에 풀어놓는다. 그 사람의 면역계는 향후 참조용으로 그 단백질을 보관해둔다. 특히 HIV를 비롯한 레트로바이러스는 사람의 DNA 조각을 딴사람의 염색체에 삽입하는 데 능하다. 우리는 파트너와 체액을 교환하는 과정에서도 유전자 조각을 교환하고, 그럼으로써 상대의 면역계 일부를 간직한 새로운 자아가 되어 키메라로 변신한다. 연인에게 푹 빠지기만 하는 게 아니라 말 그대로 상대를 빨아들이는 것이다. 면역학자 제럴드 N. 캘러핸이 설명하듯이, 우리는 아마 "생각보다 훨씬 더 많이 남들과 유전자 조각을 교환

할 것이다. 감염은 말하자면 소통, 기억, 키메라 되기다. 우리는 누군가와 친밀한 관계를 맺는 과정에서 상대의 유전자 조각을 많이 갖게 된다. 그러다보면 어느 시점에 남게 되는 것은 그야말로 철저한 모자이크, 키메라다. 일부는 남성이고 일부는 여성이며, 일부는 어떤 사람이고 일부는 또다른 사람이 되는 것이다."

연애가 어떻게 끝나든 우리는 교제중에 눈에 보이지 않는 차원에서 변할 수밖에 없는 셈이다. 이런 생각은 썩 유쾌하지만은 않을 수도 있다. 눈에 흙이 들어가기 전에는 두 번 다시 만나고 싶지 않은 옛 애인, 차를 같이 타고 다닌다는 상상만도 끔찍한데 하물며 세포 속에 담고 다닌다는 상상은 더욱더 견디기 힘든 상대의 DNA라면 말이다. 그러니 그런 생각은 얼른 떨치자. 그 대신 엄마의 DNA, 혹은 사랑하는 이의 DNA가 소형 초상화처럼 내 안에 살아 있다고 생각하자.

흔히 쌍둥이라고 불리는 인간 키메라들은 복제인간으로 가득한 세상이 얼마나 혼란스러울지 맛보게 해준다. 그러나 쌍둥이는 세상에 너무 많기 때문에, 전혀 이상한 존재로 여겨지지 않는다. 말년에 정기적으로 골수이식을 받아야 했던 내 어머니의 피에는 기증자의 세포들이 들어 있었다. 사실 어머니는 그전부터 키메라였다. 출산을 한 여성은 태아의 세포를 간직하기 때문이다. 어머니는 내 아버지로부터 받은 세포도 간직하고 있었을 테고, 아버지 역시 어머니의 세포를 간직하고 있었을 터다. 그러나 내가 아는 한 아버지가 돼지 판막, 고양이의 장, 원숭이의 분비샘 세포를 간직하고 있진 않았다. 원숭이 세포라면 아버지가 젊었을 때 대유행했던 시술이 있었던지라 어쩌면 아버지도 유혹을 느꼈을지 모르겠지만 말이다.

비아그라가 없던 1920년대, 남자들은 정력을 키우려는 마음으로 프랑스 의사 세르주 보로노프를 앞다투어 찾아갔다. 보로노프는 얇게 잘라낸 원숭이의 고환을 남자들의 음낭에 이식했다. 나중에는 원숭이의 난소 조각을 여성들에게 이식하기도 했다. 전하는 말에 따르면, 이탈리아 리비에라에 있는 그의 원숭이 농장을 자주 찾았던 미국의 콜로라투라소프라노 릴리 폰스도 시술을 받았다고 한다. 보로노프는 그런 시술을 500건 넘게 하면서 명성과 큰 재산을 쌓았으나, 시간이 흐르자 사람들로부터 마녀나 마법사와 다를 바 없다는 비난을 받게 되었다. 그러나 사람들은 자신의 고환이나 난소에 원숭이의 분비샘 세포를 갖다붙였던 일 때문에 속을 끓이진 않았다.

원숭이 분비샘 열풍은 옛 배우 루돌프 발렌티노만큼이나 구식이 되었지만, 요즘은 몸속에 인간이 아닌 다른 존재의 조각을 간직한 사람이 워낙 많기 때문에 그들이 무심코 꿀꿀거리거나 달가닥거리거나 매거려서 당황스러운 순간을 연출하지 않는 게 이상할 지경이다. 우리는 소나 말의 판막을 심장에 달고 돌아다니는 걸 아무렇지도 않게 여긴다. 사람의 조직에 좀더 잘 맞도록 유전적으로 변형한 돼지를 기른 뒤, 장에서 혈액을 묽게 만드는 유기화합물 헤파린을 얻고 췌장에서 인슐린을 얻는다. 돼지 방광 세포 사이의 공간에 있는 섬유조직은 한때 단순한 쿠션인 줄 알았지만, 성장인자가 아주 풍부한 것으로 밝혀지면서 요즘에는 전쟁에서 다친 사람의 근육에 그 조직을 '비료로' 주어 재생을 돕는다.

해병대 상병으로 이라크에 파병된 열아홉의 이사이아스 에르난데스가 길가에 설치된 폭탄 때문에 허벅다리 근육의 70퍼센트를 잃었을 때, 의사들은 다리를 절단해야 한다고 판단했다. 이사이아스가 보기에 자신의 남은 허벅다리는 꼭 KFC에서 반쯤 먹다 남긴 닭다리 같았다고 한다. "닭다리를 한 입 뜯어서 뼈가 드러난 거 있잖아요." 빠르게 흉터가 진 그의 허벅다리에서는 끊임없이 통증이 일었고, 의사들은 절단 후 의족을 다는 것만이 희망이라고 처방했다.

그러다가 그는 키메라가 되었다. 그는 2004년에 임상 시험에 자원하여 종잇장처럼 얇은 돼지 방광 조각, 정확히 말하자면 세포 외 기질을 자신의 너덜너덜한 허벅다리 근육에 삽입하는 데 동의했다. 그러자 근육이 재생되기 시작했다. 그는 이제 다시 자란 허벅다리로 아무 통증 없이—남들처럼—걷고, 앉고, 무릎 꿇고, 자전거 타고, 등산하며 정상적인 삶을 즐긴다. 그리고 언제까지나 돼지의 일부를 몸에 품고 살아갈 것이다. 의사들이 애정을 담아 '요정 가루'라고 부르는 조각을.

소화와 이식은 또 그렇게 많이 다를까? 우리는 날뛰는 심장을 가라앉히기 위해서 뱀이나 거미의 독, 혹은 미국독도마뱀의 침을 삼킨다. 통증을 가라앉히기 위해서 청자고둥의 독을 삼킨다. 수백만 여성은 피임을 위해서 암말의 소변을 섭취한다. 우리가 가진 최고의 항생제들도 각종 곰팡이에서 왔다. 의약품에 쓰이는 코팅, 캡슐, 액체 첨가제는 동물들의 피부, 연골, 결합조직, 뼈로 만들어진다. 제 기능을 하지 못하는 우리 심장에 말의 판막을 이식하고 허벅다리에 돼지의 조직을 이식하는 게 거슬리지 않게 느껴진다면, 그리고 신체 기관을 얻을 요량으로 동물을 길러서 도축한 뒤 그 종의 일부 조각으로 우리 몸을 수선한다는 발상을 기본적으로 용인한다면, 그 밖에 또 어떤 가능성을 떠올릴 수 있을까? 소에게 여분의 위를 하나 빌려서 음식을 좀더 빨리 소화하고 살을 빼는 것?

우리가 다른 동물의 신체 조각을 몸에 끼워넣는 일을 심란하게 여기지 않는 이유는 뭘까? 어쩌면 우리가 원자 수준에서는 생명 없는 부품으로 구성된 생물체라서 그런지도 모르겠다. 무덤들이 상기시키듯이 우리는 "먼지에서 와서 먼지로 돌아갈" 따름이니까. 어쩌면 우리는 그런 결합을 궁극적인 의미에서 동물을 가축화하고 땅을 길들이는 일처럼 여기는지도 모른다. 하기야 우리는 그런 작업을 까마득히 오래전부터 집단적으로 해왔으며, 그 과정에서 동물들의 쓸모를 조금씩 넓혀왔다. 우리는 동물들과 한 지붕 밑에서 자던 수준을 벗어나 동물들을 우리 갈비뼈 밑에서 재우면서도 아무런 경각심을 갖지 않게 된 정도까지 왔다. "또 그 얘기예요? 소는 내 뼈로 된 우리 안에 잘 있어요." 절박한 순간이면 우리는 친족의 개념을 기꺼이 확장하여 형제의 콩팥이 아니라 양의 콩팥이라도 받아들인다.

인공적 키메라는—육성이나 이식을 통해 인간의 면역계, 콩팥, 피부, 근육조직을 갖게 된 쥐를 비롯한 다른 동물들은—실험실의 상비 재료로, 인간 질병 연구에 널리 쓰이는 도구다. 과학자들은 전체 기관의 40퍼센트가 인간의 것인 양을 만들었고, 일부는 인간의 뇌라고 말할 수 있는 뇌를 지닌 원숭이들을 만들었으며, 전체 뇌세포의 4분의 1이 인간의 뇌세포인 쥐들을 만들었다.(다행히 그 쥐들은 여전히 쥐처럼 행동했지만, 그 머릿속에 어떤 이상하고 뿌연 생각들이 오갈지는 아무도 모르는 일이다.) 그러나 일본 과학자들이 사람 줄기세포를 돼지 배아에 집어넣은 뒤 배아를 건강한 돼지의 자궁에 착상시키는 방법으로 1년 안에 완벽한 사람 심장이나 콩팥을 길러낼 수 있다고 선언했을 때, 사람들은 멈칫했다. 돼지 판막을 사람 몸에 넣는 건 아무 문제가 없다. 하지만 사람의 기관을 가진 돼지라고?

'키메라 배아'가 기술적 문제가 아니라 윤리적 문제라는 사실은 인류세의 증표와도 같다. 이는 얼마든지 가능하지만 허용되지 않는 일이다. 인간이란 앞으로 어떤 존재여야 하는가의 문제에 각국은 합의를 끌어내야만 할 텐데, 요즘은 그 답이 예전처럼 분명하지가 않다. 우리는 역사상 처음으로 스스로에게 이렇게 묻는다. 세상과 우리 자신을 어느 정도까지 기꺼이 조작할 것인가? 약간 키메라적이라고 할 수 있는 보철구로 육체를 부분적으로 강화했을 때는, 혹은 눈 깜박임이나 생각만으로 제어할 수 있는 기술을 착용했을 때는 우리가 자신을 여전히 인간으로 느낀다. 문제는 정도다. 우리는 스스로를 어느 정도까지 교체하고도 여전히 법적인 인간, 매력적인 인간일까? 강화된 인간과 괴물을 가르는 혐오의 경계선은 어디에 그어져 있을까?

캐나다는 키메라 제작을 금지하는 인간생식보조법을 통과시켰다. 노바스코샤 주 핼리팩스 댈하우지 대학의 생물윤리학자 프랑수아즈 베일리스는 그 키메라 관련 지침 작성을 거들었다.

그의 주장은 이렇다. "우리는 아직 모든 인간을 제대로 대우하지 못하고 있다. 모든 동물을 제대로 대우하지 못한다는 사실도 분명하다. 그렇다면 이 새로운 존재들을 대체 어떻게 다루겠는가?"

미국 국립과학아카데미는 키메라 제작을 허용하기는 하지만, 키메라들이 번식하도록 내버려두어서는 안 된다고 경고한다. 반인반수인 두 키메라가 번식할 경우 동물 몸속에서 인간 배아가 자라는 그로테스크한 결과로 이어질 위험이 있기 때문이다.(그런 배아는 거의 틀림없이 사산되겠지만 말이다.) 로마의 기원 설화에서는 로물루스와 레무스가 늑대들의 손에 자랐다고 말한다. 그런데 실제로 늑대가 인간을 낳는다면? 아니면 양이? 약 10년 전, 리노에 있는 네바다 대학의 과학자 에스마일 잔자니는 임신이 반쯤 진행된 양 배아에 사람 줄기세포를 주입한 실험 결과를 발표했다. 그렇게 해서 탄생한 새끼 양들은 조직

전반에 사람 세포를 갖고 있었다. 세포 몇 개만 그런 게 아니었다. 몇몇 기관은 거의 절반이 인간 세포였다. 물론 기관만 그랬다. 두 발로 걷고 다른 손가락들과 마주보는 엄지를 지닌 양이 탄생하진 않았다. 사진으로 본 그 양들은 어쩐지 오싹하리만치 사람을 닮았다. 긴 얼굴, 롤케이크처럼 이마를 덮은 앞머리, 아래로 처진 눈. 개는 그 양들에게서 사람 냄새와 양 냄새를 다 맡을까?

과학자들이 아직 헤매는 지점은 이식된 사람 줄기세포가 동물의 타고난 행동, 속성, 혹은 성격을 바꿀 것인가 하는 문제다. 생물윤리학자들이 제대로 지적했듯이, 원숭이를 비롯한 다른 동물들이 인간과 비슷해지는 끔찍한 상황이야말로 우리가 결코 원하지 않는 결과다. 쥐는 뇌 용적이 사람의 1000분의 1에도 못 미치므로 사람 같은 인지능력을 발달시킬 위험이 적을 것이다. 그러나 진화의 계보에서 우리와 더 가까운 동물, 가령 침팬지나 보노보라면 합병이 제대로 기능할지도 모른다. 특히 발생 초기 단계에 DNA를 섞는다면 말이다. 오랑우탄 부디는 절반쯤 사람의 뇌를 가진 원숭이를 어떻게 받아들일까?

실험실의 키메라는 일종의 도덕적 역설이다. 키메라의 세포가 인간에 더 가까울수록 인간의 치료법 시험 대상으로는 더 알맞겠지만, 너무 인간에 가깝다면 두 세계 사이에 갇힌 존재, 밀실공포증으로 고통받는 죄수와도 같은 존재가 될 것이다. 그런데 산업혁명이 바야흐로 기세를 올리던 1876년에 이런 가능성을 일찌감치 경고한 영국 소설가가 있었다.

H. G. 웰스의 고전 『모로 박사의 섬』에는 난파를 당한 한 남자가 나온다. 남자는 지나가는 배에 구조된 뒤 자신이 겪은 섬뜩하고도 환상적인 경험을 들려준다. 자신은 인도네시아의 웬 이름 없는 섬에서 탈

출한 참인데, 그곳에는 모로 박사라는 자가 사람과 동물을 섞은 키메라를 만들기 위해서 수혈, 이식, 접합, 그 밖의 기기묘묘한 기법을 동원하여 빚어낸 지각 있는 괴물들이 우글거린다는 것이다. 하이에나-돼지, 돼지-인간, 표범-인간, 원숭이-인간, 작은 나무늘보-인간, 그 밖에도 많은 "야수 종족"이 있다고. 그중 일부는 밀림에 자신들만의 거주지를 세우고 모로 박사를 숭배하며 도덕적 규범까지 발달시켰다고 했다. 이 소설은 쏟아지는 신기술, 그리고 인간이 유인원에서 유래했다는 다윈의 이론에 갈피를 못 잡고 비틀거리던 빅토리아시대 영국인들에게 충격으로 다가왔다. 당시에는 생체 해부 유행을 비롯해 우생학 및 과학 실험의 윤리적 한계가 논란을 일으키고 있었다. 웰스의 소설은 이 모든 주제에 의문을 제기했을 뿐 아니라 영국의 식민주의, 인간 정체성의 핵심, 고문의 타락성, 그리고 무엇보다도 인간이 자연에 개입할 때 맞닥뜨리게 되는 위험을 탐구했다. 후에 웰스는 엄청나게 성공한 이 소설을 가리켜 "젊은이답게 신성모독을 발휘한 작품이었다"라는 소감을 밝혔다.

유전자 접합과 생체공학은 그로부터 100년 뒤에야 등장했지만, 웰스는 그 기술들 때문에 인류세의 후손들이 직면하게 될 윤리적 딜레마 중 일부를 미리 내다보았다. 사고든 설계의 결과물이든 인간보다 못한 키메라가 등장했다고 상상해보자. 다른 동물보다는 더 지적이지만 사람보다는 덜 지적인 존재가. 우리는 그런 존재가 어떤 목적을 수행하기를 기대할까? 그 존재는 우리 사회에서 어떤 자리를 차지할까? 우리보다 낮은 신분으로 취급될까? 우리는 인공의 키메라가 어떤 조건을 갖추고 있을 때 그것을 인간으로 간주해줄까? 그런 존재도 남에게 결코 양도할 수 없는 어떤 권리들을 갖게 될까?

DNA의 비밀스러운 문지기

토론토 동물원의 소방 호스 덩굴을 과감하게 흔들고 다니는 부디는 사이보그도 인공적 키메라도 아니다. 인간의 손에 DNA를 재편당한 일도 없다. 부디는 기운 넘치는 오랑우탄 꼬마, 야생의 사절일 뿐이다. 그러나 요즘 우리는 그의 육체적 본성을 (나아가 우리의 속성도) 대단히 새로운 방식, 그와 우리를 잇고 그와 우리의 존재를 재정의하는 방식으로 바라보기 시작했다. 사실 여기에서 새로운 것은 지식, 그리고 우리가 그 지식으로 무엇을 할 수 있는가 하는 점뿐이다. 나머지는 부디와 우리가 공유한 계통수만큼이나 오래된 이야기다.

밤색 머리카락의 젊은 여자가 극장에서 내 앞자리에 앉아, 상체를 수그린 채로 스탠리 큐브릭의 〈2001 스페이스 오디세이〉를 보고 있다. 예술영화관 화면에서는 채식주의자 유인원 하나가 땅에 널브러진 영양의 뼈들을 손가락으로 괜히 집적대고 있다. 서서히 어떤 생각이 형성되기 시작한다. 그는 뼈 하나를 집어들어 머리 위로 쳐들었다가 다른 뼈들을 세게 내리친다. 때리고 또 때린다. 폭력에 도취되어 때리고 부순다. 그동안 그의 머릿속에서는 맛좋은 맥의 모습이 번득 떠오른다. 쾅쾅 울려퍼지는 리하르트 슈트라우스의 〈차라투스트라는 이렇게 말했다〉는 이 장면의 메시지를 뚜렷하게 전달한다. 사냥꾼 인간이 탄생했다는 것. 이튿날 유인원 남자는 그 무기를 써서 경쟁 유인원 무리의 지도자를 죽인다. 또 한번 배경에 깔리는 슈트라우스는 오르가슴을 향해 고조되며, 새로운 드라마를 알린다. 그것은 이제 전쟁의 음악이다. 이 장면을 시작으로 큐브릭은 인간의 진화, 인공지능, 외계에서의 삶, 기술의 변천을 차근차근 펼쳐 보인다. 우리는 이내 우주여행을 하는 미래로 흘러들어, 한 우주인이 지각이 있지만 정신적으로 문제 있는 컴퓨터와 승강이하는 모습을 본다.(그는 결국 영양의 뼈보다 훨씬 더 정교한 도구로 컴퓨터를 진압한다.) 운명의 정점에 다다른 그는 모종의 과정을 겪으면서 변형되는데, 그와 비교하자면 동굴인이나 다름없는 우리에게는 (어쨌든 영화관 동굴 속에 있긴 하니까) 눈부신 그 발전 과정이 흡사 마법처럼 보인다. 크레디트가 별들의 담요처럼 올라가고, 극장 불이 켜진다. 우리는 지구로, 인류의 파란만장한 역사로, 어쩐지 아까보다 훨씬 더 웅장하게 느껴지는 미래로 돌아온다.

적갈색 머리카락의 여자가 나가려고 일어설 때, 머리카락 한 가닥이 좌석 등받이에 붙는다. 누군가 그 작은 표본을 조사한다면 그 속의 DNA를 염탐하여 그것이 사람의 털인지 아이리시세터의 털인지 여우의 털인지 알 수 있을 것이다. 그의 정체성에 관한 단서도 얻을 수 있을 것이다. 인종 배경, 눈 색깔, 여러 질병의 발생 가능성, 예상 수명까지. 그러고는 그가 생쥐나 회충과는 공통점이 적다고 판단할 텐데, 사실 유전자 개수는 다 비슷하다. 그는 지구에서 걷고 기고 미끄러지고 나는 거의 모든 생물과 밀접한 존재다. 그가 징그럽다고 여길 생물들과도. 아니 어쩌면 그런 생물들과 특히 가깝다고 해야 할지도 모른다. 그는 아주 작은 덩어리를 제외하고는 거의 모든 유전물질을 무척추생물들과 공유하기 때문이다. 그러나 그 작은 덩어리가 정말 중요하다.

인간유전체 프로젝트가 대충 2만 5000개 정도 되는 단백질 코딩 유전자를 모두 해독한 뒤 보고 싶은 사람은 누구든 훑어볼 수 있도록 인터넷에 올려둔 덕분에, 그를 염탐하는 사람은 그 머리카락으로 그 DNA를 분석할 수 있을 것이다. DNA의 나선 사다리를 살금살금 올라갖가지 흥미진진한 정보를 발견할 수 있는 것이다. 염탐자가 발견할 미시적 초상들 중 일부는 상당히 최근에 생겨난 것들이다. 인류는 환경을 독차지하고 재편함으로써 동식물, 단세포생물, 자기 자신까지 바꿔놓았다. 그의 DNA에도 그렇게 수정된 부분이 잔뜩 있을 것이다. 그것은 곧 인류세의 증표다. 의도적 연출이었든 우연한 사건이었든 우리가 만들어낸 결과다. 우리가 사용하는 오염물질, 우리가 벌이는 전쟁이 정말 우리 DNA를 변화시키고 우리 종을 바꿔놓을 수 있을까?

그는 그렇다는 것을 잘 안다. 대학에서 '인류세 연구'라는 과목을 수강할 때 비행기 연료, 다이옥신, 디트DEET나 페르메트린 같은 살충제, 플라스틱, 탄화수소 혼합물 등에 노출되면 직접 접촉한 사람은 물론이고 이후 몇 세대까지 암에 걸릴지 모른다는 연구를 읽은 적이 있기 때문이다.* 그는 또 방글라데시의 갠지스 강 삼각주에서 비소로 오염된

* Zdenko Herceg and Toshikazu Ushijima, eds., *Epigenetics and Cancer, Part B* (San Diego, CA: Academic Press, 2010).

음용수가 피부암을 일으켰다는 것, 일터에서 카드뮴, 수은, 납, 기타 중금속에 노출되어도 그럴 수 있다는 것을 배웠다. 그는 원래 2학년 한 해를 베이징에서 보낼까 싶었지만, 스모그가 심한 도시에서 사는 사람은 동맥경화와 심장질환 위험이 높아진다는 연구를 학술지 『플로스 원』에서 읽은 뒤로 다시 생각해보고 있다. 결정타는 『메일 온라인』에 실린 표제였다. "중국, 거대한 TV 화면으로 일출 방송 시작—베이징의 심한 스모그 때문."* 그 밑에 게시된 동영상은 톈안먼 광장에서 LED 전광판으로 진홍색 해돋이를 중계하는 모습을 담은 것이었다. 전광판은 짙은 회색 공기에 완전히 둘러싸여, 마치 태양이 박물관에 전시되어 있는 것 같았다. 검은 실루엣의 사람들이 그 곁을 지나 출근중이었고, 몇 명은 마스크를 쓰고 있었다. 그는 매일 조깅을 하니까, 다른 사람들보다 오염물질을 훨씬 더 많이 마실 것이다. 그는 자신이 인류세 최고의 개척자들 사이에서 자란 것만으로도 자기 유전자가 이미 많이 재편되었으리라고 짐작한다.

그래도 그는 자기 유전자의 책을 읽어보고 싶다. 자신의 계보와 유전적 소인을 좀더 알고 싶다. 철저히 개인적인 프로필만 원할 경우 우리의 빨간 머리 주인공이 준비할 것은 자신의 피가 담긴 약병과 100달러 이상 1000달러 이하의 돈뿐이다. 그러면 '내비제닉스'나 '23앤드미' 같은 회사들이 기꺼이 그의 미래를 엿봐줄 것이다. 아직 한창 작성중이지만 그래도 읽기를 시도해볼 만한 유전적 운세를. 그는 황반변성 발병 위험이 정상보다 약간 높을지 모르고, 대머리가 될 가능성이 있는 유전자, 혈액암의 원인으로 알려진 변형 형태 유전자, 집안 대대로

* James Nye, *Mail Online*, January 16, 2014.

걱정거리인 알츠하이머병과 연관된 또다른 변형 유전자를 갖고 있을지 모른다. 이런 보고서를 혼자서 읽는다면 정보를 받아들이기가 버거울 수 있다. 이런 정보는 영원히 걸리지 않을 질병에 대해서 쓸데없는 걱정을 안겨줄 수 있다. 혹은 임박했지만 치료 가능한 질병을 경고할 수도 있고 헌팅턴병처럼 심한 장애를 불러오는 병을 예견할 수도 있다. 그래서 피검사자를 진정시키려는 요량으로, 이런 검사는 보통 '오락'으로 마케팅된다. 자신에게 북아메리카 체로키인이나 아프리카인이나 켈트인의 피가 섞였는지, 네안데르탈인의 피가 흐르는지 칭기즈칸의 피가 흐르는지 알아보라는 식이다. 그런데 내 경우 마지막 항목은 진짜일지도 모른다.

어머니는 늘 내게 몽골인의 피가 흐르는 게 틀림없다고 말했다. 연꽃 색깔 낯빛과 오징어 먹물처럼 새까만 머리카락 때문이다. "저한테 뭐 숨기는 거 있으세요?" 그렇게 여쭤볼까도 싶었다. 그러나 나는 어머니가 아버지와 함께 몽골을 여행한 것은 내가 태어나고 한참 뒤라는 사실을 알고 있었다. 내가 몰랐던 것은 어차피 세상의 남성 200명 중 한 명은 칭기즈칸과 관계가 있다는 사실이다.

한때 몽골제국에 해당했던 지역에 사는 남성들을 10년에 걸쳐 연구한 국제 유전학자 팀은 그중 놀랍도록 많은 이가 동일한 Y염색체를 갖고 있다는 사실을 발견했다. Y염색체는 아버지에게서 아들로만 전달된다. "한국 동해 근처 만주에서 중앙아시아의 우즈베키스탄과 아프가니스탄에 이르기까지 아시아의 방대한 지역에서" 1600만 명의 남성이 모두 어느 한 개인의 Y염색체를 공유하고 있다는 말이다.

그 개인의 가장 유력한 후보가 바로 칭기즈칸이다. 군벌의 우두머리였던 그는 이 마을 저 마을 침략하면서 여자들을 강간하고 재물을 약탈했으며, 남자들을 모두 죽이고 여자들을 임신시켜 자신의 씨를 중국에서 동유럽까지 뿌렸다. 전설에 따르면 그에게는 수많은 아내와 자식이 있었다지만, 실은 그가 자기 유전자를 퍼뜨리기 위해서 꼭 직접 자식을 낳을 필요는 없었다. 그의 아들들도 그와 똑같은 Y염색체를 그로부터 물려받았고, 그 아들들의 아들들과 그들의 아들들도 적자와 서자의 길고 구불구불한 실크로드를 따라 계속 그랬을 터이기 때문이다. 칭기즈칸 못지않게 호전적이었던 큰아들 주치는 아들만 마흔 명이었고(서출은 얼마나 많았을지 아무도 모르는 노릇이다), 마르코 폴로의 삶에서 대단히 중요한 인물이었던 칭기즈칸의 손자 쿠빌라이 칸에게도 스물두 명의 아들이 있었다.

그들의 유전자는 부채꼴로 점점 더 넓어지면서 기하급수적으로 퍼졌고, 그 과정은 20세기 들어 더욱더 속도를 냈다. 자동차, 기차, 비행기가 지구 곳곳으로 유전자를 운반하면서 '구애 거리'를 확장했기 때문이다. 구애 거리란 원래 남자가 말을 타고 연인을 찾아갔다가 당일 돌아올 수 있는 거리로, 약 20킬로미터에 해당했다. 그러나 요즘은 수천 킬로미터 떨어져 있는 사람과 아이를 낳는 일도 흔하다. 지구 반대편의 사람과도 낳는다.

칸은 세상을 자신이 품은 비전대로 창조하려고 일부러 노력하진 않았다. 그건 그의 가장 사나운 본능들이 독자적으로 품은 것이었고, 그의 잔인한 성격이 박차를 가했을 뿐이다. 다행히 대부분의 사람들은 대량 살인을 저지르며 날뛰지 않지만, 역사에는 칭기즈칸이 벌였던 것과 비슷한 종류의 전쟁과 아수라장이 차고 넘친다. 그리고 그 여파로 유전자 풀이 바뀐다. 남의 유전자를 쓸어내고 자기 유전자를 심으려는 본능(오늘날 집단학살로 불리는 짓)은 개미부터 사자까지 다른 동물들이 그렇듯이 인간도 타고난 본성이라고 추측할 수밖에 없다.

떠돌아다니던 수컷 사자들이 어느 무리를 습격하면, 원래 있던 수컷들을 다 쫓아내고 그 새끼들을 모두 죽이는 게 보통이다. 그후 암컷들과 교미하여 침략자의 유전자만 살아남도록 만든다. 개미 군집은 이웃 군집이 친족이 아닐 경우에는 수백만 마리를 학살하곤 한다.(그러나 지리적으로 멀리 떨어져 있고 한 번도 만난 적이 없더라도, 친족이라면 어째서인지 그 사실을 알아차린다.) 인간의 역사에도 비슷한 드라마가 가득하다. 그렇다고 해서 그런 일이 정당화되는 건 아니다. 그런 본능은 예나 지금이나 전쟁의 유산이자 무의식적 동기일 뿐, 의식적 행동을 지시하는 청사진은 아니다.

다만 딱 한 번 예외가 있었다. 제2차세계대전중 히틀러와 심복들은 자연의 나치화라고 부를 만한 정치적, 유전적 목표를 떠올렸다. 그로 인한 인명 피해는 익히 알려진 바대로다. 그 때문에 수백만 명이 몰살당했지만, 한편으로는 유럽 전역에 흩어진 아기 농장에서 건장한 나치 친위대 남자들과 금발에 푸른 눈의 여자들이 히틀러가 꿈꾸는 새로운 지배 종족의 씨앗이 될 아기 수천 명을 탄생시켰다. 그런데 자연을 재설계하려는 나치의 계획이 사람에서 그치지 않았다는 사실은 잘 알려져 있지 않다. 최고의 군인은 최고의 음식을 먹어야 하는데 그런 음식은 가장 순수한 종자에서만 기를 수 있다는 게 나치 생물학의 주장이었다. 그래서 나치는 번식을 통해 특정 특질을 강조하는 기법, 즉 우생학을 활용해 진화의 유전적 나선으로 침략해 들어가 그 통제권을 쥐고 "부적합한" 외래 작물과 가축을 유전적으로 순수한 종, 이른바 아리아 종으로 교체하기를 바랐다.

그런 목적으로 나치는 식물 수집을 위한 친위대 특공 부대를 조직

했다. 특공대가 받은 지시는 세계의 식물원과 연구소를 약탈하여 최고의 표본을 훔쳐오라는 것이었다. 그들은 폴란드를 시작으로, 포로 노동력을 동원해 약 26만 제곱킬로미터 넓이의 습지에서 물을 빼고 그곳에 아리아 작물을 심겠다는 계획을 세웠다. 습지의 물을 빼면 지하 수위가 낮아져 흙먼지 지대가 형성될 수 있으며, 예외 없이 늑대, 거위, 멧돼지 등 많은 토착종의 서식지가 파괴된다. 그러나 훼손자들은 자신의 행동이 하류에서 일으킬 영향을 좀처럼 내다보지 못하기 마련이다.

나치는 또다른 곳에서는 참나무, 자작나무, 너도밤나무, 주목나무, 소나무를 심어 자신들이 선호하는 작물인 귀리와 밀에 좀더 유리한 기후를 만들려고 했다. 그들은 자연을 나치즘의 이상에 부합하는 방향으로 재편하겠다는 야심을 공공연히 밝혔다. 그 개조에는 사람, 철도, 동물, 땅도 포함되었고 심지어 밭의 (70도 미만 예각은 금지하는 등의) 기하학적 구조나 숲과 덤불의 (남북이나 동서 축을 따라서만 놓여야 하는) 배치까지 포함되었다. 오늘날 사람들은 집단학살을 개탄하지만, 그럼에도 그런 사건은 여전히 끈덕지게 벌어진다. 그리고 어쩌면 이는 우리가 해결하기에는 버거운 일일지도 모른다. 집단학살은 우리의 뿌리 깊은 충동에서 나오는 일인 것 같기 때문이다. 나치가 칭기즈칸의 위업마저 초라하게 만들 유전적 지배 사업에 그토록 가까이 다가갔었다는 사실을 보면 뼛속까지 오싹해진다.

미래에 올리빈은 우리 인간들의 DNA에서 칭기즈칸처럼 전쟁을 통해 승승장구한 이의 계통을 확인할 것이다. 그 밖에 지리, 종교, 정치, 유행하는 아름다움의 이상 때문에 성공한 계통들도 확인할 것이다. 또한 거대한 공장과 일터, 자동차, 비행기 여행, 인터넷과 소셜미디어, 대도시의 꽉 막힌 교차로, 널리 이용되는 피임법과 불임 치료처럼 인류세의 고유 요소 덕분에 성공한 계통들도 확인할 것이다.

어머니가 내게 몽골인의 피가 섞였을지도 모른다고 놀렸던 것은 어쩌면 옳은 말이었다. 칭기즈칸의 일족은 러시아에까지 쳐들어왔기 때문이다. 그러나 나는 어떤 계통이든 과거로 거슬러올라갈수록 길이 점점 더 좁아져서 결국에는 소수의 털북숭이 선조들에게로 귀결한다는 사실을 아는 게 좋다. 그 선조들은 운이 좋았고, 세포 속에 작고 요긴한 장치들을 갖고 있었으며, 후대에 인류를 정의하게 될 여러 충동과 선택으로 수놓인 미래를 갖고 있었다.

인간유전체 프로젝트의 고결한 목표는 그런 지식을 사용하여 질병을 이해하고 처치하고 치료하는 새로운 방법을 발견하겠다는 것이었다. 그런 의미에서 이 프로젝트는 종으로서 우리의 집단 초상이다. 프랜시스 크릭과 제임스 왓슨과 로절린드 프랭클린이 DNA의 이중나선 구조를 해독한 지 불과 50년 만에 현실로 그려진 그림이다. 자연이 인간을 만들 때 쓰는 청사진인 DNA 그 자체보다 더 놀라운 것은 단 하나, 우리가 그 DNA를 해독할 수 있다는 사실이다. 이는 현재까지 인류가 이룬 가장 위대한 발견의 항해이며, 우리는 지금도 그 나선형 후미들을 탐사하고 있다.

스웨덴의 최북단 주 노르보텐에는 사람보다 순록이 더 많이 산다. 북극광의 초록 베일이 매혹적인 스카프처럼 나선을 그리며 지평선 위로 솟아 어른거린다. 여름에는 도자기 같은 태양 밑에서 작물이 익고, 얼음 대리석이 덮인 겨울밤에는 달그림자가 감돈다. 요즘이야 차로 다닐 수 있는 곳이지만, 옛날에는 사람들이 감멜스타드의 오래된 정착지

성당으로 은총을 받으러 가려면 걷거나 말을 타야 했다. 15세기 초에 지어진 이 성당은 사람들이 고립감을 달래고 희망을 충전하는 곳이었다.

그곳까지 가는 길은 순례의 절반에 불과했다. 집으로 돌아가는 가공할 여정이 남아 있었다. 집으로 나서기 전에 쉬어야 했던 사람들은 성당 근처에 가족마다 작은 오두막을 하나씩 마련해두었다. 붉게 칠한 오두막들은 문과 창문만 흰색이었다. 초가지붕을 인 것도 있었다. 서리 낀 창문에는 섬세한 레이스 커튼이 드리워 있었고, 튼튼한 덧문이 으르렁대는 폭풍을 막아주었다. 문은 피라미드 모양 무늬로 장식했는데, 그 무늬는 고대 이교도들의 유산으로 엄정한 대칭성 면에서 숭앙받다가 후대에 와서는 성화가 밝혀진 기독교 제단으로 재해석되었다.

그 외딴 변경의 인구는 제곱킬로미터당 약 두세 명 수준으로 드문드문 퍼져 있었다. 농부들은 마구에서 못까지 필요한 것은 뭐든 손수 만들어야 했다. 이웃끼리 상부상조했고, 이웃끼리 결혼했다. 그러나 만일 수확이 형편없을 때면, 그리고 실제로 걱정스러울 만큼 자주 그랬는데, 구조의 손길은 너무 멀었다. 철마가 연기를 뿜으며 변경을 넘나들던 산업시대 절정기에도 그렇게 먼 북쪽까지는 철도가 미치지 않았다. 설령 이어져 있었더라도 그곳 주민들은 다른 스웨덴 사람들이 알아듣지 못하는 방언을 썼으므로 말이 통하지 않았을 것이다.

감멜스타드 성당과 그뒤에 줄줄이 무리를 이룬 빨간 오두막들은 세계문화유산으로 지정되어 있다. 마을 한가운데에는 6000년 전 석기시대의 정착지 유적도 남아 있다. 현대의 순례자들인 관광객들 뒤를 바싹 따르는 것은 유전학자들이다. 의학 혁명의 중심지가 되기에는 영 어울리지 않는 곳 같지만, 사실 그곳은 세상 모든 사람의 건강과 장수에 중요한 열쇠를 간직하고 있다.

변덕스러운 기후로 19세기 노르보텐에는 풍작 아니면 기근으로 치우친 해가 이어졌다. 사람들은 작물의 운명을 점칠 도리가 없었다. 굶어죽을 뻔하거나 굶어죽거나 둘 중 하나였다. 예를 들어 1800년, 1812년, 1821년, 1836년, 1856년은 모두 궁핍했던 해로 수확은 (감자나 죽을 쑬 곡물 같은 주식을 포함해) 완전히 바닥이었고, 가축들은 죽고 사람들은 극심한 허기와 영양부족을 겪고, 저체중으로 태어난 아기들은 아마 앞으로 더욱더 빈약해질 빈약한 세상을 만났다. 반면에 1801년, 1822년, 1828년, 1844년, 1863년은 날씨가 온화하고 먹을 것이 흙에서 풍성하게 쑥쑥 솟아나서 가계는 풍족하고 경제가 번성했으며 과식을 소일거리로 삼은 사람도 많았다.

잠시 시간을 1980년대로 건너뛰어 북해를 건너 런던으로 가보자. 명망 높은 의학 학술지 『랜싯』은 당시 태아에게 자궁 체류 시기가 얼마나 중요한지를 강조하는 연구들을 실었다. 산모가 임신중에 식단이 부실했다면 자녀가 심장질환, 당뇨, 비만, 그와 연관된 질병들에 걸릴 위험이 높아진다는 연구였다. 이는 의학계에는 놀라운 소식이었고 부모들에게는 하나의 경고였다.

다윈의 자연선택 이론에 따르면, 아이는 과거 수천 년간 진화한 유전적 청사진을 갖고 태어난다. 부모가 겪었던 불행한 시간은 삶의 교훈으로 훈육될지언정 유전되지는 않는다. 아이를 화학적으로 바꾸진 못한다는 말이다. 반대되는 생각은 망상으로 간주되어 비웃음을 당하며 일축되었는데, 그 시작은 프랑스 자연학자 장바티스트 라마르크가 ('생물학'이라는 단어를 만든 사람이다) 부모의 획득형질이 자손에게 전달된다는 이론을 제안한 18세기 때부터였다. 라마르크가 기린을 예로 든 사례는 유명하다. 그는 기린이 매일 맛있는 나뭇잎을 먹기 위해서 나무 꼭대기까지 목을 죽 빼다보면 결국 목이 길어지고, 그 자손은 길어진 목을 물려받은데다가 부모의 행동을 흉내냄으로써 그보다 더 높이 뻗을 수 있다고 주장했다. 라마르크는 똑똑하고 관찰력이 예리하고 동식물학의 여러 분야에서 옳은 견해를 견지한 사람이었다. 새로운 생물종이 진화를 통해 자연적으로 생겨난다는 위험한 발상도 받아들였다. 그러나 기린의 목과 유전형질에 대해서는 그가 완전히 틀렸다. 그의 논리에 따르자면 대장장이가 평생 망치질을 해서 모루처럼 튼튼한 팔뚝을 갖게 된다면 그 자식도 똑같이 울룩불룩한 근육을 물려받지 않겠는가. 그런 세상이 어떨지 상상해보면 재밌다. 그런 세상에서는 한 종 내에서도 부조화한 개체들이 많을 테고, 자신의 특징을 자식에게 유증할 수 있는 부러운 능력이 존재할 터다. 훈련 따위는 필요 없을 것이다. 피아니스트 아빠의 거미 같은 손놀림, 자전거 타는 엄마의 튼실한 넙다리근육을 물려받으면 되니까.

다윈주의적 진화 이론에서 우리는 DNA의 유전적 변화란 수천 년에 걸쳐 점진적으로 느리게 벌어지는 것이라고 배웠다. 한 개체가 생애중에 자기 DNA를 지우고 다시 쓸 수는 없다. 유전적 돌연변이는 늘 생겼다 없어지지만, 만일 그것이 생존에 해롭거나 무용한 돌연변이라면 대체로 오래 머물지 못한다. 반면에 유익한 돌연변이는 그것을 지닌 동물에게 이점을 제공한다. 번식할 때까지 충분히 오래 생존할 가능성을 높여주는 것이다. 그리고 그 돌연변이는 그 개체의 후손, 그 후손의 후손에게까지 도움을 준다. 그래서 생존에 유리한 형질은 미래 세대로 전수되기 마련인데, 다만 그 구체적인 과정은 대체로 상당히 허술한 편이다. 아무튼 시간이 흐르면, 우연에 의지하는 이 메커니즘 덕분에 세상에는 각자의 서식지에 최선으로 적응한 개체들만 남는다.

이 이론은 무수한 실험으로 입증된 정설이다. 우리가 이 이론을 의심할 이유는 없다. 하지만 이것이 이야기의 전부가 아니라면 어떨까? 다윈에 가려졌던 라마르크는 알고 보면 최소한 그 발상 면에서는 옳았던 것 같으니까 말이다. 과학계는 이 새로운 현실에 깜짝 놀라지 않을 수 없었다. 패러다임 전환이 늘 급작스럽게 느껴지는 것은 우리가 그것이 다가오는 모습을 알아채지 못하기 때문이다. 변화는 갑자기 정신의 낙하산 줄을 당기고, 우리의 마음은 고속으로 추락하기 시작한다. 그러다 비로소 새 패러다임이 머리 위에서 활짝 부풀면, 자유낙하하던 우리는 추락 속도가 서서히 느려지다가 이윽고 둥실 떠 있게 된다. 이제야 다시 한번 세상이 눈에 들어온다. 다만 다른 시각에서 보인다. '창조적 통찰,' 우리는 어떤 발견 과정에서 이처럼 낙하산이 확 펴지는 것 같은 순간을 이렇게 부른다.

한편 스톡홀름 카롤린스카 연구소의 라르스 올로브 뷔그렌은 『랜싯』에 실린 논문들을 읽은 뒤, 굶주림과 폭식을 번갈아 겪었던 19세기 노르보텐의 아이들에 대해 궁금해졌다. 그 지역 주민들은 유전학 연구에 이상적인 조건이라 할 수 있을 만큼 고립되어 살아온 듯했다. 물론 그 아이들은 태아 시절 엄마의 영양 상태에도 영향을 받았을 것이다. 그런데 부모 세대가 임신 이전에 겪었던 만찬과 기근은 어떨까? 그 사건들도 아이의 건강에 흔적을 남겼을까? 이 의문은 연구는 고사하고 제기하는 자체만으로도 대담한 일이었다. 다윈주의를 정면으로 거스르는 생각이기 때문이다. 하지만 그는 도무지 의문을 떨칠 수 없었기에, 풍부한 과거 데이터에 의존하여 1905년에 외베르칼릭스에서 태어난 아이 아흔아홉 명을 조사해보기로 했다. 그런데 왜 하필이면 그 험준한 절벽과 노래하는 강이 있는 지역을 선택했을까?

"저는 북극 한계선에서 15킬로미터를 북쪽으로 더 가야 나오는 작은 산촌에서 자랐습니다." 뷔그렌이 내게 설명한다.

호리호리한 체격에 희끗한 머리카락, 동그란 안경을 쓴 뷔그렌은 생각에 잠긴 채 성당 묘지의 비석들 사이를 거닌다. 햇볕을 받은 키 큰 풀들이 100년 전 먹을 게 없어서 죽은 아이들을 둘러싸고 있다. 묘석에는 영미권의 스미스나 존스에 해당하는 흔한 이름인 라르센, 페르손 따위가 새겨져 있다. 뷔그렌도 틀림없이 어릴 때 이들의 친척들과 어울려 놀기도 했을 것이다. 묘석들 사이에 블루벨과 데이지가 저절로 피어 있고, 몇몇 무덤에는 가게에서 산 좀더 화려한 꽃들이 장식되어 있다.

"이런 표현이 있죠. 네가 선 자리부터 파라!" 그가 웃는다.

그리고 잠시 뒤에 덧붙인다. "우리한테는 자료가 정말 많습니다." 작황이 부실했던 시기에도 자료는 풍성했다. "이 사람들에게 벌어진 모든 일이 기록되어 있지요."

16세기 이래 성직자들은 출생과 사망은 (원인도) 물론이거니와 토지 소유 관계, 작물 가격, 작황까지 장부에 세세히 기록해두었다. 그 꼼꼼한 기록 덕분에, 뷔그렌은 대상 인구의 부모들과 조부모들이 어렸을 때 겪었던 식량 수급 상황을 짐작할 수 있었다. 외베르칼릭스 마을은 고립된 인구가 세월에 따라 부침을 겪은 과정을 추적할 수 있는 일종의 자연실험장이었던 셈이다.

상식적으로 생각하면 만일 당신이 트라우마를 겪거나 정크푸드에 중독되거나 봄날 분홍빛 목련 꽃잎이 플라밍고 깃털처럼 미풍에 너풀거리는데도 만날 환한 화면만 쳐다보고 앉았거나 할 경우, 당신 자신이 비참하고 병약하게 살지는 몰라도 그 때문에 아직 태어나지도 않은 자식들의 DNA가 달라질 일은 없을 것 같다. 아이들은 당신의 곱슬머리, 회색 눈동자, 소리굽쇠처럼 정확한 음감, 얇은 도자기 같은 피부, 헌팅턴병 같은 유전병의 발생 위험 따위를 물려받겠지만, 당신이 겪은 사고와 당신이 저지른 나쁜 행동 때문에 괴로울 일은 없을 것 같다. 당신이 선택한 그릇된 생활 방식 때문에 자식들의 DNA가 훼손되진 않을 테고, 당신이 획득한 멋진 기술, 느꼈던 놀라운 감각, 용케 피했던 위험이 자식들에게 이어질 일도 없을 터다. 그런 의미에서 자식들은 깨끗한 빈 서판을 갖고 태어나, 그들만의 드라마를 겪고 그들만의 문제투성이 선택을 하는 셈이다. 조부모가 배를 곯는 잔인한 기아의 해를 겪은 뒤 곧바로 풍작의 계절을 맞아 폭식했다고 해서 손주들이 비만이 되거나 당뇨에 걸리거나 일찍 죽는 일은 없을 것이다. 진화는 그런 식으로 작동하지 않으며 그렇게 급하게 작동하지도 않는다. 끝. 그런데 잠깐, 정말 그럴까?

뷔그렌의 발견은 전혀 달랐다. 그와 유니버시티 칼리지 런던의 유전학자 마커스 펨브리가 공동으로 진행한 획기적인 연구는 많은 이를 놀라게 했고, '당신은 DNA에 트라우마를 가할 수 있다' '당신의 조부모가 먹었던 것이 바로 당신이다' '양육은 중요하다' 또는 (신이 말한 "죄를 갚되 아버지로부터 아들에게로 삼사 대까지 이르게 하거니와"라는 「출애굽기」 속 구절에서 따온 듯한) '아버지들의 죄' 등의 기사 제목이 쏟아졌다.

아기들은 궁극의 이민자들로, 뭍이 없는 머나먼 나라로부터 이 세상에 도착했다. 그들이 끌고 오는 짐은 오래된 나선형 DNA 덩어리인데, 그 DNA는 그들의 생존에 도움이 되는 내용을 담고 있지만 갑작스러운 환경 변화에 대처하도록 도와주는 도구로는 좀 부족한 듯하다.

그러나 DNA는 그 아이가 훗날 낳을 자식과 손주에게 근래에 발생했던 위험을 경고해줄 줄은 안다. 만일 아이가 굶주림에 가까운 사건을 겪으면—그 밖에도 다른 극심한 환경 변화를 겪으면—발생 초기의 난자나 정자 속 DNA에 표지가 붙는다. 그리고 세월이 흘러서 그 아이가 자기 자식을 낳았을 때, 새로운 특질이 그 DNA로부터 드러난다. 그 특질이 종 차원에서 유리하기 때문에 나타나는 게 아니라, 그 부모가 자식을 잉태하기 한참 전에 겪었던 어떤 스트레스 때문에 나타난 것이다.

뷔그렌은 외베르칼릭스의 아이들을 살펴보고 그 결과에 놀라지 않을 수 없었다. 아홉 살에서 열두 살 사이에 풍족한 해를 맞아 폭식으로 당뇨와 심장 문제가 생길 가능성이 높아진 소년들의 경우, 그 아들들과 손자들의 수명은 평균보다 짧았다. 차이는 무시할 만한 수준이 아니었다. 그 아들들과 손자들의 수명은 비교군보다 평균 32년이나 더 짧았다! 그에 비해 굶주린 겨울을 겪었던 소년들이 그 시절을 잘 견뎌내고 자라서 자식을 낳았을 경우, 그 아들들은 건강이 좋았다. 당뇨와 심장질환에 걸릴 가능성은 앞의 비교군보다 네 배 낮았고, 평균 수명은 32년 더 길었다. 후속 연구에서는 소녀들에 대해서도 비슷한 결과가 확인되었는데, 다만 소녀들이 영향을 받는 나이는 더 어렸다. 여자아이는 난자를 아예 갖고 태어나지만 남자아이는 사춘기 초부터야 정자가 발달하기 때문이다. 성장기 중에서도 이 기간에, 성숙 단계에 있는 난자와 정자는 환경에 관한 정보에 유달리 민감한 듯하다. 그 때문에 생겨난 표지는 마치 컴퓨터의 이진부호처럼 세포 속 유전자 스위치들에게 켜지거나 꺼지라고 지시한다. 난자나 정자는 그 메시지를 후대로 전달하고, 후대에서 그 메시지가 정말로 목숨을 구할 수도 있다.

그러나 거꾸로 더이상 존재하지 않는 세상에 대한 준비를 시킨 탓에 오히려 질병을 야기하는 결과를 낳을 수도 있는 것이다. 우리가 실제 주어진 현실과는 크게 다른 환경을 예상하며 생물학적 대비를 할 때 문제들이 터져버린다.

"결과는 엄연합니다." 뷔그렌은 노르보텐 협곡에 매장된 철광석처럼 단호하게 말한다. "메커니즘은 아직 뚜렷하지 않지만요."

이는 실로 충격적인 개념이다. 어쨌든 증거가 뻔히 보여주듯이, 불과 한 세대 만에도 지울 수 없는 변화가 일어난다. 유년기의 어느 해에 폭식했던 과거 때문에 그 사람의 세포에서 생물학적 연쇄 작용이 벌어져, 아직 그 존재를 상상조차 해본 적 없는 그의 손주들이 각종 질병과 또래보다 훨씬 짧은 수명을 갖게 된다. 꼭 유전적 상처를 물려받은 것처럼.

이런 진화적 사이드스텝이 왜, 어떻게 일어나는가를 집중적으로 다루는 새로운 분야가 후성유전학이다. 후성유전학은 학계에서 곧잘 벌어지는 본성이냐 양육이냐 하는 논쟁을 한물간 개념들이 버려지는 인류세의 폐기장으로 내던진다. 또한 장래 부모들의 어깨에 좀더 무거운 짐을 지운다. 손주의 건강을 걱정하기 시작하는 시기는 이르면 이를수록 좋아 보이는 것이다.

이런 연결 고리는 너무 충격적이다. 지금까지 우리는 유전을 DNA가 들려주는 이야기로 여겼고 유전은 전적으로 유전자에 달려 있다고 생각했다. 그러나 후성유전학의 세계, 즉 양육의 영향이 깊기 때문에 늘 신중하게 행동해야 마땅하다고 조언하는 그 영역에서는, DNA를 구렁이처럼 둘둘 감싼 단백질이 어떤 유전자는 더 세게 조이고 어떤 유전자는 느슨하게 풀어줌으로써 유전자의 스위치를 켜거나 끈다. 아니면 켜둔 채로 놔두되, 소리를 더 키우거나 속삭임 정도로 낮춘다.

유전체가 변하는 데는 수백만 년이 걸리지만, 후성유전체는 가령 작은 메틸기(탄소 원자 하나에 수소 원자 세 개가 붙은 덩어리)나 아세틸기(탄소 둘, 수소 셋, 산소 하나가 결합한 덩어리)를 덧붙이는 간단한 방식을 씀으로써 훨씬 더 빨리 변할 수 있다. '메틸화'는 유전자를 끄는 것이고, '아세틸화'는 유전자를 켜는 작업이다. 환경적 스트레스가 스위치를 끄고 켠다는 건 이치에 맞는 일인데, 이론적으로도 그 덕분에 후손에게 그들이 만날 환경을 대비시킬 수 있기 때문이다. 식단, 스트레스, 태아기 영양, 방치는 특히 강력한 표지를 남기며, 그 영향은 좋을 수도 나쁠 수도 있다. 표지가 유전자를 만지작거리는 방식이 장기적으로 치명적일 수도 있고, 거꾸로 수명을 연장할 수도 있다. 운동과 좋은 영양 상태는 유익한 표지를 남기고, 흡연과 높은 스트레스는 유해한 표지를 남긴다.

여기에서 바뀐 것은 도구 자체가 아니라 도구가 사용되는 방식이다. 망치를 써서 벽에 그림을 걸 못을 살살 박을 수도 있고 벽을 때려 구멍낼 수도 있는 것과 마찬가지다. 자연은 알뜰하여, 기본적인 재료를 재활용한다. 이때 DNA는 똑같은 자음과 모음을 쓰더라도 다른 성조로 말하면 뜻이 달라지는 성조 언어와 같다. 세상에서 가장 많은 인구가 쓰는 성조 언어인 만다린어에서는 '만'이라는 단어를 어떻게 말하느냐에 따라 뜻이 '느리다'가 될 수도 있고 '기만하다'가 될 수도 있다. 그 비슷하게 심장, 췌장, 뇌세포에 존재하는 DNA도 종류는 다 같지만 각자 다른 임무를 처리한다. 스위치가 켜지거나 꺼져서 유전자가 큰소리치거나 조용히 속삭이면, 유전자의 의미와 목적도 그에 따라 달라진다. 우리가 식물보다 유전자 개수가 더 적고 침팬지와는 거의 비슷하다는 사실이 크게 당황스럽지 않은 이유가 여기 있다. 생명체는 똑같은 유전자 대본을 받더라도 그 성조를 얼마든지 다르게 발성할 수 있고, 세포들은 피부, 뼈, 입술, 간, 혈구 등으로 얼마든지 다양하게 변형될 수 있다. 후성유전학은 이런 성조의 마법이 어떻게 수행되는지에 대한 단서를 제공한다.

펨브리의 흥미로운 가설은 이렇다. 최근 산업혁명으로 수많은 환경적, 사회적 변화가 빠르게 벌어졌다. 유전적 진화는 그 변화를 따라잡으려고 노력했겠지만, 그렇게 빠르게 적응할 수는 없었다. 변화의 속도는 유례없는 수준이었으며, 유전자가 불과 몇 세대 만에 진화할 수는 없다. 반면에 그 유전자에 들러붙은 모종의 '후성유전적 표지'들은 그럴 수 있다. 당신의 증조할머니가 임신했을 때 살충제나 탄화수소에 노출되었던 경험 때문에 당신의 난소질환 위험이 높아질 수 있고 당신 역시 그 발병 가능성을 손주들에게 넘겨줄 수 있는 게 그 때문이다. 실제로 난소암 발병률은 지난 몇십 년 동안 증가하여 이제 10퍼센트가 넘는 여성이 겪고 있는데, 환경적 후성유전학은 그에 대한 그럴듯한 이유를 제시한다.

우리는 늘 타인과 세상과의 관계 속에서만 존재한다. 그런 만큼 유전자들이 여러 지점에서 동시에 쇼를 펼치는 서커스이자 수많은 유전자가 언제까지나 계속해서 추는 생물학적 탱고인 이 대화에는 후성유전학처럼 발음하기 거추장스러운 용어가 아니라 더 나은 이름이 필요하다. 하지만 이 단어는 이미 점점 더 많은 사람의 입에 오르고 있다. 이제 의사들은 환자가 과거에 어떤 환경에 노출되었는지뿐 아니라 그 부모가 어떤 환경에 노출되었는지도 살펴본다.

"우리는 아마 생물학 역사상 최대의 혁명 한중간에 있을 것입니다."

알베르트아인슈타인 의학대학 신경학부를 이끄는 마크 멜러는 이렇게 말했다. "후성유전학은 유전학과 환경, 두 요소의 상호작용, 질병의 원인에 대한 이해를 계속해서 변혁해나갈 것입니다. 이것은 다른 차원의 생물학이며, 생명의 생물학적 복잡성을 제대로 설명할 능력을 처음으로 갖춘 생물학입니다."

2011년 미국신경학회 연례 총회에서의 발언이었다. 멜러의 말은 이렇게 이어진다. "우리는 인간유전체 프로젝트가 의료 개인화의 새 차원을 열어주리라고 예상했습니다. 그러나 예상했던 것 대신 알게 된 것은, 그보다 더 복잡하고 우리가 앞으로 연구해야 할 제2의 유전체가 존재한다는 사실뿐이었습니다."

예를 들어보자. 쌍둥이는 DNA가 같은데도 서로 완벽하게 같지 않다. 쌍둥이 중 한쪽이 조현병이 있을 때 다른 쪽도 조현병이 있을 확률은 50퍼센트이지, 유전자가 같다는 이유만으로 100퍼센트인 것은 아니다. 쌍둥이는 후성유전학 연구에서 중요한 역할을 했다. 홀로코스트 생존자의 자녀들, 루마니아의 여러 보육원에서 보호자들이 충분히 안아주고 얼러주지 않았던 고아들, 스트레스에 시달리거나 보호자에게 방치되어 자란 아이들도 그랬다. 정신의학적 후성유전학은 산모의 기분이 태아의 운명에 중요하다는 사실을 알려준다. 태아를 감싸고 스며든 산모의 화학물질들이 태아의 건강, 기분, 수명에 영향을 미칠 수 있는 것이다.

산모 행동을 연구해온 맥길 대학 소속 마이클 미니의 실험실은 2004년 『네이처 뉴로사이언스』에 이런 연구 결과를 발표했다. 좋은 어미 쥐, 즉 새끼들을 생후 첫 주에 세심하게 자주 핥아주는 어미 쥐의 열네 마리에서 스무 마리가량 되는 새끼들은 얌전하고 차분했다. 반면 새끼를 많이 핥아주지 않거나 아예 방치하는 쌀쌀맞은 어미 쥐의 새끼들은 눈에 띄게 불안해했다. 그리고 그 새끼들 중 암컷은 커서 제 어미의 행동을 그대로 재현했다.

미니는 이렇게 설명했다. "우리의 목표는 어미의 핥는 행동이 새끼의 생물학적 경로를 어떻게 변화시키는지 알아내는 것이다. 이미 어미의 보살핌에 반응하여 뇌세포에 변화를 일으키는 작은 유전자 영역을 하나 확인했다."

미니는 이제 인간 아이의 발달을 살펴보고 있다. 스트레스가 심한 산모는 태아를 글루코코르티코이드 호르몬으로 흠뻑 적시게 되는데, 그러면 아기는 출생시 몸무게가 적게 나가고 (기억을 관장하는) 해마의 크기가 작고 스트레스를 처리하는 능력이 손상된다. 하지만 미니가 누구보다 먼저 지적하듯이, 저체중 신생아 중 많은 수가 결국 별문제 없이 자란다. 이는 산후 보살핌이 산전 악영향을 뒤집을 수 있다는 단서임에 분명하다. 정말 중요한 건 환경과 양육이고 그 영향이 드러나는 데는 그다지 오랜 시간이 걸리지 않는다. 집단생활을 하는 이집트땅메뚜기는 원래 수줍음이 많은 야행성 동물이다. 그러나 만일 개체수가 늘어서 집단이 과밀해지면, 빽빽하게 뭉쳐서 살던 메뚜기가 낳은 새끼들은 좀더 사교적인 성격에 주행성으로 바뀐다. 조류 연구에도 비슷한 예가 있다. 가령 사회적 위치가 높거나 다른 이유들로 "사회적 부담이 큰 조건"에서 살아가는 암컷은 남성호르몬 수치가 높아지는데, 그러면 그 암컷이 낳은 알들의 남성호르몬 수치도 높아져서 좀더 경쟁심 강한 새끼들이 태어난다.

우리가 앞서 만났던 영화 관객은 가난한 사람일까? 이른바 사회의학이 가난이 건강에 미치는 영향에 관심을 쏟기 시작하면서, 풍요롭거나 빈곤한 환경이 그것을 겪은 당사자의 자녀와 손주에게 미치는 영향을 조사하는 인간 혹은 동물 연구들이 한창 진행되고 있다. 1944년에서 1945년 겨울을 휩쓸었던 유명한 네덜란드 기근에 관한 조사에 따르면, 당시 영양 공급을 제대로 받지 못했던 태아들은 세상에 나와 커서 조현병과 우울증을 겪을 가능성이 높았다. 태아 때 겪었던 부실한 영양 상태가 어른이 되어서 세 가지 심장질환을 겪을 위험을 높인다는 영국의 한 연구 결과도 있다.

또다른 연구를 보면, 임신중에 허리케인이나 폭풍을 겪어 스트레스를 받았던 산모는 자폐아를 낳을 가능성이 좀더 높았다. 우리의 빨간 머리 주인공이 어른이 되어서 늘 건전한 선택만 했더라도, 또한 임신했을 때 행복했으며 아기를 아낌없이 사랑하는 엄마가 되었더라도, 그의 아이는 외할머니가 대공황중에 겪었던 스트레스로 인한 악영향을 받을 수도 있는 셈이다. 혹은 그 외할아버지가 젊은 신병으로 베트남에서 겪었던 스트레스로 인한 악영향을 받을 수도 있다. 우리의 빨간 머리 주인공이 잉태되기도 전에 일어났던 일들 때문에 말이다. 아기의 조부모가 아침으로 무엇을 먹었느냐 하는 것까지 중요하다.

우리 빨간 머리 주인공의 아버지는 비아그라를 먹었을까? 그런 약 덕분에 요즘은 나이가 많은 남자들도 곧잘 자식을 낳는데, 그런 늙은 아버지와 늙은 유전자는 우리와 미래 세대에게 어떤 영향을 미칠까? 한 가지 뜻밖의 발견은, 어떤 이유에서 그런지는 몰라도 나이든 아버지가 자식에게 좀더 긴 텔로미어(구두끈 양끝에 달린 쇠처럼 염색체 양 끝을 막아 염색체가 나달나달 풀리지 않도록 막아주는 부위)를 물려준다는 것이다. 유전자의 일부인 텔로미어는 개체의 수명을 조절한다. 그러니 긴 텔로미어를 물려받은 아이는 좀더 오래 살 수 있을 것이다. 그러나 다른 한편 나이든 아버지는 자폐나 조현병 같은 무서운 질병을 일으킬 수 있는 돌연변이를 많이 물려준다고도 한다. 아버지의 식단도 중요하다. 아버지가 폭식을 했다면 딸은 당뇨에 걸릴 가능성이 높다. 다행히 우리의 주인공은 여름밤처럼 긴 텔로미어를 물려받았(다고 한)다.

이런 일은 잠긴 DNA 암호책을 열어서 그 내용을 바꾸는 식으로 벌어지지 않지만 어떤 식으로든 후대에 전달된다. 후성유전학은 유전자가 가진 또 한 벌의 바지, 유전이 짜내는 또 한 필의 천이다. 사람의 유전체를 개조하는 일은 어렵지만, 그의 후성유전체를 바꾸는 일은 비교적 쉽다. 후성유전학적 표지들은 심오한 영향을 미치되 영구적이지는 않다. 따라서 이 분야에는 무한한 가능성이 담겨 있다.

다시 미니의 설명을 들어보자. "유전자는 환경과 무관하게 기능할 수 없다. 따라서 삶의 모든 양상이 환경 신호와 유전자가 나누는 대화다. 다만 중요한 것은 부모의 보살핌이 자식의 삶에 미치는 영향이 우리가 이전에 생각했던 것보다 훨씬 더 큰 것 같다는 점이다. 우리는 이 현상의 의미를 이제서야 깨우치기 시작했다."

그렇다. 당신의 어머니가 어릴 때 겪었던 트라우마가 당신의 건강에, 나아가 당신 자식의 건강에도 영향을 미칠 수 있다. 하지만 그 영향은 가역적이다. 어른이 되어서도 말이다. 맥길 대학 과학자들은 앞서 말한 연구에서 2세대 어미 쥐들에게 유전자를 켜고 끄는 후성유전적 약물을 처방함으로써 그들의 냉랭한 행동을 고칠 수 있었다.

우리가 후성유전학에 거는 가장 큰 기대는 간단히 스위치를 켜고 꺼서 일부 유전자는 잠을 깨우거나 잔업을 시키고, 다른 유전자에게는 불을 밝혀주거나 낮잠을 재움으로써 암, 양극성장애, 조현병, 알츠하이머병, 당뇨, 자폐 등을 치료할 수 있었으면 하는 것이다. 정말 그런 방식으로 유전자들에게 최면을 걸어서 개인의 나쁜 행동이 아직 낳을 계획도 없는 무고한 자식에게 전달되지 않게끔 유도할 수 있을까? 과학자들의 중론은 가능하다는 것이다. 과학자들은 어깃장을 놓는 유전자를 침묵시키고 치료에 유용한 유전자에 박차를 가하는 아자시티딘(특정 혈액장애를 가진 환자들에게 처방되는 약) 같은 약품을 한창 개발하고 있다. 루게릭병, 자폐 등도 후성유전적 질환으로 보이므로, 그런 질환들도 대상이 될 수 있다. 현재 조현병, 양극성장애, 기타 주요 정신질환에 대해서 세 종류의 후성유전적 약물치료가 활발히 연구되고 있다. 미국 식품의약국은 벌써 여러 종류의 후성유전적 약물을 승인했다. 2008년 국립보건연구소는 후성유전학을 생물학의 "핵심" 분야로 규정하고, "후성유전적 과정들이 언제 어떻게 유전자를 통제하는지" 탐구하는 연구에 1억 9000만 달러를 지원하겠다고 밝혔다. 2003년 완료된 인간유전체 프로젝트는 인류의 능력을 보여준 경이로운 사건으로 마땅히 칭송되었으나, 그 프로젝트가 지도화한 유전자의 개수는 2만 5000개에 불과했다. 후성유전학은 그보다 훨씬 더 복잡하다. 뚜렷한 표지만 해도 수백만 개나 된다. 그러니 후성유전체가 전부 해독되기까지는 시간이 한참 걸리겠지만, 인간후성유전체 프로젝트는 국제적 사업으로 이미 개시되었다.

좋은 소식은 이런 문제를 해결할, 비록 단순하진 않지만 실행 가능한 방법이 있다는 것이다. 후성유전적 악영향을 미친다고 알려진 환경 독소를 더 많이 금지하기, 기근을 없애고 가난을 줄이고 전쟁의 참상을 바로잡는 데 더 힘쓰기, 사람들에게 자신들의 행동이 미치는 장기적 영향을 알리고 자신들의 양육 방식이 가족, 사회, 환경에 얼마나 결정적 역할을 하는지 알도록 돕기 등이 있다. 유전자는 자신이 한때 그 개체의 부모와 조부모의 세포에서 어떻게 행동했는지 기억하겠지만, 다행히 근육이 자주 사용되면 강해지는 것처럼 유전자도 자꾸 사용됨으로써 건강한 행동을 배울 수 있다. 당신이 살면서 하는 경험은 자녀가 당신으로부터 물려받을 핵심적인 유산이 될 것이다. 당신이 어른이 되어서 하는 경험은 유전자를 긍정적인 방향으로 다시 설계할 수도 있다. 그 못지않게 놀라운 점은 당신이 친구, 연인, 혹은 타인의 자녀들에게 보여준 너그러운 태도가 그들에게 영구적인 후성유전적 영향을 미칠 수도 있다는 사실이다. 우리가 이 개념을 잘만 이해한다면 세대 간의 관계는 예전과는 달라질 것이다. 갑자기 모든 세대가 모든 것을 공유하게 되기 때문이다. 인간 존재의 태피스트리에서 한 가닥 한 가닥이 차츰 더 뚜렷하게 눈에 들어오는 것이다. DNA의 유령 문지기 차원에서는 우리가 모두와, 누구하고든 연결되어 있는 셈이다.

여기에는 도덕적, 사회적, 정치적 교훈도 있다. 어떤 사람들은 인도주의적 원조 사업을 불필요하다고 여길지 모른다. 우리가 감당하기 어려운 수준으로 자원과 열의를 낭비하는 활동이라고 보는 것이다. 그러나 후성유전학이 가르쳐주는 바는 그 반대다. 교육 부족, 폭력, 기아, 가난은 여러 세대에 걸쳐 상처를 남기며, 결국 온 사회의 향후 건강과 행복에 영향을 미칠 수 있다. 전란에 시달린 군인과 민간인이 전투중이나 후에 겪은 일은 그들에게 후성유전적 흔적을 남기고, 그 흔적은 미래 세대에게도 상처를 입혀 평화시에도 그 나라의 문제를 가중할 수 있다. 자연재해도 마찬가지다. 그리고 최근 우리는 전쟁도 자연재해도 질리도록 많이 보았다. 그 때문에 앞으로 어떤 후성유전적 여파가 미칠지 누가 알겠는가? 유전공학은 언뜻 우리 종에게 악마적인 위협을 가하는 존재로 보일지 모른다. 우리는 물론 유전공학을 통해 탄생되는 생명체들을 꼼꼼하게 감독하고 통제해야 한다. 그러나 우리가 내리는 정치적, 환경적 선택도—후성유전적 반향을 통해서—그 못지않게 강력한 변화를 일으키는 엔진이다. 우리가 충분히 그 존재를 알아낼 수 있고 얼마든지 조정할 수 있는.

나의 창조자, 이 미쳐 날뛰는 분자를 만나보시죠

미스터리한 빨간 머리 관객 이야기로 돌아가자. 그의 머리카락 한 가닥이나 혈액 샘플로 그에 대해 뭘 더 알아낼 수 있을까? 슈퍼마켓 바코드를 닮은 그의 DNA 프로필은 기념비적인 성취이지만, 그래도 그의 이야기에서 일부에 지나지 않는다. 그의 건강과 유전적 특질을 온전히 이해하려면 몸에서 버글거리는 미생물도 함께 살펴봐야 한다. 그것이 바로 그의 존재 중 나머지 부분이다. 사실은 그의 존재보다 더 큰 무엇, 또다른 자아이자 그림자 자아라고 말할 수도 있다. 한순간도 그는 단순하고 헐벗은 수조 마리의 단세포 미생물 동반자와 떨어져서 존재할 수 없다. 더구나 어떤 미생물들은 그의 이익 같은 건 안중에 없다.

오늘 몸무게를 쟀을 때 그는 옷과 신발 무게로 1킬로그램쯤을 빼고 가늠했을 것이다. 그런데 자신의 피부 틈바구니와 몸속에 서식하는 총 1.4킬로그램가량의 미생물도 고려했을까? 아닐 것이다. 그러려면 원자 수준의 저울이 있어야 할뿐더러, 미생물은 반도와 같은 그의 발에서 펄쩍 튀어오르거나 팔꿈치를 허둥지둥 등반하거나 하면서 노상 이리저리 움직이기 때문에 수를 헤아리기가 쉽지 않다.

미생물은 지구에서 생산성이 가장 높은 생물 형태다. 미생물은 온갖 종류의 희한하고 말없는 존재들에게 정착했고, 동물 뱃속에서 유황 가스를 생성하여 속이 부글거리게 만들고, 생선과 낡은 신발 냄새를 즐기며, 우리 입에 길에서 파는 샌드위치만큼 텁텁한 끝맛을 남긴다. 미생물은 또한 진정한 일꾼이다. 우리가 숨쉴 수 있는 공기를 불어내고, 땅과 바다에서 광합성을 촉진하며, 죽은 유기체를 분해하여 영양분을 재활용한다. 우리는 산업적으로 미생물을 번식시켜 유제품 발효에 쓴다. 종이, 약물, 연료, 백신, 옷, 자동차, 천연가스, 귀금속을 가공하는 데도 쓴다. 미생물은 우리가 흘린 원유를 청소하는 일도 돕는다. 우리는 미생물에게 소처럼 멍에를 씌워 일을 시킨다. 우주의 총 질량 중 대부분이(대략 94퍼센트가) 우리 눈에 보이지 않는 '암흑물질'인 것처럼 지구에서 가장 큰 생물량을 차지하는 미생물도 맨눈에는 보이지 않지만, 그럼에도 이들은 눈에 보이는 세상에서 눈에 보이지 않는 휴양지 리비에라 지역을 형성하며 잘 살아가고 있다.

우리가 우리 시대를 재명명하는 것을 넘어서 자기 자신마저도 과거에는 상상하지 못했던 새로운 형태의 동물로 재정의할 목전에 다다랐다니 얼마나 놀라운 일인지. 우리는 오랫동안 DNA가 이야기의 전부라고 생각했다. 그러나 이제 한 명의 인간이란 사람 세포 10조 개에 더하여 미생물 세포 100조 개가 우글거리는 생물학적 난장임을 안다. 우리가 걸어다닐 때 출렁거리거나 무너져버리지 않는 게 이상할 지경인데, 사실 미시적인 차원에서는 실제로 그러고 있다. 도중에 만나는 다른 사람, 먼지 기둥, 동식물로부터 새 미생물이 끊임없이 우리 몸에 더해지고 있기 때문이다.

지난 10년 사이에, 인간이란 하나의 동물 개체가 아니라 수많은 생물이 상호이익을 위해 협동하며 살아가는 팀이라는 개념으로 진화했다. 오늘날 인류는 남아메리카 티에라델푸에고에서 그린란드 카낙에 이르기까지 서로 무관한 사람들이 넓게 흩어져 살아가고 있지만 그럼에도 인류 전체를 '진사회성' 동물, 즉 혼자서는 생존할 수 없는 고도의 사회적 생물로 분류하려는 시도가 진행되고 있다. 지구는 "벌집 전체를 위해서" 개개인의 노하우를 한데 모으는 집단적 존재—개미, 꿀벌, 흰개미, 산호, 점균류, 벌거숭이두더지쥐 따위—를 선호한다. 웹과 소셜미디어 덕분에 우리는 한 사람 한 사람이 실제로는 북적이는 시장과도 같은 존재이며 모두가 하나로 이어져 있다는 사실을 알게 되었다. 우리는 누구나 세상 속의 세상이다. 거대한 초유기체 지구에 기생하여 살아가는 하나의 잡다한 종에 속하면서도 저마다 독특한 특징을 갖고서 활보하는 초유기체들이다. 그 지구는 또 수많은 은하와 함께 왈츠를 추고, 그 은하들 속에는 지구를 닮은 행성도 흩뿌려져 있을 터이며, 그 행성들 중 일부에는 정체 모를 공생자를 잔뜩 품은 다른 생물이 살지도 모른다.

인류세의 또하나의 경이로움은 우리가 불과 10년 만에 인간 세포의 DNA와 인체 내 미생물의 DNA를 둘 다 해독해냈다는 사실이다. 그 과정에서 우리는 생물체로서 인간의 진정한 형태는 예전에 생각했던 것보다 좀더 너저분하고 대부분의 사람들은 보지 못했던 것임을 알게 되었다. 알고 보니 인간이란 생물체는 미생물 세포들과 사람 세포들이 반침투성 틀 속에서 한데 엉겨 살아가는 존재였다. 노벨생리의학상 수상자인 생물학자 조슈아 레더버그는 2000년에 '미생물총'이라는 용어를 만들어 '몸에 존재하는 온갖 미생물의 총체'로 정의했다. 레더버그는 인간유전체 프로젝트를 둘러싼 난리법석이 한창이던 때도 "우리가 몸의 일부로서 속과 겉에 지니고 있는 미생물을 연구해야" 한다고 주장했다.

인간유전체 프로젝트가 인류 발견의 역사에서 획기적 위업이라면, 인간미생물총 프로젝트는 유전자지도 제작 역사에서 황금기에 해당할 것이다. 미국 국립보건연구소 소장 프랜시스 콜린스는 이 프로젝트를 "15세기 탐험가들이 신대륙의 윤곽을 그렸던 것"에 비견하며, 이 위업 덕분에 "전염병 연구가 이전에는 불가능했던 수준으로 가속화할 것"이라고 말했다.

80개 대학과 연구소로 구성된 한 협력단은 5년 동안 인체 생태계를 공유하는 1만여 종의 생물종을 수집, 분석, 검사하여 인간의 '미생물총,' 즉 건강한 성인의 몸에 사는 정상적인 미생물들의 조성을 지도화했다. 탐구는 지금도 계속되고 있다.

연구가들이 발견한 바, 우리는 각자 100조 개의 미생물 세포를 품은 존재다. 각자의 인간 세포보다 열 배 더 많은 개수다. 또한 연구가들이 우리 유전자를 좀더 깊이 살펴보고 비교한 결과, 인체에는 세균의 유전자도 300만 개가량 존재한다는 사실이 밝혀졌다. 인간 유전자보다 100배 남짓 더 많은 수다. 세균은 크게 약 100가지 집단으로 분류되는데, 그중 인체에서만 사는 것은 네 종류다. 이 세균들은 워낙 오래 우리의 들러리를 서왔기 때문에 이제 우리의 운명은 그들의 운명과 떼어서 말할 수 없다.

그러니 좀 이상한 소리로 들리긴 하겠지만, 인간 생존을 책임지는 유전자 중 대부분은 정자와 난자가 요행히 만난 데서 유래한 게 아니다. 아예 사람 세포에서 온 게 아니다. 우리와 한배를 탄 여행자들, 우리 몸의 겉에서든 속에서든 어디에서나 먹고 궁리하고 버글거리고 번식하고 싸우는 세균, 바이러스, 원생생물, 균류, 기타 하층 생물들에게서 왔다. 그중에서도 압도적으로 많은 것은 세균이다. 영화관의 빨간 머리 관객은 혼자 몸만으로도 '불법 집회'라는 죄목으로 체포될 만한 존재인 셈이다. 그가 움직이는 것은 견고한 몸이 아니라 걸어다니는 생태계다.

과학자들에 따르면 우리는 누구나 병원체를 갖고 있다. 병원체란 질병을 일으킨다고 알려진 미생물을 말한다. 하지만 건강한 사람의 몸에서는 병원체가 공격을 개시하지 않는다. 몸속에서 날뛰는 서커스단의 다른 구성원들과 더불어 그저 숙주와 공존할 뿐이다. 그렇다면 과학자들이 풀어야 할 다음 수수께끼는 그들이 어떤 요인 때문에 치명적인 존재로 바뀌느냐인데, 그 답은 미생물과 질병에 관한 개념을 바꿔놓을 것이다.

우리가 세균에 대해서 안 지는 350년쯤 되었다. 시작은 17세기 네덜란드 과학자 안톤 판 레이우엔훅이 손수 만든 유리 렌즈를 쓴 현미경으로 자신의 침을 관찰하여 잇몸을 거주지로 삼아 기어다니고 늘어져 있고 발발거리는 단세포생물들을 목격한 순간이었다. 그는 그들을 극미동물이라 명명했고, 여러 렌즈를 다양하게 배치해가며 들여다보았다.(열렬한 현미경 애호가였던 그는 렌즈를 500개 넘게 만들었다.)

19세기에 루이 파스퇴르는 건강에 좋은 미생물은 인체에 꼭 필요한 존재이며 그것이 없으면 병이 발생한다는 가설을 제기했다. 세균보다 작은 바이러스가 발견된 것은 지금으로부터 겨우 100년 전이었다. 당시 사람들은 이미 자동차를 운전하고 비행기를 띄웠지만, 다채로운 색깔을 띠고 늘 변화하며 다양한 냄새를 풍기는 미생물을 연구할 도구는 아직 없었다. 우리는 온종일 그들 속에서 헤엄치고 놀고, 그들을 들이마시면서도 말이다. 어떤 미생물은 바다를 건너는 먼지 기둥에 몸을 맡겼다가 비나 눈을 형성하는 응결핵으로 기능하여 구름에서 땅으로 내려온다. 공기는 텅 비어 있기는커녕, 흙과 마찬가지로 작디작은 생명들이 잔뜩 들어 약동하는 공간이다. 공기는 구름을 운반하는 단순한 벨트컨베이어가 아니라 공중에 뜬 생태계다.

우리는 공기를 황량한 에테르가 아니라 대체로 눈에 보이지 않지만 생명이 넘치는 생태계로 다시 상상해야 한다. 유리처럼 투명한 공기의 영역을 저멀리까지 내다볼 때, 혹은 뭉게뭉게 부푸는 구름의 저 위까지 살펴볼 때 우리 시야를 가로막는 것은 아무것도 없고 온 통로는 깨끗이 빈 것처럼 보이지만, 사실 그 공간에는 생명이 약동하고 있다. 그곳에 사는 작디작은 거주자들을 우리 눈이 못 보고 지나칠 뿐이다. 하늘은 또하나의 바다다. 우리는 가끔 '공기의 바다'라는 표현을 쓰지만, 그럴 때도 황량한 물결을 상상할 뿐 그 속에 생명이 얼마나 많이 담겨 있는지는 깨닫지 못한다.

워싱턴 대학의 데이비드 스미스와 동료들은 아시아에서 태평양을 건너 미국 오리건 주에 다다른 두 커다란 먼지 기둥에서 샘플을 채취해 분석해보았다. 놀랍게도 그 속에는 수천 종의 미생물이 그 밖의 에어로졸, 먼지 입자, 오염 물질과 함께 들어 있었다. 미생물은 공기에 담겨서 지구를 돌아다니며 바람 소리를 내고, 그냥 둥둥 떠 있기도 하고, 그러면서 다른 생명들과 상호작용하는 것이다.

이처럼 새로운 파노라마 초상에서 인류세의 인체는 더이상 환경과 분리된 존재가 아니다. 인체는 마치 풍선처럼 우리가 요리조리 조종하여 방해물을 피하는 밀폐된 물체가 아니라, 우리가 미처 인식하지 못하는 미시적 차원에서 환경과 끊임없이 생사의 대화를 나누는 유기체다. 새로운 초상에서 우리는 미시적 수준에서 아주 복잡한 모자이크에 다름없다. 오늘날 우리 몸을 구성하는 분자들은 맨 처음에는 단순한 단세포 덩어리에서 기원했다. 그 단세포들은 생명의 광대한 물물교환 모임에서 서로를 집어삼켜서 덩치가 더 큰 세포로 자랐다. 세포들은 이후 진화 과정에서 어떤 형질은 꽉 붙잡고 어떤 형질은 내버리면서, 오랜 세월에 걸쳐 비록 슬로모션이지만 걷잡을 수 없이 달라져왔다. 지금 우리 세포들은 그간 그렇게 많이 진화했으면서도 초창기의 감각을 유령처럼 간직하고 있을지 모른다. 그들이 공통의 목적에 따라 집단을 형성했던 시절, 포유류가 아니라 아메바나 점균류에 가까웠던 시절의 감각을. 우리는 롬 사람처럼 방랑하는 생명체들이 우리 몸에서 살아간다는 개념을 차츰 받아들이고 있다. 어두운 그늘에서 우글거리다가 들고양이처럼 서로 습격하기도 하는 그들은 우림, 극지방, 바다, 초원, 사막에 각자 적응한 동물들만큼이나 서로 다른 종들이다. 인체에는 그들 모두가 까불고 놀 만큼 다양한 언덕과 하구, 습지와 서늘한 벽지, 하수구와 약동하는 강물이 존재한다.

심지어 우리 세포 내부에도 꿈틀거리는 세균이 담겨 있다. 미토콘드리아와 엽록체는 한때 원시세균의 세포였다. 그들은 워낙 오래 우리에게 빌붙어 살아왔기 때문에, 이제 더는 혼자 살지 못한다. 인체는 세균 중 몇몇 종류는 온몸의 구멍을 활짝 열어 반기는데, 우리가 스스로 처리하지 못하는 대사 활동을 그들이 대신 맡아주기 때문이다. 그러고 보면 게걸스레 삼킨 음식을 소화하는 능력 같은 필수적 생존 기술이 이토록 부족한 인간이 이렇게 멋지게 살아남았다는 사실은 정말 놀랍다. 잡식하는 능력은 인류가 눈 덮인 삼림에서든 찌는 듯 무더운 적갈색 풍경에서든 두루 살 수 있도록 해준 요인이었지만, 우리는 먹은 음식을 흡수하는 데 필요한 효소를 다 갖고 있진 않다. 바로 그 부분을 미생물이 도와주는 것이다.

지구에 원시 생명이 번성하던 먼 과거에, 단세포 세균들은 팀을 이루면 서로 도움이 된다는 사실을 발견하여 덩어리로 모여서 동맹을 맺었다. 어떤 세균은 그보다 더 대담하고 폭력적인 단계로 나아갔다. 다른 세균을 꿀꺽 삼켜버린 것이다. 그 단계에 와서야 비로소 라일락, 바다이구아나, 웜뱃, 인간 같은 다세포생물이 존재할 수 있게 되었다. 이후 다세포생물들이 점점 더 복잡하게 진화하자 그 속에 갇힌 세균들도 변화하는 환경에 맞춰 적응하고 번성했으며, 결국 복잡한 세포 안에서 긴요한 톱니바퀴처럼 기능하게 되었다.

요즘 진화생물학자들은 '우리' 몸과 몸에 거주하는 미생물을 분리할 수 없다는 의견에 다들 동의한다. 이 미생물들은 오랫동안 우리 종의 본성을 교묘하게 만지작거려왔다. 그들이 우리의 건강과 행복에 미치는 영향은 우리가 이전에는 상상하지 못했던 정도다. 미생물이 우리의 기분, 수명, 성격, 후손에 큰 영향을 미친다는 사실을 보여주는 연구 결과가 속속 등장하고 있다. 더구나 그 영향은 우리의 행동뿐 아니라 정체성에도 미친다. 우리를 구성하는 물질의 대부분이 눈에 보이지 않는 것은 물론이거니와 이전에는 인간으로 정의되지도 않았던 존재인데도 우리가 스스로를 온전한 한 사람으로 느낀다는 것, 씻고 입고 내면의 독백을 수행하는 통일된 존재로 느낀다는 것은 얼마나 신기한 일인지. 인간은 우리가 볼 수 없고 예견하지도 못했던 존재들에게 어지럽도록 다양한 서식지를 제공하는 행성이나 다름없다.

과학계는 미생물이 우리의 진화에 큰 영향을 미칠지도 모른다는 사실을 아주 최근에야 깨달았다. 이때 '우리'란 이디시어의 '메스푸카(일가친척 모두),' 생물학 용어로 말하자면 '전全 생물체'를 뜻한다. 우리 종의 개체들뿐만 아니라 저마다 상대적인 관점을 갖고 우리와 함께 살아가는 미생물 친척들을 다 아우른 것이다. 어떤 미생물은 심지어 숙주의 자유의지를 장악하고 탈선을 유도하고 짝을 맺어준다. 이 사실에 대해서 신선한 통찰을 준 것은 벌 연구였다. 정의상 종이란 그 개체끼리 짝짓기를 해서 살아 있는 후손을 낳을 수 있는 상태를 말한다. 그런데 과학자들이 여러 종의 는쟁이벌을 연구한 결과(이 벌들은 96종의 장내 세균을 갖고 있다), 서로 다른 종끼리의 결합이 성공할지 여부를 미생물이 결정할 수도 있다는 사실이 드러났다. 원래 종이 다른 두 벌이 짝짓기를 해서 낳은 후손은 죽기 마련이다. 최근까지만 해도 우리는 그런 생식 문제를 유전적 문제일 것이라고 여겼지만, 이제 그것이 미생물 문제일 수도 있다는 사실을 알게 되었다. 연구가들이 벌의 장내 미생물을 바꿔보았더니, 서로 다른 종끼리도 짝짓기를 해서 탈 없는 '잡종'을 낳았던 것이다. 숨은 설득자 무리가 진화의 경로를 우회시킬 수 있는 셈이다.

역시 곤충계에서 온 사례로, 초파리를 이용한 최근 실험들은 미생물이 주도권을 잡을 수 있는 방식이 또하나 있음을 보여주었다. 나아가 세균이 우리 진화 과정에서 결정적이고 심지어 오싹한 역할을 수행했을지도 모른다는 가능성을 현실적으로 보여주었다. 미생물이 호색한 인간이나 욕정 넘치는 초파리의 성생활을 어떻게 제어하는지 살펴보자. 이스라엘 텔아비브 대학 분자미생물학 및 생명공학부의 일라나 질버로젠버그와 동료들은 초파리의 장내 세균이 초파리의 짝짓기 선택을 좌지우지한다는 사실을 발견했다.

초파리를 당밀이나 녹말 중 어느 한쪽만 먹여서 키운 경우, 초파리들은 같은 먹이를 먹은 개체를 짝으로 선호하는 경향을 보였다. 그러나 초파리들에게 항생제를 투여하여 장내 세균을 죽이면, 암컷의 경우 더이상 까다롭게 굴지 않고 어느 수컷하고든 선뜻 짝짓기를 했다. 초파리 세계의 섹시한 수컷은 관능적으로 춤출 줄 아는 건 기본이고 유혹적인 냄새도 풍겨야 한다. 그런데 초파리 몸속에 사는 미생물이 그 페로몬 향수에 영향을 미친다. 사람이든 초파리든 사랑의 묘약을 지어내는 마법사는 공생 미생물인 셈이다. 그들이 덩치 큰 숙주인 우리를 위해서 페로몬을 제조해주는 것이다. 향은 사람의 구애에도 영향을 미치는데, 특히 여성이 짝을 찾을 때 그렇다. 남성은 파트너의 체취에 호들갑스러운 반응을 보일 때가 드문 데 비해 여성은 종종 그런다. "케미스트리(화학반응)가 없었어"라는 표현이 연애 관계에서 관용적으로 쓰일 정도니까.

초파리의 장내 미생물을 바꾸면 성적 매력을 바꿀 수 있고, 그럼으로써 암컷이 낳는 후손의 유전자를 바꿀 수 있으며, 그런 식으로 향후 펼쳐질 세대들을 바꿀 수 있다. 질버로젠버그는 자연선택이 작동하는 대상은 하나의 동식물 개체가 아니라 개체를 둘러싼 환경 전체라고 주장한다. 숙주 생물체뿐 아니라 그 개체를 집으로 삼아 살아가는 온갖 기생생물, 세균, 균류, 바이러스, 벌레 들까지 포함한 미생물 공동체를 아우른 것이라고.

초파리가 매력적인 실험 대상인 한 이유는 인간과 공유하는 짝짓기 행동이 많기 때문이다. 가령 저녁 데이트가 그렇다. 남자의 마음을 얻는 제일 빠른 길은? 큐피드의 화살은 잊자. 엄마의 지혜에 따르면 남자의 마음은 향긋한 음식 냄새가 요리사와 어우러지는 훈훈하고 즐거운 분위기로 펼 수 있다고 하니까. 만일 인간 남자가 초파리를 조금이라도 닮았다면—그리고 가끔은 정말 닮았다는 데 반대할 사람이 있을까? 여자들이 어떤지는 아무도 모르겠지만—엄마 말이 맞다. 암컷 초파리에게 저녁식사 데이트는 궁극의 대시다. 말 그대로 돌진하는 것인데, 왜냐하면 그들은 겨우 25일쯤 살 뿐이라 짐짓 빼고 자시고 할 여유가 없기 때문이다. 속전속결로 살고 죽는 것이 초파리들의 모토다. 그리고 수많은 새끼의 생존을 보장하려면 반드시 이용하기 편한 먹이가 필요하다. 암컷 초파리는 자기가 좋아하는 음식을 똑같이 좋아하는 수컷을 선호한다. 그래도 어쨌든 짝짓기가 이뤄지려면 수컷이 그럴 기분이 들어야 하고, 암컷은 짧은 생을 감안할 때 놀랍도록 까다롭고 영악하다.

초파리의 구애 과정은 이렇다. 미생물이 만들어낸 향기가 제대로라면, 수컷은 만돌린 같은 날개를 뻗어서 암컷에게 세레나데를 불러준다. 그러고는 많은 인간과 비슷하게 입으로 전희 행위를 하고, 그후 암컷에게 올라타서 20분쯤 교미한다.

초파리에게 성욕을 일으키는 꿀처럼 달콤한 그 향에는 사람도 반응한다. 그래서 화학자들은 그 향으로 향수를 제조한다. 곤충이 날개를 비벼 구애의 노래를 부르듯이, 중세의 음유시인은 만돌린으로 숙녀에게 세레나데를 불러준 뒤 함께 식사를 하고 섹스를 했다. 영화 〈톰 존스〉의 섹시한 술집 장면을 기억하는지? 남자 주인공과 몸집이 풍만한 미녀는 그다지 신선해 보이지 않는 고기를 육욕적이고 방종한 태도로 게걸스레 먹는다. 흥미로운 사실은, 만일 초파리 암컷이 유일한 돌연변이 수컷을 목격한다면(혹은 돌연변이 중 돌연변이일 수도 있겠는데, 가령 나머지 수컷들의 눈이 모두 시시한 다른 색깔일 때 혼자만 정상적인 갈색 눈을 가진 수컷이라면 무리 중에서 튀어 보일 것이다) 암컷은 그 비순응주의자를 갈망하게 된다는 것이다. 업계 용어로 말하자면 "희귀한 수컷의 이점"이다.

초파리 세계에서도 아름다움은 보는 이의 눈에 있고, 그 눈의 초점을 조정하는 것은 초파리가 품은 미생물들이다. 초파리의 눈이 보는 이를 끌어들인다는 말을 내가 했던가? 히피의 선글라스를 연상시키는 그 눈의 모자이크 형태 다면체가 그렇다는 말이 아니다. 내가 염두에 두고 있는 건 연구가들이 초파리의 돌연변이 유전자를 더 쉽게 연구하기 위해서 그들에게 인위적으로 부여한 형형색색의 사이키델릭한 눈 색깔이다. 나는 대학원생 시절 악취 나는 생물학 실험실에 자주 들렀다. 초파리들의 가지처럼 새까만 배, 뾰족한 털, 화려한 프리즘 같은 눈을 감상하기 위해서였다. 어떤 눈은 살구색이었고 어떤 눈은 청록색, 적갈색, 노란색, 또 어떤 눈은 네덜란드 델프트산 도자기에 그려진 배같이 파란색이었다. 옛 실험 조수의 영혼이 갇혀 있기라도 한 듯 시선을 잡아끌던 그 작은 눈들이 아직도 생생하다. 와락 떨어지는 멜로디처럼 읽히는 그들의 학명도 아직 기억난다. 드로소필라 멜라노가스테르. 번역하면 시적이게도 '배가 까맣고 이슬을 마시는 존재'라는 뜻이다. 초파리는 후텁지근한 날씨(섭씨 28도)에서 잘 산다. 그래서 턱수염과 장갑에 얼음이 엉겨붙고, 여학생들은 새하얀 입김을 내뿜고, 보도는 눈썰매장으로 변하는 뉴욕 북부의 에는 듯한 겨울에 초파리 실험실은 학생들에게 따뜻한 은신처가 되어준다.

인간 본성의 어두운 구석을 들여다보고 싶은 생물학자들이 제일 좋아하는 대상인 초파리는 온갖 장점을 다 갖고 있다. 태어난 지 여덟 시간에서 열두 시간 만에 짝을 찾아나서고, 키우기 쉽고, 하루에 알을

100개나 낳는다. 게다가 인간 질병유전자의 70퍼센트가량을 공유하는데, 파킨슨병이나 알츠하이머병 같은 신경 퇴행성 질병에 연관된 유전자들이 대표적이다.

그러나 여기에는 음흉한 반전이 하나 있다. 암컷 초파리와 맨 마지막으로 섹스를 한 수컷이 그 암컷으로부터 제일 많은 자식을 낳게 되리라는 점이다. 그런데 암컷은 과수원에서든 실험실에서든 수컷들의 구애와 냄새를 기준으로 삼아서 무수히 관계를 맺은 뒤에야 그 마지막 수컷을 고른다. 다람쥐에서 거미까지 대부분의 동물들은 보통 수컷이 열심히 쫓아다니고 암컷은 그중에서 고르는데, 하등동물이라는 초파리도 그렇게 까다로울 수 있는 것이다.

그러면 사람의 저녁식사 데이트도 구애의 먹이에 지나지 않는단 말인가? 우리가 비록 자신은 동물이 아니라는 듯 인간 중심적인 태도로 슬쩍 가장하려고 하지만, 결국에는 그 행위도 초파리, 울새, 침팬지와 공유하는 관습(이자 미생물의 소풍)에 지나지 않는다고? 그렇다. 하지만 그게 뭐가 나쁜가? 매년 여름 장미 잎을 갉아먹어 레이스 장식 깔개처럼 오려놓고 막 터지려는 꽃봉오리를 깊게 파먹어버리는 알풍뎅이들도 비슷한 식사 계획을 세운다. 정원사들은 광택이 흐르는 알풍뎅이들이 둘 혹은 떼로 붙어서 좋아하는 꽃 위에 앉은 채 식사와 짝짓기를 동시에 해치우는 모습을 종종 목격한다. 물론 '주신제'라는 말을 처음 만들었으며 누워서 식사하는 게 모두에게 공평하다는 사실을 알아차렸던 고대 그리스인들과 로마인들도 알풍뎅이 못지않은 열정으로 여러 감각적 쾌락을 뒤섞었다. 그들의 연회에서는 음악, 음식, 대화, 술, 섹스가 뒤섞였다. 어느 현자는 "새들도 하고, 벌들도 하고, 교육받은 벼룩들도 한다"라고 말하지 않았던가. 아무런 해도 될 게 없다. 그 과정이 우리의 충동을 부추기고 혼란스럽게 만들고 위험에 빠뜨리지 만 않는다면 말이다. 그런데 어떤 경우에는 공통의 미생물에 의존한 섹스가 정말 그런 위험을 가져오기도 한다.

그런 원흉의 또다른 사례는 흔하지만 중요한 존재인데, 인간에게 기생하는 한편 쥐, 고양이, 다른 포유류도 괴롭힌다. 최근 과학자들이 샅샅이 조사한 이 사례는, 인간과 야생동물이 뒤섞이는 자연의 변경에서 톡소플라스마 곤디이라는 유달리 성가신 기생충의 수가 인구 증가에 발맞추어 세계적으로 폭증하는 현상이다. 이 기생충에 감염되는 한 가지 경로는 덜 익힌 캥거루 고기를 먹는 것이다. 캥거루는 최근 유럽에서 식용으로 승인되었는데, 프랑스에서는 보통 레어로 요리된다. 그러니 앞으로 톡소플라스마 감염이 폭발적으로 늘리라는 예측도 가능하다. 한편 오랑우탄은 주로 채식을 하니까 우리의 부디에게는 아마도 이 기생충이 없겠지만, 동물원에 있는 일부 영장류는 감염된 양고기를 먹었다가 감염되었을 수도 있다. 그보다 더 중요한 사실은 이 병원체가 인간이 초래한 기후변화 때문에 서식 범위를 넓히고 있다는 점이다. 유럽 북동부가 갈수록 따뜻해지고 겨울이 갈수록 습해지는 변화는 숙주뿐 아니라 병원체에게도 생존에 좀더 유리한 조건이다. 톡소플라스마 원충은 기후변화의 가장 야릇한 동료일지도 모르겠다.

쥐는 고양이의 어떤 점에 매혹될까? 나긋나긋한 걸음걸이? 바통 모양 수염? 초승달 모양 눈동자? 보는 이를 얼어붙게 만드는 시선? 참으로 무모하기 짝이 없는 설치류만이 고양이에게 친근하게 다가갈 엄두를 낼 것이다. 그런데 톡소플라스마에 감염된 쥐는 행동이 극적으로 바뀌어 고양이에게 성적 매력을 느낀다. 제 힘에 벅찬 상대를 좋아하게 되는 것이다. 쥐에게는 짧디짧은 전율 외에는 아무것도 좋을 게 없다. 고양이는 그런 쥐의 배를 갈라 먹는다. 하지만 그 덕분에 원충은 이상한 궤적을 따르는 생활주기를 신나게 밟아갈 수 있다. 톡소플라스마 원충은 고양이의 장 속에서만 번식하기 때문에, 쥐에서 고양이로 건너갈 전략을 짜내야 한다. 그리고 뇌가 없음에도 불구하고, 원충은 쥐의 성적 충동을 강탈한다는 기발한 전략을 짜냈다. 톡소플라스마에 감염된 쥐도 여느 쥐처럼 고양이 냄새에 공포를 느끼긴 하지만, 그러면서도 동시에 성적으로 자극된다. 궁극의 치명적 매력인 셈이다. 사람의 성애나 누아르 영화와 마찬가지로, 쥐에게도 약간의 공포는 꼭 방해가 되는 것만은 아니다.

고양이는 또 사냥하고 또 감염된 먹이를 먹는다. 덕분에 이 기이한 최면술사는 계속 번성한다. 기생충의 목적을 달성해줄 수 있는 숙주는 고양이뿐이지만, 이따금 다른 동물이 무심코 그 알을 삼켜서 출구가 없는 숙주가 되기도 한다. 임신한 여성에게 고양이 화장실 청소나 고양이 침구 다루는 일을 하지 말라고 주의를 주는 것은 그 때문이다. 임신부가 톡소플라스마에 노출되면 태아가 잘못되어 사망하거나 산모가 정신 질환을 앓게 될 수 있기 때문이다. 톡소플라스마와 조현병을 연결짓는 연구도 있고, 감염된 여성은 감염되지 않은 여성보다 자살 위험이 더 높다. 또한 옥스퍼드 대학 연구가들에 따르면, 아이들에게 활동성 과잉과 낮은 IQ를 불러올 수 있다. 그리고 왜 그런지는 알 수 없지만 톡소플라스마에 감염된 임신부들은 여자아이보다 남자아이를 낳는 경우가 두 배 더 많았다.

그러나 이 새로운 쥐-고양이 발견은 아이러니와 음모가 가득한 조지 오웰풍 이야기의 시작에 불과하다. 전 세계 과학자들은 경이로운 한편 오싹한 질문들을 던지고 있다. 톡소플라스마가 쥐의 마음을 노예처럼 부릴 수 있다면—쥐는 인간을 위한 약물의 시험 동물로도 자주 쓰인 현실이니—혹시 사람의 성격도 바꿀 수 있을까? 가령 암벽등반을 하고 싶은 욕구나 직업을 바꾸고 싶은 열망이 비록 당사자에게는 확고하고 강렬한 개인적 갈망으로 느껴지더라도 사실은 그의 뇌에서 암약하는 낯선 생명체의 장난이라면 어떨까? 다혈질인 사람의 난폭한 운전 습관도 혹시 톡소플라스마 탓일까? 유망한 대통령 선거 후보자의 경솔한 밀애나 국가 수반의 무모한 결정은 어떨까? 혹 기생충 한 마리가 인류 역사의 경로를 바꿀 수도 있을까?

우리의 변덕은 사실 변덕이 아닌 것일까? 우리는 스스로 자유의지가 있다고 느끼지만, 실은 작은 꼭두각시 인형 조종사가 수십억 인구의 줄을 잡아당기고 있는 것은 아닐까? 이런 질문은 오래전부터 철학자, 신학자, 대학생의 토론 주제였으나, 최근 들어 신경과학자가 합류했고 이제 기생충학자까지 합류했다.

톡소플라스마에 감염된 사람들을 조사한 체코 프라하 대학의 야로슬라프 플레그르는 남녀 간에 큰 차이와 뚜렷한 경향성이 존재한다는 사실을 발견했다. 감염된 여자들은 옷과 화장에 돈을 더 많이 쓰고 남자들과 더 많이 시시덕거리고 성관계를 더 많이 맺는 경향이 있었다. 한편 감염된 남자들은 규칙을 무시하고 싸움을 걸고 위험한 짓을 저지르고 질투에 시달리는 편이었다. 성별을 불문하고 모두 평균보다 두 배 많이 교통사고를 냈는데, 성격이 급해진 탓이거나 반응속도가 느려진 탓일 터다.

쥐에게는 각자 성향과 취향이 있다. 사람도 물론 그런 것을 잔뜩 갖고 있으며, 더불어 감정과 환상도 품고 있다. 그러나 어떤 사고방식을 가진 사람인가 하는 점은 이 문제에서 그다지 중요하지 않다. 모든 온혈 포유류는 스릴, 기대, 보상에 반응하기 마련이다. 특히 거기에 약간의 쾌락이 포함되어 있을 때는. 과학자들이 톡소플라스마의 탓으로 돌리는 희한한 행동 변화 중에는 뇌의 도파민 체계를 활용하는 것이 많다. 톡소플라스마는 그 체계를 공략해서, 숙주의 뇌 연결망을 자기 후손에게 유리하도록 재배선한다. 설령 그래서 숙주가 죽게 되더라도. 그런데 코카인을 비롯한 여러 환각제들도 바로 그 도파민 체계에 작용한다. 스탠퍼드 대학의 신경과학자 로버트 새폴스키는 "톡소플라스마의 유전체에는 이 일을 성사시키기 위한 포유류 유전자가 담겨 있다. 터무니없는 소리처럼 들리지만, 이 초라한 미생물은 고등 포유류의 도파민 보상 체계에 통달한 전문가다"라고 말했다.

새폴스키는 또 이렇게 덧붙였다. "이 기생 원충은 신경과학자 2만 5000명을 착착 쌓아올린 것보다도 불안과 공포의 신경생물학에 대해서 더 많이 안다. 그리고 이것은 보기 드문 패턴이 아니다. 광견병 바이러스를 생각해보라. 그 바이러스는 우리 신경과학자들보다도 공격성에 대해서 더 많이 안다. ……어떻게 하면 사람이 남을 물게 만들 수 있는지 안다. 그러면 그 사람의 침에 담긴 광견병 바이러스 입자가 다른 사람에게 전달되는 것이다." 기지라고는 없는 단세포 생물체가 휘두르는 유전적 도구치고는 대단하다.

해양 포유류와 새는 흐르는 바닷물이나 대기를 통해서 기생생물을 퍼뜨린다. 우리 중 얼마나 많은 수가 자기도 모르게 숙주가 되어 있을까? 미국 질병통제예방센터에 따르면, 미국에서는 건강한 성인의 10에서 11퍼센트가 톡소플라스마 검사에서 양성반응을 보였다. 실제 감염 비율은 전체 성인의 25퍼센트일 것으로 추정된다.(대부분의 사람들은 검사를 받지 않았으니까.) 어떤 과학자들의 추산에 따르면, 단연코 고양이를 사랑하는 나라라고 할 수 있는 영국에서는 인구의 절반이 감염되었을 테고 프랑스와 독일에서는 80에서 90퍼센트가 감염되었을 것이라고 한다. 그리고 덜 익은 고기를 그보다 더 좋아하는 나라에서는 거의 모든 인구가 부지불식간에 표적이 되었을 것이라고 한다. 사람은 물론 운명의 자식이지만, 톡소플라스마의 좀비이기도 하다.

시드니 공과대학의 전염병 연구가 니키 볼터에 따르면 오스트레일리아에서는 인구 800만 명이 감염되었다고 한다. "감염된 남자들은 IQ가 더 낮고, 교육 수준이 더 낮고, 주의 집중 시간이 더 짧았다. 또한 규칙을 더 많이 어기고 위험을 더 많이 감수했으며, 독립적이고 반사회적이고 의심과 질투가 많고 퉁명스럽고, 여자들에게 덜 매력적인 남자로 보였다. 반면 감염된 여자들은 감염되지 않은 통제군에 비해 좀더 외향적이고 다정하고 섹스를 많이 하고 남자들에게 더 매력적인 여자로 보였다. 요컨대 톡소플라스마는 남자들을 길고양이처럼 행동하게 만들고 여자들을 섹시한 암고양이처럼 행동하게 만든다."

사람의 의견을 편향시키는 데는 무엇이 필요할까? 광고, 집단의 압력, 금전적 이득, 카리스마 있는 지도자? 우리의 마음을 헝클어놓고 원초적 충동을 심어놓기를 좋아하는 진정한 무뢰한, 권모술수의 대가는 어떨까? 여기 온 나라 사람들의 성격을 서서히, 교묘히 바꿀 능력이 충분한 파괴자가 등장하였으니, 바로 초라한 미생물이다. 어떤 과학자들은 세계 인구의 3분의 1에서 절반 사이가 뇌에 톡소플라스마 기생충을 갖고 있다고 추정한다. 더구나 톡소플라스마는 인체를 집으로 여기는 많은 미생물 중 한 종일 뿐이다. 혹시 우리가 문화적 차이로 간주하는 현상들이 사실 나라마다 기생충에 감염된 인구 비율이 달라서일 수도 있을까? 미국 지질조사소의 기생충 생태학자인 케빈 래퍼

티는 각국의 문화적 정체성이 최소한 "자아, 돈, 물질적 소유, 일, 규칙 측면에서" 해당 국가의 인구를 감염시킨 기생충의 양에 달려 있을지도 모른다는 가설을 세웠다.

만일 당신이 기르는 얼룩고양이를 의심의 눈초리로 바라보려던 참이었다면, 그렇게 당황할 필요는 없다. 보이지 않는 독재자라도 폐위될 수 있으니, 톡소플라스마는 항생제에 잘 반응한다. 그리고 애초에 그 기생충이 각자의 가정사, 제약 회사, TV, 대학, 기후, 사랑, 후성유전학, 기타 인간 행동의 여러 원인들보다 영향력이 더 클까? 기생충은 아마도 많은 원인 중 한 향신료에 불과할 것이다. 어차피 수많은 요소와 사건이 우리에게 매일 영향을 미쳐서 누적적이고 측정 불가능한 방식으로 우리를 바꾸고 있다. 톡소플라스마는 그중 한 요소에 지나지 않을지 모른다. 모든 고양이 주인과 모든 타르타르스테이크 애호가가 그 기생충을 갖고 있는 것도 아니다. 어쩌면 그 기생충은 다른 미생물들이 함께 존재할 때만 영향력을 발휘할지도 모른다. 그렇다면 우리는 무용수와 그가 품은 미생물들의 춤을 어떻게 구별할까?

정원의 모든 동식물에는 각자 다른 미생물 주민들이 거주하고 있다. 어떤 미생물은 사악하고 어떤 미생물은 이롭다. 우리가 이런 시각에 익숙해지는 데는 시간이 걸린다. 이는 실로 대대적인 패러다임 전환이기 때문이다. 그러나 우리의 미래 세대들은 어려서부터 이 사실을 이해하고 유용하게 활용할 것이다. 그들은 건강과 의학 분야에서 인간이라는 생태계 전체에 초점을 맞출 것이다. 사람 세포, 균류, 세균, 원생생물, 고생물이 비록 단정한 모양새는 아니겠지만 모두 힘을 합쳐서 이뤄내는 서커스 전체에.

내가 자랄 때 과학자들은 실험실의 작은 페트리접시에서만 미생물을 키웠다. 세균은 죄다 성가신 존재라고만 여겼다. 그러나 불과 10년 만에 우리는 더 큰 모자이크를 보게 되었다. 심지어 미생물을 활용하여 지구를 정밀하게 개선하면 어떨까 생각하기 시작했다. 야생생물에게 맞는 프로바이오틱스*를 써서 멸종 위기종의 건강을 강화하거나, 특정 세균을 써서 침입종을 몰아내거나, 오염물질로 얼룩진 지하수를 정화하거나, 기름을 사랑하는 게걸스러운 미생물을 써서 누출된 원유를 청소하거나, 작물이 더 빨리 더 튼튼하게 자라도록 돕는 세균을 써서 농업이 비료 없이 더 많은 인구를 먹여 살릴 수 있도록 하거나……

인간유전체 프로젝트에서 유전자에 대해 바랐던 것처럼, 우리는 우선 대부분의 사람들이 공유하는 핵심 미생물이 무엇인지 알아낸 뒤 그다음에는 어떤 문제에 대해서든 그 문제에 관여하는 미생물 종을 알아낼 수 있기를 바란다. 이는 질병 퇴치의 신기원이 될 것이다. 그런 방법은 유전체 조작보다 쉬울 테고, 심장이나 간처럼 몸속 깊이 묻힌 기관에 끼어드는 작업보다 안전할 것이다.

최근 연구들은 어느 한 병원체만으로 질병이 야기되는 경우는 드물다는 사실을 보여준다. 미생물은 서로 다른 종류들이 동맹을 맺고 살아가기 때문이다. 스탠퍼드 대학의 전염병 전문가 데이비드 렐먼은 "진정한 병원체는 집합체"라고 표현했다. 이런 관점은 질병을 새롭게 바라보는 방식인 '의료생태학'으로 이어지는데, 한마디로 우리 건강의 열쇠를 집합체가 쥐고 있다고 보는 관점이다. 예전에 우리는 모든 세균은 눈에 보이지 않는 용처럼 위험한 것이라고 여겼다. 따라서

---

* 대표적으로 유산균을 비롯하여, 섭취했을 때 건강에 유익하게 기능한다고 알려진 살아 있는 세균들.—옮긴이

감염은 반드시 막아야 하는 것이었다. 제2차세계대전이 끝날 무렵 항생제가 초현대적 청결 용품으로 화려하게 등장한 이래, 우리는 대대적인 반세균 전투를 치러왔다. 그러나 최근 에머리 대학 신경과학자 찰스 레이즌과 동료들은 『아카이브스 오브 제너럴 사이키아트리』에 발표한 논문에서 다른 의견을 냈다. 그들은 지나치게 깨끗하고 반질반질한 크롬으로 꾸며져 있고 소독제로 싹싹 닦인 요즘 세상이 현대의 높은 우울증 발병률의 원인임을 시사하는 증거가 쌓여가고 있다고 주장한다. 특히 젊은이들 사이에서 그렇다는 것이다. 여기에는 우리가 장, 피부, 음식, 흙에 담긴 미생물과의 오래된 유대를 잃은 것이 큰 역할을 했는데, 그런 유대가 없을 경우 우리는 한때 면역계가 염증을 물리칠 때 의지했던 유익한 세균들에게도 접근할 길이 없기 때문이다. 레이즌은 이렇게 설명한다. "'오래된 친구'라고도 불리는 유익한 미생물들은 고대부터 우리 면역계에게 다른 무해한 미생물들을 견디는 법을 가르쳐주었고, 암에서 우울증까지 대부분의 현대적 질병들과 연관된 염증 반응을 줄여주었다." 레이즌은 이런 의문을 던진다. "사람들이 유익한 환경 미생물들에게 다시 적절히 노출되도록 장려하는 게 좋지 않을까?"

아기는 흠 없이 태어나지만 미생물이 없진 않다. 엄마는 아기를 산도로 밀어낼 때 유익한 미생물을 아기의 몸에 입혀주는데, 그중에는 젖을 소화하는 데 꼭 필요한 락토바실루스 존소니이 유산균도 있다.(원래 질이 아니라 장에 있으리라고 여겨지는 세균이다.) 나는 분유를 먹고 자랐지만, 모유를 먹고 자란 아기들은 면역계가 더 튼튼하다. 대부분의 아기가 접하는 첫 영양원인 모유에는 생명을 강화하는 유익한 세균이 700종 넘게 포함되어 있다. 연구가들은 그런 세균을 분유에도 넣어서 아기들이 천식, 알레르기, 당뇨나 습진이나 다발성경화증 같은 자가면역질환들을 물리치는 데 도움을 줄 수 있을지 궁리하고 있다. 아기들은 먼지와 빵 부스러기가 널린 집과 바깥 환경에서도 다른 유용한 세균들을 얻는다. 적어도 이론적으로는 그래야 한다.

요즘 의사들은 모든 환자가 저마다 독특하게 확보한 미생물 조성을 바탕에 두고 개인화된 의료를 제공해야 한다는 발상을 받아들이고 있다. 각 환자의 유전체, 후성유전체, 미생물총에 드러난 정보를 활용하자는 생각이다. 그러면 혹시라도 소용될지 모른다며 항생제를 무조건 잔뜩 처방하는 관행은 더이상 필요 없을 것이다. 그 대신 유익한 세균을 충분히 많이 풀어서 병원체를 몰아내면 된다. 실제로는 용감무쌍한 백기사와도 같은 숨은 세균으로부터 아이들을 보호할 필요도 없다. 우리는 지금까지 그것들을 불쾌하게 여겼지만, 실상은 아이들에게 꼭 필요한 존재니까.

항생제 때문에 장내 미생물이 싹 씻겨나간 환자는 클로스트리디움 디피실레에 시달리기 쉽다. 교활하고 기회주의적인 이 세균은 심한 설사를 유발하여 사람을 몹시 쇠약하게 만든다. 일단 이 세균이 자리잡으면, 이것을 몰아내고 좋은 세균을 복구하기가 끔찍하게 어렵다. 이때 도움이 되는 처치가 하나 있다. 딱히 상상하고 싶은 광경은 아니지만, 건강한 사람의 대변을 환자에게 이식하는 것이다. 세균이 잔뜩 든 관장제를 삽입함으로써 세균들이 낯선 사람의 장으로 이주하게 하고, 그곳에서 다윈주의적 드잡이를 벌여 마치 상륙 허가를 받은 선원들처럼 기존에 주둔하던 병원체에 승리를 거두도록 하는 것이다.

어린 네 아이를 키우는 주부 캐시 래먼스는 아홉 살 딸이 겪는 대장질환이 인공 항문 봉투로 귀결될지도 모른다는 사실을 알고 대체 요법을 찾아보기 시작했다. 조사 끝에 그는 닷새 연속으로 매일 대변을 이식하는 처치를 집에서 직접 해보기로 결심했다. 첫 이식 후 스물네 시간이 지나자 딸의 증상들이 모조리 개선되었고, 이제 대변 이식 요법의 굳은 신봉자가 된 캐시는 유튜브에 동영상을 올려서 사람들에게 방법을 알려주고 있다.*

한 연구에 따르면, 자폐가 있는 쥐에게는 자폐가 없는 쥐가 품고 있는 장내 미생물이 없었다고 한다. 그리고 자폐증 쥐의 몸과 뇌에서는 행동을 변화시키는 분자들이 새어나왔다. 그러나 연구가들이 쥐에게 유익한 세균인 박테로이데스 프라길리스를 주입하자 그 증상이 완화되었다. 연구가들은 사람을 대상으로 한 시험도 곧 실시할 예정이다. 또다른 연구에서는 심장질환 환자들이 단백질을 충분히 먹지 않을 경우 유익한 장내 미생물인 에게르텔라 렌타가 중요한 심장 자극물질인 디곡신을 환자로부터 일부 훔쳐낸다는 사실이 밝혀졌다.

지구온난화의 달갑지 않은 손님 중 하나는 눈에 보이지 않는 비참함을 짊어지고 날아다니는 작은 무법자들이다. 아프리카와 남아메리카의 모기들이 좀더 북쪽으로 진출하여 뎅기열, 말라리아, 웨스트나일 바이러스, 황열병 등을 그런 재앙에 익숙하지 않은 지역의 거주자들에게 주입하고 있는 것이다. 옷과 침구에 살충제를 끼얹는 것은 안전하지 못한 대책이지만, 이런 질병들이 매년 수억 명을 감염시키는 실정이다. 그래서 미시건 주립대학의 미생물학자 시즈융은 미생물을 재편하는 새로운 방식으로 문제를 해결하려고 노력하는 중이다. 그는 뎅기열과 말라리아를 옮기는 모기들에게는 모기에게 즐겨 기생하는 세

* https://www.youtube.com/watch?v=xLIndT7fuGo 참조.

균인 볼바키아가 없다는 사실을 알아차린 뒤, 유전성을 지닌 볼바키아 균주를 그 모기들에게 감염시켜보았다. 아니나 다를까, 그 모기들의 후세대는 뎅기열도 말라리아도 옮기지 않았다. 그리고 사람들의 목숨을 살려주는 그 특질은 후세대 모기들의 후손에게도 전수되었다.

단순한 미생물 하나가 사람의 관계와 경력에 모종의 역할을 맡을지도 모른다는 상상은 퍽 흥미롭다. 이런 상상은 생명이 벌이는 일은 뭐든 결코 단순하지 않으며 지루하지도 않다는 사실을 환기시키기도 한다. 어쩌면 우리 머릿속을 그냥 스쳐가는 생각 하나도 실은 무수히 많은 가닥이 엮여 이뤄진 게 아닐까? 하물며 깊은 갈망은 어떨까? 이 사실은 또한 지구 생물체들의 억센 아름다움을 환기시킨다. 크기와 무관하게 다들 상상을 넘어설 만큼 복잡하고, 몹시 연약한 동시에 억세고 견고하며, 우리가 생명이라고 부르는 자기 영속적 에너지로 가득찬 모든 존재의 아름다움을. 세상을 교묘하게 바꿔놓는 전략을 만들어내는 데 반드시 큰 뇌가 필요하진 않다.

마당을 내다보면 자연의 세세한 부분에 마음을 빼앗기곤 한다. 봄을 맞아 통통해지기 시작한 목련의 보송보송한 꽃망울, 잔디밭에 쌓인 눈이 녹아 풀들이 쏙쏙 고개를 내민 수백 개의 구멍, 분필 같은 라벤더색 겨울 가면을 덮어쓴 야생 라즈베리 줄기가 그리는 기다란 곡선. 하지만 나는 그 모든 것들이 다른 모든 것들과 하나로 녹아든 모습에도 깊은 감명을 받는다. 내가 내 손을 바라볼 때는 우선 손금을 훑고, 그다음 길쭉한 반도 같은 손가락들을 보고, 그다음 손가락 각각의 끝에 작은 기상도처럼 자리잡은 지문을 본다. 그다음에는 이 모두를 전체적으로, 하나의 손으로 본다. 그러나 나는 내가 보는 것 중 10분의 1 정도만이 사람 세포라는 사실도 안다. 나머지는 미생물들이다.

그런 모든 요소를 아울러 말하건대, 우리 몸에 기생하는 존재들과 그들의 여관 주인인 우리는 둘 다 더없이 다양한 형태를 취할 수 있다. 몸에서 냄새를 피우며 까불어대는 미생물들의 구성이 서로 완벽하게 똑같은 사람은 절대로 없다. 우리가 과자 하나만 먹어도, 혹은 수영장 탈의실의 물웅덩이에서 튀긴 물을 맞기만 해도, 혹은 열렬한 키스를 하기만 해도, 몸의 미생물은 그 비율이나 종류가 바뀐다. 우리는 그 변화에 재빨리 적응해야 한다. 그러니 어떤 질병들은 분명 유전되는 병이지만 문제의 그 유전자가 인간 유전자가 아니라 세균 유전자인 경우도 가능할 것이다. 이렇게 생각하면, 어느 중요한 한 가지 특질이 진화하기 위해서는—언어의 등장이나 탐험의 충동처럼 거창한 특질이라도—한 남자의 Y염색체에서 유전자가 딱 하나만 바뀌어도 될지 모른다. 그것만으로도 수많은 세대가 지나면 문화 전체에 특정 성향이나 경향성이 충분히 나타날 수 있을 텐데, 게다가 어쩌면 그 모든 일이 까불거리며 우리를 조종하는 미생물에게 달려 있을지도 모른다.

그러니 어쩌면 우리는 이른바 개성이 사실은 점묘법 퍼즐에 가깝다는 사실을 깨달아야 할지도 모른다. 친구가 웃음을 띠며 다가올 때, 우리는 한 명의 사람을 맞이한다고 여긴다. 독특하고 반가운 존재, 누구라고 식별 가능한 존재, 가끔은 예측마저 가능한 존재를 만나는 것이라고. 그러나 실상 모든 '나'는 '우리'다. 무엇이 되었든 단일한 하나가 아니라, 수많은 세포와 과정이 한데 뭉쳐서 가까스로 평형 상태를 이루고 있는 존재일 뿐이다. 그중 일부, 가령 원생생물, 바이러스, 세균, 기타 어중이떠중이 기생생물들은 눈에 보이지 않는데도 우리를 설득해낸다. 나는 지구의 생명이 이처럼 짐작했던 것보다 더 기묘하고 미묘하다는 사실을 알게 된 게 마음에 든다. 우리가 보는 생물들과 못 보는 생물들이 모두 활기차고 신비롭다는 사실도.

우리 각자의 삶은 어느 시점에서 시작될까? 세상이 우리의 개성을 빚어내고 운명을 결정하기 시작할 때? 아니면 출생시에? 자궁에서? 부모의 DNA가 융합되어, 오래된 유전자 카드들이 뒤섞이면서 형질들이 부모로부터 무작위로 한 벌씩 뽑혀나오는 잉태의 순간에? 사실은 우리가 자궁에 들어 있었을 때보다 훨씬 더 이전에 시작된 게 아닐까 싶다. 우리 부모가 연애하기 전부터, 심지어 존재하기 전부터. 다양한 선택, 나날의 드라마, 환경적 스트레스, 양육 방식이 뒤섞인 도가니에서부터. 유전체는 이 이야기의 한 부분일 뿐이다. 후성유전학이 또다른 부분이다. 우리 몸의 처마 밑에서 노래하는 새 같은 미생물들도 또 다른 부분이다. 우리는 이것들을 모두 고려할 때, 우리 내부에 존재하는 미지의 땅을 훨씬 더 풍요로운 관점에서 이해할 수 있다. 그리고 그 과정에서, 가끔은 머리기사처럼 떠들썩하지만 대개는 유리 위를 미끄러지는 실크처럼 조용하게, 우리가 스스로의 본성과 관계 맺는 방식도 미묘하게 달라져갈 것이다.

결론: 야생의 마음, 인류세의 정신(을 재고하다)

나사가 우주에서 지구를 찍은 '푸른 구슬' 사진은 처음으로 우리 행성 전체를 눈으로 보는 놀라운 경험을 안겨주었다. 40년 뒤에 등장한 '까만 구슬' 사진도 그 못지않게 우리의 마음을 변화시켰으나, 방식은 달랐다. 그 사진은 우리 자신을 알려주었다. 지질학적으로 새로운 시대를 만들어나가고 있는 오늘날의 우리는 지구상에서 여태껏 알려진 다른 어떤 동물과도 다르다. 우리는 자신과 세상을 재창조해나가면서 생존할 줄 아는 동물이다. 비록 일상에서는 지금까지 다른 어떤 존재도 겪지 않았던 뜻밖의 결과들을 저글링하며 살아가야 하는 처지이지만 말이다. 우리는 웅장한 정보화 시대의 한가운데에서 어떤 불굴의 선조들이 경험했던 것보다도 혼란스러운, 빽빽한 소용돌이와도 같은 정신세계에서 살아간다. 또한 기발한 지속 가능성 혁명, 제조 분야의 호화로운 3D 혁명, 몸에 대한 생각을 바꿔놓는 짜릿한 혁명, 두려운 대량 멸종, 기후변화를 경고하는 신호들, 불가사의한 나노기술 혁명, 감각을 강화하는 고성능 부가물, 생물모방 혁명도 겪고 있다. 우리가 매일 쓰기 시작한 '새로운 표준'이라는 표현에 해당하는 수많은 변화 중 일부만 이야기했는데도 이 정도다.

우리는 좀더 많은 짜릿한 차원에서 자신을 이해하게 되었다. 우리가 어떻게 지구를, 다른 생물들을, 서로를 바꿔가고 있는지를. 지금은 단순히 인류의 시대만은 아니다. 우리가 하나로 뒤엉켜 춤추는 지구의 여러 생태계를—땅에서, 대기에서, 바다에서, 사회에서—처음 목격한 시대이기도 하고, 우리 자신이 품은 생태계를 드러낸 시대이기도 하다. 우리는 우리를 만드는 존재들, 광포한 분자들도 많이 만나게 되었다.

신경과학, 유전학, 생물학의 발견 덕분에 우리는 호모사피엔스사피엔스의 삶과 시대를 좀더 또렷이 집중된 시선으로 보게 되었다. '나' 세대가 가고 '우리' 세대가 온 덕분에, 서로를 묶는 유대를 좀더 뚜렷이 인식하게 되었다. 비록 얼굴을 맞대는 만남은 덜 편하게 느끼게 되었지만 말이다.

우리 인간들은 서로 공통점이 너무나 많다. 그래서인지 다음과 같은 이야기를 맘 편히 털어놓지 못하는 듯하다. 우리의 유전부호는 무한한 우주 속 광대한 은하 속 작은 행성에 깃든 생태적 지위일 뿐이라는 사실, 다들 과소평가하곤 하지만 사실은 아주 과분한 사치로서 우리가 먹이사슬에서 꼭대기에 위치한다는 사실, 사람이라면 누구나 엇비슷하게 느끼는 열정과 두려움, 그리고 우리가 그저 뿌옇기만 한 정신을 가졌던 존재들로부터 유래했으며 더구나 그 이전에는 상상의 체를 아예 통과해버릴 만큼 작아서 우리로서는 그 정체를 제대로 파악하기도 힘든 어떤 화학물질과 우연의 집합으로부터 신비롭고 불분명한 진화 과정을 거쳐서 탄생했다는 사실을. 우리의 공통점은 또 있다.

무언가를 발명하고, 꾀를 짜내고, 요령을 쌓는 뛰어난 능력에도 불구하고 스스로를 지루하게 만드는 능력도 갖고 있다는 것. 그 지루함이 어쩌나 끔찍하던지, 짧은 인생에서 많은 시간을 주로 남들에게 좀더 흥미로운 사람으로 보이게끔 자신을 포장하는 행동에 쓰고 만다는 것. 또한 공통적으로 우리가 누리는 것들도 있다. 감각이 순간순간 관능적으로 감지하는 세상, 튼 입술을 건드리는 바람, 까맣게 잊어버린 집안일, 부모와 연인이라 매일 행하지만 그다지 대단할 것이라곤 없는 자비롭고 영웅적이고 사소한 행동들, 그리고 우리의 집합적인 존재를. 우리는 그 존재의 특징을 어쩌다 자신에게서 발견하면 당황하지만, 그러면서도 영화배우나 스포츠 선수나 정치인에게서, 달에 발을 디뎠던 우주인 닐 암스트롱이나 말년을 플로리다에서 살면서 미역취에서 고무를 얻어내려 애썼던 발명가 토머스 에디슨 같은 사람들에게서 그 전형을 발견하면 반가워한다. 또 공통적으로 누리는 것이 있으니, 늘 꼼지락거리고 늘 번성하며 늘 우리를 놀라게 하는 우주다. 티에라델푸에고에서 태어났든 스발바르에서 태어났든, 우리는 모두 그 우주의 복잡한 법칙을 따르며 살아간다.

우리 모두는 화학물질을 담은 주머니다. 누구나 태양에서 만들어졌고, 비록 자기 몸에 췌장이 어디 붙었는지도 모를 때가 많지만 가끔은 자신을 성찰할 줄 알고, 그럼에도 대부분의 나날은 좀더 시시한 문제로 괴로워한다. 이런 공통점에도 불구하고 우리는 파티나 거리에서 만나면 서로 낯설게 느낀다. 어쩌다 엘리베이터에 단 둘만 탔을 때는 나쁜 짓이라도 하다가 들킨 것처럼 눈도 제대로 못 마주친다.

지금은 우리가 스스로의 개성을 인식한 시대이기도 하다. 개인으로서만이 아니라 종으로서도. 내가 아는 어떤 여자는 언젠가 호텔에 체크인하여 방에 들어간 순간, 램프 꼭대기를 덮은 작은 장식 모양이 너무 맘에 들지 않았다고 한다. 그래서 데스크에 전화해서 그 장식을 바꿔달라고 우겼다. 너무 극단적으로 까다로운 사례로 보이겠지만, 사실 종으로서 우리의 개성에는 뭔가를 수선하고 간섭하고 싶어하는 광범위한 오지랖이 포함되어 있다. 오지랖은 우리 종의 성격에서 중요한 부분이다. 무엇이든 가만히 놔두질 못한다. 우리가 오지랖 넓은 존재라는 사실을 인정하자. 우리는 지칠 줄 모르고 들썩이며, 쉽게 질리고, 무엇이 되었든 흥밋거리나 패션이나 장난감으로 바꿔놓기를 좋아한다. 우리 인류세의 인간들은 맵시 없고 어색하고 미성숙하다. 또한 쉽게 정신이 팔리고, 사냥개의 입맞춤처럼 너저분하고, 자기가 저지른 일을 뒤처리하기를 싫어한다. 딱히 그럴 의도는 없었지만 세상의 식료품 저장고를 거의 다 비웠고, 모든 수도꼭지에서 물이 줄줄 흐르도록 방치했고, 모든 가구를 뜯어놓았고, 낡은 장난감을 아무데나 내팽개쳐서 환경에 위협을 가했으며, 우리의 집인 행성 전체를 오염시키고 망쳐놓았다.

어느 한 가지 수리 방법만으로 될 것 같진 않다. 화석연료를 대체할 재생에너지 이용, 친환경 건축 기법의 확산, 풀뿌리 공동체와 전국 규모의 사업 확장, 퇴비화와 재활용 같은 정부 차원에서 시작하는 체계적인 정책 변화가 필요할 뿐만 아니라, 개인적인 차원에서 차를 모는 대신 걸어서 출근하는 일까지 할 수 있는 일이라면 뭐든지 할 필요가 있다.

산업 시대에 우리는 모든 곳에서 상상할 수 있는 모든 방식으로 자연을 정복하는 일에 스릴을 느꼈다. 그러나 인류세에 우리는 기술을 이용해서 가장 취약한 사람들이 적응할 수 있도록 돕는 방법을 짜내고, 지구온난화를 둔화시킬 장기적 해법을 고안하고 있다. 인간은 큰 모험을 즐기며, 쉴새없이 문제 해결에 매달리는 존재다. 더구나 요즘 우리가 주변 환경에 적응하는 기술, 인류의 옛 기술을 되살리기 시작하면서, 대다수 똑똑한 사람과 비정통적인 발상이 기후변화 문제에 몰리고 있다. 그리고 그 적응 기술이야말로, 과거 오랫동안 우리 선조들이 적도에서 극지방까지 지구 전체로 퍼질 때 인간을 도운 도구였다.

인류는 버릇없는 유아기를 넘어서 좀더 책임감 있고 배려심 있는 성인으로 성장할 수 있다. 아이의 순수함, 명랑함, 경이감을 잃지 않은 채로. 그러나 그 전에 먼저 자신을 다른 각도에서, 여러 거울에 비친 모습으로 바라볼 필요가 있다. 아주 젊은 종으로, 뛰어난 재주라는 축복 겸 저주를 가진 종으로. 우리는 자연을 무시하거나 약탈하는 대신, 그 속에서 우리가 자연스럽게 머물 장소를 재정의해야 한다.

자연은 여전히 우리 어머니다. 그러나 어머니는 이제 늙었고, 독립성을 잃었다. 반면에 우리는 좀더 독립심을 키웠고, 그 결과 어머니와의 관계를 재정의하기 시작했다. 우리는 여전히 어머니를 필요로 하고 어머니에게 매달리며, 넓게 펼쳐진 어머니의 치마를 위안처로 삼고, 어머니의 식탁에서 음식을 찾는다. 어머니 자연을 숭배하지는 않을지언정 사랑하고 존경하며, 어머니의 비밀에 매료되고, 어머니가 소외되는 것을 걱정하고, 어머니의 거친 기분을 두려워하고, 어머니 없이는 살아남지 못한다. 그리고 이제 어머니가 실제로는 얼마나 연약한지를 민감하게 깨닫게 되었으므로, 어머니의 풍요뿐 아니라 한계도 보기 시작했다. 스스로 애정 넘치는 보호자 역할을 해보려고 노력하기 시작했다.

나는 우리 시대를 인류세로 개명하는 데—즉, 화석 기록에 근거하여 떳떳하게 황금 말뚝을 박아 선언하는 데—대찬성이다. 이 용어가 우리가 세상에 미치는 어마어마한 영향을 잘 조명해주기 때문이다. 우리는 꿈을 주조해내고 경이를 만들어내는 일꾼들이다. 온 행성에 미치는 힘과 여러 기막힌 재주를 가진 종이라니, 우리는 얼마나 놀라운 존재가 되었는가. 이 업적을 마땅히 인정하고 칭송해야 한다. 자긍심과 놀라움을 느낄 만하다. 인류세라는 용어는 또한 우리가 아주아주 긴 지질학적 규모에서 행동하고 있다는 사실을 일깨운다. 그 인식 덕분에 우리의 역사, 미래, 지상에서 보내는 짧디짧은 시간을 좀더 신중하게 생각해보게 된다면 좋겠다. 아이들에게 무엇을 남길지(가득찬 식량고, 신선한 물, 깨끗한 공기), 우리가 어떻게 기억되기를 바라는지. 우리가 장차 무엇이 되고 싶은지도 생각해봐야 할지 모른다. 우리는 과연 어떤 세상에서 살고 싶은지, 그 인공의 세계를 어떻게 설계할지를.

물론 앞으로도 한동안 우리 개개인의 초상이 책에, 온라인에 게시된 사진에, 동영상에 남아 있을 것이다. 그러나 먼 미래의 인류가 하나의 종으로서 우리 전체를 알고 싶다면, 지구의 화석 기록을 살펴보기만 하면 될 것이다. 화석 기록은 시간의 지층 속에 얼어붙어 간직된 이야기를 들려줄 테니. 그 이야기는 과연 우리를 뭐라고 말할까?

우리는 위대한 전환기에 서 있다. 중요한 분기점에 서 있다. 우리 뒤에는 억겁의 지질학적 역사가 있고, 앞에는 안개에 휩싸인 미래가 있고, 주변에는 인류세의 경이로움과 불확실성이 있다.

어쩌면 기겁할 생각인지도 모르겠지만, 요즘 우리는 자신이 남길 유산을 스스로 제어하고 있다. 우리는 수동적이지 않고 무력하지 않다. 우리는 산을 옮기는 사람들이다. 그리고 지구를 복원하고 보호하는 존재가 될 수도 있다. 우리에게는 아직 시간과 능력이 있고, 수많은 선택지도 있다. 내가 이 책의 정신적 여정을 펼쳐 보이면서 그 시작에서 말했듯이, 우리의 실수는 헤아릴 수 없이 많지만 우리의 문제 해결 능력도 헤아릴 수 없이 크다.

자연: (명사) 빅뱅에서 온 우주까지, 보이지 않을 만큼 먼 것부터 보이지 않을 만큼 작은 것까지, 세상의 모든 것을 다 합한 것. 우리 모두가 최소한 하루에 한 번은 하던 일을 멈추고 다음과 같은 평범한 경이들에 사랑스러운 주의를 기울임으로써 칭송해야 마땅한 것. 이를테면 하루에 20킬로미터씩 북쪽으로 이동하는 봄, 오후의 다과회, 흰 눈으로 만든 요새, 후추를 듬뿍 친 스튜, 뒷날개에 가짜 눈 무늬가 있는 나방, 야만적이지만 한편 축복이 되어주는 감정, 콩콩 뛰어다니는 참새들, 얼굴을 붉히는 문어, 사냥개처럼 진실을 좇는 과학자들, 출렁거리는 젤리와 같은 기억, 느릿느릿한 천둥처럼 떠오르는 중추의 만월, 작은 술들처럼 늘어져 매달린 여름날의 걱정, 밤하늘 저멀리에서 새어나오는 항성들의 빛, 너무 허스키해서 썰매라도 끌 수 있을 것 같은 늙은 아버지의 목소리, "왓 치어(안녕), 왓 치어, 왓 치어!"라고 휘파람 불며 구애의 팬터마임을 하는 홍관조들. 자연은 지구의 모든 구멍과 틈새를 집으로 삼고 기본적인 생물학적 테마를 무한히 변주하며 살아가는 생명이다. 발바닥이 끈끈한 청개구리, 유대류 개구리, 독이 있는 개구리, 발끝으로 춤추는 개구리, 삐악삐악거리는 개구리……

고대: 인간이 우리 대 저들이라는 사고방식을 가졌던 지난 시절, 자연은 곧 적이었으며 동물의 왕국에는 인간이 포함되지 않았다.(그때 인간은 자신이 지닌 속성 중에서 참기 힘든 것은 뭐든지 다른 동물들의 특

성으로 떠넘겼다.)

인류세: 자연은 우리를 감싸고, 우리에게 스미고, 우리 속에서 부글거리고, 우리를 아우른다. 우리의 시간이 끝나는 날, 자연은 우리를 교란하고 해체하여 추방된 장난감처럼 지하실로 내버린다. 한때 생명 있는 존재였던 우리는 그곳에서 생명 없는 원소들로 돌아간다. 그래도 우리는 여전히, 언제까지나, 자연의 일부로 남을 것이다.

감사의 말

책에 나와준 친절한 사람들, 자기 일터에 나를 초대해준 너그러운 이들에게 고마움을 전한다. 호드 립슨, 앤 클라크와 브라이언 클라크, 로런스 보나사, 브렌 스미스, 테리 조던, 맷 베리지 등이 그 주인공이다. 에이전트 수잰 글룩과 편집자 앨레인 샐리어노 메이슨의 격려와 안내에 이번에도 감사한다. 책에 실린 몇몇 주제에 관한 글을 청탁해주었던 『오리온』과 『뉴욕 타임스 선데이 리뷰』 편집자들도 고맙다. 소중한 독서 모임 회원들(페기, 애나, 진, 샬럿, 조이스)의 지지와 우정에 진심으로 감사하고, 데이바, 휘트니, 필립, 올리버, 스티브, 크리스, 러마, 레베카, 데이비드, 댄, 캐럴라인, 원고를 미리 읽어준 케이트에게도 고마움을 전한다. 수많은 수정과 확장과 축약으로 얼룩진 원고를 눈이 흐려질 때까지 읽어준 조수 리즈도 고맙다. 마지막으로 세상에서 유일하게 픽션을 쓰는 살아 있는 최고령 '웜뱃' 폴에게 고맙다.

더 읽을거리

Allen, Robert, ed. *Bulletproof Feathers: How Science Uses Nature's Secrets to Design Cutting-Edge Technology*. Chicago: University of Chicago Press, 2010. 『바이오미메틱스』(로버트 앨런, 공민희 옮김, 시그마북스, 2011)

Allenby, Braden. *Reconstructing Earth: Technology and Environment in the Age of Humans*. Washington, DC: Island Press, 2005.

Allenby, Braden R., and Daniel Sarewitz. *The Techno-Human Condition*. Cambridge, MA: MIT Press, 2011.

Alley, Richard B. *Earth: The Operators' Manual*. New York: W. W. Norton, 2011.

Anderson, Walter Truett. *All Connected Now: Life in the First Global Civilization*. Boulder, CO: Westview Press, 2004.

——. *Evolution Isn't What It Used to Be: The Augmented Animal and the Whole Wired World*. New York: W. H. Freeman, 1996.

Anthes, Emily. *Frankenstein's Cat: Cuddling Up to Biotech's Brave New Beasts*. London: Oneworld, 2013. 『프랑켄슈타인의 고양이』(에밀리 앤더

스, 이은영 옮김, 휴머니스트, 2015)
Balmford, Andrew. *Wild Hope: On the Front Lines of Conservation Success.* Chicago: University of Chicago Press, 2012.
Bates, Marston. *Man in Nature.* 2nd ed. Englewood Cliffs, NJ: Prentice-Hall, 1964.
Bauerlein, Mark, ed. *The Digital Divide: Arguments for and against Facebook, Google, Texting, and the Age of Social Networking.* New York: Tarcher/Putnam, 2011.
Benyus, Janine. *Biomimicry: Innovation Inspired by Nature.* New York: William Morrow, 2002. 『생체 모방』(재닌 베니어스, 최돈찬 외 옮김, 시스테마, 2010)
Berry, Thomas. *The Dream of the Earth.* San Francisco: Sierra Club Books, 1990. 『지구의 꿈』(토머스 베리, 맹영선 옮김, 대화문화아카데미, 2013)
Blanc, Patrick. *The Vertical Garden: From Nature to the City.* Revised and updated ed. Trans. Gregory Bruhn. New York: W. W. Norton, 2011.
Brockmann, John, ed. *Culture: Leading Scientists Explore Societies, Art, Power, and Technology.* New York: Harper Perennial, 2011. 『컬처 쇼크』(존 브록만 엮음, 강주헌 옮김, 와이즈베리, 2013)
——. Introduction by W. Daniel Hillis. *Is the Internet Changing the Way You Think? The Net's Impact of Our Minds and Future.* New York: Harper Perennial, 2011. 『우리는 어떻게 바뀌고 있는가』(존 브록만 엮음, 최완규 옮김, 책읽는수요일, 2013)
Brooks, Rodney A. *Flesh and Machines: How Robots Will Change Us.* New York: Pantheon, 2002. 『로드니 브룩스의 로봇 만들기』(로드니 브룩스, 박우석 옮김, 바다출판사, 2005)
Bunce, Michael. *The Countryside Ideal: Anglo-American Images of Landscape.* New York: Routeldge, 1994.

Carey, Nessa. *The Epigenetics Revolution: How Modern Biology is Rewriting Our Understanding of Genetics, Disease and Inheritance*. London: Icon Books, 2011. 『유전자는 네가 한 일을 알고 있다』(네사 캐리, 이충호 옮김, 해나무, 2015)

Carr, Nicholas. *The Shallows: What the Internet is Doing to Our Brains*. New York: W. W. Norton, 2011. 『생각하지 않는 사람들』(니콜라스 카, 최지향 옮김, 청림출판, 2011)

Chaline, Eric. *Fifty Machines That Changed the Course of History*. Buffalo, NY: Firefly, 2012.

Chamovitz, Daniel. *What a Plant Knows: A Field Guide to the Senses*. New York: Farrar, Straus and Giroux, 2012. 『식물은 알고 있다』(대니얼 샤모비츠, 이지윤 옮김, 다른, 2013)

Church, George, and Ed Regis. *Regenesis: How Synthetic Biology Will Reinvent Nature and Ourselves*. New York: Basic Books, 2012.

Cipolla, Carlo M. *Before the Industrial Revolution: European Society and Economy, 1000-1700*. 3rd ed. New York: W. W. Norton, 1994.

Clark, Andy. *Natural-Born Cyborgs: Minds, Technologies, and the Future of Human Intelligence*. New York: Oxford University Press, 2003.

Clegg, Brian. *Inflight Science: A Guide to the World from Your Airplane Window*. London: Icon Books, 2011. 『내추럴-본 사이보그』(앤디 클락, 신상규 옮김, 아카넷, 2015)

Cochran, Gregory, and Henry Harpending. *The 10,000 Year Explosion: How Civilization Accelerated Human Evolution*. New York: Basic Books, 2010. 『1만 년의 폭발』(그레고리 코크란 · 헨리 하펜딩, 김명주 옮김, 글항아리, 2010)

Cockrall-King, Jennifer. *Food and the City: Urban Agriculture and the New Food Revolution*. Amherst, NY: Prometheus Books, 2012. 『푸드 앤 더 시티』(제니퍼 코크럴킹, 이창우 옮김, 삼천리, 2014)

Cooper, Jilly. *Animals in War: Valiant Horses, Courageous Dogs, and Other Unsung Animal Heroes.* 1983; rpt. Guilford, CT: Lyons Press, 2002.

Cronon, William, ed. *Uncommon Ground: Toward Reinventing Nature.* New York: W. W. Norton, 1995.

Crosby, Alfred W. *Children of the Sun: A History of Humanity's Unappeasable Appetite for Energy.* New York: W. W. Norton, 2006. 『태양의 아이들』(앨프리드 W. 크로스비, 이창희 옮김, 세종서적, 2009)

Dake, James. *Field Guide to the Cayuga Lake Region.* Ithaca, NY: Paleontological Research Institution, 2009.

Despommier, Dickson. *The Vertical Farm: Feeding the World in the 21st Century.* Foreword by Majora Carter. New York: Picador, 2011.

Diamond, Jared. *Collapse: How Societes Choose to Fail or Succeed.* New ed. with afterword. New York: Penguin, 2011. 『문명의 붕괴』(재레드 다이아몬드, 강주헌 옮김, 김영사, 2005)

——. *The World until Yesterday: What Can We Learn from Traditional Societies?* New York: Viking, 2013. 『어제까지의 세계』(재레드 다이아몬드, 강주헌 옮김, 김영사, 2013)

Dinerstein, Eric. *The Kingdom of Rarities.* Washington, DC: Island Press, 2013.

Dollens, Dennis. *Digital-Botanic Architecture.* Santa Fe, NM: Lumen, 2005.

Drexler, K. Eric. *Radical Abundance: How a Revolution in Nanotechnology Will Change Civilization.* New York: PublicAffairs, 2013.

Dukes, Paul. *Minutes to Midnight: History and the Anthropocene Era from 1763.* New York: Anthem Press, 2011.

Dunn, Rob R. *The Wild Life of Our Bodies: Predators, Parasites, and Partners That Shape Who We Are Today.* New York: Harper, 2011. 『야생의 몸, 벌거벗은 인간』(롭 던, 김정은 옮김, 열린과학, 2012)

Earle, Sylvia A. *The World Is Blue: How Our Fate and the Ocean's Are One*. Washington, DC: National Geographic Society, 2009.

Edwards, Andres R. *The Sustainability Revolution: Portrait of a Paradigm Shift*. Gabriola Island, BC: New Society Publishers, 2005. 『지속가능성 혁명』(안드레스 에드워즈, 오수길 옮김, 시스테마, 2010)

Fagan, Brian. *The Little Ice Age: How Climate Made History, 1300-1850*. New York: Basic Books, 2000. 『기후는 역사를 어떻게 만들었는가』(브라이언 페이건, 윤성옥 옮김, 중심, 2002)

Flannery, Tim. *Here on Earth: A Natural History of the Planet*. New York: Atlantic Monthly Press, 2011.

——. *Now or Never: Why We Must Act Now to End Climate Change and Create a Sustainable Future*. New York: Atlantic Monthly Press, 2009.

——. *The Weather Makers: How Man Is Changing the Climate and What It Means for Life on Earth*. New York: Grove, 2006. 『기후 창조자』(팀 플래너리, 이한중 옮김, 황금나침반, 2006)

Forbes, Peter. *The Gecko's Foot: Bio-inspiration — Engineering New Materials from Nature*. New York: W. W. Norton, 2006.

Francis, Richard C. *Epigenetics: The Ultimate Mystery of Inheritance*. New York: W. W. Norton, 2011. 『쉽게 쓴 후성유전학』(리처드 C. 프랜시스, 김명남 옮김, 시공사, 2013)

Fraser, Caroline. *Rewilding the World: Dispatches from the Conservation Revolution*. New York: Picador, 2010.

Friedel, Robert. *A Culture of Improvement: Technology and the Western Millennium*. Cambridge, MA: MIT Press, 2010.

Fukuyama, Francis. *Our Posthuman Future: Consequences of the Biotechnology Revolution*. New York: Picador, 2002. 『Human Future: 부자의 유전자, 가난한 자의 유전자』(프랜시스 후쿠야마, 송정화 옮김, 한국경제신문, 2003)

Gissen, David. *Subnature: Architecture's Other Environments*. New York: Princeton Architectural Press, 2009.

——, ed. *Big & Green: Toward Sustainable Architecture in the 21st Century*. New York: Princeton Architectural Press, 2002.

Gore, Al. *The Future: Six Drivers of Global Change*. New York: Random House, 2013. 『앨 고어, 우리의 미래』(앨 고어, 김주현 옮김, 청림출판, 2014)

Gorgolewski, Mark, June Komisar, and Joe Nasr. *Carrot City: Creating Places for Urban Agriculture*. New York: Monacelli Press, 2011.

Haeg, Fritz. *Edible Estates: Attack on the Front Lawn*. 2nd ed. New York: Metropolis Books, 2010.

Hamilton, Clive. *Earthmasters: The Dawn of the Age of Climate Engineering*. New Haven, CT: Yale University Press, 2013.

Hannibal, Mary Ellen. *The Spine of the Continent*. Guilford, CT: Lyons Press, 2012.

Hansen, James. *Storms of My Grandchildren: The Truth about the Coming Climate Catastrophe and Our Last Change to Save Humanity*. New York: Bloomsbury, 2009.

Harman, Jay. *The Shark's Paintbrush: Biomimicry and How Nature Is Inspiring Innovation*. Ashland, OR: White Cloud Press, 2013. 『새로운 황금시대』(제이 하먼, 이영래 옮김, 어크로스, 2013)

Hauter, Wenonah. *Foodopoly: The Battle over the Future of Food and Farming in America*. New York: New Press, 2012.

Hayden, Dolores. *Building Suburbia: Green Fields and Urban Growth, 1820-2000*. New York: Vintage, 2004.

——. *The Grand Domestic Revolution*. Cambridge, MA: MIT Press, 1982.

Humes, Edward. *Eco Barons: The Dreamers, Schemers, and Millionaries Who Are Saving Our Planet*. New York: Ecco, 2009.

Hutchins, Ross E. *Nature Invented It First*. New York: Dodd, Mead, 1980.

Jablonka, Eva, and Marion J. Lamb. *Evolution in Four Dimensions: Genetic, Epigenetic, Behavioral, and Symbolic Variation in the History of Life*. Cambridge, MA: MIT Press, 2006.

Jackson, John Brinckerhoff. *Discovering the Vernacular Landscape*. New Haven, CT: Yale University Press, 1984.

James, Sarah, and Torbjörn Lahti. *The Natural Step for Communities: How Cities and Towns Can Change to Sustainable Practices*. Gabriola Island, BC: New Society Publishers, 2004.

Jellicoe, Geoffrey, and Susan Jellicoe. *The Landscape of Man: Shaping the Environment from Prehistory to the Present Day*. 3rd expanded and update ed. New York: Thames and Hudson, 1995.

Kahn, Peter H., Jr., and Patricia H. Hasbach, eds. *Ecopsychology: Science, Totems, and the Technological Species*. Cambridge, MA: MIT Press, 2012.

Kazez, Jean. *Animalkind: What We Owe to Animals*. Chichester, UK: Wiley-Blackwell, 2010. 『동물에 대한 예의』(잔 카제즈, 윤은진 옮김, 책읽는수요일, 2011)

Keeney, L. Douglas. *Lights of Mankind: The Earth at Night as Seen from Space*. Guilford, CT: Lyons Press, 2012.

Kintisch, Eli. *Hack the Planet: Science's Best Hope — or Worst Nightmare — for Averting Climate Catastrophe*. Hoboken, NJ: Wiley, 2010.

Klein, Caroline, et al., eds. *Regenerative Infrastructures: Freshkills Park, NYC — Land Art Generator Initiative*. New York: Prestel, 2013.

Klyza, Christopher, ed. *Wilderness Comes Home: Rewilding the Northeast*. Hanover, NH: Middlebury College Press, 2001.

Kolbert, Elizabeth. *Field Notes from a Catastrophe: Man, Nature, and Climate Change*. New York: Bloomsbury, 2006. 『지구 재앙 보고서』(엘리자

베스 콜버트, 이성민 옮김, 여름언덕, 2007)

Kranzberg, Melvin, and Carroll W. Pursell, Jr., eds. *Technology in Western Civilization*, vol. 1, *The Emergence of Modern Industrial Society, Earlist Times to 1900*. New York: Oxford University Press, 1967.

Kurzweil, Ray. *The Age of Spiritual Machines: When Computers Exceed Human Intelligence*. New York: Penguin, 1999. 『21세기 호모사피엔스』(레이 커즈와일, 채윤기 옮김, 나노미디어, 1999)

Langmuir, Charles H., and Wally Broeker. *How to Build a Habitable Planet: The Story of Earth from the Big Bang to Humankiind*. Rev. ed. Princeton, NJ: Princeton University Press, 2012.

Lindsay, Ronald. *Future Bioethics: Overcoming Taboos, Myths, and Dogmas*. Amherst, NY: Prometheus Books, 2008.

Lipson, Hod, and Melba Kurman. *Fabricated: The New World of 3D Printing*. Indianapolis, IN: Wiley, 2013. 『3D 프린팅의 신세계』(호드 립슨·멜바 컬만, 김소연 외 옮김, 한스미디어, 2013)

Lomberg, Bjørn. *The Skeptical Environmentalist: Measuring the Real State of the World*. Cambridge: Cambridge University Press, 2001. 『회의적 환경주의자』(비외른 롬보르, 김승옥 외 옮김, 에코리브르, 2003)

Louv, Richard. *Last Child in the Woods: Saving Our Children from Nature-Deficit Disorder*. Chapel Hill, NC: Algonquin Books, 2005. 『자연에서 멀어진 아이들』(리처드 루브, 김주희 옮김, 즐거운상상, 2007)

——. *The Nature Principle: Reconnecting with Life in a Virtual Age*. Chapel Hill, NC: Algonquin Books, 2012.

MacKay, David J. C. *Sustainable Energy — without the Hot Air*. Cambridge, UK: UIT Cambridge, 2009.

Macy, Joanna, and Chris Johnstone. *Active Hope: How to Face the Mess We're In without Going Crazy*. Novato, CA: New World Library, 2012.

Marris, Emma. *Rambunctious Garden: Saving Nature in a Post-Wild*

World. New York: Bloomsbury, 2011.

Marsa, Linda. *Fevered: Why a Hotter Planet Will Hurt Our Health — and How We Can Save Ourselves*. New York: Rodale, 2013.

Marx, Leo. *The Machine in the Garden: Technology and the Pastoral Ideal in America*. New York: Oxford University Press, 1964.

Mayer-Schönberger, Viktor, and Kenneth Cukier. *Big Data: A Revolution That Will Transform How We Life, Work, and Think*. New York: Houghton Mifflin Harcourt, 2013. 『빅데이터가 만드는 세상』(빅토르 마이어쇤버거·케네스 쿠키어, 이지연 옮김, 21세기북스, 2013)

McDonough, William, and Michael Braungart. *Cradle to Cradle: Remaking the Way We Make Things*. New York: North Point Press, 2002. 『요람에서 요람으로』(윌리엄 맥도너·미하엘 브라운가르트, 김은령 옮김, 에코리브르, 2003)

——. *The Upcycle: Beyond Sustainability — Designing for Abundance*. New York: North Point Press, 2013.

McGilchrist, Iain. *The Master and His Emissar: The Divided Brain and the Making of the Western World*. New Haven, CT: Yale University Press, 2010. 『주인과 심부름꾼』(이언 맥길크리스트, 김병화 옮김, 뮤진트리, 2014)

McKibben, Bill. *Earth: Making a Life on a Tough New Planet*. New York: St. Martin's Press, 2011.

——. *The End of Nature*. New York: Random House, 2006. 『우주의 오아시스 지구』(빌 매키번, 김승진 옮김, 김영사, 2013)

McLuhan, T. C. *The Way of the Earth: Encounters with Nature in Ancient and Contemporary Thought*. New York: Touchstone, 1994.

McNeill, J. R. *Something New under the Sun: An Environmental History of the Twentieth-Century World*. New York: W. W. Norton, 2001. 『20세기 환경의 역사』(J. R. 맥닐, 홍욱희 옮김, 에코리브르, 2008)

Moalem, Sharon, with Jonathan Prince. *Survival of the Sickest: A Medical Maverick Discovers Why We Need Disease*. New York: HarperCollins, 2006. 『아파야 산다』(샤론 모알렘, 김소영 옮김, 김영사, 2010)

Mooallem, Jon. *Wild Ones: A Sometimes Dismaying, Weirdly Reassuring Story about Looking at People Looking at Animals in America*. New York: Penguin, 2013.

More, Max, and Natasha Vita-More, eds. *The Transhumanist Reader: Classical and Contemporary Essays on the Science, Technology, and Philosophy of the Human Future*. Chichester, UK: Wiley-Blackwell, 2013.

Morrow, Bradford, and Benjamin Hale, eds. *A Menegerie: Conjunctions*, vol. 61. Annandale-on-Hudson, NY: Bard College, Fall 2013.

Musil, Robert K. *Hope for a Heated Planet: How Americans Are Fighting Global Warming and Building a Better Future*. New Brunswick, NJ: Rutgers University Press, 2009.

Natterson-Horowitz, Barbara, and Kathryn Bowers. *Zoobiquity: What Animals Can Teach Us about Health and the Science of Healing*. New York: Alfred A. Knopf, 2012.

Nye, David E. *American Technological Sublime*. Cambridge, MA: MIT Press, 1994.

Pauli, Lori. *Manufactured Landscapes: The Photographs of Edward Burtynsky*. New Haven, CT: Yale University Press and National Gallery of Canada, 2003.

Peterson, Brenda. *The Sweet Breathing of Plants: Women Writing on the Green World*. New York: North Point Press, 2002.

Pipher, Mary. *The Green Boat: Reviving Ourselves in Our Capsized Culture*. New York: Riverhead, 2013.

Pistorius, Oscar. *Blade Runner*. Rev. ed. London: Virgin, 2012. 『스물넷의 질주』(오스카 피스토리어스, 정미현 옮김, 작은씨앗, 2012)

Ridley, Matt. *The Rational Optimist: How Prosperity Evolves*. New York: Harper, 2011. 『이성적 낙관주의자』(매트 리들리, 조현욱 옮김, 김영사, 2010)

Rifkin, Jeremy. *The Biotech Century: Harnessing the Gene and Remaking the World*. New York: Tarcher/Putnam, 1999. 『바이오테크 시대』(제러미 리프킨, 전영택 외 옮김, 민음사, 1999)

——. *The Third Industrial Revolution: How Lateral Power Is Transforming Energy, the Economy, and the World*. New York: Palgrave Macmillan, 2011. 『3차 산업혁명』(제러미 리프킨, 안진환 옮김, 민음사, 2012)

Rolston, Holmes. *A New Environmental Ethics: The Next Millennium for Life on Earth*. New York: Routledge, 2012.

Rosenzweig, Michael. *Win-Win Ecology: How the Earth's Species Can Survive in the Midst of Human Enterprise*. New York: Oxford University Press, 2003.

Sartore, Joel. *Rare: Portraits of America's Endangered Species*. Washington, DC: National Geographic, 2010.

Savulescu, Julian, and Nick Bostrom, eds. *Human Enhancement*. Oxford: Oxford University Press, 2009.

Schmidt, Eric, and Jared Cohen. *The New Digital Age: Reshaping the Future of People, Nations and Business*. New York: Alfred A. Knopf, 2013. 『새로운 디지털 시대』(에릭 슈미트·제러드 코언, 이진원 옮김, 알키, 2014)

Seaman, Donna. *In Our Nature: Stories of Wilderness*. Athens, GA: University of Georgia Press, 2002.

Sessions, George, ed. *Deep Ecology for the 21st Century: Readings on the Philosophy and Practice of the New Environmentalism*. Boston: Shambhala, 1995.

Shelley, Mary. *Frankenstein*. 1818; New York: Lancer, 1968. 『프랑켄슈타인』(메리 셸리, 김선형 옮김, 문학동네, 2012)

Siegel, Daniel. *Pocket Guide to Interpersonal Neurobiology: An Integrative Handbook of the Mind.* New York: W. W. Norton, 2012.

Stager, Curt. *Deep Future: The Next 100,000 Years of Life on Earth.* New York: Thomas Dunne, 2012.

Steffen, Alex, ed. Introduction by Bill McKibben. *Worldchanging: A User's Guide for the 21st Century.* Revised and updated ed. New York: Abrams, 2011. 『월드체인징』(알렉스 스테픈 엮음, 이한중 외 옮김, 바다출판사, 2011)

Stevenson, Mark. *An Optimist's Tour of the Future: One Curious Man Sets Out to Answer "What's Next?"* New York: Penguin, 2011.

Stewart, Brand. *Whole Earth Discipline: Why Dense Cities, Nuclear Power, Transgenic Crops, Restored Wildlands, and Geoengineering Are Necessary.* New York: Penguin, 2009.

Stock, Gregory. *Redesigning Humans: Choosing Our Genes, Changing Our Future.* New York: Mariner, 2003.

Thomas, Keith. *Man and the Natural World: Changing Attitudes in England, 1500-1800.* New York: Oxford University Press, 1996.

Thomas, William, ed. *Man's Role in Changing the Face of the Earth: An International Symposium under the Co-chairmanship of Carl O. Sauer, Marston Bates, and Lewis Mumford.* Chicago: University of Chicago Press, 1956.

Thurschwell, Pamela. *Literature, Technology and Magical Thinking, 1880-1920.* Cambridge, UK: Cambridge University Press, 2001.

Tobias, Michael, ed. *Deep Ecology.* Rev. ed. San Marcos, CA: Avant, 1988.

Todd, Kim. *Tinkering with Eden: A Natural History of Exotics in America.* New York: W. W. Norton, 2001.

Trefil, James. *Human Nature: A Blueprint for Managing the Earth — by People, for People.* New York: Henry Holt, 2004.

Turner, Chris. *The Geography of Hope: A Tour of the World We Need.* Toronto: Vintage, 2008.

van Uffelen, Chris. *Façade Greenery: Contemporary Landscaping.* Salenstein, Switzerland: Braun, 2011.

Vogel, Steven. *Cats' Paw and Catapults: Mechanical Worlds of Nature and People.* New York: W. W. Norton, 1998.

Wapner, Paul. *Living through the End of Nature: The Future of American Environmentalism.* Cambridge, MA: MIT Press, 2010.

Wellcome Collection. *A Guide for the Incurably Curious.* Text by Marek Kohn. London: Wellcome Collection, 2012.

——. *Superhuman: Exploring Human Enhancement from 600 BCE to 2050.* Ed. Emily Satgent. London: Wellcome Collection, 2012.

Wells, H. G. *The Island of Dr. Moreau.* 1896. Introduction by Alan Lightman. New York: Bantam Dell, 2005. 『모로 박사의 섬』(H. G. 웰스, 김봉구 옮김, 문예출판사, 2010)

White, Lynn, Jr. *Medieval Technology and Social Change.* London: Oxford University Press, 1962. 『중세의 기술과 사회 변화』(린 화이트 주니어, 강일휴 옮김, 지식의풍경, 2005)

Williams, Mark, et al., eds. *The Anthropocene: A New Epoch of Geological Time?* Theme issue, *Philosophical Transactions of the Royal Society* 369, no. 1938 (March 13, 2011): 833-1112.

Williams, Terry Tempest. *When Women Were Birds: Fifty-Four Variations on Voice.* New York: Picador, 2013.

Wilson, E. O. *The Creation.* New York: W. W. Norton, 2006. 『생명의 편지』(E. O. 윌슨, 권기호 옮김, 사이언스북스, 2007)

Wood, Elizabeth A. *Science from Your Airplane Window.* New York: Dover Publications, 1975.

Zalasiewicz, Jan. *The Earth after Us: What Legacy Will Humans Leave in the Rocks?* New York: Oxford University Press, 2009.

——, and Mark Williams. *The Goldilocks Planet: The Four Billion Year Story of Earth's Climate.* New York: Oxford University Press, 2012.

Zuk, Marlene. *Riddled with Life: Friendly Worms, Ladybug Sex, and the Parasites that Makes Us Who We Are.* New York: Harcourt, 2007.

옮긴이의 말

2000년 멕시코에서 열린 지구 환경 관련 국제회의. 토론을 주재하던 의장이 현재 우리는 홀로세를 살고 있다는 말을 몇 번이나 반복하자, 한 참석자는 괜히 짜증이 났다. 그는 의장의 말을 끊고 이렇게 말했다. "아뇨, 우리는 이미 인류세를 살고 있단 말입니다."

그는 네덜란드 출신 기후과학자로 대기 성층권 오존층 파괴를 드러낸 연구로 1995년 노벨화학상을 받은 파울 J. 크뤼천이었다. 크뤼천이 저 발언을 한 것은 이미 인류가 지구 전체를 쥐락펴락하는 행위자로 떠오른 현세를 인류가 자연에 일방적으로 맞추는 편이었던 수천 년 전 시절과 싸잡아서 부르는 건 온당하지 않다고 여겨서였을 것이다. 그날 저 발언에 장내는 일순 조용해졌고, 많은 과학자가 저 단어에 흥미를 보였으며, 심지어 한 동료는 크뤼천에게 저 단어에 특허를 신청하라고 말했다고 한다. 인류를 뜻하는 'Anthropo-'에 지질시대의 한 단위인 세를 뜻하는 '-cene'을 붙여 즉흥적으로 말을 만들었던 크뤼천은 나중에 정식으로 이 단어를 제안했다.

이후 '인류세'란 단어는 놀랍도록 빠르게 과학계와 대중 양쪽에서 인지도를 높였다. 그리고 2010년 무렵부터는 과학자들이 이 단어에 어엿한 지질학적 지위를 인정할 것인지 여부를 토론하기 시작했다. 국제지질학연맹IUGS 산하 국제층서위원회ICS에 '인류세 워킹 그룹AWG'이라는 전문가 그룹이 결성되어, 서른여 명의 지질학자가 인류세가 과연 엄밀한 학문적 개념이 될 만한가를 조사하기 시작한 것이다. 우리가 당연하다는 듯 (고생대-중생대-신생대 하는 식으로) 외우는 지질시대표는 사실 현대 과학이 구축한 위업이다. 주로 층서학(퇴적층이 쌓인 순서, 구조, 조성을 연구하는 분야) 증거를 기반으로 작성된 지질시대표는 지질학뿐 아니라 고생물학, 고고학, 기후학, 해양학 등 숱한 학문들의 기틀이다. 여기 하나의 시대를 더 추가하는 결정은 당연히 풍성하고 탄탄한 증거과 논증에 따라야 한다. 그 증거를 수집하고 분석하는 일을 인류세 워킹 그룹이 맡은 것이다. 2016년 8월, 그룹은 인류세를 홀로세를 잇는 새로운 세로 인정하자는 안건에 투표를 붙여 찬성 서른 표, 반대 세 표로 가결시켰다. 그룹은 이제 시대 구분에 꼭 필요한 '국제표준층서구역GSSP'을 찾는 등 근거 자료를 더 갖추어 공식 제안서를 작성할 것이다. 그러고도 앞으로 적어도 몇 년은 더 지질학자들의 토론과 투표가 벌어진 뒤에야 인류세가 지질학 용어가 될지 말지가 결정될 것이다.

인류의 활동이 지질학적 자취를 남기기 시작한 때를 가리키는 인류세의 기원은 언제일까? 후보는 많다. 멀게는 농업혁명이 벌어졌던 8000년 전, 산업혁명이 시작된 18세기 말과 핵실험이 시작된 20세기 중반도 후보다. 이중 인류세 워킹 그룹이 택한 것은 마지막, 즉 최초의 핵실험이 시작된 1945년 언저리다. 그때부터 지구에 인공 방사성 핵종이 쌓이기 시작했기 때문이다. 그 밖에도 인류세의 지층을 규정할 특징은 화석연료 연소로 인한 미세 탄소 먼지, 플라스틱이나 알루미늄이나 콘크리트 등 인류가 발명하고 제련해서 쓰고 내버린 "기술 화석", 생물다양성이 급감하고 작물 위주 단일종의 흔적이 뚜렷한 식물 화석, 소나 돼지나 특히 닭처럼 대규모 축산업의 대상으로 수가 폭증한 동물종의 뼈 등이다.

물론 인류세가 정식 지질시대로 인정되지 못할 가능성도 있다. 지질시대 구분에는 층서학이 중요한데, 인류가 영향을 미친 시기에 해당하는 퇴적층은 채 두껍게 쌓이지도 않은 상태이기 때문이다. 장기적 영향은 최소 몇 세기는 지나야 확연해질 것이다. 따라서 시기상조 혹은 증거 부족으로 공인이 기각될 수도 있다. 하지만 설령 그렇더라도 비공식 지질 용어이자 더 넓은 의미를 지닌 일상 용어로서 인류세라는 단어는 계속 쓰일 것이다. 좋은 용어는 자체 생명력을 갖고 살아남는 법, 그리고 '인류세'는 우리가 이전까지 어렴풋하게만 의식했던 현상을 지칭할 표현이 되어주었다는 점에서, 나아가 그럼으로써 그 현상을 새롭고 더 깊이 있는 시각으로 바라보게끔 해주었다는 점에서 좋은 용어다. 우리는 이 용어 덕분에 인류가 지구 역사에서 새로운 단계를 열었다는 사실을 충격적으로 실감하며, 먼 미래의 지질학자가 인류세를 연구한다면 과연 무엇을 보게 될까 하는 상상으로 시공간적으로 좀더 넓은 관점에서 문명과 지구 환경을 이해하게 되는 것이다.

*

언뜻 이 책 『휴먼 에이지』와 무슨 상관인가 싶어 보이는 용어 이야기로 서론이 길었다. 그러나 실은 '인간의 시대'라고 번역해도 좋을 이 책의 제목 '휴먼 에이지'가 저 '인류세'를 가리키는 말이다. 『휴먼 에이지』는 어째서 우리가 인간의 시대를 살고 있다는 것인지, 이 시대의 특징은 무엇인지 살펴보는 책이다. 나아가 왜 우리가 스스로를 인간의 시대를 살아가는 존재로 인식해야만 하는지 알려주는 책이다.

지구온난화를 동반한 기후변화, 도시화, 여섯번째 대멸종을 일으키고 있는 생태계 파괴, 지구적 무역으로 인한 지구적 서식지 교란, 에너지 고갈…… 인류세의 이런 특징들은 인간이 지구를 제 놀이터인 듯 휘저으며 찰흙처럼 주물러 모양을 바꾼다는 사실을 보여준다. 고생대의 삼엽충도 중생대의 공룡도, 제아무리 한 시대를 풍미했던 최상위 포식자나 최고로 잘 적응했던 종이라도 오늘날 인간만큼 지구를 제 뜻대로 변형시킨 종은 없었다.

그런데 이런 물리적 변화 못지않게 중요한 것은 관계와 인식의 변화다. 인간이 지구를 바꾸면서 인간과 자연이 맺는 관계, 무엇이 자연이고 인공인가 하는 인식, 자연은 늘 좋고 인공은 늘 나쁘다는 이분법적 사고 등도 함께 변하고 있는 것이다. 저자는 이제까지의 통념처럼 자연과 인공, 생명과 기계, 보존과 개발을 대립하는 것으로만 인식하는 관점으로는 인간의 시대를 제대로 이해할 수 없다고 여긴다. 우리가 우선 이 시대를 정확하게 잘 이해하지 않고서는 인류세의 산적한 문제들을 더 늦기 전에 해결할 방안을 떠올릴 수도 없을 것이다. 인류세에 자연과 인공의 경계는 이미 선명하지 않다는 것, 그러나 그 모호

함은 개탄하고 두려워할 일이기보다는 양쪽에 이롭게 적극 활용할 지점이라는 저자의 생각이 잘 드러난 제3부는 책의 백미다.

로봇공학, 나노 기술, 3D 프린팅, 후성유전학 등 오늘날 각광받는 여러 과학기술이 미칠 영향에 집중하여 인류세의 미래를 내다본 제4부와 제5부에서는 저자의 낙천적인 시각이 돋보인다. 사실 요즘 '인류세'라는 용어는 주로 부정적인 맥락에서, 기후변화나 생물다양성 소실과 관련하여 이야기된다. 인류가 지구를 대대적으로 망가뜨리는 시대라는 식이다. 그 말이 틀리진 않지만, 저자는 인류세에서 비관적 전망만을 읽어내진 않는다. 얄궂게도 우리는 지구를 함부로 사용해온 과정에서 지구와 자신에 대해 많은 것을 배웠으니, 앞으로는 그 덕분에 바람직한 방향으로 나아갈 수 있을지도 모른다는 것이다. 가령 바다를 무조건 가만히 놔두는 것보다는 개발과 정화를 동시에 하는 방법이 더 나을 수 있다는 것, 도시의 높은 인구밀도에서 난방열을 얻을 수도 있다는 것 등을 말할 때 저자의 목소리는 희망적이다. 근거에 기반을 둔 그런 희망은 우리에게 필요하다.

*

인류세에 인간과 자연이 맺는 관계를 두루 살펴본다는 이 방대한 작업에 선뜻 나선 저자는 누구일까? 그 이름이 다이앤 애커먼인 걸 알면 납득하여 고개를 끄덕일 독자도 제법 있을 것이다. 시인이자 에세이스트이자 저널리스트인 애커먼은 무엇보다 자연을 주제로 쓴 논픽션들로 사랑받아왔다.

애커먼의 제일 유명한 책은 제2차세계대전중 동물원을 유대인 대피소로 은밀히 운영했던 폴란드 동물원장 부부의 실화를 그린 『미친 별 아래 집』이겠지만(마침 원제인 '동물원장의 아내'라는 제목으로 영화화되어 2017년 3월 미국에서 개봉했다), 그 밖에도 멸종 위기 동물, 인간의 감각, 정원 가꾸기, 비행기 몰기를 배운 경험 등을 주제로 쓴 책이 열 권 정도 있다. 모두 과학의 시선을 빌려 그 덕분에 좀더 깊어진 성찰의 눈으로 자연과 인간을 탐구한 글이다. 과학자는 아니지만 과학과 자연의 접점에 대해서 써온 애커먼의 소질은 첫 책이었던 1976년 시집 『행성들』에서부터 드러났는데, 제목부터가 저런 시집을 써서 그랬던지 재밌게도 애커먼의 문학 박사학위 논문 심사위원 중에는 천문학자 칼 세이건이 포함되어 있었다.

자연을 관찰하여 서정적이고 아름다운 문장으로 사색을 펼쳐 보이는 작가는 많다. 하지만 과학기술에 대해서, 인공에 대해서 그렇게 쓰는 작가는 흔하지 않다. 독자도 별로 기대하지 않는다. 그런 이들에게 애커먼의 글은 자못 신선하게 느껴질 수 있다. 애커먼은 처음 마당에 피어난 야생 장미나 새로 발명된 바람 에너지 수확 기계를 똑같은 애정과 기대가 어린 시선으로 바라본다. 로봇이 자아와 감정을 갖고 로봇사피엔스로 진화하여 호모사피엔스와 공존할 미래를 (그것은 이제 인류세마저 넘어서는 시대일까?) 자신은 살아서 보지 못하리라는 데 아이처럼 천진하게 실망한다. 동식물 DNA를 노아의 방주처럼 보관해두는 냉동고 앞에서 드넓은 초원의 바람과 냄새, 사자떼의 모습을 눈앞에서 보는 듯 떠올릴 줄 안다.

애커먼의 이런 시선은 인류세에 딱 어울리는 시선이다. 온 지구가 이미 인간이 만지작거린 세상이 되어 자연과 인공, 인간과 기계의 경계가 흐릿해졌다는 것, 그러므로 우리는 '나'라는 개체와 호모사피엔스라는 종의 경계를 넘어 환경과 동식물과 로봇까지 '나'의 연장으로 보아야 한다는 것이 바로 우리가 인류세라는 개념에서 얻는 교훈이기 때문이다. 애커먼이 몸소 받아들인 그 교훈을 전달한다는 점에서, 『휴먼 에이지』는 과학책이기도 하고 여행기이기도 하지만 무엇보다도 인류세의 새로운 관점을 선보이는 철학적인 책이다.

2017년 4월

김명남

인명 찾아보기

휴먼 에이지
호모사피엔스사피엔스의 지구사용법

1판 1쇄 2017년 5월 17일
1판 4쇄 2020년 2월 4일

지은이 다이앤 애커먼 | 옮긴이 김명남 | 펴낸이 염현숙

책임편집 허정은 | 편집 양재화 송지선 김영옥 고원효
디자인 김선미 이주영 | 저작권 한문숙 김지영
마케팅 정민호 이숙재 양서연 박지영 | 홍보 김희숙 김상만 오혜림 지문희 우상희
제작 강신은 김동욱 임현식 | 제작처 한영문화사

펴낸곳 (주)문학동네
출판등록 1993년 10월 22일 제406-2003-000045호
주소 10881 경기도 파주시 회동길 210
전자우편 editor@munhak.com | 대표전화 031) 955-8888 | 팩스 031) 955-8855
문의전화 031) 955-3578(마케팅) 031) 955-1905(편집)
문학동네카페 http://cafe.naver.com/mhdn | 트위터 @munhakdongne

ISBN 978-89-546-4520-1 03450

www.munhak.com